# Springer-Lehrbuch

Springer-Verlag Berlin Heidelberg GmbH

Carl Geiger    Christian Kanzow

# Numerische Verfahren zur Lösung unrestringierter Optimierungsaufgaben

Springer

Professor Dr. Carl Geiger
PD Dr. Christian Kanzow
Universität Hamburg
Institut für Angewandte Mathematik
Bundesstraße 55
D-20146 Hamburg
e-mail: geiger@math.uni-hamburg.de
        kanzow@math.uni-hamburg.de

Mathematics Subject Classification (1991): 65Kxx, (49Dxx, 90Cxx)

ISBN 978-3-540-66220-4

Die Deutsche Bibliothek – CIP-Einheitsaufnahme

*Geiger, Carl:*
Numerische Verfahren zur Lösung unrestringierter Optimierungsaufgaben / Carl Geiger; Christian Kanzow.- Berlin; Heidelberg; New York; Barcelona; Hongkong; London; Mailand; Paris; Singapur; Tokio; Springer, 1999
(Springer-Lehrbuch)
ISBN 978-3-540-66220-4    ISBN 978-3-642-58582-1 (eBook)
DOI 10.1007/978-3-642-58582-1



Satz: Datenerstellung durch die Autoren unter Verwendung eines Springer LaTeX-Makropakets
Einbandgestaltung: *design & production* GmbH, Heidelberg

SPIN: 10735178    44/3143 - 5 4 3 2 1 0 – Gedruckt auf säurefreiem Papier

# Vorwort

Das vorliegende Buch ist entstanden aus verschiedenen Vorlesungen, welche die Autoren an der Universität Hamburg gehalten haben. Es benötigt an Grundkenntnissen neben einer gewissen Vertrautheit mit der mathematischen Sprache lediglich die mehrdimensionale Differentialrechnung sowie die lineare Algebra, wobei die wichtigsten Grundlagen auch in den Anhängen A und B zusammengefaßt sind. Das Buch sollte daher nicht nur für den interessierten Mathematiker nach Beendigung seines Grundstudiums lesbar sein, sondern auch Natur-, Ingenieur- und Wirtschaftswissenschaftlern einen Zugang zu Verfahren der unrestringierten Optimierung eröffnen, wobei diesen empfohlen wird, sich auf Motivation, Beschreibung und mitgeteilte Eigenschaften der Verfahren zu konzentrieren.

Bei der Auswahl des Stoffes haben wir uns bewußt auf die numerischen Verfahren zur Lösung von unrestringierten Optimierungsproblemen beschränkt, wobei wir stets davon ausgehen, daß die zu minimierende Funktion zumindest einmal stetig differenzierbar ist. Wir behandeln also keine ableitungsfreien Verfahren; ebenso gehen wir nicht auf die Lösung von nichtlinearen Gleichungssystemen und nichtlinearen Ausgleichsproblemen ein. Zwar sind diese Problemstellungen eng verwandt mit der unrestringierten Minimierung einer gegebenen Funktion, würden bei adäquater Behandlung aber den Rahmen dieses Buches sprengen.

Durch Konzentration auf die numerischen Verfahren zur Lösung unrestringierter Optimierungsprobleme gelang es hingegen, eine sehr umfassende Darstellung dieses Themenbereiches zu geben, die über die bislang existierende Lehrbuchliteratur bei weitem hinausgeht. Dennoch mußten auch wir uns bei der Stoffauswahl beschränken, wobei die hier vorgenommenen Einschränkungen sicherlich subjektiv sind; wir hoffen dennoch, dem Leser mit diesem Buch die für die numerische Praxis wichtigsten Verfahren im Detail und hoffentlich leicht verständlich vorzustellen.

Wir gehen im folgenden genauer auf den Inhalt des Buches ein und beschreiben dabei einige seiner Besonderheiten; wir wenden uns damit natürlich mehr an den erfahrenen Dozenten als an den Studenten, der gerade erst beginnen will, sich mit der Materie auseinanderzusetzen.

Die ersten Kapitel sind absoluter Standard einer jeden Optimierungsvorlesung. Nach einer kurzen Einführung im Kapitel 1 gehen wir im Kapitel 2 zunächst auf die notwendigen und hinreichenden Optimalitätskriterien ein, beschäftigen uns im Kapitel 3 mit der wichtigen Klasse der konvexen Funktionen und beschreiben im Kapitel 4 bereits ein allgemeines Abstiegsverfahren, das als Grundlage fast aller später zu beschreibenden Verfahren dient. Dabei werden auch zwei globale Konvergenzsätze bewiesen, die in den nachfolgenden Kapiteln noch mehrfach benötigt werden.

Das Kapitel 5 beschreibt drei Schrittweitenstrategien, die allesamt später noch Verwendung finden und die vor allen Dingen auch implementierbar sind, wobei wir mögliche Implementationen dieser Schrittweitenstrategien im Kapitel 6 besprechen.

Das wesentliche Ziel des Kapitels 7 ist der Beweis eines Charakterisierungssatzes für die superlineare Konvergenz einer Folge. Dieses Resultat wird später explizit benötigt, dient vor allem aber auch der Motivation zur Konstruktion von lokal schnell konvergenten Verfahren, so daß der Leser bereits hier ein Gefühl dafür bekommt, wie wohl ein Verfahren auszusehen hat, das eine lokal superlinear oder gar quadratisch konvergente Folge erzeugt. Als Vorbereitung zum Beweis dieses Charakterisierungssatzes werden einige Lemmata bereitgestellt, die sich auch für die späteren Konvergenzüberlegungen als sehr wichtig erweisen werden.

Mit dem Gradientenverfahren (Kapitel 8) kommen wir zu unserem ersten konkreten Verfahren, für das – quasi zur Eingewöhnung – auch ein einfacher globaler Konvergenzsatz bewiesen wird. Wir zeigen zwar, daß das Gradientenverfahren selbst i.a. nur ziemlich langsam konvergiert, deuten mit der Klasse der sogenannten gradientenähnlichen Verfahren allerdings auch an, wie man dieses Problem umgehen könnte. Dabei ergeben sich die gradientenähnlichen Verfahren in natürlicher Weise als Verallgemeinerung des zuvor besprochenen Gradientenverfahrens, indem man sich den Beweis des globalen Konvergenzsatzes für das Gradientenverfahren etwas genauer anschaut. Dies ist ein erstes Beispiel für den induktiven Aufbau dieses Buches.

Das Kapitel 9 befaßt sich mit dem Newton–Verfahren. Nach der Darstellung der lokalen Konvergenzeigenschaften des Newton–Verfahrens beschreiben wir auch ein globalisiertes Newton–Verfahren. Zwar existieren in der Lehrbuchliteratur zahlreiche Globalisierungsstrategien für das Newton–Verfahren, die hier gewählte Darstellung, die neu zu sein scheint, gefällt uns jedoch im Rahmen dieses Buches besonders gut. Der Nachweis der globalen Konvergenz des Newton–Verfahrens basiert dabei in einem erheblichen Maße auf den Resultaten des Kapitels 8. Einige Hinweise zu einer möglichen Implementation des Newton–Verfahrens (modifizierte Cholesky–Zerlegung, nichtmonotone Armijo–Regel) runden das Kapitel 9 ab.

Als einfache Verallgemeinerung der Newton–Verfahren betrachten wir im Kapitel 10 die Klasse der inexakten Newton–Verfahren. Der Aufbau dieses Kapitels entspricht dabei jenem des Kapitels 9: Wir gehen also zunächst auf die lokalen Konvergenzeigenschaften ein, beschreiben anschließend eine

Globalisierungsstrategie, die sich ebenfalls an das Kapitel 9 anlehnt, und gehen auch hier auf einige numerische Details ein.

Das Kapitel 11 befaßt sich ausführlich mit den Quasi–Newton–Verfahren. Mit den PSB–, DFP– und BFGS–Aufdatierungsformeln leiten wir zunächst die wohl wichtigsten Quasi–Newton–Formeln her. Das nächste Ziel ist der Beweis der lokal superlinearen Konvergenz des BFGS–Verfahrens, da letzteres zur Zeit immer noch das wichtigste Quasi–Newton–Verfahren darstellt. Leider ist dieser Beweis sehr länglich und technisch. Im Hinblick auf den auch sonst induktiven Aufbau dieses Buches weisen wir aus diesem Grunde zunächst die lokal superlineare Konvergenz des PSB–Verfahrens nach. Dieses Verfahren hat zwar bei weitem nicht die Bedeutung des BFGS–Verfahrens, jedoch ist der superlineare Konvergenzbeweis für das PSB–Verfahren wesentlich durchsichtiger als jener für das BFGS–Verfahren und kann anschließend als Grundlage für den entsprechenden Konvergenzbeweis für das BFGS–Verfahren genommen werden. Danach gehen wir auf mögliche Globalisierungen von Quasi–Newton–Verfahren ein und beweisen insbesondere einen sehr starken globalen Konvergenzsatz für ein globalisiertes BFGS–Verfahren bei Anwendung auf gleichmäßig konvexe Funktionen. Das Kapitel 11 wird abgeschlossen mit einigen Bemerkungen über weitere Quasi–Newton–Verfahren sowie Hinweisen für eine mögliche Implementation.

Mit den Limited Memory Quasi–Newton–Verfahren beschreiben wir im Kapitel 12 eine Variante der Quasi–Newton–Verfahren, die sich in der numerischen Praxis bei der Lösung von großdimensionalen Optimierungsproblemen außerordentlich gut bewährt hat. Dennoch werden diese Verfahren – soweit den Autoren bekannt – in keinem anderen Lehrbuch genauer betrachtet. Daher leiten wir diese Verfahren (genauer: das Limited Memory BFGS–Verfahren) zunächst im Detail her, beschreiben die Konvergenzeigenschaften bei Anwendung auf gleichmäßig konvexe Funktionen und geben diverse Hinweise für eine geeignete Implementation von Limited Memory Quasi–Newton–Verfahren.

Im Kapitel 13 wird mit den CG–Verfahren eine weitere Klasse von Verfahren zur Lösung von großdimensionalen Optimierungsproblemen untersucht. Als Motivation leiten wir hierzu zunächst das CG–Verfahren zur Lösung eines linearen Gleichungssystems her und untersuchen anschließend die theoretischen Eigenschaften von zwei Varianten dieses CG–Verfahrens zur Lösung von nichtlinearen Optimierungsproblemen, nämlich das Fletcher–Reeves–Verfahren sowie das Polak–Ribière–Verfahren. Dabei stellt sich heraus, daß das Fletcher–Reeves–Verfahren eine sehr zufriedenstellende Konvergenztheorie besitzt, die für das Polak–Ribière–Verfahren nicht gilt, obwohl letzteres in der numerischen Praxis bevorzugt wird. Aus diesem Grunde beschreiben wir auch ein erst kürzlich vorgeschlagenes modifiziertes Polak–Ribière–Verfahren, für das man ein sehr schönes globales Konvergenzresultat beweisen kann. Wir runden das Kapitel 13 mit einem Abschnitt über einige weitere CG–Verfahren ab.

In dem abschließenden Kapitel 14 beschäftigen wir uns sehr ausführlich mit der Klasse der Trust–Region–Verfahren. Diese lösen eine Folge von Trust–Region–Teilproblemen, so daß wir uns zunächst intensiv mit den Eigenschaften dieses Trust–Region–Teilproblems auseinandersetzen. Wir charakterisieren zunächst die globalen Minima dieses Trust–Region–Teilproblems, untersuchen anschließend die sogenannten KKT–Punkte des Trust–Region–Teilproblems und geben dann eine erst kürzlich gefundene Umformulierung des Trust–Region–Teilproblems in ein unrestringiertes Minimierungsproblem unter Benutzung einer sogenannten exakten Penalty–Funktion an. Anschließend beschreiben wir einen Algorithmus zur Lösung des Trust–Region–Teilproblems, welcher auf der Anwendung der zuvor definierten exakten Penalty–Funktion beruht. Damit wird dem Leser in diesem Buch ein relativ einfacher Algorithmus zur Lösung des Trust–Region–Teilproblems zur Verfügung gestellt. Danach sind wir in der Lage, auf verschiedene Trust–Region–Verfahren einzugehen, wobei sich die in diesem Buch beschriebenen Trust–Region–Verfahren in der Aufdatierungsstrategie für den Trust–Region–Radius geringfügig von den klassischen Trust–Region–Verfahren unterscheiden, da wir für die hier benutzte Variante schönere globale Konvergenzsätze beweisen können: Zunächst behandeln wir das Trust–Region–Newton–Verfahren, danach eine Variante, die wir hier als Teilraum–Trust–Region–Newton–Verfahren bezeichnen, schließlich beschreiben wir ein inexaktes Trust–Region–Newton–Verfahren und beenden das Kapitel 14 i.w. mit den Trust–Region–Quasi–Newton–Verfahren. Die Beschreibung der Trust–Region–Verfahren in dem Kapitel 14 geht erheblich über die Darstellungen in sonstigen Lehrbüchern hinaus. Insbesondere wird sonst schon aus Platzgründen zumeist nur sehr spartanisch auf die Lösung des Trust–Region–Teilproblems eingegangen. Letzteres ist aber unumgänglich für eine tatsächliche Implementation von Trust–Region–Verfahren.

Schließlich enthalten praktisch alle Kapitel, in denen wir konkrete Algorithmen beschreiben, Tabellen mit numerischen Resultaten, die sich bei Anwendung dieser Algorithmen auf einige Standard–Testbeispiele aus dem Anhang C ergeben. Diese numerischen Abschnitte sind von zweierlei Bedeutung: Zum einen sollen sie dem Leser einen Eindruck über das numerische Verhalten (manchmal auch Fehlverhalten) der angegebenen Algorithmen geben, zum anderen können die Resultate dem Leser dazu dienen, die Ergebnisse eigener Implementationen zu überprüfen, denn die von uns durchgeführten Rechnungen wurden mittels MATLAB–Implementationen der in diesem Buch beschriebenen Verfahren erzielt. Diese Beispiele können und sollen allerdings nicht die unterschiedlichen Anwendungsbereiche der verschiedenen Verfahren (etwa großdimensionale Probleme) wirklich ausloten.

Außerdem enthält dieses Buch zahlreiche Aufgaben, etwa 150 an der Zahl. Diese Aufgaben sind von sehr unterschiedlichem Schwierigkeitsgrad. Einige Aufgaben dienen lediglich dazu, den Leser zu ermuntern, gewisse im Text durchgeführte Umformungen selbst nachzuprüfen. Andere Aufgaben, auch solche, zu denen keine Hinweise gegeben werden, erscheinen zunächst wesentlich schwerer. Wir glauben aber, daß der aufmerksame Leser mit etwas Nachdenken dazu in der Lage sein sollte, diese Aufgaben zu lösen, empfehlen allgemein aber, sich nicht wahllos eine Seite des Buches auszusuchen und dann eine beliebige Aufgabe herauszugreifen; wir betonen hier ausdrücklich, daß sich viele dieser Aufgaben erst dann als relativ leicht erweisen sollten, wenn man auch das betreffende Kapitel, in dem sich diese Aufgabe befindet, im Detail durchgearbeitet hat. Zu einer ganzen Reihe von Aufgaben werden aber auch recht ausführliche Hinweise gegeben. Es wird dann dem Leser überlassen, diese Hinweise im einzelnen auszuarbeiten. Schließlich enthalten die Kapitel 8–14 jeweils mehrere Aufgaben zur Implementation, und es sei dem Leser dringend empfohlen, auch diese Aufgaben nicht einfach zu übergehen.

Ansonsten bleibt uns die Hoffnung, daß der Leser ähnlich viel Freude bei der Lektüre des Buches haben möge, wie wir sie beim Schreiben hatten. Für Hinweise auf alle Arten von Fehlern, seien es nur einfache Schreibfehler oder womöglich gar ernsthafte mathematische Fehler, sind wir jederzeit sehr dankbar. Wir hoffen natürlich, daß sich insbesondere die letztgenannten Fehler sehr in Grenzen halten, aber: Nobody is perfect, und wir schon gar nicht.

Hamburg, im Mai 1999       *Carl Geiger, Christian Kanzow*

# Bezeichnungen

Der $n$–dimensionale (reelle) euklidische Vektorraum wird mit $\mathbb{R}^n$ bezeichnet. Ein Vektor $x \in \mathbb{R}^n$ wird generell als Spaltenvektor aufgefaßt; seine Komponenten werden mit $x_i$ notiert (mit $e_i$ wird gelegentlich auch die $i$–te Spalte der Einheitsmatrix benannt). Ist $F : \mathbb{R}^n \to \mathbb{R}^m$, so schreiben wir $F_i$ für die $i$–te Komponentenfunktion.

Für $F : \mathbb{R}^n \to \mathbb{R}^m$ bedeutet $F'(x)$ die Jacobi–Matrix von $F$ im Punkt $x \in \mathbb{R}^n$. Für eine (zweimal) stetig differenzierbare Funktion $f : \mathbb{R}^n \to \mathbb{R}$ bezeichnet $\nabla f(x)$ den Gradienten und $\nabla^2 f(x)$ die Hesse–Matrix von $f$ in $x$. Man beachte, daß der Gradient einer reellwertigen Funktion stets als Spaltenvektor aufgefaßt wird.

Für einen Vektor $x \in \mathbb{R}^n$ bedeutet die Ungleichung $x \geq 0$, daß für alle $i \in \{1, \ldots, n\}$ gilt $x_i \geq 0$.

Ist $x \in \mathbb{R}^n$, so bedeutet, sofern nichts anderes gesagt wird, $\|x\|$ die euklidische (Vektor–) Norm. Entsprechend bezeichnet $\|A\|$ die Spektralnorm, also die durch die euklidischen Vektornorm induzierte Matrixnorm von $A$. Man vergleiche zum Thema „Normen" auch Anhang B.

Eine Diagonalmatrix mit Diagonaleinträgen $a_{ii}$ wird mit $\mathrm{diag}(a_{ii})$ notiert.

Weitere verwendete Bezeichnungen sind: $\mathbb{R}_+ := \{x \in \mathbb{R} \mid x \geq 0\}, \mathbb{R}_{++} := \{x \in \mathbb{R} \mid x > 0\}$, $\mathbb{N} = \{0, 1, 2, \ldots\}$ sowie $\mathcal{U}_\varepsilon(x^*) := \{x \in \mathbb{R}^n \mid \|x - x^*\| < \varepsilon\}$ für die offene Kugelumgebung um den Punkt $x^*$. Entsprechend wird mit $\bar{\mathcal{U}}_\varepsilon(x^*) := \{x \in \mathbb{R}^n \mid \|x - x^*\| \leq \varepsilon\}$ die zugehörige abgeschlossene Kugelumgebung bezeichnet.

Schließlich wird gelegentlich die $o$– und $O$–Notation (Landau–Symbole) verwendet: Für zwei Folgen $\{\alpha_k\}$, $\{\beta_k\} \subseteq \mathbb{R}$ schreiben wir $\alpha_k = O(\beta_k)$, wenn es eine Zahl $C > 0$ gibt mit $|\alpha_k| \leq C|\beta_k|$ für alle $k$; wir schreiben $\alpha_k = o(\beta_k)$, wenn es eine Nullfolge $\{\varepsilon_k\} \subseteq \mathbb{R}_+$ gibt mit $|\alpha_k| \leq \varepsilon_k|\beta_k|$ für alle $k$.

# Inhaltsverzeichnis

# 1. Einführung

Unter einem endlichdimensionalen *Minimierungsproblem* wird die folgende Aufgabe verstanden:

Gegeben sind eine Menge $X \subseteq \mathbb{R}^n$ und eine Funktion $f : X \to \mathbb{R}$. Gesucht wird ein $x^* \in X$ mit der Eigenschaft

$$f(x^*) \leq f(x) \quad \text{für alle } x \in X.$$

In kurzer Notation lautet diese Aufgabe:

$$\min\ f(x) \quad \text{u.d.N.} \quad x \in X, \tag{1.1}$$

wobei wir „u.d.N." als Abkürzung für den Ausdruck „unter der Nebenbedingung" benutzen. Wird nicht der kleinste, sondern der größte Wert der Zielfunktion gesucht, so liegt ein *Maximierungsproblem* vor:

$$\max\ f(x) \quad \text{u.d.N.} \quad x \in X. \tag{1.2}$$

Wir werden sehen, daß ein Maximierungsproblem sehr leicht auf ein Minimierungsproblem zurückgeführt werden kann.

Ist $X = \mathbb{R}^n$, so heißt die Aufgabe (1.1) bzw. (1.2) *unrestringiert*, andernfalls *restringiert*.

Das so einfach zu formulierende Problem (1.1) bzw. (1.2) erhält seine Bedeutung daraus, daß es ein *mathematisches Modell* für viele Real–World–Probleme und für viele Probleme aus (beispielsweise) den Ingenieurwissenschaften, der Physik, der Medizin oder der Ökonomie ist. Dabei stelle man sich unter den Komponenten von $x \in \mathbb{R}^n$ Parameter des Modells vor, die durch die Modellbildung noch nicht festgelegt sind und die Entscheidungsmöglichkeiten beschreiben. Der *zulässige Bereich X* modelliert Einschränkungen an diese Parameter, die durch die Realität vorgegeben sind oder die als zweckmäßig erachtet werden. In der Regel werden diese Einschränkungen mathematisch durch Ungleichungen und/oder Gleichungen beschrieben. Die Parameter sollen nun „optimal" gewählt werden, und zwar bezüglich einer zuvor festgelegten *Zielfunktion f*. Es ist klar, daß man über die Festlegung der Zielfunktion häufig lange diskutieren kann (und muß). Oft möchte man auch bezüglich mehrerer Ziele optimieren; man kann sich dann für eine bestimmte Gewichtung dieser Ziele entscheiden und $f$ als gewichtete Summe der Einzel–Zielfunktionen festlegen.

Wir werden uns in diesem Buch im wesentlichen auf *unrestringierte* Optimierungsprobleme beschränken. Lediglich im Kapitel 14 werden als Hilfsprobleme restringierte Aufgaben einer besonders einfachen Form (nämlich mit $X = \{x \in \mathbb{R}^n |\, \|x\| \leq \Delta\}$ für ein $\Delta > 0$) auftreten (hier wie im ganzen Buch bezeichnet $\|\cdot\|$ die euklidische Norm im $\mathbb{R}^n$). Unrestringierte Optimierungsprobleme sind in den genannten Anwendungsfeldern ebenso wie in der Mathematik von erheblicher Bedeutung. Sie treten aber auch als Teilaufgaben bei Verfahren zur Lösung restringierter Probleme auf. So zielen die sogenannten Reduktionsmethoden darauf ab, vorhandene Gleichungsrestriktionen gewissermaßen nach einem Teil der Variablen aufzulösen und die erhaltenen Funktionen in die Zielfunktion einzusetzen; die so resultierende „reduzierte" Zielfunktion ist dann unrestringiert zu optimieren. Die sogenannten Penalty– und Multiplier–Methoden versuchen auf andere Weise, vorhandene Ungleichungen oder Gleichungen mit in die Zielfunktion hineinzunehmen und so das ursprüngliche restringierte Optimierungsproblem auf eine Folge unrestringierter Probleme bzw. auf ein unrestringiertes Problem zurückzuführen. Man vergleiche diesbezüglich etwa die Bücher [4, 5, 39, 56, 108, 48, 90] für weitere Details.

Weiterhin besteht ein enger Zusammenhang zwischen unrestringierten Optimierungsproblemen und nichtlinearen Gleichungssystemen, welche in den Anwendungsgebieten und in der Mathematik ebenfalls sehr häufig auftreten: Sei $F : \mathbb{R}^n \to \mathbb{R}^m$ (mit $m, n \in \mathbb{N}, m \geq n$) eine nichtlineare Abbildung mit den Komponentenfunktionen $F_i$, $i = 1, \ldots, m$; das Gleichungssystem

$$F(x) = 0$$

ist im allgemeinen nicht lösbar (im Fall $m > n$ ist es „überbestimmt"). Ist jedoch $x^*$ eine Lösung, so löst $x^*$ auch das Optimierungsproblem

$$\min\ f(x) := \sum_{i=1}^{m} (F_i(x))^2 = \|F(x)\|^2, \quad x \in \mathbb{R}^n\,; \qquad (1.3)$$

denn für alle $x \in \mathbb{R}^n$ gilt $f(x) \geq 0 = f(x^*)$. Dies motiviert, auch für den Fall der Nichtlösbarkeit des Gleichungssystems das Optimierungsproblem (1.3) als *Ersatzproblem* für das nichtlineare Gleichungssystem $F(x) = 0$ anzusehen. Wir bezeichnen Optimierungsprobleme der speziellen Form (1.3) als *Ausgleichsprobleme*; die Bezeichnung rührt daher, daß das am häufigsten verwendete stochastische Modell für die Ausgleichung von Meßdaten gerade auf eine Aufgabe der Form (1.3) führt.

Neben den Lösungen eines (restringierten oder unrestringierten) Optimierungsproblems spielen im allgemeinen lokale Lösungen und stationäre Punkte eine wichtige Rolle. Wir fassen diese grundlegenden Begriffe in den folgenden beiden Definitionen zusammen:

**Definition 1.1.** *Sei* $f : X \to \mathbb{R}$ *mit* $X \subseteq \mathbb{R}^n$. *Ein Punkt* $x^* \in X$ *heißt* *(i)* globales Minimum *(oder kurz Minimum) von $f$ (auf $X$), wenn gilt*

$$f(x^*) \le f(x) \qquad \text{für alle } x \in X.$$

*(ii)* striktes globales Minimum *(oder kurz striktes globales) von $f$ (auf $X$), wenn gilt*

$$f(x^*) < f(x) \qquad \text{für alle } x \in X \text{ mit } x \ne x^*.$$

*(iii)* lokales Minimum *von $f$ (auf $X$), wenn es eine Umgebung $U$ von $x^*$ gibt, so daß gilt*

$$f(x^*) \le f(x) \qquad \text{für alle } x \in X \cap U.$$

*(iv)* striktes lokales Minimum *von $f$ (auf $X$), wenn es eine Umgebung $U$ von $x^*$ gibt, so daß gilt*

$$f(x^*) < f(x) \qquad \text{für alle } x \in X \cap U \text{ mit } x \ne x^*.$$

*Ein Punkt $x^* \in X$ heißt* globales Maximum *bzw.* striktes globales Maximum *bzw.* lokales Maximum *bzw.* striktes lokales Maximum, *wenn er die jeweilige Eigenschaft mit $\ge$ (statt $\le$) bzw. $>$ (statt $<$) besitzt.*

Natürlich ist ein (striktes) globales Minimum auch ein (striktes) lokales Minimum. Weiter sieht man sofort ein, daß ein Punkt $x^* \in X$ genau dann ein (globales, striktes globales, lokales, striktes lokales) Maximum von $f$ (auf $X$) ist, wenn $x^*$ (globales, striktes globales, lokales, striktes lokales) Minimum von $-f$ (auf $X$) ist. Deshalb stellt es keine Einschränkung dar, wenn wir bei allen folgenden Überlegungen von einem *Minimierungs*problem ausgehen.

Für die nächste Definition setzen wir Differenzierbarkeit von $f$ voraus. Wir bezeichnen den Gradienten von $f$ im Punkt $x$ mit $\nabla f(x)$ und erinnern daran, daß wir den Gradienten stets als einen Spaltenvektor auffassen, d.h.,

$$\nabla f(x) = \left( \frac{\partial f}{\partial x_1}(x), \dots, \frac{\partial f}{\partial x_n}(x) \right)^T.$$

**Definition 1.2.** *Seien $X \subseteq \mathbb{R}^n$ eine offene Menge und $f : X \to \mathbb{R}$ eine stetig differenzierbare Funktion. Ein Punkt $x^* \in X$ heißt* stationärer Punkt *von $f$, wenn gilt*

$$\nabla f(x^*) = 0.$$

Mit den Zusammenhängen zwischen den Begriffen aus den Definitionen 1.1 und 1.2 werden wir uns in den nächsten beiden Kapiteln beschäftigen. Beispielsweise gilt unter den in Definition 1.2 genannten Voraussetzungen: Ist $x^*$ ein lokales Minimum von $f$, so ist $x^*$ ein stationärer Punkt; unter Konvexitätsvoraussetzungen gilt auch die Umkehrung.

Wir gehen noch kurz auf *Veranschaulichungen* in den Fällen $n = 1$ und $n = 2$ ein.

Ist $n = 1$, so bietet es sich an, den Graphen von $f$ zu zeichnen. Für die in Abbildung 1.1 gezeichnete Funktion $f$ auf $X = [x_1, x_8]$ ist $x_2$ das (strikte) globale Minimum, $x_7$ das (strikte) globale Maximum, $x_1$ und $x_3$ sind strikte lokale Maxima, $x_8$ ist ein striktes lokales Minimum und alle Punkte des Intervalls $[x_4, x_5]$ sind (nicht strikte) lokale Minima (die inneren Punkte dieses Intervalls sind zugleich lokale Maxima); die Punkte $x_i$, $i = 2, \ldots, 7$, sowie alle Punkte zwischen $x_4$ und $x_5$ sind stationäre Punkte; $x_6$ ist weder ein lokales Minimum noch ein lokales Maximum. Damit der Leser aus diesem Bild keine falschen Schlüsse zieht, sei gesagt, daß es auch bei unrestringierten Problemen mit wachsender Dimension $n$ immer „unwahrscheinlicher" wird, daß ein stationärer Punkt ein lokales Minimum oder ein lokales Maximum ist (vgl. Aufgabe 2.9 im nächsten Kapitel).

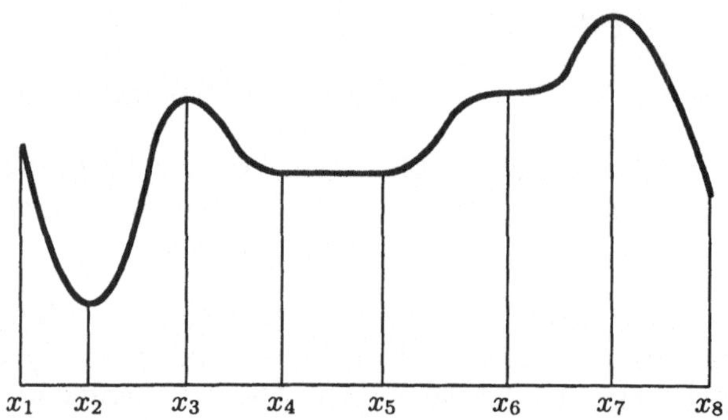


**Abb. 1.1.** Minima und Maxima einer Funktion einer Variablen

Im Falle $n = 2$ beschreibt der Graph von $f$ eine Fläche im $\mathbb{R}^3$. Eine andere Veranschaulichung (nämlich im $\mathbb{R}^2$) gibt das Zeichnen von *Höhenlinien* (*Niveaulinien*)

$$\{x \in \mathbb{R}^n \mid f(x) = \gamma\}$$

für verschiedene Werte von $\gamma \in \mathbb{R}$. Abbildung 1.2 zeigt Höhenlinien der Funktion $f(x) = -x_1^2 x_2 + \frac{1}{4}(2x_1^2 - x_2^2) - \frac{1}{2}(2 - x_1^2 - x_2^2)^2$. Man kann vermuten, daß in der Nähe der Punkte $(0, 0)$, $(0, 1.3)$, $(\pm 1.6, -0.8)$ lokale Minima oder Maxima und in der Nähe von $(\pm 0.7, 1)$, $(0, -1.3)$ „Sattelpunkte" liegen (vgl. hierzu Aufgabe 2.8 im nächsten Kapitel).

Ein Wanderer, der in der „Landschaft", die der Graph von $f$ darstellt, unterwegs ist, hat hoffentlich als Wanderkarte ein solches Höhenlinienbild (mit Angaben über die jeweiligen Werte von $\gamma$) bei sich. Hat er ein lokales Minimum erreicht, so kann er nämlich allein durch Umherschauen nicht entscheiden, ob er sich bereits im globalen Minimum befindet! Den Verfahren, die wir in diesem Buch beschreiben werden, geht es leider nicht besser als einem Wanderer ohne Wanderkarte – es sei denn, $f$ hat besonders schöne Eigenschaften, wie sie in Kapitel 3 untersucht werden (für weitergehende Methoden der sogenannten globalen Optimierung vgl. etwa [61]).

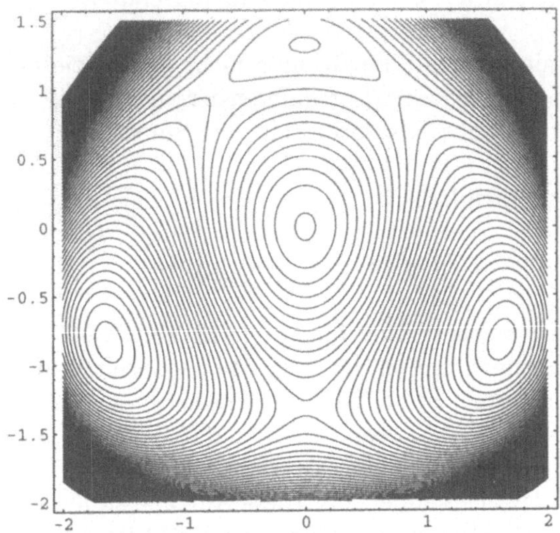

**Abb. 1.2.** Höhenlinien einer Funktion zweier Variabler

Wir haben im Zusammenhang mit der Definition eines stationären Punktes eine Differenzierbarkeitsvoraussetzung an $f$ ins Spiel gebracht. Tatsächlich haben wohl die meisten in den Anwendungen auftretenden Optimierungsaufgaben eine differenzierbare Zielfunktion. Dies heißt allerdings nicht, daß es immer bequem möglich ist, die partiellen Ableitungen der Zielfunktion auszurechnen (zumal die Anzahl der zu berechnenden partiellen Ableitungen mit der Anzahl $n$ der Variablen wächst). Dennoch werden wir in diesem Buch generell *stetige Differenzierbarkeit von $f$ voraussetzen* und die partiellen Ableitungen in den Algorithmen auch *explizit verwenden* (für die Begründung und theoretische Absicherung werden wir häufig sogar zweimalige stetige Differenzierbarkeit voraussetzen, und in den Kapiteln 9 und 10 werden wir die zweiten partiellen Ableitungen auch explizit verwenden). Durch geschicktes Ausnutzen der in den Ableitungen steckenden Informationen gelingt die Entwicklung von Optimierungsverfahren, welche zugleich theoretisch abgesichert und numerisch effizient sind.

Kann die explizite Berechnung der partiellen Ableitungen – bei gegebener Differenzierbarkeit von $f$ – weder von Hand noch unter Einsatz eines Computeralgebra–Systems wie MAPLE oder MATHEMATICA geleistet werden, so kann man erwägen, ein Programm–Paket zum sogenannten automatischen Differenzieren einzusetzen (vgl. [99], [52]).

Eine andere Möglichkeit ist die Verwendung von ableitungsfreien Modifikationen der hier besprochenen Verfahren, indem man die auftretenden Ableitungen etwa durch geeignete Differenzenquotienten ersetzt („numerische Differentiation"). Da hierbei die Gefahr numerischer Instabilitäten sehr groß ist (vgl. z.B. [48]), ist der Umgang mit Differenzenquotienten nicht ganz problemlos.

Ist die zu minimierende Funktion $f$ nicht differenzierbar, so sollte man prüfen, ob $f$ zu einer Klasse „fast differenzierbarer" Funktionen gehört. Ein Prototyp für eine solche Klasse besteht aus Funktionen $f$, welche sich aus stetig differenzierbaren Funktionen $f_i : \mathbb{R}^n \to \mathbb{R}$, $i = 1, \ldots, m$, durch Maximumbildung aufbauen lassen:

$$f(x) := \max_{i=1,\ldots,m} f_i(x). \tag{1.4}$$

Die Minimierung solcher Funktionen gehört zum Gebiet der sogenannten nicht–glatten Optimierung, in der Begriffe wie einseitige Richtungsableitung und (verallgemeinertes) Subdifferential eine wichtige Rolle spielen; wir verweisen hierzu auf [39, Chapter 14], [17, 100, 114] sowie [59, 60, 90]. Die Besonderheit der Aufgabe, eine Funktion $f$ vom Typ (1.4) zu minimieren, kann man auch daran erkennen, daß diese Aufgabe äquivalent mit der folgenden restringierten Optimierungsaufgabe im $\mathbb{R}^{n+1}$ ist, bei der alle beteiligten Funktionen stetig differenzierbar sind:

$$\min \quad \tilde{f}(x, x_{n+1}) := x_{n+1} \quad \text{u.d.N.} \quad f_i(x) \leq x_{n+1}, \, i = 1, \ldots, m.$$

Ist $f$ nicht differenzierbar und hat $f$ auch keine besonderen Eigenschaften wie bei dem eben besprochenen Beispiel, so bleibt nur die Verwendung eines (evtl. nur heuristischen) Suchverfahrens. Solche Suchverfahren – wie z.B. das bei Anwendern sehr populäre Polyeder–Verfahren von Nelder–Mead (vgl. [5]) – verwenden nur Funktionswerte von $f$ und setzen auch implizit keine Differenzierbarkeitseigenschaften voraus. Hinweise auf den derzeitigen Stand dieser Verfahren und auf einige neuere Entwicklungen gibt [123].

# 2. Optimalitätskriterien

In diesem Kapitel gehen wir auf notwendige und hinreichende Bedingungen für lokale Minima ein, welche Ableitungen benutzen. Wir beginnen mit einem notwendigen Kriterium erster Ordnung, wobei man von einem Kriterium *erster* Ordnung spricht, da nur Informationen über die erste Ableitung eingehen.

**Satz 2.1.** *Seien $X \subseteq \mathbb{R}^n$ eine offene Menge und $f : X \to \mathbb{R}$ eine stetig differenzierbare Funktion. Ist $x^* \in X$ ein lokales Minimum von $f$ (auf $X$), so gilt*

$$\nabla f(x^*) = 0,$$

*d.h., $x^*$ ist ein stationärer Punkt von $f$.*

*Beweis.* Sei $x^* \in X$ ein lokales Minimum von $f$, jedoch $\nabla f(x^*) \neq 0$. Dann existiert ein Vektor $d \in \mathbb{R}^n$ mit

$$\nabla f(x^*)^T d < 0$$

(man wähle z.B. $d := -\nabla f(x^*)$). Da $f$ nach Voraussetzung stetig differenzierbar ist, gilt für die Richtungsableitung $f'(x^*; d)$ von $f$ in $x^*$ in Richtung $d$:

$$f'(x^*; d) = \lim_{t \to 0+} \frac{f(x^* + td) - f(x^*)}{t} = \nabla f(x^*)^T d < 0.$$

Folglich gibt es ein $\bar{t} > 0$ mit $x^* + td \in X$ und

$$\frac{f(x^* + td) - f(x^*)}{t} < 0 \quad \text{für alle} \quad t \in (0, \bar{t}].$$

Somit ist

$$f(x^* + td) < f(x^*) \quad \text{für alle} \quad t \in (0, \bar{t}]$$

im Widerspruch zur Voraussetzung, daß $x^*$ ein lokales Minimum von $f$ ist. $\qquad\square$

Der konstruktive Aspekt des Beweises von Satz 2.1 wird im Kapitel 4 wieder aufgegriffen werden (vgl. insbesondere Lemma 4.2).

Die Bedingung $\nabla f(x^*) = 0$ ist *nicht hinreichend* dafür, daß $x^*$ ein lokales Minimum ist; beispielsweise kann $x^*$ mit $\nabla f(x^*) = 0$ auch ein lokales Maximum sein, man vergleiche hierzu die Aufgabe 2.2.

Eine notwendige Bedingung zweiter Ordnung gibt der folgende Satz an; dabei spricht man von einer Bedingung *zweiter* Ordnung, da der Satz Informationen über die zweite Ableitung enthält.

**Satz 2.2.** *Seien $X \subseteq \mathbb{R}^n$ offen und $f : X \to \mathbb{R}$ zweimal stetig differenzierbar. Ist $x^* \in X$ ein lokales Minimum von $f$ (auf $X$), so ist die Hesse–Matrix $\nabla^2 f(x^*)$ positiv semidefinit.*

*Beweis.* Sei $x^* \in X$ ein lokales Minimum von $f$, jedoch $\nabla^2 f(x^*)$ nicht positiv semidefinit. Dann existiert ein Vektor $d \in \mathbb{R}^n$ mit

$$d^T \nabla^2 f(x^*) d < 0. \tag{2.1}$$

Die Anwendung des Satzes von Taylor (vgl. Satz A.2) ergibt mit Satz 2.1 für alle hinreichend kleinen $t > 0$:

$$f(x^* + td) = f(x^*) + \frac{1}{2} t^2 d^T \nabla^2 f(\xi_t) d \, ;$$

dabei ist $\xi_t = x^* + \vartheta_t td$ für ein $\vartheta_t$ mit $0 < \vartheta_t < 1$. Aus Stetigkeitsgründen folgt hieraus unter Verwendung von (2.1) die Existenz eines $\bar{t} > 0$ mit

$$f(x^* + td) < f(x^*) \quad \text{für alle} \quad t \in (0, \bar{t}].$$

Dies steht aber im Widerspruch dazu, daß $x^*$ ein lokales Minimum ist. $\qquad\square$

Auch die Bedingungen aus den Sätzen 2.1 und 2.2 zusammen sind *nicht hinreichend* dafür, daß $x^*$ ein lokales Minimum ist; man betrachte etwa das Beispiel $n = 2$, $f(x) = x_1^2 - x_2^4$, $x^* = (0,0)$. Jedoch gilt das folgende hinreichende Kriterium:

**Satz 2.3.** *Seien $X \subseteq \mathbb{R}^n$ offen und $f : X \to \mathbb{R}$ zweimal stetig differenzierbar. Gelten*

*(a) $\nabla f(x^*) = 0$ und*
*(b) $\nabla^2 f(x^*)$ ist positiv definit,*

*so ist $x^*$ ein striktes lokales Minimum von $f$ (auf $X$).*

*Beweis.* Aus (b) folgt zunächst die Existenz einer Konstanten $\mu > 0$ mit

$$d^T \nabla^2 f(x^*) d \geq \mu d^T d \quad \text{für alle } d \in \mathbb{R}^n$$

(vgl. Lemma B.4). Nach dem Satz von Taylor (siehe Satz A.2) gilt für alle hinreichend nahe bei 0 gelegenen $d \in \mathbb{R}^n$:

$$f(x^* + d) = f(x^*) + \nabla f(x^*)^T d + \frac{1}{2} d^T \nabla^2 f(\xi_d) d$$

mit $\xi_d = x^* + \vartheta_d d$ für ein $\vartheta_d$ mit $0 < \vartheta_d < 1$. Man erhält so mit (a) unter Verwendung der Cauchy–Schwarzschen Ungleichung:

$$f(x^* + d) = f(x^*) + \frac{1}{2}d^T \nabla^2 f(x^*)d + \frac{1}{2}d^T \left(\nabla^2 f(\xi_d) - \nabla^2 f(x^*)\right) d$$

$$\geq f(x^*) + \frac{1}{2}\left(\mu - \|\nabla^2 f(\xi_d) - \nabla^2 f(x^*)\|\right)\|d\|^2.$$

Folglich gilt

$$f(x^* + d) > f(x^*)$$

für alle hinreichend nahe bei 0 gelegenen $d \neq 0$. Also ist $x^*$ ein striktes lokales Minimum von $f$. $\qquad\square$

Man beachte, daß die Bedingungen (a) und (b) aus Satz 2.3 *nicht notwendig* für die strikte lokale Minimalität von $x^*$ sind: Beispiel $n = 2$, $f(x) = x_1^2 + x_2^4$, $x^* = (0,0)$.

## Aufgaben

**Aufgabe 2.1.** Seien $X \subseteq \mathbb{R}^n$ eine offene Menge, $f : X \to \mathbb{R}$ stetig differenzierbar, $x \in X$ und $d \in \mathbb{R}^n \setminus \{0\}$ gegeben.

(a)  Man verifiziere die im Beweis des Satzes 2.1 benutzte Gleichung

$$\lim_{t\to 0+} \frac{f(x + td) - f(x)}{t} = \nabla f(x)^T d$$

durch Anwendung des Mittelwertsatzes A.1.

(b)  Es gilt sogar die Gleichung

$$\lim_{k\to\infty} \frac{f(x^k + t_k d^k) - f(x^k)}{t_k} = \nabla f(x)^T d,$$

wobei $\{x^k\} \subseteq \mathbb{R}^n$ und $\{d^k\} \subseteq \mathbb{R}^n$ beliebige gegen $x$ bzw. $d$ konvergente Folgen sind sowie $\{t_k\} \to 0+$ gilt.

**Aufgabe 2.2.** Seien $X \subseteq \mathbb{R}^n$ eine offene Menge und $f : X \to \mathbb{R}$ eine stetig differenzierbare Funktion. Ist $x^* \in X$ ein lokales Maximum von $f$ (auf $X$), so gilt

$$\nabla f(x^*) = 0,$$

d.h., $x^*$ ist ein stationärer Punkt von $f$. Wie lauten die entsprechenden Verallgemeinerungen der Sätze 2.2 und 2.3 für ein Maximierungsproblem?

**Aufgabe 2.3.** Seien $Q \in \mathbb{R}^{n \times n}$ symmetrisch und positiv semidefinit, $c \in \mathbb{R}^n$, $\gamma \in \mathbb{R}$. Dann ist $x^* \in \mathbb{R}^n$ genau dann ein Minimum der quadratischen Funktion

$$f(x) = \frac{1}{2}\, x^T Q x + c^T x + \gamma$$

auf $\mathbb{R}^n$, wenn $x^*$ Lösung des linearen Gleichungssystems

$$Qx + c = 0$$

ist.

**Aufgabe 2.4.** Seien $A \in \mathbb{R}^{m \times n}$ mit $m \geq n$ und $b \in \mathbb{R}^n$. Dann löst $x^* \in \mathbb{R}^n$ genau dann die lineare Ausgleichsaufgabe

$$\min \|Ax - b\|_2, \quad x \in \mathbb{R}^n,$$

wenn $x^*$ Lösung des linearen Gleichungssystems

$$A^T A x = A^T b$$

ist. (Hinweis: Aufgabe 2.3.)

**Aufgabe 2.5.** Eine beliebte Testfunktion ist die Rosenbrock–Funktion

$$f : \mathbb{R}^2 \to \mathbb{R}, \quad f(x) = 100(x_2 - x_1^2)^2 + (1 - x_1)^2.$$

Man veranschauliche $f$ durch Zeichnen des Graphen oder von Höhenlinien. Welches sind die stationären Punkte von $f$, welche davon sind Minima? Man zeige (etwa unter Verwendung von Satz B.5): Für alle $x \in \mathbb{R}^2$ mit $f(x) < 0.0025$ ist die Hesse–Matrix $\nabla^2 f(x)$ positiv definit.

**Aufgabe 2.6.** Gegeben sei die Funktion

$$f : \mathbb{R}^2 \to \mathbb{R}, \quad f(x) = x_1^2 x_2^2 + (x_2^2 - 1)^2.$$

(a) Welche Informationen liefern die Sätze 2.1, 2.2 und 2.3 über die lokalen Minima und Maxima der Funktion $f$?

(b) Man bestimme alle Minima, lokalen Minima, Maxima und lokalen Maxima von $f$.

**Aufgabe 2.7.** Gegeben sei die Funktion

$$f : \mathbb{R}^2 \to \mathbb{R}, \quad f(x) = 3x_1^4 - 4x_1^2 x_2 + x_2^2.$$

Dann gelten:

(a) $x^* := (0, 0)$ ist ein stationärer Punkt von $f$.

(b) $f$ besitzt längs jeder Ursprungsgeraden in $x^* = (0, 0)$ ein striktes lokales Minimum.

(c) $x^* = (0, 0)$ ist jedoch kein lokales Minimum von $f$.

**Aufgabe 2.8.** Gegeben sei die Funktion

$$f : \mathbb{R}^2 \to \mathbb{R}, \quad f(x) = -x_1^2 x_2 + \frac{1}{4}(2x_1^2 - x_2^2) - \frac{1}{2}(2 - x_1^2 - x_2^2)^2.$$

Welche Informationen liefern die Sätze 2.1, 2.2 und 2.3 hinsichtlich der im Kapitel 1 zur Abbildung 1.2 angestellten Vermutungen?

**Aufgabe 2.9.** Seien $X \subseteq \mathbb{R}^n$ eine offene Menge und $f : X \to \mathbb{R}$ eine stetig differenzierbare Funktion. Der Leser mache sich mittels der Sätze 2.2 und 2.3 klar, wie die Aussage im Kapitel 1 gemeint ist, daß es mit wachsender Dimension $n$ immer „unwahrscheinlicher" wird, daß ein stationärer Punkt ein lokales Minimum oder ein lokales Maximum ist. (Hinweis: Satz B.5.)

# 3. Konvexe Funktionen

In diesem Kapitel geben wir eine kurze Einführung in die Klasse der konvexen Funktionen. Diese spielen in der Optimierung eine wichtige Rolle. Insbesondere werden wir zeigen, daß das notwendige Optimalitätskriterium aus dem Satz 2.1 für konvexe Funktionen bereits hinreichend für das Vorliegen eines globalen Minimums ist.

Wir beginnen zunächst mit der Definition einer konvexen Menge.

**Definition 3.1.** *Eine Menge $X \subseteq \mathbb{R}^n$ heißt* konvex, *wenn für alle $x, y \in X$ und alle $\lambda \in (0,1)$ auch*

$$\lambda x + (1 - \lambda)y \in X$$

*gilt.*

Anschaulich besagt die Definition 3.1, daß eine Menge $X \subseteq \mathbb{R}^n$ genau dann konvex ist, wenn sie mit je zwei Punkten auch deren Verbindungsstrecke enthält.

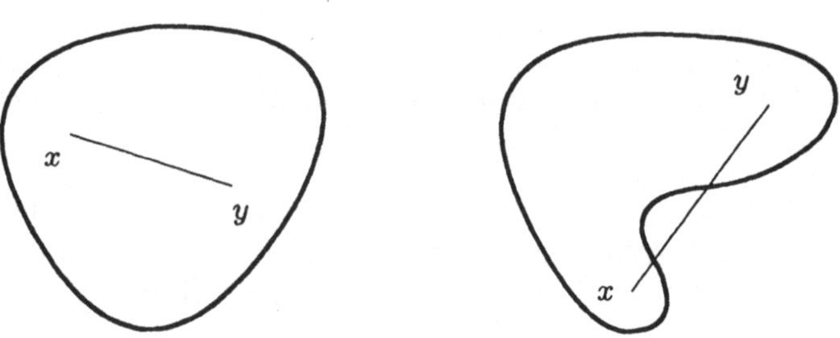


**Abb. 3.1.** Konvexe und nicht konvexe Menge

**Definition 3.2.** *Sei $X \subseteq \mathbb{R}^n$ eine konvexe Menge. Eine Funktion $f : X \rightarrow \mathbb{R}$ heißt*

*(i)* konvex *(auf $X$), wenn für alle $x, y \in X$ und alle $\lambda \in (0,1)$ gilt:*

$$f(\lambda x + (1 - \lambda)y) \leq \lambda f(x) + (1 - \lambda)f(y);$$

*(ii) strikt konvex (auf X), wenn für alle $x, y \in X$ mit $x \neq y$ und alle $\lambda \in (0,1)$ gilt:*

$$f(\lambda x + (1-\lambda)y) < \lambda f(x) + (1-\lambda)f(y);$$

*(iii) gleichmäßig konvex (auf X), wenn es ein $\mu > 0$ gibt mit*

$$f(\lambda x + (1-\lambda)y) + \mu\lambda(1-\lambda)\|x-y\|^2 \leq \lambda f(x) + (1-\lambda)f(y)$$

*für alle $x, y \in X$ und alle $\lambda \in (0,1)$. (Man bezeichnet $f$ dann auch als gleichmäßig konvex mit Modulus $\mu$.)*

Ist $f$ eine konvexe Funktion auf $X$, so werden wir die Funktion $f$ im folgenden einfach als konvex bezeichnen, sofern aus dem Zusammenhang klar wird, auf welcher Menge sie konvex ist. Entsprechendes gilt für strikt und gleichmäßig konvexe Funktionen.

Anschaulich bedeutet z.B. die Konvexität von $f$, daß kein Punkt einer Verbindungsstrecke von zwei Punkten $(x, f(x)), (y, f(y)) \in \mathbb{R}^{n+1}$ unterhalb des Graphen von $f$ liegt.

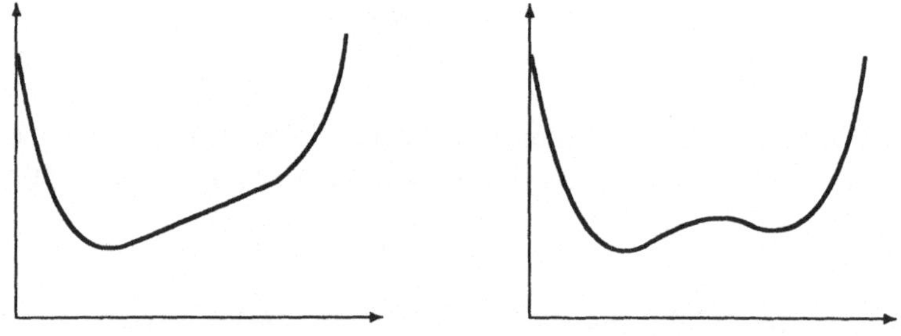

**Abb. 3.2.** Konvexe (nicht strikt konvexe) und nicht konvexe Funktion

Aus der Definition 3.2 ergibt sich unmittelbar, daß jede gleichmäßig konvexe Funktion strikt konvex ist. Ebenso ist jede strikt konvexe Funktion auch konvex. Hingegen sind die Umkehrungen i.a. nicht richtig.

**Beispiel 3.3.** *Sei $f : \mathbb{R} \to \mathbb{R}$. Dann gelten:*

*(a) Die Gerade $f(x) := x$ ist konvex, aber nicht strikt konvex.*

*(b) Die Exponentialfunktion $f(x) := exp(x)$ ist strikt konvex, aber nicht gleichmäßig konvex.*

*(c) Die Parabel $f(x) := x^2$ ist gleichmäßig konvex. Die sehr ähnlich aussehende Funktion $f(x) := x^4$ hingegen ist zwar strikt konvex, nicht jedoch gleichmäßig konvex.*

Dem Leser sei empfohlen, die Richtigkeit der im Beispiel 3.3 getroffenen Aussagen anhand der Definition 3.2 zu überprüfen. Es sei allerdings erwähnt, daß diese Aussagen auch unmittelbar aus später noch zu beweisenden Sätzen dieses Kapitels folgen.

Während das Beispiel 3.3 (c) deutlich macht, daß die Klasse der gleichmäßig konvexen Funktionen eine echte Teilmenge der strikt konvexen Funktionen ist, gilt für quadratische Funktionen die folgende Bemerkung, deren einfachen Beweis wir dem Leser überlassen, siehe Aufgabe 3.2.

**Bemerkung 3.4.** *Sei $f : \mathbb{R}^n \to \mathbb{R}$ eine quadratische Funktion, d.h.,*

$$f(x) = \frac{1}{2} x^T Q x + c^T x + \gamma$$

*mit einer symmetrischen Matrix $Q \in \mathbb{R}^{n \times n}, c \in \mathbb{R}^n$ und $\gamma \in \mathbb{R}$. Dann gelten die folgenden Aussagen:*

*(a) $f$ ist konvex $\Longleftrightarrow Q$ ist positiv semidefinit.*

*(b) $f$ ist strikt konvex $\Longleftrightarrow f$ ist gleichmäßig konvex $\Longleftrightarrow Q$ ist positiv definit.*

Der folgende Satz enthält eine Charakterisierung der Klasse der stetig differenzierbaren (strikt, gleichmäßig) konvexen Funktionen. Ihr liegt die anschauliche Vorstellung zugrunde, daß bei einer konvexen Funktion $f$ jede Tangentialebene des Graphen von $f$ diesen von unten her „abstützt".

**Satz 3.5.** *Seien $X \subseteq \mathbb{R}^n$ eine offene und konvexe Menge sowie $f : X \to \mathbb{R}$ stetig differenzierbar. Dann gelten:*

*(a) $f$ ist genau dann konvex (auf $X$), wenn für alle $x, y \in X$ gilt:*

$$f(x) - f(y) \geq \nabla f(y)^T (x - y). \tag{3.1}$$

*(b) $f$ ist genau dann strikt konvex (auf $X$), wenn für alle $x, y \in X$ mit $x \neq y$ gilt:*

$$f(x) - f(y) > \nabla f(y)^T (x - y). \tag{3.2}$$

*(c) $f$ ist genau dann gleichmäßig konvex (auf $X$), wenn es ein $\mu > 0$ gibt mit*

$$f(x) - f(y) \geq \nabla f(y)^T (x - y) + \mu \|x - y\|^2 \tag{3.3}$$

*für alle $x, y \in X$.*

*Beweis.* Es gelte zunächst (3.3). Seien $x, y \in X$ und $\lambda \in (0, 1)$ beliebig. Setze $z := \lambda x + (1 - \lambda)y \in X$. Wegen (3.3) gelten dann

$$f(x) - f(z) \geq \nabla f(z)^T (x - z) + \mu \|x - z\|^2$$

und

$$f(y) - f(z) \geq \nabla f(z)^T (y - z) + \mu \|y - z\|^2.$$

Multipliziert man diese Ungleichungen mit $\lambda > 0$ bzw. $1 - \lambda > 0$ und addiert sie anschließend, so erhält man unter Verwendung der Definition von $z$:

$$\lambda f(x) + (1 - \lambda)f(y) - f(\lambda x + (1 - \lambda)y) \geq \mu\lambda(1 - \lambda)\|x - y\|^2,$$

d.h., $f$ ist gleichmäßig konvex.

Analog zeigt man, daß aus (3.1) bzw. (3.2) die Konvexität bzw. strikte Konvexität von $f$ folgt.

Sei $f$ nun als gleichmäßig konvex vorausgesetzt. Für alle $x, y \in X$ und alle $\lambda \in (0, 1)$ gilt dann mit einem $\mu > 0$ :

$$f(y + \lambda(x - y)) = f(\lambda x + (1 - \lambda)y)$$
$$\leq \lambda f(x) + (1 - \lambda)f(y) - \mu\lambda(1 - \lambda)\|x - y\|^2$$

und daher

$$\frac{f(y + \lambda(x - y)) - f(y)}{\lambda} \leq f(x) - f(y) - \mu(1 - \lambda)\|x - y\|^2.$$

Aus der stetigen Differenzierbarkeit von $f$ folgt somit für $\lambda \to 0+$ :

$$\nabla f(y)^T(x - y) = \lim_{\lambda \to 0+} \frac{f(y + \lambda(x - y)) - f(y)}{\lambda} \leq f(x) - f(y) - \mu\|x - y\|^2,$$
$$(3.4)$$

d.h., es gilt (3.3).

Ist $f$ nur konvex, so ergibt sich mittels des soeben geführten Beweises mit $\mu = 0$ ebenso die Gültigkeit von (3.1).

Seien nun $f$ strikt konvex und $x, y \in X$ mit $x \neq y$ gegeben. Der Beweis, daß dann auch (3.2) gilt, muß etwas anders geführt werden als die entsprechenden Beweise im (gleichmäßig) konvexen Fall, da beim Grenzübergang in (3.4) sonst das "<"-Zeichen verlorenginge.

Als strikt konvexe Funktion ist $f$ insbesondere konvex. Somit gilt für $f$ die Ungleichung (3.1) aufgrund der bereits bewiesenen Behauptung (a). Für

$$z := \frac{1}{2}(x + y) = \frac{1}{2}x + (1 - \frac{1}{2})y$$

ergibt sich daher

$$\nabla f(y)^T(x - y) = 2\nabla f(y)^T(z - y) \leq 2(f(z) - f(y)). \qquad (3.5)$$

Auf der anderen Seite ist $x \neq y$. Aus der strikten Konvexität von $f$ folgt somit unter Berücksichtigung der Definition von $z$:

$$f(z) < \frac{1}{2}f(x) + \frac{1}{2}f(y). \qquad (3.6)$$

Aus (3.5) und (3.6) ergibt sich damit

$$\nabla f(y)^T(x - y) < f(x) - f(y),$$

also gerade (3.2). $\qquad\qquad\qquad\square$

Wir gehen nun noch kurz auf die Klasse der (strikt, gleichmäßig) monotonen Funktionen ein, die in einem engen Zusammenhang zu der Klasse der (strikt, gleichmäßig) konvexen Funktionen steht. Wir behandeln diesen Zusammenhang im Satz 3.7.

**Definition 3.6.** *Sei $X \subseteq \mathbb{R}^n$ eine gegebene Menge. Eine Funktion $F : X \to \mathbb{R}^n$ heißt*

*(i)* monoton *(auf $X$), wenn*

$$(x - y)^T (F(x) - F(y)) \geq 0$$

*für alle $x, y \in X$ gilt;*
*(ii)* strikt monoton *(auf $X$), wenn*

$$(x - y)^T (F(x) - F(y)) > 0$$

*für alle $x, y \in X$ mit $x \neq y$ gilt;*
*(iii)* gleichmäßig monoton *(auf $X$), wenn es ein $\mu > 0$ gibt mit*

$$(x - y)^T (F(x) - F(y)) \geq \mu \|x - y\|^2$$

*für alle $x, y \in X$. (Man bezeichnet $F$ dann auch als gleichmäßig monoton mit Modulus $\mu$.)*

Im folgenden werden wir eine auf einer Menge $X$ (strikt, gleichmäßig) monotone Funktion häufig nur als (strikt, gleichmäßig) monoton bezeichnen, sofern sich aus dem Zusammenhang ergibt, bezüglich welcher Menge diese Eigenschaft gelten soll.

Unsere Definition einer (strikt) monotonen Funktion entspricht im Falle $n = 1$ offenbar jener einer (strikt) monoton steigenden Funktion aus den üblichen Analysis–Grundkursen.

Als unmittelbare Konsequenz der Definition 3.6 vermerken wir, daß jede gleichmäßig monotone Funktion bereits strikt monoton und jede strikt monotone Funktion ihrerseits monoton ist.

Der folgende Satz liefert nun den schon angedeuteten Zusammenhang zwischen (strikt, gleichmäßig) monotonen und (strikt, gleichmäßig) konvexen Funktionen.

**Satz 3.7.** *Seien $X \subseteq \mathbb{R}^n$ eine offene und konvexe Menge sowie $f : X \to \mathbb{R}$ stetig differenzierbar. Dann gelten:*

*(a) $f$ ist genau dann konvex, wenn $\nabla f$ monoton ist.*
*(b) $f$ ist genau dann strikt konvex, wenn $\nabla f$ strikt monoton ist.*
*(c) $f$ ist genau dann gleichmäßig konvex, wenn $\nabla f$ gleichmäßig monoton ist.*

*Beweis.* Sei $f$ zunächst als gleichmäßig konvex vorausgesetzt. Wegen des Satzes 3.5 (c) existiert dann ein $\mu > 0$, so daß für alle $x, y \in X$ gilt:

$$f(x) - f(y) \geq \nabla f(y)^T(x - y) + \mu\|x - y\|^2$$

und

$$f(y) - f(x) \geq \nabla f(x)^T(y - x) + \mu\|x - y\|^2.$$

Addiert man diese beiden Ungleichungen, so erhält man

$$(x - y)^T(\nabla f(x) - \nabla f(y)) \geq 2\mu\|x - y\|^2, \tag{3.7}$$

d.h., $\nabla f$ ist gleichmäßig monoton.

Analog zeigt man, daß aus der (strikten) Konvexität von $f$ auch die (strikte) Monotonie von $\nabla f$ folgt.

Sei jetzt $\nabla f$ als monoton vorausgesetzt. Seien $x, y \in X$ fest, aber beliebig. Aufgrund des Mittelwertsatzes A.1 existiert dann ein $\vartheta \in (0, 1)$ mit

$$f(x) - f(y) = \nabla f(\xi)^T(x - y), \tag{3.8}$$

wobei

$$\xi := y + \vartheta(x - y) \in X \tag{3.9}$$

gesetzt wurde. Aus der Monotonie von $\nabla f$ sowie (3.9) folgt:

$$\vartheta(x - y)^T(\nabla f(\xi) - \nabla f(y)) = (\xi - y)^T(\nabla f(\xi) - \nabla f(y)) \geq 0. \tag{3.10}$$

Daher ist

$$f(x) - f(y) = (\nabla f(\xi) - \nabla f(y))^T(x - y) + \nabla f(y)^T(x - y) \geq \nabla f(y)^T(x - y)$$

wegen (3.8) und (3.10). Also ist $f$ konvex aufgrund des Satzes 3.5 (a).

Analog ergibt sich aus der strikten Monotonie von $\nabla f$ die strikte Konvexität von $f$.

Sei $\nabla f$ nun gleichmäßig monoton, d.h., es gelte etwa (3.7) für alle $x, y \in X$. Seien $x, y \in X$ gegeben. Sei ferner $m \in \mathbb{N}$ eine zunächst feste, aber beliebige natürliche Zahl. Setze $t_k := \frac{k}{m+1}$ für $k = 0, 1, \ldots, m, m + 1$. Wiederum aufgrund des Mittelwertsatzes A.1 existieren dann Zahlen $\vartheta_k \in (t_k, t_{k+1})$ mit

$$f(y + t_{k+1}(x - y)) - f(y + t_k(x - y)) = (t_{k+1} - t_k)\nabla f(\xi^k)^T(x - y),$$

wobei $\xi^k := y + \vartheta_k(x - y)$ gesetzt wurde. Hieraus folgt

$$f(x) - f(y) = \sum_{k=0}^{m} [f(y + t_{k+1}(x - y)) - f(y + t_k(x - y))]$$

$$= \sum_{k=0}^{m} (t_{k+1} - t_k)\nabla f(\xi^k)^T(x - y)$$

$$= \nabla f(y)^T(x-y) + \sum_{k=0}^{m}(t_{k+1}-t_k)(\nabla f(\xi^k) - \nabla f(y))^T(x-y)$$

$$= \nabla f(y)^T(x-y) + \sum_{k=0}^{m}\frac{(t_{k+1}-t_k)}{\vartheta_k}(\nabla f(\xi^k) - \nabla f(y))^T(\xi^k-y)$$

$$\geq \nabla f(y)^T(x-y) + 2\mu \sum_{k=0}^{m}\frac{(t_{k+1}-t_k)}{\vartheta_k}\|\xi^k-y\|^2$$

$$= \nabla f(y)^T(x-y) + 2\mu\|x-y\|^2 \sum_{k=0}^{m}\vartheta_k(t_{k+1}-t_k).$$

Wegen

$$\sum_{k=0}^{m}\vartheta_k(t_{k+1}-t_k) \geq \sum_{k=0}^{m}t_k(t_{k+1}-t_k) = \frac{1}{(m+1)^2}\sum_{k=0}^{m}k = \frac{1}{2}\frac{m}{m+1}$$

folgt somit

$$f(x) - f(y) \geq \nabla f(y)^T(x-y) + \mu\frac{m}{m+1}\|x-y\|^2.$$

Für $m \to \infty$ ergibt sich

$$f(x) - f(y) \geq \nabla f(y)^T(x-y) + \mu\|x-y\|^2.$$

Also ist $f$ gleichmäßig konvex aufgrund des Satzes 3.5 (c). $\qquad\square$

Mittels des Satzes 3.7 beweisen wir nun das folgende Resultat über zweimal stetig differenzierbare (strikt, gleichmäßig) konvexe Funktionen.

**Satz 3.8.** *Seien $X \subseteq \mathbb{R}^n$ eine offene und konvexe Menge sowie $f : X \to \mathbb{R}^n$ zweimal stetig differenzierbar. Dann gelten:*

*(a) $f$ ist genau dann konvex (auf $X$), wenn $\nabla^2 f(x)$ für alle $x \in X$ positiv semidefinit ist.*

*(b) Ist $\nabla^2 f(x)$ für alle $x \in X$ positiv definit, so ist $f$ strikt konvex (auf $X$).*

*(c) $f$ ist genau dann gleichmäßig konvex (auf $X$), wenn $\nabla^2 f(x)$ gleichmäßig positiv definit auf $X$ ist, d.h., wenn es ein $\mu > 0$ gibt mit*

$$d^T\nabla^2 f(x)d \geq \mu\|d\|^2 \tag{3.11}$$

*für alle $x \in X$ und für alle $d \in \mathbb{R}^n$.*

*Beweis.* Wir beweisen zunächst Teil (c). Sei $f$ gleichmäßig konvex. Wegen Satz 3.7 (c) ist $\nabla f$ dann gleichmäßig monoton. Aus der stetigen Differenzierbarkeit von $\nabla f$ folgt daher mit einer geeigneten Konstanten $\mu > 0$:

$$d^T \nabla^2 f(x) d = d^T \lim_{t \to 0} \frac{\nabla f(x + td) - \nabla f(x)}{t}$$
$$= \lim_{t \to 0} \frac{td^T(\nabla f(x + td) - \nabla f(x))}{t^2}$$
$$\geq \lim_{t \to 0} \frac{1}{t^2} \mu \|td\|^2$$
$$= \mu \|d\|^2$$

für alle $x \in X$ und alle $d \in \mathbb{R}^n$, d.h., $\nabla^2 f(x)$ ist gleichmäßig positiv definit (auf $X$).

Sei umgekehrt (3.11) vorausgesetzt. Aus dem Mittelwertsatz in der Integralform A.3 und der Monotonie des Integrals ergibt sich dann

$$\begin{aligned}
(x - y)^T (\nabla f(x) - \nabla f(y)) &= \int_0^1 (x - y)^T \nabla^2 f(y + \tau(x - y))(x - y) d\tau \\
&\geq \mu \int_0^1 \|x - y\|^2 d\tau \\
&= \mu \|x - y\|^2,
\end{aligned}$$

$$\tag{3.12}$$

d.h., $\nabla f$ ist gleichmäßig monoton auf $X$. Wegen Satz 3.7 (c) ist $f$ selbst daher gleichmäßig konvex auf $X$.

Der Beweis von Teil (a) kann analog erfolgen, indem man einfach $\mu = 0$ setzt.

Zum Nachweis von Teil (b): Sei $\nabla^2 f(z)$ positiv definit für alle $z \in X$. Dann ist $\theta(\tau) := (x - y)^T \nabla^2 f(y + \tau(x - y))(x - y) > 0$ für alle $\tau \in [0, 1]$ und alle $x, y \in X$ mit $x \neq y$. Folglich ist

$$(x - y)^T (\nabla f(x) - \nabla f(y)) = \int_0^1 \theta(\tau) d\tau > 0$$

für alle $x, y \in X$ mit $x \neq y$, vergleiche (3.12). Also ist $\nabla f$ strikt monoton und somit $f$ selbst strikt konvex aufgrund des Satzes 3.7 (b).    $\square$

Man beachte, daß die Umkehrung der Aussage (b) des Satzes 3.8 i.a. nicht gilt; z.B. ist die Funktion $f(x) := x^4$ strikt konvex, aber $\nabla^2 f(0) = 0$ ist nur positiv semidefinit.

Als Vorbereitung für unser nächstes Resultat zeigen wir nun, daß die Levelmengen von gleichmäßig konvexen Funktionen stets kompakt sind. Für eine interessante Verallgemeinerung dieser Aussage verweisen wir auf die Aufgabe 3.6.

**Lemma 3.9.** *Seien* $f : \mathbb{R}^n \to \mathbb{R}$ *stetig differenzierbar,* $x^0 \in \mathbb{R}^n$ *beliebig gegeben, die Levelmenge*

$$\mathcal{L}(x^0) := \{x \in \mathbb{R}^n | f(x) \leq f(x^0)\}$$

*konvex und* $f$ *gleichmäßig konvex auf* $\mathcal{L}(x^0)$. *Dann ist die Menge* $\mathcal{L}(x^0)$ *kompakt.*

*Beweis.* Die Levelmenge $\mathcal{L}(x^0)$ ist per Konstruktion nichtleer. Sei $x \in \mathcal{L}(x^0)$. Dann folgt aus der Definition 3.2 (iii) der gleichmäßigen Konvexität von $f$ auf $\mathcal{L}(x^0)$ mit $\lambda := 1/2$ und einer geeigneten Konstanten $\mu > 0$:

$$\frac{1}{4}\mu\|x - x^0\|^2 \leq \frac{1}{2}\left(f(x) - f(x^0)\right) - \left(f(\tfrac{1}{2}(x + x^0)) - f(x^0)\right)$$

$$\leq -\left(f(\tfrac{1}{2}(x + x^0)) - f(x^0)\right)$$

$$\leq -\frac{1}{2}\nabla f(x^0)^T(x - x^0)$$

$$\leq \frac{1}{2}\|\nabla f(x^0)\|\,\|x - x^0\|,$$

wobei sich die vorletzte Ungleichung aus dem Satz 3.5 (a) ergibt. Hieraus folgt

$$\|x - x^0\| \leq c$$

für alle $x \in \mathcal{L}(x^0)$ mit der Konstanten $c := 2\|\nabla f(x^0)\|/\mu$. Also ist $\mathcal{L}(x^0)$ beschränkt. Aus Stetigkeitsgründen ist die Levelmenge $\mathcal{L}(x^0)$ aber auch abgeschlossen und somit kompakt. $\qquad\square$

Setzt man $f$ als gleichmäßig konvex auf der gesamten Menge $\mathbb{R}^n$ voraus oder auch nur auf einer konvexen Menge $X$, die die Levelmenge $\mathcal{L}(x^0)$ umfaßt, so folgt automatisch, daß die Levelmenge $\mathcal{L}(x^0)$ konvex ist, vergleiche die Aufgabe 3.3. In diesem Fall könnte man also auf die explizit geforderte Voraussetzung der Konvexität von $\mathcal{L}(x^0)$ im Lemma 3.9 verzichten.

Nach diesen mehr einführenden Eigenschaften konvexer Funktionen kehren wir nun zu den Optimierungsproblemen zurück. Das folgende Resultat deutet bereits an, warum die Klasse der (strikt, gleichmäßig) konvexen Funktionen eine große Rolle in der Optimierung spielt.

**Satz 3.10.** *Seien* $f : \mathbb{R}^n \to \mathbb{R}$ *stetig differenzierbar und* $X \subseteq \mathbb{R}^n$ *konvex. Man betrachte das restringierte Optimierungsproblem*

$$\min f(x) \quad u.d.N. \quad x \in X. \tag{3.13}$$

*Dann gelten die folgenden Aussagen:*

(a) *Ist* $f$ *konvex auf* $X$, *so ist die Lösungsmenge von (3.13) konvex (evtl. leer).*

(b) *Ist* $f$ *strikt konvex auf* $X$, *so besitzt (3.13) höchstens eine Lösung.*

(c) *Ist* $f$ *gleichmäßig konvex auf* $X$ *sowie* $X$ *nichtleer und abgeschlossen, so besitzt (3.13) genau eine Lösung.*

*Beweis.* (a) Seien $x^1, x^2$ zwei Lösungen von (3.13), also $f(x^1) = f(x^2) = \min_{x \in X} f(x)$. Für $\lambda \in (0, 1)$ ist dann auch $\lambda x^1 + (1 - \lambda)x^2 \in X$ aufgrund der vorausgesetzten Konvexität von $X$. Aus der Konvexität von $f$ ergibt sich daher:

$$f(\lambda x^1 + (1 - \lambda)x^2) \leq \lambda f(x^1) + (1 - \lambda)f(x^2) = f(x^1) = \min_{x \in X} f(x),$$

d.h., auch $\lambda x^1 + (1 - \lambda)x^2$ ist ein Minimum von (3.13).

(b) Angenommen, das Problem (3.13) besitzt zwei verschiedene Lösungen $x^1, x^2$. Für $\lambda \in (0,1)$ ist dann wieder $\lambda x^1 + (1 - \lambda)x^2 \in X$ und

$$f(\lambda x^1 + (1 - \lambda)x^2) < \lambda f(x^1) + (1 - \lambda)f(x^2) = f(x^1) = \min_{x \in X} f(x)$$

aufgrund der strikten Konvexität von $f$. Dies steht aber im Widerspruch zur Minimalität von $x^1$.

(c) Sei $x^0 \in X$ beliebig gewählt. Wegen Lemma 3.9 ist die Levelmenge $\mathcal{L}(x^0)$ kompakt. Also ist die Menge $X \cap \mathcal{L}(x^0)$ ebenfalls kompakt und per Definition nichtleer. Somit besitzt die stetige Funktion $f$ ein globales Minimum auf der kompakten Menge $X \cap \mathcal{L}(x^0)$, welches offensichtlich auch ein Minimum von (3.13) sein muß. $\qquad\square$

Man beachte, daß das Problem (3.13) selbst bei strikt konvexer Zielfunktion $f$ i.a. keine Lösung besitzt; dies zeigt wieder das Beispiel der Exponentialfunktion $f(x) := \exp(x)$ mit $X := \mathbb{R}$. Ist $f$ dagegen gleichmäßig konvex, aber die Menge $X$ leer, so kann das Problem (3.13) natürlich keine Lösung besitzen. Ist $X$ hingegen nichtleer, aber nicht abgeschlossen, so muß das Problem (3.13) ebenfalls keine Lösung haben. Man betrachte etwa die Zielfunktion $f(x) := x^2$ auf der Menge $X := (0, 1]$.

Als einfache Konsequenz unserer bisherigen Ergebnisse erwähnen wir im nächsten Resultat noch eine Ungleichung für gleichmäßig konvexe Funktionen $f$, die uns später noch nützlich sein wird.

**Lemma 3.11.** *Seien $f : \mathbb{R}^n \to \mathbb{R}$ stetig differenzierbar, $x^0 \in \mathbb{R}^n$, die Levelmenge $\mathcal{L}(x^0)$ konvex, $f$ gleichmäßig konvex auf $\mathcal{L}(x^0)$ und $x^* \in \mathbb{R}^n$ das gemäß Satz 3.10 (c) eindeutige globale Minimum von $f$. Dann existiert ein $\mu > 0$ mit*

$$\mu\|x - x^*\|^2 \leq f(x) - f(x^*)$$

*für alle $x \in \mathcal{L}(x^0)$.*

*Beweis.* Die behauptete Ungleichung ergibt sich aus dem Satz 3.5 (c), da $x^*$ als globales Minimum von $f$ notwendig ein stationärer Punkt von $f$ ist. $\qquad\square$

Die zu Beginn dieses Kapitels bereits angedeutete und für die Optimierung vielleicht wichtigste Eigenschaft konvexer Funktionen ist in dem folgenden Resultat zusammengefaßt. Für eine Verallgemeinerung vergleiche man auch die Aufgabe 3.11.

**Satz 3.12.** *Seien $f : \mathbb{R}^n \to \mathbb{R}$ stetig differenzierbar und konvex sowie $x^* \in \mathbb{R}^n$ ein stationärer Punkt von $f$. Dann ist $x^*$ ein globales Minimum von $f$ auf dem $\mathbb{R}^n$.*

*Beweis.* Aus dem Satz 3.5 (a) folgt

$$f(x) - f(x^*) \geq \nabla f(x^*)^T (x - x^*) = 0$$

und somit

$$f(x) \geq f(x^*)$$

für alle $x \in \mathbb{R}^n$. Also ist $x^*$ ein globales Minimum von $f$.     $\square$

## Aufgaben

**Aufgabe 3.1.** Warum kann man bei einer quadratischen Funktion der Gestalt

$$f(x) := \frac{1}{2} x^T Q x + c^T x + \gamma$$

mit $Q \in \mathbb{R}^{n \times n}, c \in \mathbb{R}^n$ und $\gamma \in \mathbb{R}$ o.B.d.A. davon ausgehen, daß die Matrix $Q$ symmetrisch ist?

**Aufgabe 3.2.** Man beweise die Bemerkung 3.4.

**Aufgabe 3.3.** Sei $f : \mathbb{R}^n \to \mathbb{R}$ konvex. Dann sind die Levelmengen

$$\mathcal{L}_c := \{x \in \mathbb{R}^n | f(x) \leq c\}$$

und

$$\mathcal{L}_c^{\circ} := \{x \in \mathbb{R}^n | f(x) < c\}$$

für jedes feste $c \in \mathbb{R}$ konvex. Ist $\mathcal{L}_c^{\circ}$ gerade das Innere der Menge $\mathcal{L}_c$?

**Aufgabe 3.4.** Seien $X \subseteq \mathbb{R}^n$ konvex und $f : X \to \mathbb{R}$. Dann sind äquivalent:

(a) $f$ ist konvex (auf $X$).
(b) Der sogenannte *Epigraph*

$$\mathrm{Epi}(f) := \{(x, r) \in X \times \mathbb{R} | f(x) \leq r\}$$

ist eine konvexe Teilmenge von $X \times \mathbb{R}$.

**Aufgabe 3.5.** Seien $X \subseteq \mathbb{R}^n$ eine offene und konvexe Menge sowie $f : X \to \mathbb{R}$ konvex. Dann ist $f$ stetig in $X$. Gilt diese Aussage auch für eine abgeschlossene Menge $X$?

**Aufgabe 3.6.** Seien $f : \mathbb{R}^n \to \mathbb{R}$ konvex und die Menge der (globalen) Minima von $f$ auf dem $\mathbb{R}^n$ nichtleer und beschränkt. Man zeige, daß die Levelmenge

$$\mathcal{L}_c := \{x \in \mathbb{R}^n | f(x) \leq c\}$$

für jedes feste $c \in \mathbb{R}$ kompakt ist. (Hinweis: Aufgabe 3.5.)

**Aufgabe 3.7.** Seien $f : \mathbb{R}^n \to \mathbb{R}$ zweimal stetig differenzierbar und $X \subseteq \mathbb{R}^n$ eine kompakte und konvexe Menge. Man beweise die Äquivalenz der beiden folgenden Aussagen:

(a) $f$ ist gleichmäßig konvex auf $X$.

(b) Es existieren Konstanten $\mu_1 > 0$ und $\mu_2 > 0$ mit

$$\mu_1 \|d\|^2 \leq d^T \nabla^2 f(x) d \leq \mu_2 \|d\|^2$$

für alle $d \in \mathbb{R}^n$ und alle $x \in X$.

Man überlege sich, ob diese beiden Aussagen auch äquivalent sind zu

(c) $f$ ist strikt konvex auf $X$.

**Aufgabe 3.8.** Seien $X \subseteq \mathbb{R}^n$ konvex und $f : X \to \mathbb{R}$. Dann sind äquivalent:

(a) $f$ ist gleichmäßig konvex (auf $X$) mit Modulus $\mu > 0$.

(b) Die durch $g(x) := f(x) - \mu\|x\|^2$ definierte Funktion $g : X \to \mathbb{R}$ ist konvex (auf $X$).

**Aufgabe 3.9.** Es gelten die folgenden Aussagen:

(a) Sind $f_i : \mathbb{R}^n \to \mathbb{R}$ konvex und $\alpha_i \geq 0$ für alle $i = 1, \dots, m$, so ist auch die Funktion $f(x) := \sum_{i=1}^m \alpha_i f_i(x)$ konvex.

(b) Ist $g : \mathbb{R}^n \to \mathbb{R}^m$ eine affine Funktion und $f : \mathbb{R}^m \to \mathbb{R}$ konvex, so ist auch $h(x) := f(g(x))$ konvex.

(c) Ist $f : \mathbb{R}^n \to \mathbb{R}$ konvex, so ist auch $g(x) := \max\{0, f(x)\}$ konvex.

(d) Ist $f : \mathbb{R}^n \to \mathbb{R}$ konvex und gilt $f(x) \geq 0$ für alle $x \in \mathbb{R}^n$, so ist auch $g(x) := (f(x))^2$ konvex.

**Aufgabe 3.10.** Seien $\gamma_i > 0$ und $a^i \in \mathbb{R}^n$ für $1 \leq i \leq m$ gegeben. Definiere zwei Funktionen $f, g : \mathbb{R}^n \to \mathbb{R}$ durch

$$f(x) := \sum_{i=1}^m \gamma_i \exp((a^i)^T x) \quad \text{und} \quad g(x) := \ln\left(\sum_{i=1}^m \gamma_i \exp((a^i)^T x)\right).$$

Man zeige, daß $f$ und $g$ konvexe Funktionen sind.

**Aufgabe 3.11.** Seien $X \subseteq \mathbb{R}^n$ eine offene Menge und $f : X \to \mathbb{R}$ stetig differenzierbar. Dann heißt $f$ *pseudokonvex* (auf $X$), falls die Implikation

$$\nabla f(y)^T (x - y) \geq 0 \implies f(x) \geq f(y)$$

für alle $x, y \in X$ gilt.

(a) Man veranschauliche sich die Definition einer pseudokonvexen Funktion im Fall $n = 1$.

(b) Man gebe Beispiele von pseudokonvexen Funktionen an, die nicht konvex sind.

(c) Ist $X$ konvex und $f : X \to \mathbb{R}$ eine stetig differenzierbare konvexe Funktion, so ist $f$ auch pseudokonvex.

(d) Ist $x^*$ ein stationärer Punkt einer pseudokonvexen Funktion $f : \mathbb{R}^n \to \mathbb{R}$, so ist $x^*$ ein globales Minimum von $f$.

**Aufgabe 3.12.** Seien $a, b \in \mathbb{R}^n, \alpha, \beta \in \mathbb{R}, X \subseteq \mathbb{R}^n$ konvex mit der Eigenschaft

$$b^T x + \beta \neq 0 \quad \text{für alle } x \in X$$

sowie $f : X \to \mathbb{R}$ definiert durch

$$f(x) := \frac{a^T x + \alpha}{b^T x + \beta}.$$

Die Funktion $f$ ist pseudokonvex, jedoch i.a. nicht konvex.

# 4. Ein allgemeines Abstiegsverfahren

In diesem Kapitel beschreiben wir ein allgemeines Abstiegsverfahren zur Lösung des Problems

$$\min f(x), \quad x \in \mathbb{R}^n, \tag{4.1}$$

wobei $f : \mathbb{R}^n \to \mathbb{R}$ eine stetig differenzierbare Funktion ist. Die zentrale Idee dieses Abstiegsverfahrens läßt sich sehr leicht beschreiben: Ist man an einem Punkt $x \in \mathbb{R}^n$ angelangt, so sucht man sich eine Richtung $d \in \mathbb{R}^n$ aus, in der es bergab geht. Entlang dieser Richtung geht man dann solange, bis man den Funktionswert von $f$ hinreichend verkleinert hat.

Das soeben angedeutete Verfahren soll jetzt etwas formaler eingeführt werden. Dazu benötigen wir zunächst den Begriff der Abstiegsrichtung.

**Definition 4.1.** *Seien $f : \mathbb{R}^n \to \mathbb{R}$ und $x \in \mathbb{R}^n$. Ein Vektor $d \in \mathbb{R}^n$ heißt* Abstiegsrichtung *von $f$ im Punkte $x$, wenn es ein $\bar{t} > 0$ gibt mit*

$$f(x + td) < f(x)$$

*für alle $t \in (0, \bar{t}]$.*

Das folgende Lemma liefert ein hinreichendes Kriterium für das Vorliegen einer Abstiegsrichtung. Die Beweistechnik für dieses Resultat ist uns auch schon beim Satz 2.1 begegnet.

**Lemma 4.2.** *Seien $f : \mathbb{R}^n \to \mathbb{R}$ stetig differenzierbar, $x \in \mathbb{R}^n$ und $d \in \mathbb{R}^n$ mit $\nabla f(x)^T d < 0$. Dann ist $d$ eine Abstiegsrichtung von $f$ in $x$.*

*Beweis.* Da $f$ nach Voraussetzung stetig differenzierbar ist, ergibt sich für die Richtungsableitung $f'(x; d)$ von $f$ in $x$ in Richtung $d$:

$$f'(x; d) = \lim_{t \to 0+} \frac{f(x + td) - f(x)}{t} = \nabla f(x)^T d < 0.$$

Also gilt

$$\frac{f(x + td) - f(x)}{t} < 0$$

für alle $t > 0$ hinreichend klein, woraus sich die Behauptung unmittelbar ergibt. $\qquad\square$

Die Voraussetzung von Lemma 4.2 bedeutet anschaulich, daß der Winkel zwischen $d$ und dem negativen Gradienten $-\nabla f(x)$ kleiner als $90^o$ ist (vgl. Abbildung 4.1 für den Fall $n = 2$; man beachte, daß $-\nabla f(x)$ im Punkt $x$ senkrecht auf der durch $x$ verlaufenden Höhenlinie $\{z \in \mathbb{R}^2 \mid f(z) = f(x)\}$ von $f$ steht).

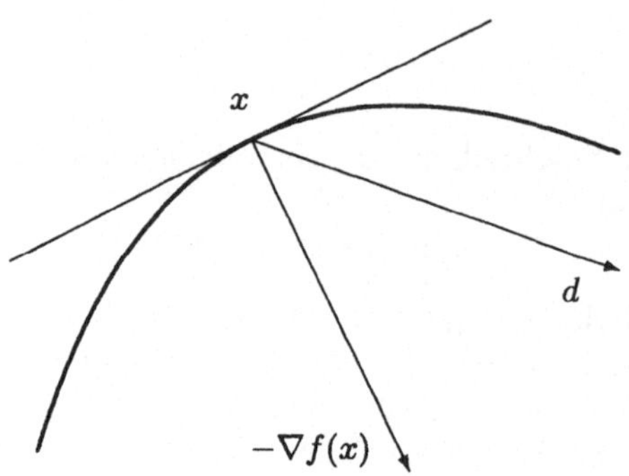


**Abb. 4.1.** Abstiegsrichtung

Man beachte, daß das Kriterium im Lemma 4.2 zwar hinreichend, nicht jedoch notwendig ist. Beispielsweise kann $x \in \mathbb{R}^n$ ein striktes lokales Maximum von $f$ sein, so daß alle Richtungen $d \in \mathbb{R}^n$ mit $d \neq 0$ Abstiegsrichtungen im Sinne der Definition 4.1 sind. Hingegen gibt es dann kein $d \in \mathbb{R}^n$ mit $\nabla f(x)^T d < 0$, denn das lokale Maximum $x$ ist natürlich insbesondere ein stationärer Punkt von $f$.

Trotzdem wird das hinreichende Kriterium aus dem Lemma 4.2 manchmal sogar als Definition für eine Abstiegsrichtung benutzt. In der Tat spielt das Kriterium aus dem Lemma 4.2 auch in diesem Buch eine größere Rolle als die eigentliche Definition einer Abstiegsrichtung.

**Beispiel 4.3.** *Seien $f : \mathbb{R}^n \to \mathbb{R}$ stetig differenzierbar und $x \in \mathbb{R}^n$. Ist $x$ noch kein stationärer Punkt von $f$, so ist $d := -\nabla f(x)$ wegen Lemma 4.2 eine Abstiegsrichtung von $f$ in $x$. Etwas allgemeiner: Ist $B \in \mathbb{R}^{n \times n}$ eine symmetrische und positiv definite Matrix, so ist $d := -B\nabla f(x)$ ebenfalls eine Abstiegsrichtung von $f$ in $x$.*

Nach diesen Vorbereitungen sind wir nun in der Lage, die eingangs beschriebene Idee als allgemeines Abstiegsverfahren zu formulieren.

**Algorithmus 4.4.** *(Allgemeines Abstiegsverfahren)*

*(S.0) Wähle $x^0 \in \mathbb{R}^n$, und setze $k := 0$.*
*(S.1) Genügt $x^k$ einem geeigneten Abbruchkriterum: STOP.*

*(S.2) Bestimme eine Abstiegsrichtung $d^k$ von $f$ in $x^k$.*
*(S.3) Bestimme eine Schrittweite $t_k > 0$ mit $f(x^k + t_k d^k) < f(x^k)$.*
*(S.4) Setze $x^{k+1} := x^k + t_k d^k$, $k \leftarrow k + 1$, und gehe zu (S.1).*

Bei der nachfolgenden Konvergenzanalyse des Algorithmus 4.4 werden wir implizit davon ausgehen, daß stets eine unendliche Folge $\{x^k\}$ erzeugt wird. Eine entsprechende Konvention wird für alle später noch zu beschreibenden Verfahren ebenfalls gemacht werden.

Der Algorithmus 4.4 besitzt große Freiheitsgrade in der genauen Bestimmung der Abstiegsrichtung $d^k$ sowie der Schrittweite $t_k$. Im folgenden wollen wir zwei globale Konvergenzsätze für den Algorithmus 4.4 beweisen, die unter gewissen Voraussetzungen an die Qualität der Abstiegsrichtung $d^k$ und der Schrittweite $t_k$ zeigen, daß jeder Häufungspunkt einer durch den Algorithmus 4.4 erzeugten Folge $\{x^k\}$ zumindest ein stationärer Punkt von $f$ ist.

Im folgenden bezeichnen wir eine Abbildung $T$ vom $\mathbb{R}^n \times \mathbb{R}^n$ in die Potenzmenge der positiven reellen Zahlen, also eine Abbildung, die jedem Paar $(x, d) \in \mathbb{R}^n \times \mathbb{R}^n$ eine Teilmenge $T(x, d)$ des $\mathbb{R}_{++}$ zuordnet, als eine *Schrittweitenstrategie* oder auch als *Schrittweitenregel*. Wir nennen eine solche Schrittweitenregel (unter gewissen Voraussetzungen) *wohldefiniert*, wenn (unter diesen Voraussetzungen) die Menge $T(x, d)$ für jedes Paar $(x, d) \in \mathbb{R}^n \times \mathbb{R}^n$ mit $\nabla f(x)^T d < 0$ nichtleer ist.

Eine für die Konvergenzanalyse nützliche Eigenschaft einer Schrittweitenstrategie wird in der folgenden Definition angegeben. Diese Definition geht auf die Arbeit [117] von Warth und Werner zurück, siehe auch Werner [118, 119].

**Definition 4.5.** *Seien $f : \mathbb{R}^n \to \mathbb{R}$ stetig differenzierbar, $x \in \mathbb{R}^n$ und $d \in \mathbb{R}^n$ eine Abstiegsrichtung von $f$ in $x$. Eine Schrittweitenstrategie $T$ heißt* effizient *, falls es eine von $x$ und $d$ unabhängige Konstante $\theta > 0$ gibt mit*

$$f(x + td) \leq f(x) - \theta \left( \frac{\nabla f(x)^T d}{\|d\|} \right)^2$$

*für alle $t \in T(x, d)$.*

Als Motivation für die Definition einer effizienten Schrittweitenregel verweisen wir auf die Aufgabe 4.3.

Verschiedene Beispiele von (effizienten) Schrittweitenstrategien $T$ werden wir im nächsten Kapitel behandeln. Im folgenden wird eine Schrittweite $t > 0$ häufig selbst als *effizient* bezeichnet, wenn sie mittels einer effizienten Schrittweitenstrategie $T$ berechnet wurde.

Wir beweisen nun einen ersten globalen Konvergenzsatz für das allgemeine Abstiegsverfahren 4.4.

**Satz 4.6.** *Seien $f : \mathbb{R}^n \to \mathbb{R}$ stetig differenzierbar und $\{x^k\}$ eine durch den Algorithmus 4.4 erzeugte Folge derart, daß die beiden folgenden Bedingungen erfüllt sind:*

*(a) Es existiert eine Konstante $c > 0$ mit*

$$-\frac{\nabla f(x^k)^T d^k}{\|\nabla f(x^k)\| \, \|d^k\|} \geq c$$

*für alle $k \in \mathbb{N}$ (dies ist die sogenannte* Winkelbedingung*);*
*(b) Die Schrittweiten $t_k > 0$ sind effizient für alle $k \in \mathbb{N}$.*

*Dann ist jeder Häufungspunkt der Folge $\{x^k\}$ ein stationärer Punkt von $f$.*

**Beweis.** Da jedes $t_k > 0$ effizient ist, existiert eine Konstante $\theta > 0$ mit

$$f(x^{k+1}) = f(x^k + t_k d^k) \leq f(x^k) - \theta \left( \frac{\nabla f(x^k)^T d^k}{\|d^k\|} \right)^2$$

für alle $k \in \mathbb{N}$. Aus der Winkelbedingung folgt somit

$$f(x^{k+1}) \leq f(x^k) - \kappa \|\nabla f(x^k)\|^2 \qquad (4.2)$$

mit $\kappa := \theta c^2$. Sei nun $x^*$ ein Häufungspunkt der Folge $\{x^k\}$. Da $\{f(x^k)\}$ monoton fällt und auf einer Teilfolge gegen $f(x^*)$ konvergiert, konvergiert die gesamte Folge $\{f(x^k)\}$ gegen $f(x^*)$. Insbesondere ist daher

$$f(x^{k+1}) - f(x^k) \to 0.$$

Folglich ergibt sich aus (4.2) unmittelbar

$$\|\nabla f(x^k)\| \to 0;$$

jeder Häufungspunkt der Folge $\{x^k\}$ ist somit ein stationärer Punkt von $f$.

$\square$

Man beachte, daß die Winkelbedingung insbesondere für die Richtung $d^k :=$ $-\nabla f(x^k)$ des steilsten Abstiegs erfüllt ist; weitere Beispiele von Richtungen, die der Winkelbedingung genügen, werden uns noch im Laufe der weiteren Untersuchungen in den folgenden Kapiteln begegnen.

Bezeichnen wir mit $\varphi_k$ den Winkel zwischen der Suchrichtung $d^k$ und dem negativen Gradienten $-\nabla f(x^k)$, so gilt bekanntlich

$$\cos \varphi_k = -\frac{\nabla f(x^k)^T d^k}{\|\nabla f(x^k)\| \, \|d^k\|}.$$

Ist dieser Winkel kleiner als $90°$, so ist nach Lemma 4.2 der Vektor $d^k$ eine Abstiegsrichtung. Die im Satz 4.6 vorausgesetzte Winkelbedingung besagt nun, daß der Winkel zwischen $d^k$ und $-\nabla f(x^k)$ gleichmäßig von $90°$ weg beschränkt bleibt.

Im folgenden Satz geben wir noch ein weiteres globales Konvergenzresultat für das allgemeine Abstiegsverfahren 4.4 an, wo die Winkelbedingung durch die sogenannte Zoutendijk–Bedingung dahingehend abgeschwächt wird, daß sich der Winkel zwischen $d^k$ und $-\nabla f(x^k)$ zwar 90° annähern darf, daß dies aber nicht zu schnell geschehen sollte. Allerdings sind die Voraussetzungen an die Funktion $f$ im nachstehenden Resultat wesentlich schärfer als beim Satz 4.6. Andererseits wollen wir an dieser Stelle auch nicht verschweigen, daß man zum Nachweis der im Satz 4.6 geforderten Effizienz einer Schrittweite $t_k$ ebenfalls gewisse Voraussetzungen an die Funktion $f$ stellen muß. Mehr dazu im nächsten Kapitel.

**Satz 4.7.** *Seien $f : \mathbb{R}^n \to \mathbb{R}$ stetig differenzierbar, die Levelmenge $\mathcal{L}(x^0) := \{x \in \mathbb{R}^n \mid f(x) \le f(x^0)\}$ konvex und $f$ gleichmäßig konvex auf $\mathcal{L}(x^0)$. Sei $\{x^k\}$ eine durch das Abstiegsverfahren 4.4 erzeugte Folge derart, daß die beiden folgenden Bedingungen erfüllt sind:*

*(a) Es ist $\sum_{k=0}^{\infty} \delta_k = \infty$, wobei*

$$\delta_k := \left( \frac{\nabla f(x^k)^T d^k}{\|\nabla f(x^k)\|\, \|d^k\|} \right)^2$$

*(dies ist die sogenannte Zoutendijk–Bedingung);*
*(b) Die Schrittweiten $t_k > 0$ sind effizient für alle $k \in \mathbb{N}$.*

*Dann konvergiert die Folge $\{x^k\}$ gegen das eindeutig bestimmte globale Minimum von (4.1).*

*Beweis.* Da jedes globale Minimum von $f$ auf dem $\mathbb{R}^n$ notwendig in der Levelmenge $\mathcal{L}(x^0)$ liegen muß, besitzt $f$ aufgrund des Satzes 3.10 (c) genau ein globales Minimum. Sei $x^*$ dieses globale Minimum.

Sei $\mu > 0$ die Konstante aus der Definition der gleichmäßigen Konvexität von $f$ auf $\mathcal{L}(x^0)$. Aus der trivialen Ungleichung

$$\| \sqrt{\mu/2}(x^* - x^k) + \sqrt{1/(2\mu)}\nabla f(x^k) \|^2 \ge 0$$

folgt nach kurzer Rechnung

$$-\frac{1}{2\mu}\|\nabla f(x^k)\|^2 \le \frac{\mu}{2}\|x^* - x^k\|^2 + \nabla f(x^k)^T(x^* - x^k).$$

Zusammen mit Satz 3.5 (c) ergibt sich daher

$$-\frac{1}{2\mu}\|\nabla f(x^k)\|^2 \le f(x^*) - f(x^k)$$

für alle $k \in \mathbb{N}$. Aus der Effizienz der Schrittweite $t_k$ folgt somit für ein $\theta > 0$ :

$$\begin{aligned}
f(x^{k+1}) &= f(x^k + t_k d^k) \\
&\le f(x^k) - \theta \left( \frac{\nabla f(x^k)^T d^k}{\|d^k\|} \right)^2 \\
&= f(x^k) - \theta\|\nabla f(x^k)\|^2 \delta_k \\
&\le f(x^k) - 2\mu\theta\delta_k(f(x^k) - f(x^*)).
\end{aligned}$$

Also ist

$$0 \leq f(x^{k+1}) - f(x^*)$$
$$= f(x^{k+1}) - f(x^k) + f(x^k) - f(x^*)$$
$$\leq (1 - 2\mu\theta\delta_k)(f(x^k) - f(x^*)).$$

Durch Zurückspulen erhält man daher unter Ausnutzung der bekannten Ungleichung $\exp(\alpha) \geq 1 + \alpha$ für jedes $\alpha \in \mathbb{R}$:

$$0 \leq f(x^{k+1}) - f(x^*)$$
$$\leq \prod_{j=0}^{k}(1 - 2\mu\theta\delta_j)(f(x^0) - f(x^*))$$
$$\leq \prod_{j=0}^{k}\exp(-2\mu\theta\delta_j)(f(x^0) - f(x^*))$$
$$= \exp(-2\mu\theta\sum_{j=0}^{k}\delta_j)(f(x^0) - f(x^*)).$$

Wegen $\sum_{j=0}^{k}\delta_j \to \infty$ für $k \to \infty$ ergibt sich hieraus die Konvergenz von $\{f(x^k)\}$ gegen $f(x^*)$. Aus Lemma 3.11 folgt

$$f(x^k) - f(x^*) \geq \mu\|x^k - x^*\|^2$$

für alle $k \in \mathbb{N}$ und damit auch die Konvergenz von $\{x^k\}$ gegen $x^*$.    $\square$

Die in der Voraussetzung (a) des Satzes 4.7 benutzte Bedingung geht auf Zoutendijk [125] zurück und ist daher nach ihm benannt.

Wir betonen abschließend, daß die beiden Konvergenzsätze 4.6 und 4.7 in den nachfolgenden Abschnitten von fundamentaler Bedeutung sind und insbesondere in den Kapiteln 11, 12 und 13 zum Nachweis der globalen Konvergenz verschiedener Abstiegsverfahren benutzt werden.

## Aufgaben

**Aufgabe 4.1.** Bricht das Abstiegsverfahren 4.4 nicht nach endlich vielen Schritten ab und ist $x^*$ ein Häufungspunkt einer durch dieses Verfahren konstruierten Folge, so ist $x^*$ kein lokales Maximum von $f$. Gilt diese Aussage auch, wenn der Algorithmus nach endlich vielen Schritten in einem Punkt $x^*$ abbricht?

**Aufgabe 4.2.** Seien $f : \mathbb{R}^n \to \mathbb{R}$ stetig differenzierbar und $\{x^k\} \subseteq \mathbb{R}^n$ eine durch das allgemeine Abstiegsverfahren 4.4 erzeugte Folge. Sind $x^*$ und $x^{**}$ zwei Häufungspunkte der Folge $\{x^k\}$, so gilt $f(x^*) = f(x^{**})$.

**Aufgabe 4.3.** Sei $f : \mathbb{R}^n \to \mathbb{R}$ die quadratische Funktion

$$f(x) := \frac{1}{2} x^T Q x + c^T x + \gamma$$

mit einer symmetrischen und positiv definiten Matrix $Q \in \mathbb{R}^{n \times n}, c \in \mathbb{R}^n$ und $\gamma \in \mathbb{R}$. Seien $x \in \mathbb{R}^n$ und $d \in \mathbb{R}^n$ mit $\nabla f(x)^T d < 0$ beliebig gegeben. Man zeige:

(a) Die Schrittweite

$$t_{\min} := -\frac{\nabla f(x)^T d}{d^T Q d}$$

liefert den stärksten Abstieg von $f$ entlang der Richtung $d$, d.h., es ist

$$f(x + t_{\min} d) \leq f(x + t d)$$

für alle $t \in \mathbb{R}$; für $t \neq t_{\min}$ gilt dabei sogar die strikte Ungleichung.

(b) Es existiert eine von $x$ und $d$ unabhängige Konstante $\theta > 0$ mit

$$f(x + t_{\min} d) \leq f(x) - \theta \left( \frac{\nabla f(x)^T d}{\|d\|} \right)^2,$$

d.h., die Schrittweite $t_{\min}$ ist effizient. (Hinweis: Lemma B.4.)

(Bemerkung: Eine Verallgemeinerung dieses Resultates findet sich in der Aufgabe 5.7.)

**Aufgabe 4.4.** Seien $f : \mathbb{R}^n \to \mathbb{R}$ stetig differenzierbar und $\{x^k\} \subseteq \mathbb{R}^n$ eine durch das allgemeine Abstiegsverfahren 4.4 erzeugte Folge derart, daß die folgenden drei Bedingungen erfüllt sind:

(a) Es existiert eine Konstante $c > 0$ mit

$$-\frac{\nabla f(x^k)^T d^k}{\|\nabla f(x^k)\| \, \|d^k\|} \geq c$$

für alle $k \in \mathbb{N}$, d.h., es gilt die Winkelbedingung;

(b) Die Schrittweiten $t_k > 0$ sind effizient für alle $k \in \mathbb{N}$;

(c) Es gilt $\lim_{k \to \infty} \|x^{k+1} - x^k\| = 0$.

Ist die Levelmenge $\mathcal{L}(x^0) := \{ x \in \mathbb{R}^n \,|\, f(x) \leq f(x^0) \}$ kompakt und besitzt die Zielfunktion $f$ nur endlich viele stationäre Punkte in dieser Levelmenge, so konvergiert die gesamte Folge $\{x^k\}$ gegen einen dieser stationären Punkte.

**Aufgabe 4.5.** Seien $f : \mathbb{R}^n \to \mathbb{R}$ stetig differenzierbar und $\{x^k\}$ eine durch den Algorithmus 4.4 erzeugte Folge derart, daß die beiden folgenden Bedingungen erfüllt sind:

(a) Es gilt die Zoutendijk–Bedingung aus Satz 4.7;

(b)  Die Schrittweiten $t_k > 0$ sind effizient für alle $k \in \mathbb{N}$.

Ist dann die Folge $\{x^k\}$ konvergent gegen einen Punkt $x^*$, so ist $x^*$ ein stationärer Punkt von $f$.

Die beiden folgenden Aufgaben werden im Kapitel 12 benötigt und dort auch bewiesen. Dem Leser sei aber empfohlen, diese beiden Aufgaben selbständig zu beweisen, zumal sie sehr gut in das Konzept dieses Kapitels passen.

**Aufgabe 4.6.** Sei $\{H_k\} \subseteq \mathbb{R}^{n \times n}$ eine Folge symmetrischer und positiv definiter Matrizen. Dann sind die folgenden Aussagen äquivalent:

(a)  Die Folgen $\{H_k\}$ und $\{H_k^{-1}\}$ sind beschränkt.
(b)  Es existieren Konstanten $c_1 > 0$ und $c_2 > 0$ mit

$$c_1 \|d\|^2 \le d^T H_k d \le c_2 \|d\|^2$$

für alle $d \in \mathbb{R}^n$ und alle $k \in \mathbb{N}$.
(c)  Es existieren Konstanten $c_3 > 0$ und $c_4 > 0$ mit

$$c_3 \|d\|^2 \le d^T H_k^{-1} d \le c_4 \|d\|^2$$

für alle $d \in \mathbb{R}^n$ und alle $k \in \mathbb{N}$.

(Hinweis: Man verwende den Spektralsatz B.3 aus dem Anhang B.)

**Aufgabe 4.7.** Seien $f : \mathbb{R}^n \to \mathbb{R}$ stetig differenzierbar, $\{x^k\} \subseteq \mathbb{R}^n$, $\{H_k\} \subseteq \mathbb{R}^{n \times n}$ eine Folge symmetrischer und positiv definiter Matrizen mit $\{H_k\}$ und $\{H_k^{-1}\}$ beschränkt sowie $\{d^k\}$ definiert durch $d^k := -H_k^{-1} \nabla f(x^k)$. Dann genügt die Folge $\{d^k\}$ der Winkelbedingung, d.h., es existiert eine Konstante $c > 0$ mit

$$\frac{-\nabla f(x^k)^T d^k}{\|\nabla f(x^k)\| \, \|d^k\|} \ge c$$

für alle $k \in \mathbb{N}$. (Hinweis: Aufgabe 4.6.)

Ein Beweis der folgenden Aufgabe befindet sich implizit in den Ausführungen am Ende des Abschnittes 11.5.

**Aufgabe 4.8.** Seien $f : \mathbb{R}^n \to \mathbb{R}$ stetig differenzierbar, die Levelmenge $\mathcal{L}(x^0) := \{x \in \mathbb{R}^n \,|\, f(x) \le f(x^0)\}$ konvex und $f$ gleichmäßig konvex auf $\mathcal{L}(x^0)$. Sei $\{x^k\}$ eine durch das Abstiegsverfahren 4.4 erzeugte Folge derart, daß die beiden folgenden Bedingungen erfüllt sind:

(a)  Es existiert eine Konstante $\delta > 0$ mit

$$\sum_{j=0}^{k} \delta_j \ge \delta(k+1)$$

für alle $k \in \mathbb{N}$, wobei

$$\delta_j := \left( \frac{\nabla f(x^j)^T d^j}{\|\nabla f(x^j)\| \, \|d^j\|} \right)^2 .$$

(b)  Die Schrittweiten $t_k > 0$ sind effizient für alle $k \in \mathbb{N}$.

Dann konvergiert die Folge $\{x^k\}$ gegen das eindeutig bestimmte globale Minimum $x^*$ der Funktion $f$, und es existieren Konstanten $c > 0$ und $q \in (0,1)$ mit

$$\|x^k - x^*\| \leq cq^k \tag{4.3}$$

für alle $k \in \mathbb{N}$. (Bemerkung: Eine Folge $\{x^k\}$ mit der Eigenschaft (4.3) heißt *R–linear* konvergent gegen $x^*$.)

# 5. Schrittweitenstrategien

Im vorhergehenden Kapitel haben wir die globalen Konvergenzeigenschaften eines allgemeinen Abstiegsverfahrens untersucht. Dieses Abstiegsverfahren besitzt insbesondere in der Wahl der Schrittweite $t_k > 0$ und der Abstiegsrichtung $d^k$ große Freiheitsgrade. Während wir die Konstruktion geeigneter Abstiegsrichtungen in den Kapiteln 8 bis 13 behandeln werden, gehen wir in diesem und dem nächsten Kapitel zunächst auf das Problem der Bestimmung geeigneter Schrittweiten ein.

Zunächst sei bemerkt, daß die Schrittweite $t_{\min}$ mit $f(x + t_{\min}d) = \min_{t \geq 0} f(x + td)$ („Minimierungsregel") unter gewissen Voraussetzungen an $f$ effizient ist (vgl. Aufgabe 5.7). Jedoch ist sie, abgesehen von Sonderfällen wie einer quadratischen Zielfunktion $f$ (siehe Aufgabe 4.3), nicht in endlich vielen Schritten berechenbar. Wir werden deshalb drei „realisierbare" Schrittweitenregeln vorstellen, nämlich die Armijo–Regel, die Wolfe–Powell–Regel und die strenge Wolfe–Powell–Regel. Weitere Schrittweitenstrategien werden in den Aufgaben 5.3 bis 5.7 besprochen.

Die Armijo–Regel wird insbesondere beim Newton–Verfahren und seinen Varianten benutzt. Die Wolfe–Powell–Schrittweitenstrategie hingegen spielt bei den Quasi–Newton–Verfahren eine große Rolle, während die strenge Wolfe–Powell–Regel bei den CG–Verfahren wieder auftauchen wird.

Wir beginnen zunächst mit der Armijo–Regel.

## 5.1 Armijo–Regel

Sei $f : \mathbb{R}^n \to \mathbb{R}$ stetig differenzierbar. Die Zahlen $\sigma \in (0, 1), \beta \in (0, 1)$ seien für das gesamte Abstiegsverfahren (Algorithmus 4.4) fest vorgegeben. Zu $x \in \mathbb{R}^n$ und $d \in \mathbb{R}^n$ mit $\nabla f(x)^T d < 0$ bestimme $t := \max\{\beta^\ell \,|\, \ell = 0, 1, 2, \ldots\}$, so daß gilt

$$f(x + td) \leq f(x) + \sigma t \nabla f(x)^T d. \tag{5.1}$$

Zur Berechnung von $t$ hat man also die Ungleichung (5.1) nacheinander für $t = \beta^\ell, \ell = 0, 1, 2, \ldots$, zu überprüfen und bei ihrer erstmaligen Gültigkeit abzubrechen. Die in der Definition des Begriffs Schrittweitenstrategie aufgetretene Menge $T(x, d)$ enthält bei der Armijo–Regel somit höchstens ein Element.

Zur Veranschaulichung setzen wir $\varphi(t) := f(x + td)$. Damit lautet die Armijo–Bedingung (5.1), die häufig auch (wegen des Auftretens bei der sog. Goldstein–Regel, vgl. Aufgabe 5.5) als Armijo–Goldstein–Bedingung bezeichnet wird:

$$\varphi(t) \leq \varphi(0) + \sigma t \varphi'(0).$$

Aus dem Bereich, in dem der Graph von $\varphi$ unterhalb der „Armijo–Goldstein–Geraden" durch $(0, \varphi(0))$ mit Steigung $\sigma\varphi'(0)$ verläuft, ist somit als Schrittweite $t$ die größte der Zahlen $\beta^\ell$, $\ell = 0, 1, 2, \ldots$, zu nehmen (vgl. Abbildung 5.1).

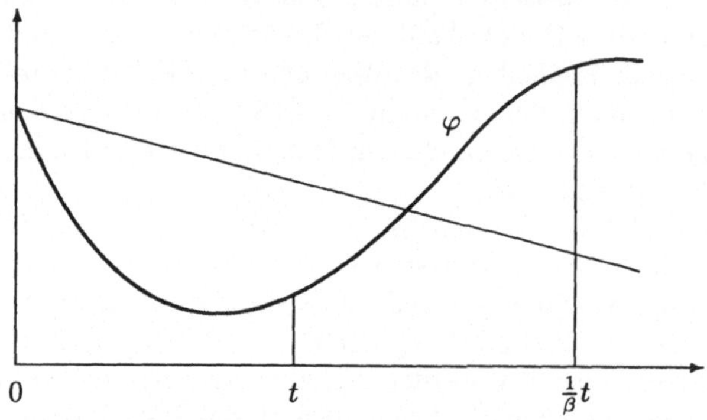


**Abb. 5.1.** Armijo-Schrittweite

Wir beweisen nun die Wohldefiniertheit der Armijo–Regel.

**Satz 5.1.** *Seien $f : \mathbb{R}^n \to \mathbb{R}$ stetig differenzierbar und $\sigma \in (0,1), \beta \in (0,1)$ fest vorgegeben. Zu $x \in \mathbb{R}^n$ und $d \in \mathbb{R}^n$ mit $\nabla f(x)^T d < 0$ existiert dann ein endliches $\ell \in \mathbb{N}$ mit*

$$f(x + \beta^\ell d) \leq f(x) + \sigma\beta^\ell \nabla f(x)^T d,$$

*d.h., die Armijo–Regel ist wohldefiniert.*

*Beweis.* Angenommen, für alle $\ell \in \mathbb{N}$ gilt

$$f(x + \beta^\ell d) > f(x) + \sigma\beta^\ell \nabla f(x)^T d.$$

Dann ist auch

$$\frac{f(x + \beta^\ell d) - f(x)}{\beta^\ell} > \sigma\nabla f(x)^T d.$$

Für $\ell \to \infty$ ergibt sich daher aus der Differenzierbarkeit von $f$:

$$\nabla f(x)^T d \geq \sigma\nabla f(x)^T d.$$

Wegen $\sigma \in (0,1)$ folgt daher

$$\nabla f(x)^T d \geq 0.$$

Dies widerspricht jedoch der Voraussetzung unseres Satzes. $\qquad\square$

**Bemerkung 5.2.** *Die Armijo–Regel wird häufig auch in der folgenden Variante dargestellt: Sei $s > 0$ ein Skalierungsfaktor, und bestimme $t = \max\{s\beta^\ell \mid \ell = 0, 1, 2, \ldots\}$ mit*

$$f(x + td) \leq f(x) + \sigma t \nabla f(x)^T d.$$

*Der Satz 5.1 läßt sich offenbar unmittelbar auf diese „skalierte" Armijo–Regel übertragen. Da in unseren Anwendungen aber meistens $s = 1$ sein wird, wollen wir auf die skalierte Armijo–Regel hier nicht weiter eingehen, verweisen aber auf die Aufgabe 5.3 für eine interessante Aussage bei geeigneter Wahl des Skalierungsfaktors $s > 0$.*

## 5.2 Wolfe–Powell–Schrittweitenstrategie

Sei $f : \mathbb{R}^n \to \mathbb{R}$ stetig differenzierbar, und seien die Zahlen $\sigma \in (0, \frac{1}{2})$, $\rho \in [\sigma, 1)$ fest vorgegeben. Zu $x, d \in \mathbb{R}^n$ mit $\nabla f(x)^T d < 0$ bestimme man ein $t > 0$ mit

$$f(x + td) \leq f(x) + \sigma t \nabla f(x)^T d \tag{5.2}$$

und

$$\nabla f(x + td)^T d \geq \rho \nabla f(x)^T d. \tag{5.3}$$

Zur Veranschaulichung setzen wir wieder $\varphi(t) := f(x + td)$. Damit lauten die Wolfe–Powell–Bedingungen (5.2), (5.3):

$$\varphi(t) \leq \varphi(0) + \sigma t \varphi'(0)$$

und

$$\varphi'(t) \geq \rho \varphi'(0).$$

Die Schrittweite ist somit aus einem Bereich zu wählen, in welchem einerseits der Graph von $\varphi$ unterhalb der „Armijo–Goldstein–Geraden" durch $(0, \varphi(0))$ mit Steigung $\varphi'(0)$ verläuft, und in dem andererseits, grob gesprochen, der Graph von $\varphi$ nicht mehr so steil wie in der Nähe von $t = 0$ abfällt oder bereits ansteigt (vgl. Abbildung 5.2; man beachte, daß auch weiter rechts noch zu $T_{WP}$ gehörende Intervalle liegen können; dies hat beweistechnische Schwierigkeiten zur Folge, vgl. Beweis von Satz 5.3).

Die Vorgabe $\sigma < \frac{1}{2}$ ergibt sich aus dem Wunsch, das exakte Minimum einer quadratischen Funktion $\varphi$ als Wolfe–Powell–Schrittweite zu akzeptieren.

Wir zeigen im folgenden, daß die Wolfe–Powell–Schrittweitenstrategie unter gewissen Voraussetzungen wohldefiniert und effizient ist.

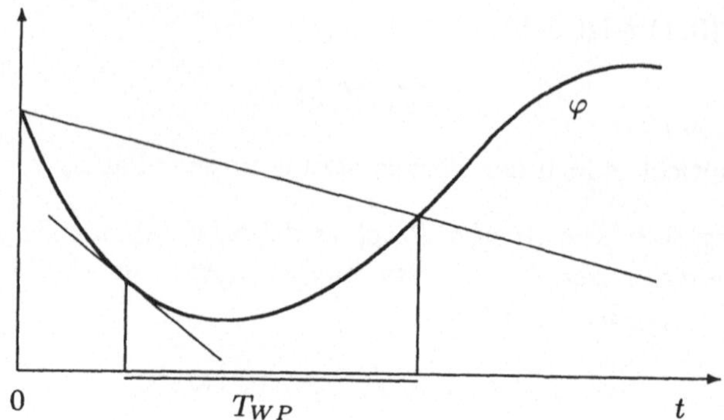

**Abb. 5.2.** Wolfe–Powell–Schrittweiten

**Satz 5.3.** *Seien $f : \mathrm{I\!R}^n \to \mathrm{I\!R}$ stetig differenzierbar sowie $\sigma \in (0, \frac{1}{2}), \rho \in [\sigma, 1)$ und $x^0 \in \mathrm{I\!R}^n$ fest vorgegeben. Zu $x \in \mathcal{L}(x^0) := \{z \in \mathrm{I\!R}^n |\, f(z) \leq f(x^0)\}$ und $d \in \mathrm{I\!R}^n$ mit $\nabla f(x)^T d < 0$ sei*

$$T_{WP}(x, d) := \{t > 0|\, f(x + td) \leq f(x) + \sigma t \nabla f(x)^T d \text{ und}$$
$$\nabla f(x + td)^T d \geq \rho \nabla f(x)^T d\}$$

*die Menge der Wolfe–Powell–Schrittweiten in $x$ in Richtung $d$. Dann gelten:*

*(a) Ist $f$ nach unten beschränkt, so ist $T_{WP}(x, d) \neq \emptyset$, d.h., die Wolfe–Powell–Schrittweitenstrategie ist wohldefiniert.*

*(b) Ist außerdem der Gradient $\nabla f$ auf der Levelmenge $\mathcal{L}(x^0)$ Lipschitz-stetig, so existiert eine Konstante $\theta > 0$ (unabhängig von $x$ und $d$) mit*

$$f(x + td) \leq f(x) - \theta \left( \frac{\nabla f(x)^T d}{\|d\|} \right)^2$$

*für alle $t \in T_{WP}(x, d)$, d.h., die Wolfe–Powell–Schrittweitenstrategie ist effizient.*

*Beweis.* Teil (a) wird sich aus dem Beweis des nachfolgenden Satzes 5.5 ergeben. Betrachte daher Teil (b).

Sei $t \in T_{WP}(x, d)$ gegeben. Dann ist $f(x + td) \leq f(x)$ und somit insbesondere $x + td \in \mathcal{L}(x^0)$. Aus der Wolfe–Powell–Regel folgt zunächst:

$$(\rho - 1)\nabla f(x)^T d \leq (\nabla f(x + td) - \nabla f(x))^T d.$$

Unter Verwendung der Cauchy–Schwarzschen Ungleichung folgt somit aus der vorausgesetzten Lipschitz-Stetigkeit von $\nabla f$ auf $\mathcal{L}(x^0)$ mit einer geeigneten Konstanten $L > 0$:

$$(\rho - 1)\nabla f(x)^T d \leq \|\nabla f(x + td) - \nabla f(x)\| \, \|d\| \leq Lt\|d\|^2.$$

Hieraus folgt

$$t \geq \frac{(\rho - 1)\nabla f(x)^T d}{L\|d\|^2}$$

und daher

$$f(x + td) \leq f(x) + \sigma t \nabla f(x)^T d \leq f(x) - \theta \left( \frac{\nabla f(x)^T d}{\|d\|} \right)^2$$

mit

$$\theta := \frac{(1 - \rho)\sigma}{L}.$$

Damit ist die Behauptung bereits bewiesen. $\qquad\square$

Wir geben in der folgenden Bemerkung noch zwei einfache hinreichende Bedingungen dafür an, daß der Gradient $\nabla f$ auf der Levelmenge $\mathcal{L}(x^0)$ Lipschitz–stetig ist.

**Bemerkung 5.4.** *Seien* $f : \mathbb{R}^n \to \mathbb{R}$ *zweimal stetig differenzierbar und* $x^0 \in \mathbb{R}^n$. *Ist eine der folgenden Bedingungen erfüllt:*

*(a)* $\|\nabla^2 f(x)\|$ *ist beschränkt auf einer konvexen Obermenge* $X$ *der Levelmenge* $\mathcal{L}(x^0)$,
*(b)* *die Levelmenge* $\mathcal{L}(x^0)$ *ist kompakt,*

*so ist der Gradient* $\nabla f$ *Lipschitz–stetig auf* $\mathcal{L}(x^0)$.

*Beweis.* Ist die Bedingung (b) erfüllt, so existiert eine konvexe und kompakte Menge $X \subseteq \mathbb{R}^n$ mit $\mathcal{L}(x^0) \subseteq X$. Aus Stetigkeitsgründen existiert dann eine Konstante $L$ mit

$$\|\nabla^2 f(x)\| \leq L \quad \text{für alle } x \in X, \tag{5.4}$$

d.h. die Bedingung (a) ist erfüllt.

Sei nun die Bedingung (a) erfüllt. Dann gibt es eine Zahl $L > 0$ mit (5.4). Aus dem Mittelwertsatz in der Integralform A.3 folgt

$$\nabla f(x) - \nabla f(y) = \int_0^1 \nabla^2 f(y + \tau(x - y))(x - y)d\tau$$

für alle $x, y \in X$. Wegen $y + \tau(x - y) \in X$ ist daher

$$\|\nabla f(x) - \nabla f(y)\| \leq \int_0^1 \|\nabla^2 f(y + \tau(x - y))\| d\tau \|x - y\|$$

$$\leq \int_0^1 L d\tau \|x - y\|$$

$$= L\|x - y\|$$

für alle $x, y \in X$, was zu zeigen war. $\qquad\square$

## 5.3 Strenge Wolfe–Powell–Schrittweitenstrategie

Sei $f : \mathbb{R}^n \to \mathbb{R}$ stetig differenzierbar, und seien die Zahlen $\sigma \in (0, \frac{1}{2}), \rho \in [\sigma, 1)$ fest vorgegeben. Zu $x, d \in \mathbb{R}^n$ mit $\nabla f(x)^T d < 0$ bestimme man ein $t > 0$ mit

$$f(x + td) \leq f(x) + \sigma t \nabla f(x)^T d \tag{5.5}$$

und

$$|\nabla f(x + td)^T d| \leq -\rho \nabla f(x)^T d. \tag{5.6}$$

Zur Veranschaulichung setzen wir wieder $\varphi(t) := f(x + td)$. Damit lauten die strengen Wolfe–Powell–Bedingungen (5.5), (5.6)

$$\varphi(t) \leq \varphi(0) + \sigma t \varphi'(0)$$

und

$$|\varphi'(t)| \leq -\rho \varphi'(0).$$

Die Verschärfung von (5.6) gegenüber (5.3) liegt also darin, daß der Graph von $\varphi$ nicht zu steil ansteigen darf (vgl. Abbildung 5.3).

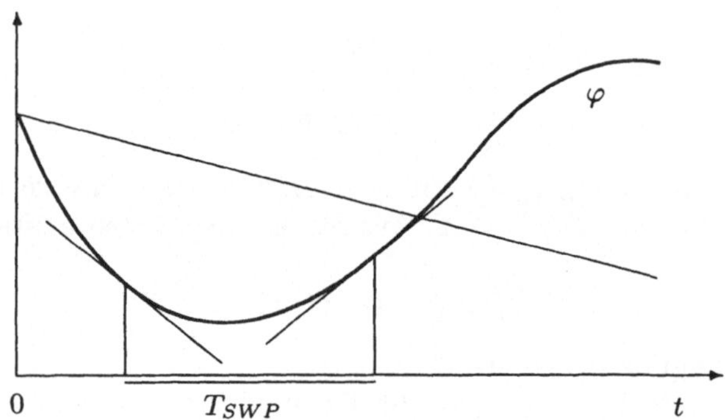

**Abb. 5.3.** Strenge Wolfe–Powell–Schrittweiten

**Satz 5.5.** *Seien $f : \mathbb{R}^n \to \mathbb{R}$ stetig differenzierbar sowie $\sigma \in (0, \frac{1}{2}), \rho \in [\sigma, 1)$ und $x^0 \in \mathbb{R}^n$ fest vorgegeben. Zu $x \in \mathcal{L}(x^0) := \{z \in \mathbb{R}^n | f(z) \leq f(x^0)\}$ und $d \in \mathbb{R}^n$ mit $\nabla f(x)^T d < 0$ sei*

$$T_{SWP}(x, d) := \{t > 0 | f(x + td) \leq f(x) + \sigma t \nabla f(x)^T d \text{ und}$$
$$|\nabla f(x + td)^T d| \leq -\rho \nabla f(x)^T d\}$$

*die Menge der strengen Wolfe-Powell-Schrittweiten in $x$ in Richtung $d$. Dann gelten:*

*(a) Ist $f$ nach unten beschränkt, so ist $T_{SWP}(x, d) \neq \emptyset$, d.h., die strenge Wolfe-Powell-Schrittweitenstrategie ist wohldefiniert.*

*(b) Ist außerdem der Gradient $\nabla f$ auf der Levelmenge $\mathcal{L}(x^0)$ Lipschitz-stetig, so existiert eine Konstante $\theta > 0$ (unabhängig von $x$ und $d$) mit*

$$f(x + td) \leq f(x) - \theta \left( \frac{\nabla f(x)^T d}{\|d\|} \right)^2$$

*für alle $t \in T_{SWP}(x, d)$, d.h., die strenge Wolfe–Powell–Schrittweitenstrategie ist effizient.*

*Beweis.* Wir beweisen zunächst Teil (a). Setze

$$\varphi(t) := f(x + td)$$

und

$$\psi(t) := f(x) + \sigma t \nabla f(x)^T d.$$

Zu zeigen ist dann, daß es eine Schrittweite $t > 0$ gibt mit

$$\varphi(t) \leq \psi(t)$$

und

$$|\varphi'(t)| \leq -\rho \varphi'(0).$$

Wegen $\varphi'(0) < \psi'(0)$ liegt der Graph von $\varphi$ für hinreichend kleines $t > 0$ unterhalb des Graphen von $\psi$. Sei $t^*$ das kleinste $t > 0$ mit $\varphi(t) = \psi(t)$ (dieses existiert wegen $\psi(t) \to -\infty$ für $t \to \infty$ und $f$ nach unten beschränkt). Dann ist offensichtlich $\varphi'(t^*) \geq \psi'(t^*)$.

Wir betrachten nun zwei Fälle:

*Fall 1:* $\varphi'(t^*) < 0$.

Für $t = t^*$ ist dann $\varphi(t) = \psi(t)$ sowie

$$|\varphi'(t^*)| = -\varphi'(t^*) \leq -\psi'(t^*) = -\sigma \nabla f(x)^T d = -\sigma \varphi'(0) \leq -\rho \varphi'(0)$$

wegen $\sigma \leq \rho$. Also ist $t = t^* \in T_{SWP}(x, d)$.

*Fall 2:* $\varphi'(t^*) \geq 0$.

Wegen $\varphi'(0) < 0$ existiert dann ein $t^{**} \in (0, t^*]$ mit $\varphi'(t^{**}) = 0$. Dann ist wegen $t^{**} \leq t^*$ die Bedingung $\varphi(t) \leq \psi(t)$ für $t = t^{**}$ erfüllt. Wegen $\varphi'(t^{**}) = 0$ ist für $t = t^{**}$ automatisch auch die Bedingung $|\varphi'(t)| \leq -\rho \varphi'(0)$ erfüllt. Also ist $t = t^{**} \in T_{SWP}(x; d)$.

Insgesamt ist damit die Behauptung (a) bewiesen.

Wegen $T_{SWP}(x, d) \subseteq T_{WP}(x, d)$ folgt zum einen Teil (b) unmittelbar aus Teil (b) des Satzes 5.3, und zum anderen folgt aus dieser Inklusion und dem soeben bewiesenen Teil (a) des Satzes 5.5 auch der Teil (a) des Satzes 5.3.  $\square$

In den nachfolgenden Aufgaben werden einige weitere Schrittweitenstrategien vorgestellt. Zu beachten ist, daß i.a. weder die Curry-Regel (Aufgabe 5.6) noch die Minimierungsregel (Aufgabe 5.7) in endlich vielen Schritten realisierbar sind, wobei sich die aus der Curry-Regel resultierende Schrittweite aber häufig sehr gut mittels der strengen Wolfe–Powell–Regel approximieren läßt, indem man dort ein relativ kleines $\rho$ wählt.

Hingegen lassen sich die in den Aufgaben 5.3, 5.4 und 5.5 vorgestellten Schrittweitenstrategien zwar relativ einfach realisieren (vgl. auch die Aufgaben im nächsten Kapitel), werden in diesem Buch aber sonst nirgends benutzt und finden sich daher nur in den Aufgaben.

# Aufgaben

**Aufgabe 5.1.** Zum Nachweis der Wohldefiniertheit der Wolfe–Powell– und der strengen Wolfe–Powell–Schrittweitenstrategie haben wir vorausgesetzt, daß die Funktion $f$ nach unten beschränkt ist. Dieselbe Voraussetzung trat beim Nachweis der Wohldefiniertheit der Armijo–Regel nicht auf. Daher stellt sich die naheliegende Frage, ob man auf diese Voraussetzung nicht auch bei der (strengen) Wolfe–Powell–Regel verzichten kann. Man diskutiere auch die übrigen Voraussetzungen der Sätze 5.3 und 5.5.

**Aufgabe 5.2.** Man zeige anhand eines Gegenbeispieles, daß die Armijo–Regel selbst unter den Voraussetzungen des Satzes 5.3 bzw. des Satzes 5.5 nicht effizient ist.

**Aufgabe 5.3.** Seien $f : \mathrm{I\!R}^n \to \mathrm{I\!R}$ stetig differenzierbar sowie $\sigma \in (0,1), \beta \in (0,1), c > 0$ und $x^0 \in \mathrm{I\!R}^n$ fest vorgegeben. Die *skalierte Armijo–Regel* lautet: Wähle zu $x \in \mathcal{L}(x^0) := \{z \in \mathrm{I\!R}^n \mid f(z) \leq f(x^0)\}$ und $d \in \mathrm{I\!R}^n$ mit $\nabla f(x)^T d < 0$ eine Zahl $s > 0$ und bestimme $t := \max\{s\beta^\ell \mid \ell = 0, 1, 2, \ldots\}$, so daß gilt:

$$f(x + td) \leq f(x) + \sigma t \nabla f(x)^T d.$$

Dann gelten:

(a) Die skalierte Armijo–Regel ist wohldefiniert.
(b) Ist $f$ nach unten beschränkt, ist der Gradient $\nabla f$ auf der Levelmenge $\mathcal{L}(x^0)$ Lipschitz–stetig und wird bei der Wahl von $s$ die Einschränkung

$$s \geq -c\frac{\nabla f(x)^T d}{\|d\|^2}$$

beachtet, so existiert eine Konstante $\theta > 0$ (unabhängig von $x$ und $d$) mit

$$f(x + td) \leq f(x) - \theta \left( \frac{\nabla f(x)^T d}{\|d\|} \right)^2$$

für die durch die skalierte Armijo–Regel berechnete Schrittweite $t > 0$, d.h., die skalierte Armijo–Regel ist effizient.

**Aufgabe 5.4.** Seien $f : \mathbb{R}^n \to \mathbb{R}$ stetig differenzierbar sowie $\sigma \in (0,1)$, $\beta \in (0,1)$ und $x^0 \in \mathbb{R}^n$ fest vorgegeben. Die *Armijo–Regel mit Aufweitung* (Kosmol [71]) lautet: Zu $x \in \mathcal{L}(x^0) := \{z \in \mathbb{R}^n \mid f(z) \leq f(x^0)\}$ und $d \in \mathbb{R}^n$ mit $\nabla f(x)^T d < 0$ bestimme $t := \max\{\beta^\ell \mid \ell = 0, \pm 1, \pm 2, \ldots\}$ mit

$$f(x + td) \leq f(x) + \sigma t \nabla f(x)^T d.$$

(Im Gegensatz zur Armijo–Regel werden für die Exponenten $\ell$ also nicht nur die natürlichen, sondern die ganzen Zahlen zugelassen. Deshalb kann man bei der Armijo–Regel mit Aufweitung auch Schrittweiten $t > 1$ erhalten.) Dann gelten:

(a) Ist $f$ nach unten beschränkt, so existiert stets ein endlicher Exponent $\ell$ mit

$$f(x + \beta^\ell d) \leq f(x) + \sigma \beta^\ell \nabla f(x)^T d,$$

   d.h., die Armijo–Regel mit Aufweitung ist wohldefiniert.
(b) Ist außerdem der Gradient $\nabla f$ auf der Levelmenge $\mathcal{L}(x^0)$ Lipschitz–stetig, so existiert eine Konstante $\theta > 0$ (unabhängig von $x$ und $d$) mit

$$f(x + td) \leq f(x) - \theta \left( \frac{\nabla f(x)^T d}{\|d\|} \right)^2$$

   für die durch die Armijo–Regel mit Aufweitung berechnete Schrittweite $t > 0$, d.h., die Armijo–Regel mit Aufweitung ist effizient.

**Aufgabe 5.5.** Seien $f : \mathbb{R}^n \to \mathbb{R}$ stetig differenzierbar sowie $\sigma \in (0, \frac{1}{2})$ und $x^0 \in \mathbb{R}^n$ fest vorgegeben. Die *Goldstein–Schrittweitenstrategie* lautet: Zu $x \in \mathcal{L}(x^0) := \{z \in \mathbb{R}^n \mid f(z) \leq f(x^0)\}$ und $d \in \mathbb{R}^n$ mit $\nabla f(x)^T d < 0$ bestimme ein $t > 0$ mit

$$f(x + td) \leq f(x) + \sigma t \nabla f(x)^T d$$

und

$$f(x + td) \geq f(x) + (1 - \sigma)t \nabla f(x)^T d.$$

Mit

$$T_G(x, d) := \{t > 0 \mid f(x + td) \leq f(x) + \sigma t \nabla f(x)^T d \text{ und }$$
$$f(x + td) \geq f(x) + (1 - \sigma)t \nabla f(x)^T\}$$

bezeichnen wir die Menge aller Goldstein–Schrittweiten. Dann gelten:

(a) Ist $f$ nach unten beschränkt, so ist $T_G(x, d) \neq \emptyset$, d.h., die Goldstein–Regel ist wohldefiniert.
(b) Ist außerdem der Gradient $\nabla f$ auf der Levelmenge $\mathcal{L}(x^0)$ Lipschitz–stetig, so existiert eine Konstante $\theta > 0$ (unabhängig von $x$ und $d$) mit

$$f(x + td) \leq f(x) - \theta \left( \frac{\nabla f(x)^T d}{\|d\|} \right)^2$$

   für alle $t \in T_G(x, d)$, d.h., die Goldstein–Regel ist effizient.

**Aufgabe 5.6.** Seien $f : \mathbb{R}^n \to \mathbb{R}$ stetig differenzierbar und $x^0 \in \mathbb{R}^n$. Die *Curry–Regel* lautet: Bestimme zu $x \in \mathcal{L}(x^0) := \{z \in \mathbb{R}^n \mid f(z) \le f(x^0)\}$ und $d \in \mathbb{R}^n$ mit $\nabla f(x)^T d < 0$

$$t_c := \min\{t > 0 \mid \nabla f(x + td)^T d = 0\}$$

($t_c$ gibt also den ersten stationären Punkt von $f$ längs des Strahls $\{x + td \mid t \ge 0\}$). Ist die Levelmenge $\mathcal{L}(x^0)$ kompakt und ist der Gradient $\nabla f$ Lipschitz-stetig auf $\mathcal{L}(x^0)$, so ist die Curry–Regel wohldefiniert und effizient.

**Aufgabe 5.7.** Seien $f : \mathbb{R}^n \to \mathbb{R}$ stetig differenzierbar und $x^0 \in \mathbb{R}^n$. Die *Minimierungsregel* lautet: Bestimme zu $x \in \mathcal{L}(x^0) := \{z \in \mathbb{R}^n \mid f(z) \le f(x^0)\}$ und $d \in \mathbb{R}^n$ mit $\nabla f(x)^T d < 0$ ein $t_{\min} > 0$ mit

$$f(x + t_{\min}d) = \min\{f(x + td) \mid t \ge 0\}.$$

Ist die Levelmenge $\mathcal{L}(x^0)$ kompakt und ist der Gradient $\nabla f$ Lipschitz–stetig auf $\mathcal{L}(x^0)$, so ist die Minimierungsregel wohldefiniert und effizient.

# 6. Schrittweitenalgorithmen

Wir gehen nun auf die Realisierung der Schrittlängenstrategien aus dem Kapitel 5 ein. Daher ist auch dieses Kapitel in drei Abschnitte gegliedert, die sich jeweils mit der Armijo–Regel, der Wolfe–Powell–Schrittweitenstrategie und der strengen Wolfe–Powell–Schrittweitenstrategie beschäftigen.

## 6.1 Armijo–Regel

Die Armijo–Regel ist bereits in Form eines Algorithmus angegeben worden, der nach Satz 5.1 nach endlich vielen Schritten die gewünschte Schrittweite liefert. Wir brauchen uns daher über die Realisierung der Armijo–Regel keine weiteren Gedanken zu machen und beschäftigen uns im verbleibenden Teil dieses Kapitels darum umso intensiver mit der Wolfe–Powell– und der strengen Wolfe–Powell–Schrittweitenstrategie.

## 6.2 Wolfe–Powell–Schrittweitenstrategie

Zur Berechnung einer Wolfe–Powell–Schrittweite geben wir einen Zwei-Phasen-Algorithmus an.

Seien $f : \mathbb{R}^n \to \mathbb{R}$ stetig differenzierbar und $\sigma \in (0, \frac{1}{2})$ und $\rho \in [\sigma, 1)$ für das gesamte Abstiegsverfahren (Algorithmus 4.4) fest vorgegebene Zahlen. Zu $x \in \mathbb{R}^n$ und $d \in \mathbb{R}^n$ mit $\nabla f(x)^T d < 0$ sei wieder $\varphi(t) := f(x + td)$; weiter definieren wir

$$\psi(t) := \varphi(t) - \varphi(0) - \sigma t \varphi'(0).$$

Die Wolfe–Powell–Bedingungen (5.2), (5.3) lauten damit

$$\psi(t) \leq 0, \quad \varphi'(t) \geq \rho \varphi'(0).$$

Wir suchen zunächst (in Phase A) ein Intervall $[a, b]$, das ein Intervall von Punkten enthält, welche diesen Bedingungen genügen. Danach (in Phase B) wird $[a, b]$ sukzessive verkleinert, bis ein $t > 0$ gefunden ist, welches den Wolfe–Powell–Bedingungen genügt. Bei diesem Vorgehen spielen die im folgenden Lemma genannten Eigenschaften (6.1) eine wesentliche Rolle.

**Lemma 6.1.** *Seien $\sigma < \rho$ und $\varphi'(0) < 0$. Ist $[a,b]$ mit $0 \leq a < b$ ein Intervall mit den Eigenschaften*

$$\psi(a) \leq 0, \quad \psi(b) \geq 0, \quad \psi'(a) < 0, \tag{6.1}$$

*so enthält $[a,b]$ einen Punkt $\bar{t}$ mit*

$$\psi(\bar{t}) < 0, \quad \psi'(\bar{t}) = 0;$$

*$\bar{t}$ ist innerer Punkt eines Intervalls $I$, so daß für alle $t \in I$ die Bedingungen*

$$\psi(t) \leq 0, \quad \varphi'(t) \geq \rho\varphi'(0) \quad \text{für alle } t \in I$$

*erfüllt sind (d.h., es ist $I \subseteq T_{WP}(x,d)$).*

*Beweis.* Sei $\bar{t}$ ein globales Minimum der stetigen Funktion $\psi$ auf dem kompakten Intervall $[a,b]$. Wegen (6.1) ist $\bar{t}$ ein innerer Punkt von $[a,b]$; hieraus folgt $\psi'(\bar{t}) = 0$. Außerdem hat man $\psi(\bar{t}) < \psi(a) \leq 0$. Aus

$$\psi(\bar{t}) < 0, \quad \psi'(\bar{t}) = 0$$

und $\sigma < \rho$ folgt die Existenz eines Intervalls $I$ mit $\bar{t}$ als innerem Punkt, so daß für alle $t \in I$ gilt:

$$\psi(t) \leq 0, \quad \psi'(t) \geq (\rho - \sigma)\varphi'(0).$$

Dies ist äquivalent mit

$$\psi(t) \leq 0, \quad \varphi'(t) \geq \rho\varphi'(0)$$

für alle $t \in I$. Damit ist das Lemma bewiesen. $\qquad\qquad\square$

Man beachte, daß im Lemma 6.1 explizit $\sigma < \rho$ vorausgesetzt wird, während bislang auch der Fall $\sigma = \rho$ zugelassen war. Aus praktischer Sicht bedeutet dies jedoch keine große Einschränkung, da i.a. $\sigma$ sehr viel kleiner als $\rho$ sein wird, siehe etwa Aufgabe 6.3.

Lemma 6.1 motiviert zum Teil den folgenden Algorithmus zur Bestimmung einer Schrittweite $t > 0$, die den Wolfe–Powell–Bedingungen genügt. Ansonsten liefert der Beweis des nachfolgenden Satzes 6.3 hinreichend Motivation für die Konstruktion dieses Algorithmus.

**Algorithmus 6.2.** *(Realisierung der Wolfe–Powell–Bedingungen)*

*Vorgegeben seien $x \in \mathbb{R}^n$ und $d \in \mathbb{R}^n$ mit $\nabla f(x)^T d < 0$.*

*Phase A:*

*(A.0) Wähle $t_0 > 0$, $\gamma > 1$ und setze $i := 0$.*

*(A.1) Ist $\psi(t_i) \geq 0$, so setze $a := 0$, $b := t_i$ und gehe zu (B.0).*

*Ist $\psi(t_i) < 0$ und $\varphi'(t_i) \geq \rho\varphi'(0)$, so setze $t := t_i$ und breche ab: STOP 1.*

*Ist $\psi(t_i) < 0$ und $\varphi'(t_i) < \rho\varphi'(0)$, so setze $t_{i+1} := \gamma t_i$, $i \leftarrow i+1$ und gehe zu (A.1).*

<u>*Phase B:*</u>

*(B.0) Wähle $\tau_1, \tau_2 \in (0, \frac{1}{2}]$, setze $j := 0$ und übernehme $a_0 := a$, $b_0 := b$ aus Phase A.*

*(B.1) Wähle $t_j \in [a_j + \tau_1(b_j - a_j), b_j - \tau_2(b_j - a_j)]$.*

*(B.2) Ist $\psi(t_j) \geq 0$, so setze $a_{j+1} := a_j$, $b_{j+1} := t_j$, $j \leftarrow j + 1$ und gehe zu (B.1).*

*Ist $\psi(t_j) < 0$ und $\varphi'(t_j) \geq \rho\varphi'(0)$, so setze $t := t_j$ und breche ab: STOP 2.*

*Ist $\psi(t_j) < 0$ und $\varphi'(t_j) < \rho\varphi'(0)$, so setze $a_{j+1} := t_j$, $b_{j+1} := b_j$, $j \leftarrow j + 1$ und gehe zu (B.1).*

Zur Wahl von $t_0$ in (A.0) sei bemerkt: Ab dem zweiten Iterationsschritt des Abstiegsverfahrens kann man $t_0$ als die im vorigen Schritt gefundene Schrittweite wählen. Kennt man eine untere Schranke $\underline{f}$ für die Funktionswerte von $f$ auf dem $\mathbb{R}^n$, so folgt aus der Bedingung $\psi(t) \leq 0$ unmittelbar

$$t \leq \frac{\underline{f} - \varphi(0)}{\sigma\varphi'(0)} =: \bar{t} \, ;$$

man sollte im Schritt (A.0) des Algorithmus 6.2 deshalb $t_0 \in (0, \bar{t}\,]$ wählen. Setzt man die Wolfe–Powell–Regel im Zusammenhang mit Quasi–Newton–Verfahren ein, so spielt außerdem die Schrittweite $t = 1$ eine große Rolle, so daß für diese Klasse von Verfahren die Wahl $t_0 := \min\{1, \bar{t}\}$ recht natürlich erscheint.

**Satz 6.3.** *Sei $f : \mathbb{R}^n \to \mathbb{R}$ stetig differenzierbar und nach unten beschränkt; weiter seien $\sigma \in (0, \frac{1}{2})$ und $\rho \in (\sigma, 1)$. Dann bricht der Algorithmus 6.2 nach endlich vielen Schritten bei STOP 1 oder STOP 2 mit einer Wolfe–Powell–Schrittweite $t$ ab (d.h., $t$ genügt den Bedingungen (5.2) und (5.3)).*

*Beweis.* Zunächst zu *Phase A*: Findet ein Abbruch bei STOP 1 statt, so genügt $t$ den Wolfe–Powell–Bedingungen. – Im Fall der Übergabe nach (B.0) besitzt das Intervall $[a, b]$ offenbar die Eigenschaften (6.1) sowie $\varphi'(a) < \rho\varphi'(0)$. – Angenommen, Phase A würde weder bei STOP 1 noch mit „gehe zu (B.0)" abbrechen. Dann wäre für $t_i = \gamma^i t_0$ für alle $i \in \mathbb{N}$ aufgrund der Fallvoraussetzung $\psi(t_i) < 0$, also

$$\varphi(t_i) < \varphi(0) + \sigma t_i \varphi'(0),$$

was wegen $\gamma > 1$, $\varphi'(0) < 0$ und der vorausgesetzten Beschränktheit von $f$ nach unten nicht möglich ist.

Nun zu *Phase B*: Bricht Phase B bei STOP 2 ab, so genügt $t$ den Wolfe–Powell–Bedingungen.

Wir zeigen als nächstes durch Induktion: Für alle $j$ hat das Intervall $[a_j, b_j]$ die Eigenschaften (6.1) sowie $\varphi'(a_j) < \rho\varphi'(0)$. Für $j = 0$ ist dies im Beweisteil zu Phase A bereits angemerkt worden. Nun besitze $[a_j, b_j]$ für ein $j$ die Eigenschaften (6.1) sowie $\varphi'(a_j) < \rho\varphi'(0)$. Im Fall $\psi(t_j) \geq 0$ erhält man wegen $a_{j+1} = a_j$, $b_{j+1} = t_j$:

$$\psi(a_{j+1}) = \psi(a_j) \leq 0,$$
$$\psi(b_{j+1}) = \psi(t_j) \geq 0 \quad \text{und}$$
$$\psi'(a_{j+1}) = \psi'(a_j) < 0.$$

Im Fall $\psi(t_j) < 0$ und $\varphi'(t_j) < \rho\varphi'(0)$ erhält man entsprechend wegen $a_{j+1} = t_j$, $b_{j+1} = b_j$:

$$\psi(a_{j+1}) = \psi(t_j) < 0,$$
$$\psi(b_{j+1}) = \psi(b_j) \geq 0 \quad \text{und}$$
$$\psi'(a_{j+1}) = \psi'(t_j) < \rho\varphi'(0) < 0.$$

In beiden Fällen besitzt somit $[a_{j+1}, b_{j+1}]$ die Eigenschaften (6.1). Entsprechend zeigt man $\varphi'(a_{j+1}) < \rho\varphi'(0)$.

Wir zeigen nun, daß Phase B nach endlich vielen Schritten abbricht. Angenommen, Phase B würde nicht abbrechen. Die Längen $|b_j - a_j|$ der ineinandergeschachtelten Intervalle $[a_j, b_j]$ werden von Schritt zu Schritt um mindestens den Faktor $\max\{1 - \tau_1, 1 - \tau_2\} < 1$ kleiner. Folglich ziehen sich die Intervalle $[a_j, b_j]$ auf einen Punkt $t^*$ zusammen. Zu jedem Intervall $[a_j, b_j]$ gibt es nach Lemma 6.1 ein $t_j \in (a_j, b_j)$ mit $\psi(t_j) < 0$ und $\psi'(t_j) = 0$. Wegen $\lim_{j \to \infty} t_j = t^*$ folgt hieraus $\psi'(t^*) = 0$, also $\varphi'(t^*) = \sigma\varphi'(0)$. Dies steht jedoch wegen $\sigma < \rho$ und $\varphi'(0) < 0$ im Widerspruch zu der aus $\varphi'(a_j) < \rho\varphi'(0)$ folgenden Eigenschaft $\varphi'(t^*) \leq \rho\varphi'(0)$. Damit ist alles gezeigt. $\qquad\square$

Man beachte, daß der Satz 6.3 für den Fall $\sigma < \rho$ (statt $\sigma \leq \rho$) insbesondere einen konstruktiven Beweis für die Aussage (a) des Satzes 5.3 liefert.

Nachzutragen bleibt, wie bei der Implementation von Algorithmus 6.2 die in (B.1) jeweils bestehende Freiheit in der Wahl von $t_j$ genutzt werden sollte. Eine naheliegende Möglichkeit ist die folgende *Interpolationsmethode*: Man bestimmt das (eindeutig bestimmte) kubische (Hermite–) Interpolationspolynom $p_j$ aus

$$p_j(a_j) = \varphi(a_j), \quad p_j'(a_j) = \varphi'(a_j), \quad p_j(b_j) = \varphi(b_j), \quad p_j'(b_j) = \varphi'(b_j).$$

Das lokale Minimum $\tilde{t}_j$ von $p_j$ kann, sofern es existiert, explizit berechnet werden. Existiert $\tilde{t}_j$ und liegt $\tilde{t}_j$ in dem in (B.1) genannten Intervall, so setzt man $t_j := \tilde{t}_j$, andernfalls wählt man $t_j$ (beispielsweise) als Mittelpunkt dieses Intervalls. Will man die zur Berechnung von $\varphi'(b_j)$ erforderliche Gradientenauswertung vermeiden (man beachte, daß die zur Neubelegung von

$b_j$ führende Abfrage in (B.2) keine Ableitung verwendet!), so bestimmt man das quadratische Interpolationspolynom $q_j$ aus

$$q_j(a_j) = \varphi(a_j), \quad q_j'(a_j) = \varphi'(a_j), \quad q_j(b_j) = \varphi(b_j)$$

und verfährt entsprechend.

## 6.3 Strenge Wolfe–Powell–Schrittweitenstrategie

Zur Realisierung der strengen Wolfe–Powell–Bedingungen geben wir ebenfalls einen Zwei–Phasen–Algorithmus an. Der Algorithmus beruht auf einem Vorschlag von Moré und Sorensen (vgl. [81]); für einen ähnlichen Algorithmus, der allerdings die Kenntnis einer unteren Schranke von $f$ erfordert, vergleiche man [2, 39].

Seien $f : \mathbb{R}^n \to \mathbb{R}$ stetig differenzierbar und $\sigma \in (0, \frac{1}{2})$ und $\rho \in [\sigma, 1)$ für das gesamte Abstiegsverfahren fest vorgegebene Zahlen. Zu $x \in \mathbb{R}^n$ und $d \in \mathbb{R}^n$ mit $\nabla f(x)^T d < 0$ seien wieder $\varphi(t) := f(x + td)$ und $\psi(t) := \varphi(t) - \varphi(0) - \sigma t \varphi'(0)$. Die strengen Wolfe–Powell–Bedingungen (5.5), (5.6) lauten damit

$$\psi(t) \leq 0, \quad |\varphi'(t)| \leq \rho |\varphi'(0)|.$$

Wir suchen zunächst (in Phase A) eine *Klammer* $\langle a, b \rangle$, die ein Intervall von Punkten enthält, welche diesen Bedingungen genügen; dabei ist unter der Klammer $\langle a, b \rangle$ das Intervall $[a, b]$ oder das Intervall $[b, a]$ zu verstehen, je nachdem, ob $a < b$ oder $a > b$ ist. Danach (in Phase B) wird diese Klammer sukzessive verkleinert, bis ein $t > 0$ gefunden ist, welches den strengen Wolfe–Powell–Bedingungen genügt. Bei diesem Vorgehen spielen die im folgenden Lemma genannten Eigenschaften (6.2) eine wesentliche Rolle.

**Lemma 6.4.** *Seien $\sigma < \rho$ und $\varphi'(0) < 0$. Ist $\langle a, b \rangle$ mit $a \geq 0$, $b \geq 0$, $a \neq b$ eine Klammer mit den Eigenschaften*

$$\psi(a) \leq 0, \quad \psi(a) \leq \psi(b), \quad (b - a)\psi'(a) < 0, \tag{6.2}$$

*so enthält $\langle a, b \rangle$ einen Punkt $\bar{t}$ mit*

$$\psi(\bar{t}) < 0, \quad \psi'(\bar{t}) = 0;$$

*$\bar{t}$ ist innerer Punkt eines Intervalls $I$, so daß für alle $t \in I$ die Bedingungen*

$$\psi(t) \leq 0, \quad |\varphi'(t)| \leq \rho |\varphi'(0)| \quad \text{für alle } t \in I$$

*erfüllt sind (d.h., es ist $I \subseteq T_{SWP}(x, d)$).*

*Beweis.* Analog zum Beweis des Lemmas 6.1 sei $\bar{t}$ wieder ein globales Minimum von $\psi$ auf $\langle a, b \rangle$. Wegen (6.2) ist $\bar{t}$ in jedem der Fälle $a < b$, $a > b$ ein innerer Punkt von $\langle a, b \rangle$, folglich gilt $\psi'(\bar{t}) = 0$. Wegen $\psi(a) \leq 0$ ist überdies $\psi(\bar{t}) < 0$. Aus

$$\psi(\bar{t}) < 0, \quad \psi'(\bar{t}) = 0$$

und $\sigma < \rho$ folgt die Existenz eines Intervalls $I$ mit $\bar{t}$ als innerem Punkt, so daß für alle $t \in I$ gilt:

$$\psi(t) \leq 0, \quad |\psi'(t)| \leq (\rho - \sigma)|\varphi'(0)|. \tag{6.3}$$

(Die zweite Bedingung wird im nachfolgenden Algorithmus 6.5 als Abbruchbedingung verwendet werden.) Nun ist (6.3) aber äquivalent zu

$$\psi(t) \leq 0, \quad -(\rho - \sigma)|\varphi'(0)| \leq \varphi'(t) - \sigma\varphi'(0) \leq (\rho - \sigma)|\varphi'(0)|,$$

woraus sofort

$$\psi(t) \leq 0, \quad -\rho|\varphi'(0)| \leq \varphi'(t) \leq \rho|\varphi'(0)| \tag{6.4}$$

für alle $t \in I$ folgt. Damit ist das Lemma bewiesen. $\qquad\square$

Man beachte, daß – analog zum Lemma 6.1 – auch im Lemma 6.4 die Voraussetzung $\sigma < \rho$ gestellt wird.

Lemma 6.4 dient als Basis des folgenden Algorithmus zur Berechnung einer Schrittweite $t > 0$, die den strengen Wolfe–Powell–Bedingungen genügt.

**Algorithmus 6.5.** *(Realisierung der strengen Wolfe–Powell–Bedingungen)*

*Vorgegeben seien $x \in \mathbb{R}^n$ und $d \in \mathbb{R}^n$ mit $\nabla f(x)^T d < 0$.*

*Phase A:*

*(A.0) Wähle $t_0 > 0$, $\gamma > 1$ und setze $i := 0$.*

*(A.1) Ist $\psi(t_i) \geq 0$, so setze $a := 0$, $b := t_i$ und gehe zu (B.0).*

*Ist $\psi(t_i) < 0$ und $|\psi'(t_i)| \leq (\rho - \sigma)|\varphi'(0)|$, so setze $t := t_i$ und breche ab: STOP 1.*

*Ist $\psi(t_i) < 0$ und $\psi'(t_i) > 0$, so setze $a := t_i$, $b := 0$ und gehe zu (B.0).*

*Ist $\psi(t_i) < 0$ und $\psi'(t_i) < 0$, so setze $t_{i+1} := \gamma t_i$, $i \leftarrow i + 1$ und gehe zu (A.1).*

*Phase B :*

*(B.0) Wähle $\tau_1, \tau_2 \in (0, \frac{1}{2}]$, setze $j := 0$ und übernehme $a_0 := a$, $b_0 := b$ aus Phase A.*

*(B.1) Wähle $t_j \in \langle a_j + \tau_1(b_j - a_j), b_j - \tau_2(b_j - a_j) \rangle$.*

*(B.2) Ist $\psi(t_j) \geq \psi(a_j)$, so setze $a_{j+1} := a_j$, $b_{j+1} := t_j$, $j \leftarrow j + 1$ und gehe zu (B.1).*

*Ist $\psi(t_j) < \psi(a_j)$ und $|\psi'(t_j)| \leq (\rho - \sigma)|\varphi'(0)|$, so setze $t := t_j$ und breche ab: STOP 2.*

*Ist $\psi(t_j) < \psi(a_j)$ und $(t_j - a_j)\psi'(t_j) < 0$, so setze $a_{j+1} := t_j$, $b_{j+1} := b_j$, $j \leftarrow j + 1$ und gehe zu (B.1).*

*Ist $\psi(t_j) < \psi(a_j)$ und $(t_j - a_j)\psi'(t_j) > 0$, so setze $a_{j+1} := t_j$, $b_{j+1} := a_j$, $j \leftarrow j + 1$ und gehe zu (B.1).*

Wir zeigen nun, daß der Algorithmus 6.5 tatsächlich nach endlich vielen Schritten eine Schrittweite $t > 0$ berechnet, die den strengen Wolfe–Powell–Bedingungen genügt.

**Satz 6.6.** *Sei $f : \mathbb{R}^n \to \mathbb{R}$ stetig differenzierbar und nach unten beschränkt; weiter seien $\sigma \in (0, \frac{1}{2})$ und $\rho \in (\sigma, 1)$. Dann bricht Algorithmus 6.5 nach endlich vielen Schritten bei STOP 1 oder STOP 2 mit einer den strengen Wolfe–Powell–Bedingungen (5.5), (5.6) genügenden Schrittweite $t$ ab.*

*Beweis.* Zunächst zu *Phase A*: Findet ein Abbruch bei STOP 1 statt, so genügt $t$ aufgrund der Implikation (6.3) $\Longrightarrow$ (6.4) den strengen Wolfe–Powell–Bedingungen. – Im Fall der Übergabe nach (B.0) besitzt die Klammer $\langle a, b \rangle$ die Eigenschaften (6.2) sowie $|\psi'(a)| > (\rho - \sigma)|\varphi'(0)|$, wie man für jeden der beiden möglichen Fälle sofort verifiziert. – Angenommen, Phase A würde weder bei STOP 1 noch mit „gehe zu (B.0)" abbrechen. Dann wäre für $t_i = \gamma^i t_0$ für alle $i \in \mathbb{N}$ aufgrund der Fallvoraussetzung $\psi(t_i) < 0$, also

$$\varphi(t_i) < \varphi(0) + \sigma t_i \varphi'(0),$$

was wegen $\gamma > 1$, $\varphi'(0) < 0$ und der vorausgesetzten Beschränktheit von $f$ nach unten nicht möglich ist.

Nun zu *Phase B*: Wir zeigen zunächst durch Induktion: Für alle $j$ hat die Klammer $\langle a_j, b_j \rangle$ die Eigenschaften (6.2) sowie

$$|\psi'(a_j)| > (\rho - \sigma)|\varphi'(0)|. \tag{6.5}$$

Für $j = 0$ ist dies im Beweisteil zu Phase A bereits angemerkt worden. Nun besitze $\langle a_j, b_j \rangle$ für ein $j$ die Eigenschaften (6.2) und (6.5). Im Fall $\psi(t_j) \geq \psi(a_j)$ erhält man wegen $a_{j+1} = a_j$, $b_{j+1} = t_j$:

$$\psi(a_{j+1}) = \psi(a_j) \leq 0,$$
$$\psi(a_{j+1}) = \psi(a_j) \leq \psi(t_j) = \psi(b_{j+1}) \quad \text{und}$$
$$(b_{j+1} - a_{j+1})\psi'(a_{j+1}) = (t_j - a_j)\psi'(a_j) < 0,$$

letzteres, da in jedem der beiden Fälle $a_j < b_j$, $a_j > b_j$ die Faktoren $t_j - a_j$ und $b_j - a_j$ dasselbe Vorzeichen haben. Im Fall $\psi(t_j) < \psi(a_j)$ und $(t_j - a_j)\psi'(t_j) < 0$ erhält man entsprechend:

$$\psi(a_{j+1}) = \psi(t_j) < \psi(a_j) \leq 0,$$
$$\psi(a_{j+1}) = \psi(t_j) < \psi(a_j) \leq \psi(b_j) = \psi(b_{j+1}) \quad \text{und}$$
$$(b_{j+1} - a_{j+1})\psi'(a_{j+1}) = (b_j - t_j)\psi'(t_j) < 0.$$

Schließlich erhält man im Fall $\psi(t_j) < \psi(a_j)$ und $(t_j - a_j)\psi'(t_j) > 0$:

$$\psi(a_{j+1}) = \psi(t_j) < \psi(a_j) \leq 0,$$
$$\psi(a_{j+1}) = \psi(t_j) < \psi(a_j) = \psi(b_{j+1}) \quad \text{und}$$
$$(b_{j+1} - a_{j+1})\psi'(a_{j+1}) = (a_j - t_j)\psi'(t_j) < 0.$$

In allen Fällen besitzt somit die Klammer $\langle a_{j+1}, b_{j+1} \rangle$ die Eigenschaften (6.2). Entsprechend zeigt man die Gültigkeit von (6.5) für $a_{j+1}$.

Bricht Phase B bei STOP 2 ab, so genügt $t$ wegen $\psi(t) < \psi(a_j) \leq 0$ und der Implikation (6.3) $\implies$ (6.4) den strengen Wolfe–Powell–Bedingungen.

Es bleibt zu zeigen, daß Phase B nach endlich vielen Schritten abbricht. Angenommen, Phase B würde nicht abbrechen. Die Längen $|b_j - a_j|$ der ineinandergeschachtelten Klammern $\langle a_j, b_j \rangle$ werden von Schritt zu Schritt um mindestens den Faktor $\max\{1 - \tau_1, 1 - \tau_2\} < 1$ kleiner (man hat dies für beide Fälle $a_j < b_j$, $a_j > b_j$ und für alle möglichen Fortschreibungen von $\langle a_j, b_j \rangle$ zu verifizieren). Folglich ziehen sich die Klammern $\langle a_j, b_j \rangle$ auf einen Punkt $t^*$ zusammen. Zu jeder Klammer $\langle a_j, b_j \rangle$ gibt es nach Lemma 6.4 ein $t_j$ aus dem Inneren dieser Klammer mit $\psi(t_j) < 0$, $\psi'(t_j) = 0$. Wegen $\lim_{j \to \infty} t_j = t^*$ folgt hieraus $\psi'(t^*) = 0$. Andererseits folgt aus der für alle $j$ bestehenden Eigenschaft (6.5) $|\psi'(t^*)| \geq (\rho - \sigma)|\varphi'(0)|$, was wegen $\sigma < \rho$ und $\varphi'(0) < 0$ im Widerspruch zu $\psi'(t^*) = 0$ steht. Damit ist alles gezeigt. $\quad \Box$

Die „wähle"–Anweisung in Phase B von Algorithmus 6.5 kann analog zu der im Anschluß an Satz 6.3 besprochenen Idee mittels kubischer oder quadratischer Interpolation konkretisiert werden.

Ansonsten beachte man, daß auch der Satz 6.6 im Fall $\sigma < \rho$ einen konstruktiven Beweis der Aussage (a) des Satzes 5.5 liefert.

## Aufgaben

**Aufgabe 6.1.** Man verifiziere die im Beweis des Satzes 6.3 gemachte Aussage, daß sich die Intervallängen $[a_j, b_j]$ in jedem Schritt um mindestens den Faktor $\max\{1 - \tau_1, 1 - \tau_2\}$ reduzieren.

**Aufgabe 6.2.** Man implementiere die Armijo–Regel und teste sie für verschiedene Werte von $\sigma$ und $\beta$ (z.B. $\sigma = 10^{-4}$ und $\rho = 0.9$) anhand mehrerer Testfunktionen, etwa für

$$\varphi(t) = -\frac{t}{t^2 + c}, \quad c = 2,$$
$$\varphi(t) = (t + c)^5 - 2(t + c)^4, \quad c = 0.004,$$
$$\varphi(t) = \omega(c_1)\sqrt{(1 - t)^2 + c_2^2} + \omega(c_2)\sqrt{t^2 + c_1^2} \text{ mit } \omega(c) = \sqrt{1 + c^2} - c,$$
$$c_1 = 0.01, \ c_2 = 0.001 \text{ bzw. } c_1 = 0.001, \ c_2 = 0.01.$$

Man veranschauliche sich hierbei auch die Graphen der verschiedenen $\varphi$-Funktionen und versuche, die erzielten Ergebnisse anschaulich zu verifizieren.

**Aufgabe 6.3.** Man implementiere und teste die Wolfe–Powell–Regel nach Algorithmus 6.2 ohne und mit Verwendung von quadratischer Interpolation. Beispielwerte für die Parameter: $t_0 = 1, \sigma = 10^{-4}, \rho := 0.9, \gamma = 2, \tau_1 = 1/4, \tau_2 = 1/4$.

**Aufgabe 6.4.** Wie Aufgabe 6.3, jedoch für die strenge Wolfe–Powell–Regel nach Algorithmus 6.5. Als Parameter können beispielsweise wieder jene aus der Aufgabe 6.3 genommen werden.

**Aufgabe 6.5.** Zur Realisierung der in Aufgabe 5.5 vorgestellten Goldstein-Bedingungen

$$\varphi(t) \leq \varphi(0) + \sigma t \varphi'(0), \quad \varphi(t) \geq \varphi(0) + (1-\sigma)t\varphi'(0) \qquad (6.6)$$

mit $\sigma \in (0, \frac{1}{2})$ kann folgender Algorithmus verwendet werden (dabei wurde zur Abkürzung wieder $\varphi(t) := f(x + td)$ gesetzt):

(A.0) Wähle $a_0 := 0$, $b_0 > 0$, $\gamma > 1$ und setze $i := 0$.
(A.1) Genügt $b_i$ den Bedingungen (6.6), so setze $t := b_i$ und breche ab.

Ist $\varphi(b_i) < \varphi(0) + (1-\sigma)b_i\varphi'(0)$, so setze $a_{i+1} := b_i$, $b_{i+1} = \gamma b_i$, $i \leftarrow i+1$ und gehe zu (A.1).

Ist $\varphi(b_i) > \varphi(0) + \sigma b_i\varphi'(0)$, so gehe zu (A.2).
(A.2) Genügt $t_i := (a_i + b_i)/2$ den Bedingungen (6.6), so setze $t := t_i$ und breche ab.

Ist $\varphi(t_i) < \varphi(0) + (1-\sigma)t_i\varphi'(0)$, so setze $a_{i+1} := t_i$, $b_{i+1} = b_i$, $i \leftarrow i+1$ und gehe zu (A.2).

Ist $\varphi(t_i) > \varphi(0) + \sigma t_i\varphi'(0)$, so setze $a_{i+1} := a_i$, $b_{i+1} := t_i$, $i \leftarrow i+1$ und gehe zu (A.2).

Ist $f$ stetig differenzierbar und nach unten beschränkt und gilt $\nabla f(x)^T d < 0$ für $x, d \in \mathbb{R}^n$, so bricht der Algorithmus nach endlich vielen Schritten mit einer Goldstein–Schrittweite ab.

**Aufgabe 6.6.** Man implementiere und teste die Goldstein–Regel unter Verwendung des Algorithmus aus der Aufgabe 6.5 und der Testfunktionen aus der Aufgabe 6.2. Beispielwerte für die Parameter: $b_0 = 1$, $\gamma = 2$, $\sigma = 10^{-4}$.

**Aufgabe 6.7.** Zur Minimierung einer stetigen Funktion $\varphi : [a, b] \to \mathbb{R}$ (z.B. $\varphi(t) := f(x + td)$) betrachte man das *Verfahren vom goldenen Schnitt:*

(A.0) Seien $\varepsilon > 0$, setze $\tau := (\sqrt{5} - 1)/2, a_0 := a, b_0 := b$ und $i := 0$.
(A.1) Ist $|b_i - a_i| \leq \varepsilon$: Setze $t := (a_i + b_i)/2$ und STOP.

(A.2) Setze

$$s_i := a_i + (1 - \tau)(b_i - a_i),$$
$$t_i := a_i + \tau(b_i - a_i).$$

(A.3) Ist $\varphi(s_i) > \varphi(t_i)$, so setze

$$a_{i+1} := s_i, \quad b_{i+1} := b_i, \quad s_{i+1} := t_i, \quad t_{i+1} := a_{i+1} + \tau(b_{i+1} - a_{i+1}),$$

anderenfalls setze

$$a_{i+1} := a_i, \quad b_{i+1} := t_i, \quad s_{i+1} := a_{i+1} + (1 - \tau)(b_{i+1} - a_{i+1}), \quad t_{i+1} := s_i.$$

(A.4) Setze $i \leftarrow i + 1$ und gehe zu (A.1).

(a) Man veranschauliche sich die Vorgehensweise des Verfahrens vom goldenen Schnitt.
(b) Man begründe die Wahl von $\tau = (\sqrt{5} - 1)/2$.
(c) Das Verfahren bricht nach endlich vielen Iterationen im Schritt (A.1) ab.
(d) Ist $\varphi$ *unimodal* auf $[a, b]$, d.h., besitzt $\varphi$ in (a,b) genau ein Minimum $t_*$ und ist $\varphi$ auf $[a, t_*]$ monoton fallend sowie auf $[t_*, b]$ monoton steigend, so ist $t_* \in [a_i, b_i]$ für alle vom Verfahren konstruierten Intervalle $[a_i, b_i]$.

**Aufgabe 6.8.** Man implementiere das Verfahren vom goldenen Schnitt aus der Aufgabe 6.7 und teste es anhand der Funktionen aus der Aufgabe 6.2.

# 7. Konvergenzraten und Charakterisierungen

Bei den später zu behandelnden Verfahren sind wir nicht nur daran interessiert, daß diese Verfahren eine Folge $\{x^k\}$ erzeugen, die möglichst gegen eine Lösung $x^* \in \mathbb{R}^n$ des Minimierungsproblemes

$$\min f(x), \quad x \in \mathbb{R}^n, \tag{7.1}$$

konvergiert, sondern auch, daß diese Konvergenz möglichst schnell ist.

Zur Messung der Konvergenzgeschwindigkeit (häufig auch *Konvergenzrate* genannt) einer Folge $\{x^k\}$ führen wir in der nachfolgenden Definition einige nützliche Begriffe ein.

**Definition 7.1.** *Sei $\{x^k\} \subseteq \mathbb{R}^n$ eine Folge.*

*(a) $\{x^k\}$ konvergiert gegen ein $x^* \in \mathbb{R}^n$ (mindestens) linear, falls ein $c \in (0,1)$ existiert mit $\|x^{k+1} - x^*\| \le c\|x^k - x^*\|$ für alle $k \in \mathbb{N}$ hinreichend groß.*

*(b) $\{x^k\}$ konvergiert gegen $x^*$ (mindestens) superlinear, falls eine Nullfolge $\{\varepsilon_k\} \subseteq \mathbb{R}_+$ existiert mit $\|x^{k+1} - x^*\| \le \varepsilon_k \|x^k - x^*\|$ für alle $k \in \mathbb{N}$.*

*(c) Gilt $\{x^k\} \to x^*$, so konvergiert $\{x^k\}$ gegen $x^*$ (mindestens) quadratisch, falls ein $C > 0$ existiert mit $\|x^{k+1} - x^*\| \le C\|x^k - x^*\|^2$ für alle $k \in \mathbb{N}$.*

Unter Verwendung der $o$– bzw. $O$–Notation können die Definitionen (b) und (c) auch folgendermaßen ausgesprochen werden: Gilt $\{x^k\} \to x^*$, so konvergiert $\{x^k\}$ gegen $x^*$ (mindestens) *superlinear*, falls $\|x^{k+1} - x^*\| = o(\|x^k - x^*\|)$ gilt, und $\{x^k\}$ konvergiert gegen $x^*$ (mindestens) *quadratisch*, falls $\|x^{k+1} - x^*\| = O(\|x^k - x^*\|^2)$ gilt.

Häufig wird eine gegen ein $x^*$ konvergente Folge $\{x^k\}$ auch als superlinear bzw. quadratisch konvergent bezeichnet, wenn

$$\lim_{k \to \infty} \frac{\|x^{k+1} - x^*\|}{\|x^k - x^*\|} = 0$$

bzw.

$$\limsup_{k \to \infty} \frac{\|x^{k+1} - x^*\|}{\|x^k - x^*\|^2} < \infty$$

gilt. Jedoch ist dies nur möglich, wenn $x^k \ne x^*$ für alle $k \in \mathbb{N}$ ist. In diesem Fall stimmen diese beiden Bedingungen offenbar mit unserer Definition 7.1 überein.

Man beachte, daß sich aus der linearen Konvergenz wegen $c \in (0,1)$ insbesondere die Konvergenz einer Folge ergibt. Entsprechend folgt aus der superlinearen Konvergenz die Konvergenz der Folge. Hingegen muß man bei der Definition der quadratischen Konvergenz die Konvergenz der Folge $\{x^k\}$ explizit voraussetzen.

Wir merken an, daß die hier eingeführten Begriffe der linearen bzw. superlinearen bzw. quadratischen Konvergenz häufig auch als Q–lineare bzw. Q–superlineare bzw. Q–quadratische Konvergenz benannt werden (im Unterschied zur sog. R–linearen bzw. R–superlinearen bzw. R–quadratischen Konvergenz, siehe z.B. [88, 66]).

Wir betonen außerdem, daß die Eigenschaften der superlinearen und quadratischen Konvergenz einer Folge $\{x^k\}$ gegen einen Punkt $x^*$ unabhängig von der gewählten Norm sind. Konvergiert also $\{x^k\}$ im Sinne der Definition 7.1 (b) superlinear gegen $x^*$, so gilt auch

$$\|x^{k+1} - x^*\|_a \leq \eta_k \|x^k - x^*\|_a$$

für eine beliebige Norm $\|\cdot\|_a$ und eine geeignete Nullfolge $\{\eta_k\} \subseteq \mathbb{R}$. Ebenso gilt auch

$$\|x^{k+1} - x^*\|_a \leq C_a \|x^k - x^*\|_a^2$$

für jede im Sinne der Definition 7.1 (c) quadratisch konvergente Folge $\{x^k\}$, wobei die Konstante $C_a$ i.a. von der Norm $\|\cdot\|_a$ abhängen wird. Dies folgt unmittelbar aus der bekannten Tatsache, daß alle Normen im $\mathbb{R}^n$ äquivalent zueinander sind.

Hingegen ist die Eigenschaft der linearen Konvergenz sehr wohl abhängig von der Norm. Zwar folgt aus der Definition 7.1 (a) für jede linear konvergente Folge $\{x^k\}$ auch

$$\|x^{k+1} - x^*\|_a \leq c_a \|x^k - x^*\|_a$$

mit einer (wiederum von der verwendeten Norm $\|\cdot\|_a$ abhängigen) Konstanten $c_a$, jedoch ist diese Konstante nicht notwendig kleiner als 1. Sprechen wir also von linearer Konvergenz, so müssen wir eigentlich klarstellen, bezüglich welcher Normen wir von linearer Konvergenz sprechen.

Wir werden diese Problematik im Abschnitt 10.1 über die lokale Konvergenz von inexakten Newton–Verfahren wieder aufgreifen.

Ziel dieses Kapitels wird es sein, äquivalente Bedingungen für die superlineare und quadratische Konvergenz einer Folge $\{x^k\}$ anzugeben. Zu diesem Zweck benötigen wir noch einige vorbereitende Lemmata, die sich auch bei späteren Konvergenzbeweisen als recht hilfreich erweisen werden.

**Lemma 7.2.** *Seien $f : \mathbb{R}^n \to \mathbb{R}$ und $\{x^k\} \subseteq \mathbb{R}^n$ eine gegen ein $x^* \in \mathbb{R}^n$ konvergente Folge. Dann gelten:*

*(a) Ist $f$ zweimal stetig differenzierbar, so ist*

$$\|\nabla f(x^k) - \nabla f(x^*) - \nabla^2 f(x^k)(x^k - x^*)\| = o(\|x^k - x^*\|).$$

*(b) Ist $f$ zweimal stetig differenzierbar und $\nabla^2 f$ lokal Lipschitz–stetig, so ist*

$$\|\nabla f(x^k) - \nabla f(x^*) - \nabla^2 f(x^k)(x^k - x^*)\| = O(\|x^k - x^*\|^2).$$

*Beweis.* (a) Mittels der Dreiecksungleichung ergibt sich

$$\|\nabla f(x^k) - \nabla f(x^*) - \nabla^2 f(x^k)(x^k - x^*)\|$$
$$\leq \|\nabla f(x^k) - \nabla f(x^*) - \nabla^2 f(x^*)(x^k - x^*)\|$$
$$+ \|\nabla^2 f(x^*) - \nabla^2 f(x^k)\|\,\|x^k - x^*\|.$$

Da $\nabla f$ nach Voraussetzung im Punkte $x^*$ differenzierbar ist, gilt

$$\|\nabla f(x^k) - \nabla f(x^*) - \nabla^2 f(x^*)(x^k - x^*)\| = o(\|x^k - x^*\|).$$

Auf der anderen Seite ist $\nabla^2 f$ im Punkte $x^*$ noch stetig, so daß

$$\|\nabla^2 f(x^*) - \nabla^2 f(x^k)\| \to 0$$

folgt. Die letzten drei Feststellungen zusammen ergeben gerade

$$\|\nabla f(x^k) - \nabla f(x^*) - \nabla^2 f(x^k)(x^k - x^*)\| = o(\|x^k - x^*\|),$$

also die Behauptung (a).

(b) Zunächst gilt aufgrund des Mittelwertsatzes in der Integralform A.3:

$$\nabla f(x^k) - \nabla f(x^*) - \nabla^2 f(x^k)(x^k - x^*)$$
$$= \int_0^1 \nabla^2 f(x^* + \tau(x^k - x^*))(x^k - x^*)d\tau - \nabla^2 f(x^k)(x^k - x^*)$$
$$= \int_0^1 \left[\nabla^2 f(x^* + \tau(x^k - x^*)) - \nabla^2 f(x^k)\right](x^k - x^*)d\tau.$$

Bezeichnet $L > 0$ die lokale Lipschitz–Konstante von $\nabla^2 f$ in einer Umgebung von $x^*$, so folgt hieraus für alle $k \in \mathbb{N}$ hinreichend groß:

$$\|\nabla f(x^k) - \nabla f(x^*) - \nabla^2 f(x^k)(x^k - x^*)\|$$
$$\leq \int_0^1 \|\nabla^2 f(x^* + \tau(x^k - x^*)) - \nabla^2 f(x^k)\|d\tau\|x^k - x^*\|$$
$$\leq L\|x^k - x^*\| \int_0^1 \|(\tau - 1)(x^k - x^*)\|d\tau$$
$$= \frac{L}{2}\|x^k - x^*\|^2$$
$$= O(\|x^k - x^*\|^2).$$

Dies ist gerade die Behauptung (b). $\qquad\qquad\square$

Für einen alternativen Beweis des Lemmas 7.2 sei auf die Aufgabe 7.1 verwiesen.

Ist $f : \mathbb{R}^n \to \mathbb{R}$ zweimal stetig differenzierbar, so besagt das folgende Lemma, daß aus der Regularität der Hesse–Matrix $\nabla^2 f(x^*)$ in einem Punkt $x^* \in \mathbb{R}^n$ bereits die Regularität der Hesse–Matrix $\nabla^2 f(x^*)$ in einer Umgebung von $x^*$ folgt, und daß die entsprechenden Inversen gleichmäßig beschränkt sind.

**Lemma 7.3.** *Seien $f : \mathbb{R}^n \to \mathbb{R}$ zweimal stetig differenzierbar, $x^* \in \mathbb{R}^n$ und $\nabla^2 f(x^*)$ regulär. Dann existiert ein $\varepsilon > 0$, so daß auch $\nabla^2 f(x)$ für alle $x \in \mathcal{U}_\varepsilon(x^*)$ regulär ist. Weiter existiert eine Konstante $c > 0$, so daß gilt:*

$$\|\nabla^2 f(x)^{-1}\| \leq c \quad \text{für alle } x \in \mathcal{U}_\varepsilon(x^*).$$

*Beweis.* Da $\nabla^2 f$ stetig in $x^*$ ist, existiert ein $\varepsilon > 0$ mit

$$\|\nabla^2 f(x^*) - \nabla^2 f(x)\| \leq \frac{1}{2\|\nabla^2 f(x^*)^{-1}\|}$$

für alle $x \in \mathcal{U}_\varepsilon(x^*)$. Also ist

$$\|I - \nabla^2 f(x^*)^{-1} \nabla^2 f(x)\| \leq \|\nabla^2 f(x^*)^{-1}\|\,\|\nabla^2 f(x^*) - \nabla^2 f(x)\|$$
$$\leq \frac{1}{2}$$

für alle $x \in \mathcal{U}_\varepsilon(x^*)$. Wegen Lemma B.8 folgt somit, daß für alle $x \in \mathcal{U}_\varepsilon(x^*)$ auch $\nabla^2 f(x)$ regulär ist mit

$$\|\nabla^2 f(x)^{-1}\| \leq \frac{\|\nabla^2 f(x^*)^{-1}\|}{1 - \|I - \nabla^2 f(x^*)^{-1} \nabla^2 f(x)\|} \leq 2\|\nabla^2 f(x^*)^{-1}\| =: c.$$

Damit ist das Lemma bewiesen.    □

Ein anderer Beweis des Lemmas 7.3 ist in der Aufgabe 7.2 angedeutet.

Das folgende Lemma ist recht nützlich, da es den i.a. unbekannten Abstand eines gegebenen Vektors $x^k \in \mathbb{R}^n$ zu einer „Lösung" $x^*$ des Minimierungsproblems (7.1) durch eine berechenbare Größe nach oben abschätzt.

**Lemma 7.4.** *Seien $f : \mathbb{R}^n \to \mathbb{R}$ zweimal stetig differenzierbar und $\{x^k\} \subseteq \mathbb{R}^n$ eine gegen ein $x^* \in \mathbb{R}^n$ konvergente Folge mit $\nabla f(x^*) = 0$ und $\nabla^2 f(x^*)$ regulär. Dann existieren ein Index $k_0 \in \mathbb{N}$ und eine Konstante $\beta > 0$ mit*

$$\|\nabla f(x^k)\| \geq \beta \|x^k - x^*\|$$

*für alle $k \geq k_0$.*

*Beweis.* Da $\nabla f$ nach Voraussetzung im Punkt $x^*$ differenzierbar ist, gilt

$$\|\nabla f(x^k) - \nabla f(x^*) - \nabla^2 f(x^*)(x^k - x^*)\| = o(\|x^k - x^*\|).$$

Also existiert zu jedem $\varepsilon > 0$ ein Index $k_0 \in \mathbb{N}$ mit

$$\|\nabla f(x^k) - \nabla f(x^*) - \nabla^2 f(x^*)(x^k - x^*)\| \leq \varepsilon \|x^k - x^*\|$$

für alle $k \geq k_0$. O.B.d.A. sei dabei angenommen, daß $\varepsilon < 1/\|\nabla^2 f(x^*)^{-1}\|$ gelte. Dann folgt für alle $k \geq k_0$ :

$$\begin{aligned}
\|\nabla f(x^k)\| &\geq \|\nabla^2 f(x^*)(x^k - x^*)\| - \|\nabla f(x^k) - \nabla f(x^*) - \nabla^2 f(x^*)(x^k - x^*)\| \\
&\geq \frac{1}{\|\nabla^2 f(x^*)^{-1}\|} \|x^k - x^*\| - \varepsilon \|x^k - x^*\| \\
&= \beta \|x^k - x^*\|
\end{aligned}$$

mit $\beta := 1/\|\nabla^2 f(x^*)^{-1}\| - \varepsilon > 0$.    $\square$

Das Lemma 7.4 motiviert insbesondere das bei vielen Algorithmen benutzte Abbruchkriterium

$$\|\nabla f(x^k)\| \leq \varepsilon$$

für $\varepsilon > 0$ hinreichend klein.

Das nächste Resultat wird nur im Beweis des Satzes 7.8 und zur Herleitung des nachfolgenden Korollars benötigt.

**Lemma 7.5.** *Seien $f : \mathbb{R}^n \to \mathbb{R}$ zweimal stetig differenzierbar und $\{x^k\} \subseteq \mathbb{R}^n$ eine gegen ein $x^* \in \mathbb{R}^n$ konvergente Folge. Dann gilt für $k \to \infty$:*

$$\int_0^1 \|\nabla^2 f(x^k + \tau(x^{k+1} - x^k)) - \nabla^2 f(x^*)\| d\tau \to 0.$$

*Beweis.* Aus der Konvergenz der Folge $\{x^k\}$ gegen $x^*$ folgt unmittelbar

$$x^k + \tau(x^{k+1} - x^k) \to x^*$$

gleichmäßig für alle $\tau \in [0, 1]$. Wegen der Stetigkeit von $\nabla^2 f$ existiert somit zu jedem $\varepsilon > 0$ ein Index $k_0 \in \mathbb{N}$ mit

$$\|\nabla^2 f(x^k + \tau(x^{k+1} - x^k)) - \nabla^2 f(x^*)\| \leq \varepsilon$$

für alle $k \geq k_0$ und alle $\tau \in [0, 1]$. Daher ist

$$\int_0^1 \|\nabla^2 f(x^k + \tau(x^{k+1} - x^k)) - \nabla^2 f(x^*)\| d\tau \leq \int_0^1 \varepsilon d\tau = \varepsilon$$

für alle $k \geq k_0$. Da $\varepsilon > 0$ beliebig war, folgt die Behauptung.    $\square$

Im Abschnitt 10.1 benötigen wir das folgende technische Resultat, welches sich völlig analog zum Lemma 7.5 beweisen läßt, siehe Aufgabe 7.3.

**Korollar 7.6.** *Seien* $f : \mathbb{R}^n \to \mathbb{R}$ *zweimal stetig differenzierbar und* $\{x^k\} \subseteq$ $\mathbb{R}^n$ *eine gegen ein* $x^* \in \mathbb{R}^n$ *konvergente Folge. Dann gilt für* $k \to \infty$:

$$\int_0^1 \|\nabla^2 f(x^* + \tau(x^k - x^*)) - \nabla^2 f(x^*)\| d\tau \to 0.$$

Das folgende Resultat geht auf Dennis und Moré [26] zurück. Es wird in diesem Kapitel als beweistechnisches Hilfsmittel benötigt. Andererseits ist es auch numerisch von Bedeutung, da es besagt, daß man bei superlinear konvergenten Folgen das nur theoretische Abbruchkriterium

$$\|x^k - x^*\| \leq \varepsilon$$

durch das unmittelbar implementierbare Abbruchkriterium

$$\|x^{k+1} - x^k\| \leq \varepsilon$$

ersetzen kann.

**Lemma 7.7.** *Seien* $\{x^k\} \subseteq \mathbb{R}^n$ *eine superlinear konvergente Folge mit Grenzwert* $x^* \in \mathbb{R}^n$ *und* $x^k \neq x^*$ *für alle* $k \in \mathbb{N}$. *Dann gilt*

$$\lim_{k \to \infty} \frac{\|x^{k+1} - x^k\|}{\|x^k - x^*\|} = 1.$$

*Beweis.* Unter Verwendung einer bekannten Dreiecksungleichung für Normen sowie der Definition der superlinearen Konvergenz erhält man:

$$\begin{aligned}
0 &\leq \lim_{k \to \infty} \left| \frac{\|x^{k+1} - x^k\|}{\|x^k - x^*\|} - 1 \right| \\
&= \lim_{k \to \infty} \left| \frac{\|x^{k+1} - x^k\| - \|x^k - x^*\|}{\|x^k - x^*\|} \right| \\
&\leq \lim_{k \to \infty} \frac{\|x^{k+1} - x^*\|}{\|x^k - x^*\|} \\
&= 0,
\end{aligned}$$

was zu beweisen war. $\square$

Nach diesen Vorbereitungen sind wir nun in der Lage, einen Charakterisierungssatz für die superlineare Konvergenz einer Folge zu beweisen.

**Satz 7.8.** *Seien* $f : \mathbb{R}^n \to \mathbb{R}$ *zweimal stetig differenzierbar,* $\{x^k\} \subseteq \mathbb{R}^n$ *eine konvergente Folge mit Grenzwert* $x^* \in \mathbb{R}^n, x^k \neq x^*$ *für alle* $k \in \mathbb{N}$ *und* $\nabla^2 f(x^*)$ *regulär. Dann sind äquivalent:*

*(a)* $\{x^k\} \to x^*$ *superlinear und* $\nabla f(x^*) = 0$.
*(b)* $\|\nabla f(x^k) + \nabla^2 f(x^k)(x^{k+1} - x^k)\| = o(\|x^{k+1} - x^k\|)$.

*(c)* $\|\nabla f(x^k) + \nabla^2 f(x^*)(x^{k+1} - x^k)\| = o(\|x^{k+1} - x^k\|)$.

*Beweis.* (c) $\Rightarrow$ (a): Aus dem Mittelwertsatz in der Integralform A.3 folgt zunächst die Identität

$$
\begin{aligned}
\nabla f(x^{k+1}) &= \nabla f(x^{k+1}) - \nabla f(x^k) - \nabla^2 f(x^*)(x^{k+1} - x^k) \\
&\quad + \nabla f(x^k) + \nabla^2 f(x^*)(x^{k+1} - x^k) \\
&= \int_0^1 \left[\nabla^2 f(x^k + \tau(x^{k+1} - x^k)) - \nabla^2 f(x^*)\right](x^{k+1} - x^k)d\tau \\
&\quad + \nabla f(x^k) + \nabla^2 f(x^*)(x^{k+1} - x^k).
\end{aligned}
\tag{7.2}
$$

Also ist

$$
\|\nabla f(x^{k+1})\| \leq \int_0^1 \|\nabla^2 f(x^k + \tau(x^{k+1} - x^k)) - \nabla^2 f(x^*)\|d\tau \cdot \|x^{k+1} - x^k\|
$$
$$
+ \|\nabla f(x^k) + \nabla^2 f(x^*)(x^{k+1} - x^k)\|.
$$

Aus der Voraussetzung (c) und dem Lemma 7.5 folgt daher die Existenz einer Nullfolge $\{\varepsilon_k\} \subseteq \mathbb{R}$ mit

$$
\|\nabla f(x^{k+1})\| \leq \varepsilon_k \|x^{k+1} - x^k\|.
\tag{7.3}
$$

Insbesondere ist daher $\nabla f(x^{k+1}) \to 0$ und somit $\nabla f(x^*) = 0$. Deshalb liefert das Lemma 7.4 die Existenz einer Konstanten $\beta > 0$ mit

$$
\|\nabla f(x^{k+1})\| \geq \beta \|x^{k+1} - x^*\|
$$

für alle hinreichend großen $k \in \mathbb{N}$. Daraus ergibt sich mit (7.3):

$$
\beta \|x^{k+1} - x^*\| \leq \varepsilon_k \|x^{k+1} - x^k\| \leq \varepsilon_k \left(\|x^{k+1} - x^*\| + \|x^k - x^*\|\right).
$$

Dies impliziert für alle hinreichend großen $k \in \mathbb{N}$:

$$
\frac{\|x^{k+1} - x^*\|}{\|x^k - x^*\|} \leq \frac{\varepsilon_k}{\beta - \varepsilon_k}
$$

und damit die superlineare Konvergenz von $\{x^k\}$ gegen $x^*$.

(a) $\Rightarrow$ (c): Nach Voraussetzung ist $f$ zweimal stetig differenzierbar. Daher ist $\nabla f$ lokal Lipschitz–stetig (siehe etwa den Beweis der Bemerkung 5.4). Wegen $x^k \to x^*$ existiert daher eine Konstante $L > 0$ mit

$$
\|\nabla f(x^{k+1}) - \nabla f(x^*)\| \leq L \|x^{k+1} - x^*\|
$$

für alle $k \in \mathbb{N}$ hinreichend groß. Folglich ist wegen $\nabla f(x^*) = 0$:

$$
\begin{aligned}
\|\nabla f(x^{k+1})\| &= \|\nabla f(x^{k+1}) - \nabla f(x^*)\| \\
&\leq \frac{L\|x^{k+1} - x^*\|}{\|x^k - x^*\|} \cdot \frac{\|x^k - x^*\|}{\|x^{k+1} - x^k\|} \cdot \|x^{k+1} - x^k\|.
\end{aligned}
$$

Die vorausgesetzte superlineare Konvergenz von $\{x^k\}$ gegen $x^*$ liefert daher wegen Lemma 7.7 die Existenz einer Nullfolge $\{\varepsilon_k\} \subseteq \mathbb{R}$ mit

$$\|\nabla f(x^{k+1})\| \leq \varepsilon_k \|x^{k+1} - x^k\|.$$

Aus der Identität (7.2) folgt somit

$$\|\nabla f(x^k) + \nabla^2 f(x^*)(x^{k+1} - x^k)\|$$

$$\leq \|\nabla f(x^{k+1})\| + \int_0^1 \|\nabla^2 f(x^k + \tau(x^{k+1} - x^k)) - \nabla^2 f(x^*)\|d\tau \cdot \|x^{k+1} - x^k\|$$

$$\leq \left(\varepsilon_k + \int_0^1 \|\nabla^2 f(x^k + \tau(x^{k+1} - x^k)) - \nabla^2 f(x^*)\|d\tau\right) \|x^{k+1} - x^k\|$$

und hieraus mit Lemma 7.5 die Behauptung (c).

(b) $\Leftrightarrow$ (c): Diese Äquivalenz läßt sich leicht verifizieren.    $\square$

Man beachte, daß im Satz 7.8 lediglich die Regularität der Hesse–Matrix $\nabla^2 f(x^*)$ vorausgesetzt wird, nicht jedoch die positive Definitheit. Grob gesagt bedeutet dies, daß sich der Satz 7.8 sowohl auf strikte lokale Minima als auch auf strikte lokale Maxima anwenden läßt.

Als wichtige Anwendung des Satzes 7.8 erhält man das folgende Resultat, welches auf Dennis und Moré [26] zurückgeht. Für eine Verallgemeinerung dieses Resultates unter Berücksichtigung von Schrittweiten verweisen wir auf die Aufgabe 7.4.

**Korollar 7.9.** *Seien* $f : \mathbb{R}^n \to \mathbb{R}$ *zweimal stetig differenzierbar,* $\{H_k\} \subseteq \mathbb{R}^{n \times n}$ *eine Folge regulärer Matrizen,* $x^0 \in \mathbb{R}^n$ *und* $\{x^k\} \subseteq \mathbb{R}^n$ *eine durch*

$$x^{k+1} := x^k - H_k^{-1}\nabla f(x^k), \quad k = 0, 1, 2, \ldots \tag{7.4}$$

*definierte Folge mit Grenzwert* $x^*, x^k \neq x^*$ *für alle* $k \in \mathbb{N}$ *und* $\nabla^2 f(x^*)$ *regulär. Dann sind äquivalent:*

*(a)* $\{x^k\} \to x^*$ *superlinear und* $\nabla f(x^*) = 0$.
*(b)* $\|(\nabla^2 f(x^k) - H_k)(x^{k+1} - x^k)\| = o(\|x^{k+1} - x^k\|)$.
*(c)* $\|(\nabla^2 f(x^*) - H_k)(x^{k+1} - x^k)\| = o(\|x^{k+1} - x^k\|)$.

*Beweis.* Aus (7.4) ergibt sich

$$\nabla f(x^k) = -H_k(x^{k+1} - x^k).$$

Setzt man diesen Ausdruck für den Gradienten $\nabla f(x^k)$ in die entsprechenden Aussagen des Satzes 7.8 ein, so ergibt sich gerade die Behauptung.    $\square$

Wir bemerken zu diesem Korollar, daß etwa die Bedingung (c) erfüllt ist, wenn die Folge der Matrizen $\{H_k\}$ gegen die Hesse–Matrix $\nabla^2 f(x^*)$ konvergiert. Dies ist insbesondere beim Newton–Verfahren der Fall, siehe das Kapitel 9.

Allerdings erlaubt die Bedingung (c) des Korollars 7.9 wesentlich allgemeinere Folgen von Matrizen $\{H_k\}$: Lediglich die Anwendung von $H_k$ auf die Richtung $x^{k+1} - x^k$ muß in etwa die gleiche sein wie die Anwendung der Matrix $\nabla^2 f(x^*)$ auf diesen Vektor. Dies impliziert keineswegs die Konvergenz der Folge $\{H_k\}$ gegen $\nabla^2 f(x^*)$. Tatsächlich werden wir im Kapitel 11 über Quasi–Newton–Verfahren sehen, daß die Bedingungen des Korollars 7.9 für gewisse Quasi–Newton–Verfahren erfüllt sind, obwohl die durch ein Quasi–Newton–Verfahren erzeugte Folge von Matrizen $\{H_k\}$ keineswegs gegen die Hesse–Matrix $\nabla^2 f(x^*)$ zu konvergieren braucht.

Abschließend beweisen wir einen dem Satz 7.8 entsprechenden Charakterisierungssatz für die quadratische Konvergenz einer Folge $\{x^k\}$. Im Vergleich der Voraussetzungen mit dem Satz 7.8 fordern wir hier zusätzlich, daß die zweite Ableitung $\nabla^2 f$ nicht nur stetig, sondern sogar lokal Lipschitz–stetig ist.

**Satz 7.10.** *Seien* $f : \mathbb{R}^n \to \mathbb{R}$ *zweimal stetig differenzierbar sowie* $\nabla^2 f$ *lokal Lipschitz–stetig,* $\{x^k\} \subseteq \mathbb{R}^n$ *eine konvergente Folge mit Grenzwert* $x^* \in \mathbb{R}^n, x^k \neq x^*$ *für alle* $k \in \mathbb{N}$ *und* $\nabla^2 f(x^*)$ *regulär. Dann sind äquivalent:*

*(a)* $\{x^k\} \to x^*$ *quadratisch und* $\nabla f(x^*) = 0$.
*(b)* $\|\nabla f(x^k) + \nabla^2 f(x^k)(x^{k+1} - x^k)\| = O(\|x^{k+1} - x^k\|^2)$.
*(c)* $\|\nabla f(x^k) + \nabla^2 f(x^*)(x^{k+1} - x^k)\| = O(\|x^{k+1} - x^k\|^2)$.

*Beweis.* (b) $\Rightarrow$ (a): Aus (b) folgt insbesondere

$$\|\nabla f(x^k) + \nabla^2 f(x^k)(x^{k+1} - x^k)\| = o(\|x^{k+1} - x^k\|).$$

Daher liefert der Satz 7.8 unmittelbar $\nabla f(x^*) = 0$ und

$$\{x^k\} \to x^* \text{ superlinear.}$$

Zu zeigen bleibt daher nur noch die quadratische Konvergenz. Betrachte dazu die folgende Identität:

$$\nabla^2 f(x^k)(x^{k+1} - x^*) = \left[\nabla f(x^k) + \nabla^2 f(x^k)(x^{k+1} - x^k)\right] \\ - \left[\nabla f(x^k) - \nabla f(x^*) - \nabla^2 f(x^k)(x^k - x^*)\right]. \tag{7.5}$$

Wegen Lemma 7.3 existiert ein $c > 0$, so daß für alle hinreichend großen $k \in \mathbb{N}$ die Matrizen $\nabla^2 f(x^k)$ regulär sind mit

$$\|\nabla^2 f(x^k)^{-1}\| \leq c.$$

Daher ergibt sich aus (7.5) nach Division durch $\|x^k - x^*\|^2$:

$$\frac{\|x^{k+1} - x^*\|}{\|x^k - x^*\|^2} \le c \left( \frac{\|\nabla f(x^k) + \nabla^2 f(x^k)(x^{k+1} - x^k)\|}{\|x^{k+1} - x^k\|^2} \cdot \frac{\|x^{k+1} - x^k\|^2}{\|x^k - x^*\|^2} \right.$$
$$\left. + \frac{\|\nabla f(x^k) - \nabla f(x^*) - \nabla^2 f(x^k)(x^k - x^*)\|}{\|x^k - x^*\|^2} \right).$$

Wegen Lemma 7.7, Lemma 7.2 (b) und der Voraussetzung (b) folgt daher

$$\|x^{k+1} - x^*\| = O(\|x^k - x^*\|^2),$$

was zu zeigen war.

(a) $\Rightarrow$ (b) Der Beweis dieser Richtung kann i.w. durch Umkehrung der obigen Argumente erfolgen: Aus der Identität (7.5) folgt nämlich

$$\|\nabla f(x^k) + \nabla^2 f(x^k)(x^{k+1} - x^k)\|$$
$$\le \|\nabla f(x^k) - \nabla f(x^*) - \nabla^2 f(x^k)(x^k - x^*)\| + \gamma \|x^{k+1} - x^*\|$$

mit einer Konstanten $\gamma > 0$, so daß $\|\nabla^2 f(x^k)\| \le \gamma$ für hinreichend große $k \in \mathbb{N}$ gilt. Unter Berücksichtigung der vorausgesetzten quadratischen Konvergenz der Folge $\{x^k\}$ gegen $x^*$ sowie Lemma 7.2 (b) folgt

$$\|\nabla f(x^k) + \nabla^2 f(x^k)(x^{k+1} - x^k)\| = O(\|x^k - x^*\|^2)$$

und hieraus mit Lemma 7.7 die Aussage (b).

(b) $\Leftrightarrow$ (c): Die Äquivalenz der Aussagen (b) und (c) ist (unter Verwendung von Lemma 7.7) wieder leicht zu zeigen. $\qquad \square$

## Aufgaben

**Aufgabe 7.1.** Finden Sie einen alternativen Beweis des Lemmas 7.2 durch Anwendung des Taylorschen Satzes in der Gestalt des Satzes A.2.

**Aufgabe 7.2.** Finden Sie einen alternativen Beweis des Lemmas 7.3 durch Anwendung der aus der linearen Algebra bekannten Cramerschen Regel.

**Aufgabe 7.3.** Man führe den Beweis des Korollars 7.6 im Detail durch.

**Aufgabe 7.4.** Seien $f : \mathbb{R}^n \to \mathbb{R}$ zweimal stetig differenzierbar, $\{H_k\} \subseteq \mathbb{R}^{n \times n}$ ein Folge regulärer Matrizen, $x^0 \in \mathbb{R}^n$ und $\{x^k\} \subseteq \mathbb{R}^n$ eine durch

$$x^{k+1} := x^k - t_k H_k^{-1} \nabla f(x^k), \quad k = 0, 1, 2, \dots,$$

erzeugte Folge mit Grenzwert $x^*, x^k \ne x^*$ für alle $k \in \mathbb{N}$ und $\nabla^2 f(x^*)$ regulär. Dann sind äquivalent:

(a) $\{x^k\} \to x^*$ superlinear und $\nabla f(x^*) = 0$.

(b) $\|(\nabla^2 f(x^k) - H_k)d^k\| = o(\|d^k\|)$ und $t_k \to 1$.

(c) $\|(\nabla^2 f(x^*) - H_k)d^k\| = o(\|d^k\|)$ und $t_k \to 1$.

**Aufgabe 7.5.** Seien $f : \mathbb{R}^n \to \mathbb{R}$ zweimal stetig differenzierbar, $\{x^k\} \subseteq \mathbb{R}^n$ eine konvergente Folge mit Grenzwert $x^*$, $\nabla f(x^*) = 0$ und $\nabla^2 f(x^*)$ positiv definit. Die Folge $\{x^k\}$ möge gemäß der Aufdatierungsformel $x^{k+1} :=  x^k + t_k d^k$ erzeugt werden, wobei die Suchrichtungen $d^k \neq 0$ der Bedingung $\|\nabla f(x^k) + \nabla^2 f(x^k)d^k\| = o(\|d^k\|)$ genügen und die Schrittweiten $t_k > 0$ für alle $k \in \mathbb{N}$ effizient sein mögen. Dann gelten:

(a) Es ist $\lim_{k \to \infty} \frac{\nabla f(x^k)^T d^k}{\|d^k\|} = 0$.

(b) Es ist $\lim_{k \to \infty} \|d^k\| = 0$.

**Aufgabe 7.6.** Seien $f : \mathbb{R}^n \to \mathbb{R}$ zweimal stetig differenzierbar, $\{x^k\} \subseteq \mathbb{R}^n$ eine konvergente Folge mit Grenzwert $x^*$, $\nabla f(x^*) = 0$ und $\nabla^2 f(x^*)$ positiv definit. Die Folge $\{x^k\}$ möge gemäß der Aufdatierungsformel $x^{k+1} := x^k + t_k d^k$ erzeugt werden, wobei die Suchrichtungen $d^k$ der Bedingung $\|\nabla f(x^k) + \nabla^2 f(x^k)d^k\| = o(\|d^k\|)$ genügen und die Schrittweiten $t_k > 0$ für alle $k \in \mathbb{N}$ effizient sein mögen. Dann ist

$$\lim_{k \to \infty} \frac{f(x^k + d^k) - f(x^k)}{\nabla f(x^k)^T d^k} = \frac{1}{2}.$$

(Hinweis: Aufgabe 7.5.)

**Aufgabe 7.7.** Seien $f : \mathbb{R}^n \to \mathbb{R}$ zweimal stetig differenzierbar, $\{x^k\} \subseteq \mathbb{R}^n$ eine konvergente Folge mit Grenzwert $x^*$, $\nabla f(x^*) = 0$ und $\nabla^2 f(x^*)$ positiv definit. Die Folge $\{x^k\}$ möge gemäß der Aufdatierungsformel $x^{k+1} := x^k + t_k d^k$ erzeugt werden, wobei die Suchrichtungen $d^k$ der Bedingung $\|\nabla f(x^k) + \nabla^2 f(x^k)d^k\| = o(\|d^k\|)$ genügen und die Schrittweiten $t_k > 0$ für alle $k \in \mathbb{N}$ mittels

(i) der Goldstein–Regel (siehe Aufgabe 5.5) oder

(ii) der Wolfe–Powell–Regel oder

(iii) der strengen Wolfe–Powell–Regel

berechnet werden mögen. Dann gelten:

(a) Die Schrittweite $t_k = 1$ genügt für alle hinreichend großen $k \in \mathbb{N}$ den Bedingungen von jeder der in (i)–(iii) genannten Schrittweitenstrategien.

(b) Die Folge $\{x^k\}$ konvergiert superlinear gegen $x^*$, wenn man stets $t_k = 1$ als Schrittweite wählt, sofern diese Schrittweite den Bedingungen der jeweils benutzten Schrittweitenstrategie genügt.

(Hinweis: Aufgaben 7.4 und 7.5.)

**Aufgabe 7.8.** Seien $f : \mathbb{R}^n \to \mathbb{R}$ zweimal stetig differenzierbar, $\{x^k\} \subseteq \mathbb{R}^n$ eine konvergente Folge mit Grenzwert $x^*$, $\nabla f(x^*) = 0$ und $\nabla^2 f(x^*)$ positiv definit. Die Folge $\{x^k\}$ möge gemäß der Aufdatierungsformel $x^{k+1} := x^k + t_k d^k$ erzeugt werden, wobei die Suchrichtungen $d^k$ der Bedingung $\|\nabla f(x^k) + \nabla^2 f(x^k) d^k\| = o(\|d^k\|)$ genügen und die Schrittweiten $t_k > 0$ für alle $k \in \mathbb{N}$ mittels der Curry–Regel (siehe Aufgabe 5.6) berechnet werden mögen. Dann gelten:

(a) Es ist $\lim_{k \to \infty} t_k = 1$.
(b) Die Folge $\{x^k\}$ konvergiert superlinear gegen $x^*$.

(Hinweis: Aufgaben 7.4 und 7.5.)

# 8. Gradientenverfahren

In diesem Kapitel untersuchen wir unser erstes konkretes Verfahren, nämlich das sogenannte Gradientenverfahren, häufig auch als Verfahren des steilsten Abstiegs bezeichnet. Die globale Konvergenz des Gradientenverfahrens ist der Inhalt des Abschnitts 8.1. Im Abschnitt 8.2 wird dann die Konvergenzrate des Gradientenverfahrens am Beispiel einer strikt konvexen quadratischen Funktion untersucht. Schließlich verallgemeinern wir im Abschnitt 8.3 das Gradientenverfahren zu der sogenannten Klasse der gradientenähnlichen Verfahren, die analoge globale Konvergenzeigenschaften aufweisen wie das eigentliche Gradientenverfahren.

## 8.1 Das Gradientenverfahren

Das allgemeine Abstiegsverfahren aus Kapitel 4 läßt für die Wahl der Abstiegsrichtungen noch viel Freiheit (vgl. die Sätze 4.6 und 4.7). Die einfachste (aber, wie sich zeigen wird, bei weitem nicht die beste) Wahl ist die der Richtungen des „steilsten Abstiegs". Unter der Richtung des steilsten Abstiegs von $f$ im Punkt $x$ kann man jenen Vektor $d$ verstehen, der die Optimierungsaufgabe

$$\min \nabla f(x)^T d \quad \text{u.d.N.} \quad \|d\| = 1$$

löst; man vergleiche hierzu auch die Winkelbedingung aus dem Satz 4.6. Mit Hilfe der Cauchy–Schwarzschen Ungleichung sieht man sofort, daß die so definierte Richtung des steilsten Abstiegs durch

$$d = -\frac{\nabla f(x)}{\|\nabla f(x)\|}$$

gegeben ist (für eine Relativierung siehe Aufgabe 8.1).

Wir wollen das nachfolgende Verfahren als Prototyp eines Abstiegsverfahrens näher untersuchen.

**Algorithmus 8.1.** *(Gradientenverfahren, Verfahren des steilsten Abstiegs)*

*(S.0)  Wähle $x^0 \in \mathbb{R}^n, \sigma \in (0,1), \beta \in (0,1), \varepsilon \geq 0$, und setze $k := 0$.*
*(S.1)  Ist $\|\nabla f(x^k)\| \leq \varepsilon$: STOP.*

*(S.2) Setze* $d^k := -\nabla f(x^k)$.

*(S.3) Bestimme* $t_k := \max\{\beta^\ell \mid \ell = 0, 1, 2, \ldots\}$ *mit*

$$f(x^k + t_k d^k) \leq f(x^k) + \sigma t_k \nabla f(x^k)^T d^k.$$

*(S.4) Setze* $x^{k+1} := x^k + t_k d^k, k \leftarrow k + 1$, *und gehe zu (S.1)*.

Würde die Armijo–Regel im Schritt (S.3) des Algorithmus durch eine effiziente Schrittweitenstrategie ersetzt, so würde aus dem allgemeinen Konvergenzsatz 4.6 unmittelbar folgen, daß jeder Häufungspunkt einer durch dieses Verfahren erzeugten Folge bereits ein stationärer Punkt von $f$ ist. Zum Nachweis der Effizienz einer Schrittweite hätte man jedoch einige Voraussetzungen an die Funktion $f$ zu stellen, siehe Kapitel 5. In diesem Abschnitt wollen wir zeigen, daß sich ein derartiges globales Konvergenzresultat auch bei Verwendung der i.a. nicht effizienten Armijo–Regel beweisen läßt.

Bevor wir zum globalen Konvergenzsatz für den Algorithmus 8.1 kommen, beweisen wir zunächst ein recht nützliches Lemma, das sich wie folgt motivieren läßt: Ist $f : \mathbb{R}^n \to \mathbb{R}$ differenzierbar und $t_k \to 0+$, so gilt für die Richtungsableitung $f'(x; d)$ von $f$ in einem Punkte $x \in \mathbb{R}^n$ in Richtung $d \in \mathbb{R}^n$ bekanntlich

$$\nabla f(x)^T d = f'(x; d) = \lim_{t \to 0+} \frac{f(x + td) - f(x)}{t}.$$

Ist $f$ stetig differenzierbar, so beweisen wir im folgenden Lemma eine ähnliche Aussage, wobei die festen Vektoren $x$ und $d$ nun ebenfalls durch zwei konvergente Folgen $\{x^k\}$ und $\{d^k\}$ ersetzt werden.

**Lemma 8.2.** *Seien* $f : \mathbb{R}^n \to \mathbb{R}$ *stetig differenzierbar,* $x, d \in \mathbb{R}^n, \{x^k\}, \{d^k\}$ $\subseteq \mathbb{R}^n$ *mit* $\{x^k\} \to x$ *und* $\{d^k\} \to d$ *sowie* $\{t_k\} \subseteq \mathbb{R}_{++}$ *mit* $\{t_k\} \to 0$. *Dann ist*

$$\lim_{k \to \infty} \frac{f(x^k + t_k d^k) - f(x^k)}{t_k} = \nabla f(x)^T d.$$

*Beweis.* Aufgrund des Mittelwertsatzes A.1 existiert zu jedem $k$ ein Vektor $\xi^k \in \mathbb{R}^n$ auf der Verbindungsstrecke zwischen $x^k$ und $x^k + t_k d^k$ mit

$$f(x^k + t_k d^k) - f(x^k) = t_k \nabla f(\xi^k)^T d^k.$$

Offenbar gilt $\{\xi^k\} \to x$ und daher wegen der stetigen Differenzierbarkeit von $f$ auch

$$\nabla f(\xi^k)^T d^k \to \nabla f(x)^T d.$$

Zusammen folgt

$$\lim_{k \to \infty} \frac{f(x^k + t_k d^k) - f(x^k)}{t_k} = \lim_{k \to \infty} \nabla f(\xi^k)^T d^k = \nabla f(x)^T d.$$

Dies ist gerade die Behauptung. $\qquad\qquad\Box$

Der folgende Satz ist ein globales Konvergenzresultat für das Gradientenverfahren unter Verwendung der Armijo–Regel. Man beachte, daß dieses Resultat praktisch ohne irgendwelche Voraussetzungen an die Zielfunktion $f$ auskommt, sieht man einmal von der stetigen Differenzierbarkeit ab. Wir gehen dabei implizit davon aus, daß im Algorithmus 8.1 $\varepsilon = 0$ gesetzt wird und daß das Verfahren nicht nach endlich vielen Schritten in einem stationären Punkt von $f$ abbricht.

**Satz 8.3.** *Ist* $f : \mathbb{R}^n \to \mathbb{R}$ *stetig differenzierbar, so ist jeder Häufungspunkt einer durch den Algorithmus 8.1 erzeugten Folge ein stationärer Punkt von* $f$.

*Beweis.* Sei $x^* \in \mathbb{R}^n$ ein Häufungspunkt einer durch das Gradientenverfahren 8.1 erzeugten Folge $\{x^k\}$, und sei $\{x^k\}_K$ eine gegen $x^*$ konvergente Teilfolge. Angenommen, es ist $\nabla f(x^*) \neq 0$. Da $\{f(x^k)\}$ monoton fällt und die Teilfolge $\{f(x^k)\}_K$ gegen $f(x^*)$ konvergiert, ist die gesamte Folge $\{f(x^k)\}$ gegen $f(x^*)$ konvergent. Daher ist

$$f(x^k) - f(x^{k+1}) \to 0.$$

Aus den Schritten (S.2) und (S.3) des Algorithmus 8.1 folgt somit

$$t_k \nabla f(x^k)^T d^k = -t_k \|\nabla f(x^k)\|^2 \to 0.$$

Wegen $\{\nabla f(x^k)\}_K \to \nabla f(x^*) \neq 0$ erhält man hieraus $\{t_k\}_K \to 0$. Folglich ist

$$f(x^k + \beta^{\ell_k - 1} d^k) > f(x^k) + \sigma \beta^{\ell_k - 1} \nabla f(x^k)^T d^k$$

für alle $k \in K$ hinreichend groß, wobei $t_k = \beta^{\ell_k}$ und $\ell_k \in \mathbb{N}$ der eindeutig bestimmte Exponent aus der Armijo–Regel ist. Hieraus ergibt sich

$$\frac{f(x^k + \beta^{\ell_k - 1} d^k) - f(x^k)}{\beta^{\ell_k - 1}} > \sigma \nabla f(x^k)^T d^k$$

und somit für $k \to \infty, k \in K$, wegen $\beta^{\ell_k - 1} \to 0$ und Lemma 8.2:

$$-\|\nabla f(x^*)\|^2 \geq -\sigma \|\nabla f(x^*)\|^2.$$

Wegen $\nabla f(x^*) \neq 0$ ist dies aber ein Widerspruch zu $\sigma \in (0, 1)$ in der Definition der Armijo–Regel.                    □

**Bemerkung 8.4.** *Wie erwähnen hier ausdrücklich, daß der Beweis des Satzes 8.3 sogar zeigt, daß das folgende Resultat gilt: Sei* $\{x^k\}$ *eine beliebige Folge, die der Aufdatierungsformel*

$$x^{k+1} = x^k + t_k d^k, \quad k = 0, 1, 2, \dots,$$

*für gewisse Suchrichtungen* $d^k \in \mathbb{R}^n$ *und Schrittweiten* $t_k > 0$ *genüge. Sei ferner*

$$f(x^{k+1}) \leq f(x^k)$$

*für alle $k \in \mathbb{N}$, und sei $x^* \in \mathbb{R}^n$ Grenzwert einer Teilfolge $\{x^k\}_K$, so daß*

$$d^k = -\nabla f(x^k)$$

*für alle $k \in K$ gelte und die Schrittweite $t_k > 0$ ebenfalls für alle $k \in K$ der Armijo–Bedingung*

$$f(x^k + t_k d^k) \leq f(x^k) + \sigma t_k \nabla f(x^k)^T d^k$$

*genüge. Dann ist $x^*$ ein stationärer Punkt von $f$. Für eine weitere Verallgemeinerung dieses Ergebnisses verweisen wir den Leser auf die Aufgabe 8.11.*

Der Satz 8.3 (bzw. die Bemerkung 8.4) sowie das Gradientenverfahren 8.1 selbst werden in den folgenden Kapiteln mehrfach benutzt werden, und zwar sowohl zur Konstruktion global konvergenter Algorithmen als auch in den dazugehörigen Konvergenzbeweisen.

## 8.2 Konvergenz bei quadratischer Zielfunktion

Um einen Eindruck von der Konvergenzgeschwindigkeit des Gradientenverfahrens zu erhalten, wenden wir es auf eine quadratische Funktion als „Testfunktion" an. Sei also

$$f(x) = \frac{1}{2} x^T Q x + c^T x + \gamma$$

mit $Q \in \mathbb{R}^{n \times n}$ symmetrisch und positiv definit, $c \in \mathbb{R}^n$ und $\gamma \in \mathbb{R}$. Hierfür kann im $k$–ten Schritt zu $x^k$ und $d^k$ die Schrittweite $t_k$ mit

$$f(x^k + t_k d^k) = \min\{f(x^k + t d^k) \mid t \geq 0\}$$

(also nach der Minimierungsregel, vgl. die Aufgaben 4.3 und 5.7) exakt berechnet werden: Setzt man

$$g^k := \nabla f(x^k) = Q x^k + c,$$

so ergibt sich gemäß Aufgabe 4.3 die Schrittweite

$$t_k = -\frac{(g^k)^T d^k}{(d^k)^T Q d^k}.$$

Für die Gradientenrichtungen $d^k = -g^k$ hat man also die explizite Formel

$$t_k = \frac{(g^k)^T g^k}{(g^k)^T Q g^k}. \tag{8.1}$$

Im Falle einer quadratischen Zielfunktion bietet sich deshalb an, in Algorithmus 8.1 die Armijo–Schrittweitenbestimmung durch die Vorschrift (8.1) zu ersetzen.

Wir beweisen zunächst eine für die Beurteilung der Konvergenzgeschwindigkeit des Gradientenverfahrens wichtige Ungleichung.

**Lemma 8.5.** *(Kantorovich–Ungleichung) Sei $Q \in \mathbb{R}^{n \times n}$ eine symmetrische und positiv definite Matrix mit kleinstem Eigenwert $\lambda_{\min}$ und größtem Eigenwert $\lambda_{\max}$. Dann gilt*

$$\frac{(x^T x)^2}{(x^T Q x)(x^T Q^{-1} x)} \;\geq\; \frac{4\,\lambda_{\min}\,\lambda_{\max}}{(\lambda_{\min} + \lambda_{\max})^2}$$

*für alle $x \in \mathbb{R}^n$ mit $x \neq 0$.*

*Beweis.* Seien $0 < \lambda_1 \leq \lambda_2 \leq \ldots \leq \lambda_n$ die Eigenwerte und $u_1, u_2, \ldots, u_n$ paarweise orthonormale Eigenvektoren von $Q$. Diese existieren aufgrund des Spektralsatzes B.3. Sei $x \in \mathbb{R}^n$ mit $x \neq 0$ beliebig, aber fest gegeben. Da die $u_1, u_2, \ldots, u_n$ insbesondere eine Basis für den $\mathbb{R}^n$ bilden, existiert eine Darstellung der Form

$$x = \sum_{i=1}^{n} \beta_i u_i$$

mit $\sum_{i=1}^{n} \beta_i^2 > 0$ für gewisse $\beta_i \in \mathbb{R}$. Die Orthonormalität der $u_i$ ergibt ferner

$$F(x) := \frac{(x^T x)^2}{(x^T Q x)(x^T Q^{-1} x)} = \frac{(\sum_{i=1}^{n} \beta_i^2)^2}{(\sum_{i=1}^{n} \lambda_i \beta_i^2)(\sum_{i=1}^{n} \lambda_i^{-1} \beta_i^2)}.$$

Mit $\gamma_i := \frac{1}{\sum_{j=1}^{n} \beta_j^2}\, \beta_i^2$ wird daraus

$$F(x) = \frac{1}{\left(\sum_{i=1}^{n} \gamma_i \lambda_i\right)\left(\sum_{i=1}^{n} \gamma_i \lambda_i^{-1}\right)}.$$

Sei $\bar{\lambda} := \sum_{i=1}^{n} \gamma_i \lambda_i$. Wegen $\gamma_i \geq 0$ und $\sum_{i=1}^{n} \gamma_i = 1$ ist $\bar{\lambda}$ eine Konvexkombination der Eigenwerte $\lambda_i$ von $Q$. Somit ist $\lambda_1 \leq \bar{\lambda} \leq \lambda_n$. Wir betrachten nun im $\mathbb{R}^2$ die Punkte

$$P_i := (\lambda_i, \lambda_i^{-1}), \quad i = 1, \ldots, n, \qquad \text{und}$$

$$Q := (\bar{\lambda}, \sum_{i=1}^{n} \gamma_i \lambda_i^{-1}).$$

Die Punkte $P_1, P_2, \ldots, P_n$ liegen auf dem Graphen der Funktion

$$r : \mathbb{R}_{++} \to \mathbb{R}, \quad r(\lambda) = \lambda^{-1}.$$

Wegen $r''(\lambda) > 0$ für alle $\lambda > 0$ ist $r$ aufgrund des Satzes 3.8 strikt konvex. Folglich liegen $P_2, \ldots, P_{n-1}$ unterhalb der Geraden durch $P_1$ und $P_n$. Der Punkt $Q$ liegt wegen $Q = \sum_{i=1}^{n} \gamma_i P_i$ und $\gamma_i \geq 0$, $\sum_{i=1}^{n} \gamma_i = 1$ in der konvexen Hülle von $\{P_1, P_2, \ldots, P_n\}$ und somit jedenfalls nicht oberhalb der Geraden $g(\lambda) := (\lambda_1 + \lambda_n - \lambda)/(\lambda_1 \lambda_n)$ durch $P_1$ und $P_n$:

$$\sum_{i=1}^{n} \gamma_i \lambda_i^{-1} \leq \frac{\lambda_1 + \lambda_n - \bar{\lambda}}{\lambda_1 \lambda_n}.$$

Hieraus erhält man

$$\begin{aligned}
F(x) &= \frac{1}{\bar{\lambda} \sum_{i=1}^{n} \gamma_i \lambda_i^{-1}} \\
&\geq \frac{\lambda_1 \lambda_n}{\bar{\lambda}(\lambda_1 + \lambda_n - \bar{\lambda})} \\
&\geq \min_{\lambda_1 \leq \lambda \leq \lambda_n} \frac{\lambda_1 \lambda_n}{\lambda(\lambda_1 + \lambda_n - \lambda)} \\
&= \frac{4\lambda_1 \lambda_n}{(\lambda_1 + \lambda_n)^2},
\end{aligned}$$

wobei wir zum Nachweis der letzten Gleichheit auf die Aufgabe 8.4 verweisen. Damit ist die Kantorovich–Ungleichung bewiesen.    $\Box$

Mittels der Kantorovich–Ungleichung können wir nun den folgenden Satz über die Konvergenzgeschwindigkeit des Gradientenverfahrens 8.1 beweisen.

**Satz 8.6.** *Seien $f(x) = \frac{1}{2} x^T Q x + c^T x + \gamma$ mit $Q \in \mathbb{R}^{n \times n}$ symmetrisch und positiv definit, $c \in \mathbb{R}^n$ und $\gamma \in \mathbb{R}$. Das Gradientenverfahren (Verfahren des steilsten Abstiegs) mit der Minimierungsregel für die Schrittweitenbestimmung konvergiert für jeden Startvektor $x^0 \in \mathbb{R}^n$ gegen das (eindeutig bestimmte) globale Minimum $x^*$, und es gilt*

$$f(x^{k+1}) - f(x^*) \leq \left( \frac{\lambda_{\max} - \lambda_{\min}}{\lambda_{\max} + \lambda_{\min}} \right)^2 (f(x^k) - f(x^*)); \qquad (8.2)$$

*dabei ist $\lambda_{\max}$ der größte und $\lambda_{\min}$ der kleinste Eigenwert von $Q$.*

*Beweis.* Da $Q$ positiv definit ist, ergibt sich das eindeutig bestimmte globale Minimum $x^*$ aus der Bedingung

$$0 = \nabla f(x^*) = Q x^* + c,$$

d.h., es ist

$$x^* = -Q^{-1} c$$

mit zugehörigem Funktionswert

$$f(x^*) = -\frac{1}{2}c^T Q^{-1} c + \gamma.$$

Wir setzen zur Abkürzung wieder $g^k := \nabla f(x^k) = Qx^k + c$, so ist

$$x^{k+1} = x^k - t_k g^k = x^k - \frac{(g^k)^T g^k}{(g^k)^T Q g^k} g^k.$$

Daher ergibt sich nach kurzer Rechnung

$$f(x^{k+1}) = f(x^k) - \frac{1}{2}\frac{((g^k)^T g^k)^2}{(g^k)^T Q g^k}.$$

Durch erneute elementare Rechnung bestätigt man damit die Gültigkeit der Gleichung

$$f(x^{k+1}) - f(x^*) = \left(1 - \frac{((g^k)^T g^k)^2}{((g^k)^T Q g^k)((g^k)^T Q^{-1} g^k)}\right)\left(f(x^k) - f(x^*)\right), \quad (8.3)$$

siehe Aufgabe 8.6. Das Lemma 8.5 von Kantorovich liefert somit

$$f(x^{k+1}) - f(x^*) \le \left(1 - \frac{4\,\lambda_{\min}\lambda_{\max}}{(\lambda_{\min} + \lambda_{\max})^2}\right)(f(x^k) - f(x^*))$$

$$= \left(\frac{\lambda_{\max} - \lambda_{\min}}{\lambda_{\max} + \lambda_{\min}}\right)^2 (f(x^k) - f(x^*)).$$

Damit ist der Satz bewiesen. $\qquad\square$

Zunächst merken wir an, daß der Verkleinerungsfaktor in (8.2) bei geeigneter Wahl des Startpunktes $x^0$ angenommen wird. Man vergleiche hierzu die Aufgabe 8.2.

Bezeichnet

$$\kappa := \mathrm{Kond}(Q) = \lambda_{\max}/\lambda_{\min}$$

die Kondition der Matrix $Q$ (vgl. Anhang B), so lautet (8.2):

$$f(x^{k+1}) - f(x^*) \le \left(\frac{\kappa - 1}{\kappa + 1}\right)^2 (f(x^k) - f(x^*)).$$

Unter Verwendung von Lemma B.4 gewinnt man hieraus die Abschätzung

$$\|x^k - x^*\| \le \sqrt{\kappa}\left(\frac{\kappa - 1}{\kappa + 1}\right)^k \|x^0 - x^*\| \qquad (8.4)$$

für die Iterationspunkte $x^k$, siehe Aufgabe 8.7. Man sieht also: Das Gradientenverfahren konvergiert bei strikt konvexen quadratischen Funktionen zwar gegen das eindeutig bestimmte Minimum $x^*$, die Konvergenz ist aber sehr langsam, wenn die Kondition der Matrix $Q$ groß ist (Zick–Zack–Effekt).

Da sich jede zweimal stetig differenzierbare Funktion in der Nähe eines Minimums $x^*$ etwa durch die quadratische Funktion

$$q_*(x) := f(x^*) + \nabla f(x^*)^T(x - x^*) + \frac{1}{2}(x - x^*)^T\nabla^2 f(x^*)(x - x^*)$$

approximieren läßt, wird man daher auch bei nichtlinearen Funktionen ein lokal langsames Konvergenzverhalten des Gradientenverfahrens erwarten, wenn die Kondition der Hesse–Matrix $\nabla^2 f(x^*)$ schlecht ist. Betrachtet man beispielsweise die Rosenbrock–Funktion aus dem Anhang C, so ist

$$\nabla^2 f(x^*) = \begin{pmatrix} 802 & -400 \\ -400 & 200 \end{pmatrix}$$

im Optimalpunkt $x^* := (1,1)^T$ und daher

$$\kappa := \mathrm{Kond}(\nabla^2 f(x^*)) \approx 2.5 \cdot 10^3.$$

Die Kondition der Hesse–Matrix ist also nicht besonders gut, wenngleich auch nicht übermäßig schlecht. Dennoch besitzt das Gradientenverfahren zur Minimierung der Rosenbrock–Funktion ein lokal geradezu katastrophales Verhalten, obwohl es nach vergleichsweise wenigen Iterationsschritten bereits in der Nähe des Minimums $x^*$ ist. Wir illustrieren dieses Verhalten in der Tabelle 8.1. Die Tabelle gibt an, wieviele Iterationsschritte der Algorithmus 8.1 benötigt, um für das Beispiel der Rosenbrock–Funktion dem Abbruchkriterium

$$\|\nabla f(x^k)\| \leq \varepsilon$$

für verschiedene Werte von $\varepsilon$ zu genügen. Wir geben ferner den Vektor $x^{STOP}$ an, mit dem das Verfahren abbricht, sowie den zugehörigen Abstand zum Minimum $x^*$.

**Tabelle 8.1.** Minimierung der Rosenbrock–Funktion mittels des Gradientenverfahrens

| $\varepsilon$ | Iterationen | $x^{STOP}$ | $\|x^{STOP} - x^*\|$ |
|---|---|---|---|
| $10^{-1}$ | 238 | (0.92308, 0.85160) | 0.16715 |
| $10^{-2}$ | 2.750 | (0.99235, 0.98472) | 0.01709 |
| $10^{-3}$ | 5.515 | (0.99921, 0.99842) | 0.00177 |
| $10^{-4}$ | 8.366 | (0.99992, 0.99984) | 0.00018 |
| $10^{-5}$ | 11.200 | (0.99999, 0.99998) | 0.00002 |

Die Zahlen in der letzten Spalte werden von Zeile zu Zeile jeweils um einen Faktor kleiner, der zwischen 0.10 und 0.12 liegt. Für diese Verkleinerungen sind, wie man aus der zweiten Spalte abliest, ab der zweiten Zeile zwischen 2765 und 2851 Iterationsschritte benötigt worden. Die in (8.4) angegebene obere Schranke für $\|x^k - x^*\|$ reduziert sich bei einer Erhöhung von $k$ um 2800 um den Faktor $(\frac{\kappa-1}{\kappa+1})^{2800} = 0.106$. Man hat also für dieses Beispiel eine gute Übereinstimmung zwischen der durch (8.4) prognostizierten Konvergenzrate (bei quadratischen Funktionen) und den numerischen Ergebnissen.

Eine Konvergenzverbesserung kann man für das Gradientenverfahren dadurch erreichen, daß man die Richtungsvektoren $d^k = -\nabla f(x^k)$ durch

$$d^k = -H^{-1}\nabla f(x^k)$$

mit einer geeigneten symmetrischen und positiv definiten Matrix $H \in \mathbb{R}^{n \times n}$ ersetzt. Nach Aufgabe 8.3 sollte man dabei im Falle einer quadratischen Funktion $f(x) = \frac{1}{2}x^T Q x + c^T x + \gamma$ die Matrix $H$ so wählen, daß

$$\lambda_{\max}(H^{-1}Q)/\lambda_{\min}(H^{-1}Q)$$

kleiner als $\mathrm{Kond}(Q) = \lambda_{\max}(Q)/\lambda_{\min}(Q)$ ist (andererseits sollten natürlich die bei der Berechnung der $d^k$ zu lösenden linearen Gleichungssysteme $Hd^k = -\nabla f(x^k)$ sehr viel einfacher zu lösen sein als das Gleichungssystem $Qx + c = 0$).

## 8.3 Gradientenähnliche Verfahren

Der letzte Hinweis im vorigen Abschnitt legt es nahe, neben den Richtungen des steilsten Abstiegs auch andere Suchrichtungen $d^k$ zuzulassen. Wir lockern deshalb zunächst die Vorschrift (S.2) in Algorithmus 8.1 und formulieren dann eine Voraussetzung, unter der die Konvergenzaussage von Satz 8.3 erhalten bleibt.

**Algorithmus 8.7.** *(Gradientenähnliches Verfahren)*

*(S.0) Wähle $x^0 \in \mathbb{R}^n, \sigma \in (0,1), \beta \in (0,1), \varepsilon \geq 0$, und setze $k := 0$.*

*(S.1) Ist $\|\nabla f(x^k)\| \leq \varepsilon$: STOP.*

*(S.2) Bestimme $d^k \in \mathbb{R}^n$ mit $\nabla f(x^k)^T d^k < 0$.*

*(S.3) Bestimme $t_k := \max\{\beta^\ell \mid \ell = 0, 1, 2, \ldots\}$ mit*

$$f(x^k + t_k d^k) \leq f(x^k) + \sigma t_k \nabla f(x^k)^T d^k.$$

*(S.4) Setze $x^{k+1} := x^k + t_k d^k, k \leftarrow k + 1$, und gehe zu (S.1).*

Wir geben in der folgenden Definition eine Bedingung an die Suchrichtungen $d^k$ an, die es uns erlauben wird, auch für den Algorithmus 8.7 globale Konvergenzaussagen zu beweisen.

**Definition 8.8.** *Seien $f : \mathbb{R}^n \to \mathbb{R}$ stetig differenzierbar und $\{x^k\} \subseteq \mathbb{R}^n$. Eine Folge $\{d^k\} \subseteq \mathbb{R}^n$ heißt gradientenähnlich bezüglich $f$ und $\{x^k\}$, wenn für jede gegen einen nichtstationären Punkt von $f$ konvergente Teilfolge $\{x^k\}_K$ Konstanten $c > 0$ und $\varepsilon > 0$ existieren, so daß gelten:*

*(a)* $\|d^k\| \le c$ *für alle* $k \in K$,
*(b)* $\nabla f(x^k)^T d^k \le -\varepsilon$ *für alle* $k \in K$ *hinreichend groß.*

Die Folge $\{d^k\}$ mit $d^k = -\nabla f(x^k)$ ist offenbar gradientenähnlich bezüglich $f$ und $\{x^k\}$. Wir werden in diesem Abschnitt aber noch andere Beispiele für gradientenähnliche Suchrichtungen kennenlernen.

Mit dieser Begriffsbildung können wir nun den folgenden globalen Konvergenzsatz für den Algorithmus 8.7 beweisen, und zwar in weitgehender Analogie zu dem entsprechenden Konvergenzsatz 8.3 für das Gradientenverfahren 8.1. Dabei gehen wir wieder davon aus, daß der Algorithmus 8.7 nicht nach endlich vielen Schritten abbricht.

**Satz 8.9.** *Ist* $f : \mathbb{R}^n \to \mathbb{R}$ *stetig differenzierbar und haben die durch den Algorithmus 8.7 erzeugten Folgen* $\{x^k\}$, $\{d^k\}$ *die Eigenschaft, daß* $\{d^k\}$ *gradientenähnlich bezüglich* $f$ *und* $\{x^k\}$ *ist, so ist jeder Häufungspunkt der Folge* $\{x^k\}$ *ein stationärer Punkt von* $f$.

*Beweis.* Sei $x^* \in \mathbb{R}^n$ ein Häufungspunkt einer durch den Algorithmus 8.7 erzeugten Folge $\{x^k\}$, und sei $\{x^k\}_K$ eine gegen $x^*$ konvergente Teilfolge. Angenommen, es ist $\nabla f(x^*) \neq 0$. Da $\{f(x^k)\}$ monoton fällt und die Teilfolge $\{f(x^k)\}_K$ gegen $f(x^*)$ konvergiert, ist bereits die gesamte Folge $\{f(x^k)\}$ gegen $f(x^*)$ konvergent. Daher ist

$$f(x^k) - f(x^{k+1}) \to 0.$$

Aus dem Schritt (S.3) des Algorithmus 8.7 folgt somit

$$t_k \nabla f(x^k)^T d^k \to 0. \tag{8.5}$$

Da $\{d^k\}$ nach Voraussetzung gradientenähnlich bezüglich $f$ und $\{x^k\}$ ist, existieren Konstanten $c > 0$ und $\varepsilon > 0$ mit

$$\|d^k\| \le c \text{ für alle } k \in K \tag{8.6}$$

und

$$\nabla f(x^k)^T d^k \le -\varepsilon \text{ für alle } k \in K \text{ hinreichend groß.} \tag{8.7}$$

Aus (8.5) und (8.7) ergibt sich unmittelbar $\{t_k\}_K \to 0$. Folglich ist

$$f(x^k + \beta^{\ell_k - 1} d^k) > f(x^k) + \sigma \beta^{\ell_k - 1} \nabla f(x^k)^T d^k$$

für alle $k \in K$ hinreichend groß, wobei $t_k = \beta^{\ell_k}$ mit $\ell_k \in \mathbb{N}$ die eindeutig bestimmte Zahl aus der Armijo–Regel ist. Hieraus erhält man

$$\frac{f(x^k + \beta^{\ell_k - 1} d^k) - f(x^k)}{\beta^{\ell_k - 1}} > \sigma \nabla f(x^k)^T d^k.$$

Wegen (8.6) konvergiert $\{d^k\}_K$, ggf. nach Übergang zu einer weiteren Teilfolge, gegen ein $d^* \in \mathbb{R}^n$. Da $\{\beta^{\ell_k - 1}\}_K$ eine Nullfolge ist, folgt für $k \to \infty, k \in K$, aus Lemma 8.2:

$$\nabla f(x^*)^T d^* \geq \sigma \nabla f(x^*)^T d^*.$$

Wegen (8.7) ist dies aber ein Widerspruch zu $\sigma \in (0,1)$ in der Definition der Armijo–Regel. $\qquad\square$

Als einfache, aber manchmal recht nützliche Konsequenz des Satzes 8.9 ergibt sich das

**Korollar 8.10.** *Ist $f : \mathbb{R}^n \to \mathbb{R}$ stetig differenzierbar und gelten für die durch den Algorithmus 8.7 erzeugten Folgen $\{x^k\} \subseteq \mathbb{R}^n$ und $\{d^k\} \subseteq \mathbb{R}^n$ mit gewissen $p_1 \geq 0, p_2 \geq 0, c_1 > 0$ und $c_2 > 0$ für alle $k \in \mathbb{N}$:*

*(a) $\|d^k\| \leq c_1 \|\nabla f(x^k)\|^{p_1}$ und*
*(b) $\nabla f(x^k)^T d^k \leq -c_2 \|\nabla f(x^k)\|^{p_2}$,*

*so ist jeder Häufungspunkt der Folge $\{x^k\}$ ein stationärer Punkt von $f$.*

*Beweis.* Man verifiziert sehr leicht, daß die vorausgesetzten Eigenschaften die Gradientenähnlichkeit der Folge $\{d^k\}$ implizieren. Damit folgt die Behauptung sofort aus dem Satz 8.9. $\qquad\square$

Aus dem Korollar 8.10 erhalten wir in einem Spezialfall insbesondere die folgende interessante Konsequenz: Angenommen, die Voraussetzungen (a) und (b) des Korollars 8.10 sind mit $p_1 = 1$ und $p_2 = 2$ erfüllt. Dann ergibt sich

$$-\frac{\nabla f(x^k)^T d^k}{\|\nabla f(x^k)\|\, \|d^k\|} \geq \frac{c_2}{c_1}$$

für alle $k \in \mathbb{N}$, d.h., die Folge der Suchrichtungen $\{d^k\}$ genügt der im Satz 4.6 eingeführten Winkelbedingung. Das Korollar 8.10 kann in diesem Spezialfall also als eine Übertragung des Sates 4.6 von der Klasse der effizienten Schrittweitenstrategien auf die (nicht effiziente) Armijo–Regel betrachtet werden.

Als eine weitere Folgerung aus dem Korollar 8.10, bei dem die Voraussetzungen (a) und (b) übrigens gerade mit $p_1 = 1$ und $p_2 = 2$ erfüllt sind, ergibt sich das

**Korollar 8.11.** *Seien $f : \mathbb{R}^n \to \mathbb{R}$ stetig differenzierbar und $\{H_k\} \subseteq \mathbb{R}^{n \times n}$ eine Folge von symmetrischen und positiv definiten Matrizen, für die mit Konstanten $\mu_1 > 0$ und $\mu_2 > 0$ gilt:*

$$\mu_1 \|u\|^2 \leq u^T H_k u \leq \mu_2 \|u\|^2 \quad \text{für alle } u \in \mathbb{R}^n \text{ und alle } k \in \mathbb{N}. \qquad (8.8)$$

*Werden dann in Algorithmus 8.7 die Suchrichtungen $d^k$ aus*

$$H_k d^k = -\nabla f(x^k)$$

*bestimmt, so ist jeder Häufungspunkt der Folge $\{x^k\}$ ein stationärer Punkt von $f$.*

*Beweis.* Wir zeigen, daß die Voraussetzungen des Korollars 8.10 erfüllt sind. Zunächst folgt aus der Aufgabe 4.6 (die formal auch im Lemma 12.8 bewiesen wird) die Existenz einer Konstanten $C > 0$ mit

$$\|H_k^{-1}\| \le C \quad \text{für alle } k \in \mathbb{N}.$$

Wegen $d^k = -H_k^{-1}\nabla f(x^k)$ folgt Teil (a) des Korollars 8.10 mit $c_1 = C$ und $p = 1$. Weiter ist, wieder unter Verwendung von Aufgabe 4.6, mit einer Konstanten $\gamma_1 > 0$:

$$\nabla f(x^k)^T d^k = -\nabla f(x^k)^T H_k^{-1}\nabla f(x^k) \le -\gamma_1 \|\nabla f(x^k)\|^2 \quad \text{für alle } k \in K,$$

folglich ist auch Teil (b) des Korollars 8.10 erfüllt mit $c_2 = \gamma_1$ und $p_2 = 2$.  □

Zu der Frage, wie die Matrizen $H_k$ konkret zu wählen sind, gibt die Bemerkung am Ende des vorigen Abschnitts 8.2 bzw. Aufgabe 8.3 einen Hinweis: Da sich eine zweimal stetig differenzierbare Funktion $f : \mathbb{R}^n \to \mathbb{R}$ in der Nähe eines stationären Punktes $x^*$ wie die quadratische Funktion

$$q(x) = f(x^*) + \nabla f(x^*)^T(x - x^*) + \frac{1}{2}(x - x^*)^T \nabla^2 f(x^*)(x - x^*)$$

verhält, wird das Verfahren aus Korollar 8.11 umso schneller konvergieren, je kleiner die Zahlen

$$\lambda_{\max}(H_k^{-1}\nabla^2 f(x^*))/\lambda_{\min}(H_k^{-1}\nabla^2 f(x^*))$$

ausfallen.

Manchmal bringt bereits die Wahl von $H_k$ als Diagonalmatrix $\operatorname{diag}(h_{ii}^k)$ mit

$$h_{ii}^k \approx \frac{\partial^2 f(x^k)}{\partial x_i^2}$$

eine deutlich schnellere Konvergenz als das Gradientenverfahren.

Eine andere naheliegende Wahl ist

$$H_k = \nabla^2 f(x^k).$$

Wir werden das resultierende Verfahren im nächsten Kapitel genau untersuchen. Weitere praktisch besonders brauchbare Möglichkeiten für die Wahl der Matrizen $H_k$ werden in Kapitel 11 besprochen.

Nach Aufgabe 8.1 können die Richtungen $d^k$ aus Korollar 8.11 als Richtungen des steilsten Abstiegs bezüglich der Normen $\|\cdot\|_{H_k}$ aufgefaßt werden. Deswegen werden Verfahren, die mit derartigen Suchrichtungen arbeiten, auch als „Verfahren mit variabler Metrik" bezeichnet.

# Aufgaben

**Aufgabe 8.1.** Seien $H \in \mathbb{R}^{n \times n}$ eine symmetrische und positiv definite Matrix und $\| \cdot \|_H$ die durch

$$\|x\|_H := \sqrt{x^T H x}$$

definierte Norm des $\mathbb{R}^{n \times n}$. Dann ist die Richtung des steilsten Abstiegs von $f$ im Punkt $x$ bezüglich der Norm $\| \cdot \|_H$, d.h., die Lösung der Optimierungsaufgabe

$$\min \nabla f(x)^T d \quad \text{u.d.N.} \quad \|d\|_H = 1,$$

gegeben durch

$$d = -\frac{H^{-1} \nabla f(x)}{\|H^{-1} \nabla f(x)\|_H}.$$

**Aufgabe 8.2.** Sei

$$f(x) = \frac{1}{2} \sum_{i=1}^{n} \lambda_i x_i^2$$

mit $0 < \lambda_1 \leq \lambda_2 \leq \ldots \leq \lambda_n$. Startet man das Verfahren aus Satz 8.6 im Punkt

$$x^0 = (\lambda_1^{-1}, 0, \ldots, 0, \lambda_n^{-1}),$$

so gilt (8.2) mit dem Gleichheitszeichen. (Man beachte, daß man jede den Voraussetzungen von Satz 8.6 genügende Funktion $f$ durch Transformation auf die obige Form bringen kann.)

**Aufgabe 8.3.** Ersetzt man im Satz 8.6 die Richtungsvektoren $d^k = -\nabla f(x^k)$ durch

$$d^k = -H^{-1} \nabla f(x^k)$$

mit einer symmetrischen und positiv definiten Matrix $H$, so bleibt die Aussage des Satzes erhalten, wenn man jetzt unter $\lambda_{\max}$ und $\lambda_{\min}$ den größten bzw. kleinsten Eigenwert der Matrix $H^{-1}Q$ versteht. (Die Matrix $H^{-1}Q$ ist zwar i.a. nicht symmetrisch, doch ist sie ähnlich zu der symmetrischen und positiv definiten Matrix $H^{-1/2}QH^{-1/2}$ (vgl. Satz B.6) und hat somit ebenfalls nur positive Eigenwerte.)

**Aufgabe 8.4.** Seien $\lambda_1, \lambda_n \in \mathbb{R}$ gegeben mit $0 < \lambda_1 < \lambda_n$ sowie $f : [\lambda_1, \lambda_n] \to \mathbb{R}$ definiert durch

$$f(\lambda) := \frac{\lambda_1 \lambda_n}{\lambda(\lambda_1 + \lambda_n - \lambda)}.$$

Dann besitzt das Optimierungsproblem

$$\min \ f(\lambda) \quad \text{u.d.N.} \quad \lambda \in [\lambda_1, \lambda_n]$$

die eindeutige Lösung $\lambda^* = \frac{\lambda_1 + \lambda_n}{2}$. (Bemerkung: Diese Aufgabe komplettiert den Beweis der Kantorovich–Ungleichung 8.5.)

**Aufgabe 8.5.** Seien $Q \in \mathbb{R}^{n \times n}$ symmetrisch und positiv definit sowie $\lambda_{\min}$ bzw. $\lambda_{\max}$ der kleinste bzw. größte Eigenwert von $Q$. Dann gilt

$$\left( \frac{x^T Q x}{\|x\| \, \|Q x\|} \right)^2 \geq \frac{4\lambda_{\min}\lambda_{\max}}{(\lambda_{\min} + \lambda_{\max})^2} = \frac{4\kappa}{(1+\kappa)^2}$$

für alle $x \in \mathbb{R}^n$ mit $x \neq 0$, wobei $\kappa$ wieder die Kondition der Matrix $Q$ bezeichnet.

**Aufgabe 8.6.** Man verifiziere die Gültigkeit der Gleichung (8.3) im Beweis des Satzes 8.6.

**Aufgabe 8.7.** Sei $f(x) := \frac{1}{2} x^T Q x + c^T x + \gamma$ mit $Q \in \mathbb{R}^{n \times n}$ symmetrisch und positiv definit, $c \in \mathbb{R}^n$ sowie $\gamma \in \mathbb{R}$. Sei ferner $x^*$ das globale Minimum von $f$. Dann gilt

$$\frac{1}{2}(x - x^*)^T Q (x - x^*) = f(x) - f(x^*)$$

für alle $x \in \mathbb{R}^n$. Man leite hieraus die Gültigkeit der Ungleichung (8.4) ab.

**Aufgabe 8.8.** Seien $f : \mathbb{R}^n \to \mathbb{R}$ zweimal stetig differenzierbar und $\{x^k\}$ eine von Algorithmus 8.1 erzeugte Folge. Ist $x^*$ ein Häufungspunkt der Folge $\{x^k\}$ und $\nabla^2 f(x^*)$ positiv definit, so konvergiert die gesamte Folge $\{x^k\}$ gegen $x^*$.

**Aufgabe 8.9.** Seien $f : \mathbb{R}^n \to \mathbb{R}$ stetig differenzierbar und gleichmäßig konvex sowie $\nabla f$ global Lipschitz–stetig auf dem $\mathbb{R}^n$. Es bezeichne $L > 0$ die zugehörige Lipschitz–Konstante sowie $\mu > 0$ die Konstante aus der Definition der gleichmäßigen Konvexität. Dann konvergiert das Gradientenverfahren mit konstanter Schrittweite

$$x^{k+1} = x^k - \gamma \nabla f(x^k), \quad k = 0, 1, 2, \ldots, \tag{8.9}$$

für jeden Startvektor $x^0 \in \mathbb{R}^n$ gegen die eindeutig bestimmte Lösung des unrestringierten Minimierungsproblems

$$\min \ f(x), \quad x \in \mathbb{R}^n,$$

sofern $\gamma < 4\mu/L^2$ gilt. (Hinweis: Man fasse die Vorschrift (8.9) als Fixpunktgleichung auf und wende den Banachschen Fixpunktsatz an.)

**Aufgabe 8.10.** Seien $f : \mathbb{R}^n \to \mathbb{R}$ stetig und $\{x^k\} \subseteq \mathbb{R}^n$ eine beliebige Folge mit

$$f(x^{k+1}) \leq f(x^k) + \varepsilon_k \tag{8.10}$$

für alle $k \in \mathbb{N}$, wobei $\{\varepsilon_k\}$ eine Folge nichtnegativer reeller Zahlen bezeichnet, die der Bedingung

$$\sum_{k=0}^{\infty} \varepsilon_k < \infty \tag{8.11}$$

genügt. Besitzt die Folge $\{x^k\}$ einen Häufungspunkt $x^*$, so konvergiert die gesamte Folge $\{f(x^k)\}$ gegen $f(x^*)$.

**Aufgabe 8.11.** Seien $f : \mathbb{R}^n \to \mathbb{R}$ stetig differenzierbar, $x^0 \in \mathbb{R}^n$ und $\{x^k\} \subseteq \mathbb{R}^n$ eine Folge, die der Aufdatierungsregel

$$x^{k+1} = x^k + t_k d^k, \quad k = 0, 1, 2, \ldots$$

für gewisse Suchrichtungen $d^k \in \mathbb{R}^n$ und Schrittweiten $t_k > 0$ genügen möge. Ferner sei die Bedingung (8.10) erfüllt für eine Folge $\{\varepsilon_k\}$ mit (8.11). Sei $x^*$ Grenzwert einer Teilfolge $\{x^k\}_K$, so daß

$$d^k = -\nabla f(x^k)$$

für alle $k \in K$ gelte und die Schrittweite $t_k$ der Armijo–Regel

$$f(x^k + t_k d^k) \leq f(x^k) + \sigma t_k \nabla f(x^k)^T d^k$$

genüge für alle $k \in K$, wobei $\sigma \in (0, 1)$ fest vorgegeben ist. Dann ist $x^*$ ein stationärer Punkt von $f$. (Hinweis: Aufgabe 8.10.)

**Aufgabe 8.12.** Man implementiere zumindest 10 der im Anhang C angegebenen Testbeispiele mitsamt ihren ersten und zweiten Ableitungen.

**Aufgabe 8.13.** Man teste das Gradientenverfahren aus dem Algorithmus 8.1 anhand der Testbeispiele aus dem Anhang C, vergleiche Aufgabe 8.12. Welche Beispiele werden gelöst? Wie hoch ist die Anzahl der jeweils benötigten Iterationsschritte und Funktionsauswertungen? Beispielwerte für die Parameter: $\sigma = 10^{-4}, \beta = 0.5$. Mögliches Abbruchkriterium: $\|\nabla f(x^k)\| \leq \varepsilon$ oder $k > k_{\max}$ mit $\varepsilon = 10^{-5}$ und $k_{\max} = 20.000$.

# 9. Newton–Verfahren

Dieses Kapitel beschäftigt sich mit dem Newton–Verfahren zur Minimierung einer zweimal stetig differenzierbaren Funktion. Nach einer kurzen Motivation präsentieren wir zunächst das lokale Newton–Verfahren zusammen mit einer auch nur lokalen Konvergenztheorie im Abschnitt 9.1. Ein globalisiertes Newton–Verfahren unter Verwendung von Gradientenschritten findet sich dann im Abschnitt 9.2. Die zugehörige Konvergenztheorie basiert zum Teil auf den Ergebnissen des vorhergehenden Kapitels. Obwohl das (globalisierte) Newton–Verfahren problemlos in der hier angegebenen Form implementiert werden kann, gehen wir im Abschnitt 9.3 noch kurz auf einige Details ein, die das numerische Verhalten des Verfahrens manchmal noch verbessern. Einige numerische Resultate für die hier vorgestellten Verfahren werden abschließend im Abschnitt 9.4 präsentiert.

## 9.1 Das lokale Newton–Verfahren

Sei $f : \mathbb{R}^n \to \mathbb{R}$ zweimal stetig differenzierbar. Die zentrale Idee des Newton–Verfahrens besteht darin, das unrestringierte Minimierungsproblem

$$\min f(x)$$

zu lösen, indem man sukzessiv die quadratischen Näherungen

$$q_k(x) := f(x^k) + \nabla f(x^k)^T (x - x^k) + \frac{1}{2}(x - x^k)^T \nabla^2 f(x^k)(x - x^k)$$

zu minimieren versucht, wobei $x^k \in \mathbb{R}^n$ den aktuellen Iterationspunkt bezeichnet.

Ist die Hesse–Matrix $\nabla^2 f(x^k)$ positiv definit, so ist $x^{k+1}$ genau dann Lösung von

$$\min q_k(x),$$

wenn $x^{k+1}$ der Bedingung

$$\nabla q_k(x) = 0$$

für einen stationären Punkt von $q_k$ genügt. Wegen

$$\nabla q_k(x) = \nabla f(x^k) + \nabla^2 f(x^k)(x - x^k)$$

ergibt sich hieraus

$$x^{k+1} = x^k - \nabla^2 f(x^k)^{-1} \nabla f(x^k). \tag{9.1}$$

Natürlich wird man die explizite Berechnung der inversen Hesse–Matrix $\nabla^2 f(x^k)^{-1}$ vermeiden; dazu bestimmt man zunächst eine Lösung $d^k \in \mathbb{R}^n$ des linearen Gleichungssystems

$$\nabla^2 f(x^k)d = -\nabla f(x^k) \tag{9.2}$$

und setzt anschließend $x^{k+1} := x^k + d^k$. Auf diese Weise erhält man offenbar denselben Vektor wie in (9.1). Das hierbei zu lösende lineare Gleichungssystem (9.2) wird häufig als *Newton-Gleichung* bezeichnet.

Insgesamt ergibt sich damit der folgende Algorithmus. Für weitere Motivationen dieses Verfahrens vergleiche man auch die Ausführungen nach dem Korollar 8.11 sowie den Satz 7.8.

**Algorithmus 9.1.** *(Lokales Newton-Verfahren)*

*(S.0) Wähle $x^0 \in \mathbb{R}^n, \varepsilon \geq 0$, setze $k := 0$.*
*(S.1) Ist $\|\nabla f(x^k)\| \leq \varepsilon$: STOP.*
*(S.2) Bestimme $d^k \in \mathbb{R}^n$ durch Lösen des linearen Gleichungssystems*

$$\nabla^2 f(x^k)d = -\nabla f(x^k). \tag{9.3}$$

*(S.3) Setze $x^{k+1} := x^k + d^k, k \leftarrow k + 1$, und gehe zu (S.1).*

Im folgenden gehen wir davon aus, daß der Algorithmus 9.1 nicht nach endlich vielen Schritten abbricht. Unter Verwendung einiger bereits im Kapitel 7 bewiesener Resultate sind wir auch schon in der Lage, einen lokalen Konvergenzsatz für den Algorithmus 9.1 zu beweisen.

**Satz 9.2.** *Seien $f : \mathbb{R}^n \to \mathbb{R}$ zweimal stetig differenzierbar, $x^* \in \mathbb{R}^n$ ein stationärer Punkt von $f$ und $\nabla^2 f(x^*)$ regulär. Dann existiert ein $\varepsilon > 0$, so daß für jedes $x^0 \in \mathcal{U}_\varepsilon(x^*)$ gelten:*

*(a) Das lokale Newton-Verfahren 9.1 ist wohldefiniert und erzeugt eine gegen $x^*$ konvergente Folge $\{x^k\}$.*
*(b) Die Konvergenzrate ist superlinear.*
*(c) Ist $\nabla^2 f$ lokal Lipschitz-stetig, so ist die Konvergenzrate sogar quadratisch.*

*Beweis.* Wegen Lemma 7.3 existiert ein $\varepsilon_1 > 0$, so daß $\nabla^2 f(x)$ für alle $x \in \mathcal{U}_{\varepsilon_1}(x^*)$ regulär ist mit

$$\|\nabla^2 f(x)^{-1}\| \leq c$$

für eine Konstante $c > 0$. Ferner existiert wegen Lemma 7.2 (a) ein $\varepsilon_2 > 0$ mit

$$\|\nabla f(x) - \nabla f(x^*) - \nabla^2 f(x)(x - x^*)\| \le \frac{1}{2c}\|x - x^*\|$$

für alle $x \in \mathcal{U}_{\varepsilon_2}(x^*)$. Setze nun $\varepsilon := \min\{\varepsilon_1, \varepsilon_2\}$, und wähle $x^0 \in \mathcal{U}_\varepsilon(x^*)$. Dann ist $x^1$ wohldefiniert, und es gilt

$$\begin{aligned}
\|x^1 - x^*\| &= \|x^0 - x^* - \nabla^2 f(x^0)^{-1}\nabla f(x^0)\| \\
&\le \|\nabla^2 f(x^0)^{-1}\|\,\|\nabla f(x^0) - \nabla f(x^*) - \nabla^2 f(x^0)(x^0 - x^*)\| \\
&\le c\,\frac{1}{2c}\,\|x^0 - x^*\| \\
&= \frac{1}{2}\,\|x^0 - x^*\|.
\end{aligned}$$

Also ist auch $x^1 \in \mathcal{U}_\varepsilon(x^*)$, und per Induktion folgt

$$\|x^k - x^*\| \le \left(\frac{1}{2}\right)^k \|x^0 - x^*\|$$

für alle $k \in \mathbb{N}$. Somit ist die Folge $\{x^k\}$ wohldefiniert und konvergiert gegen $x^*$. Die Aussagen (b) und (c) folgen nun wegen

$$\nabla f(x^k) + \nabla^2 f(x^k)(x^{k+1} - x^k) = 0$$

(vgl. (S.2), (S.3)) unmittelbar aus den Sätzen 7.8 und 7.10. $\qquad\Box$

Man beachte, daß es zum Beweis des Satzes 9.2 genügte, die Hesse–Matrix $\nabla^2 f(x^*)$ als regulär anzunehmen. Das lokale Newton–Verfahren 9.1 wird daher nicht nur gegen lokale Minima lokal superlinear bzw. quadratisch konvergieren, sondern auch gegen lokale Maxima von $f$, man vergleiche hierzu auch die Aufgabe 9.2.

Dieser eigentlich unerwünschte Effekt kann bei dem im nächsten Abschnitt angegebenen globalisierten Newton–Verfahren nicht mehr auftreten, man vergleiche diesbezüglich auch die Aufgabe 4.1.


## 9.2 Ein globalisiertes Newton–Verfahren

Das Newton–Verfahren 9.1 ist nur ein lokales Verfahren. Global ist es im allgemeinen noch nicht einmal wohldefiniert. Außerdem basierte die Motivation des Newton–Verfahrens 9.1 auf der positiven Definitheit von $\nabla^2 f(x)$. Diese wird häufig aber nur in der Nähe eines strikten Minimums gewährleistet sein.

In diesem Abschnitt geben wir eine Globalisierung des Newton–Verfahrens mittels des Gradientenverfahrens an, die sich eng an jene aus der Arbeit [21] anlehnt. Die Idee dieses globalisierten Verfahrens besteht darin, die Lösung $d^k$ der Newton–Gleichung (9.3) als Suchrichtung zu wählen, um entlang dieser Richtung eine Schrittweitenbestimmung mittels der Armijo–Regel durchzuführen. Allerdings muß die Newton–Gleichung (9.3) nicht notwendig eine

Lösung besitzen. Ferner ist die Lösung $d^k$ der Newton–Gleichung nicht notwendig eine Abstiegsrichtung von $f$ im aktuellen Iterationspunkt $x^k$. Daher wird noch getestet, ob $d^k$, sofern überhaupt existent, eine (hinreichend gute) Abstiegsrichtung von $f$ im Punkt $x^k$ ist, vergleiche (9.5). Ist dies nicht der Fall bzw. kann gar keine Lösung der Newton–Gleichung (9.3) gefunden werden, so schaltet man um zu einem Gradientenschritt. Alternativ kann man natürlich einen gradientenähnlichen Schritt wählen, siehe Abschnitt 8.3.

**Algorithmus 9.3.** *(Globalisiertes Newton–Verfahren)*

*(S.0) Wähle $x^0 \in \mathbb{R}^n, \rho > 0, p > 2, \beta \in (0,1), \sigma \in (0,1/2), \varepsilon \geq 0$, setze $k := 0$.*

*(S.1) Ist $\|\nabla f(x^k)\| \leq \varepsilon : STOP$.*

*(S.2) Finde eine Lösung $d^k \in \mathbb{R}^n$ der Newton–Gleichung*

$$\nabla^2 f(x^k)d = -\nabla f(x^k). \tag{9.4}$$

*Ist dieses System nicht lösbar oder ist die Bedingung*

$$\nabla f(x^k)^T d^k \leq -\rho\|d^k\|^p \tag{9.5}$$

*nicht erfüllt, so setze $d^k := -\nabla f(x^k)$.*

*(S.3) Bestimme $t_k := \max\{\beta^\ell|\, \ell = 0,1,2,\ldots\}$ mit*

$$f(x^k + t_k d^k) \leq f(x^k) + \sigma t_k \nabla f(x^k)^T d^k. \tag{9.6}$$

*(S.4) Setze $x^{k+1} := x^k + t_k d^k, k \leftarrow k + 1$, und gehe zu (S.1).*

**Bemerkung 9.4.** *Der Schritt (S.3) im Algorithmus 9.3 enthält die übliche Armijo–Regel aus dem Kapitel 5. Wegen (9.5) und Satz 5.1 ist der Algorithmus 9.3 insbesondere wohldefiniert für jede zweimal stetig differenzierbare Funktion $f : \mathbb{R}^n \to \mathbb{R}$.*

In den folgenden Konvergenzbetrachtungen gehen wir davon aus, daß $\varepsilon = 0$ ist und der Algorithmus 9.3 nicht nach endlich vielen Schritten in einem stationären Punkt von $f$ abbricht.

Zunächst beweisen wir einen globalen Konvergenzsatz.

**Satz 9.5.** *Ist $f : \mathbb{R}^n \to \mathbb{R}$ zweimal stetig differenzierbar, so ist jeder Häufungspunkt einer durch den Algorithmus 9.3 erzeugten Folge ein stationärer Punkt von $f$.*

*Beweis.* Sei $x^* \in \mathbb{R}^n$ ein Häufungspunkt einer durch den Algorithmus 9.3 erzeugten Folge $\{x^k\}$. Sei etwa $\{x^k\}_K$ eine gegen $x^*$ konvergente Teilfolge. Gilt dann $d^k = -\nabla f(x^k)$ für unendlich viele $k \in K$, so folgt die Behauptung unmittelbar aus der Bemerkung 8.4.

Daher können wir o.B.d.A. annehmen, daß die Suchrichtung $d^k$ für alle $k \in K$ als Lösung der Newton–Gleichung (9.4) gegeben ist. Wir führen einen Widerspruchsbeweis: Angenommen, es ist $\nabla f(x^*) \neq 0$. Aus (9.4) folgt

$$\|\nabla f(x^k)\| = \|\nabla^2 f(x^k)d^k\| \leq \|\nabla^2 f(x^k)\| \, \|d^k\| \quad \forall k \in K \tag{9.7}$$

und daher

$$\|d^k\| \geq \frac{\|\nabla f(x^k)\|}{\|\nabla^2 f(x^k)\|}. \tag{9.8}$$

(Beachte: Es ist $\|\nabla^2 f(x^k)\| \neq 0$, da sonst $\nabla f(x^k) = 0$ aus (9.7) folgen würde, im Widerspruch zu unserer Voraussetzung, daß der Algorithmus 9.3 nicht nach endlich vielen Schritten in einem stationären Punkt von $f$ abbrechen möge.)

Wir zeigen nun, daß es Konstanten $c_1 > 0$ und $c_2 > 0$ gibt mit

$$0 < c_1 \leq \|d^k\| \leq c_2 \quad \forall k \in K. \tag{9.9}$$

Wäre nämlich $\{\|d^k\|\}_{\tilde{K}} \to 0$ für eine Teilmenge $\tilde{K}$ von $K$, so würde aus (9.8) und der Beschränktheit von $\{\|\nabla^2 f(x^k)\|\}_{\tilde{K}}$ unmittelbar $\{\|\nabla f(x^k)\|\}_{\tilde{K}} \to 0$ folgen, d.h., $x^*$ wäre ein stationärer Punkt von $f$. Andererseits kann $\{d^k\}_K$ wegen (9.5) und $p > 1$ nicht unbeschränkt sein (man verwende einmal mehr die Cauchy–Schwarzsche Ungleichung).

Da die Folge $\{f(x^k)\}$ monoton fallend und die Teilfolge $\{f(x^k)\}_K$ konvergent gegen $f(x^*)$ ist, konvergiert die gesamte Folge $\{f(x^k)\}$ gegen $f(x^*)$. Insbesondere ist daher

$$\{f(x^{k+1}) - f(x^k)\} \to 0,$$

so daß sich aus (9.5) und (9.6) ergibt:

$$\{t_k \nabla f(x^k)^T d^k\}_K \to 0. \tag{9.10}$$

Wir zeigen als nächstes, daß die Folge $\{t_k\}_K$ von Null weg beschränkt bleibt. Sei dazu $\{t_k\}_K \to 0$ (evtl. auf einer weiteren Teilfolge von $K$) angenommen und etwa $t_k = \beta^{\ell_k}$ für ein eindeutig bestimmtes $\ell_k \in \mathbb{N}$. Wegen $\{\ell_k\}_K \to \infty$ ist für hinreichend große $k \in K$ die Armijo–Bedingung für $\beta^{\ell_k - 1}$ nicht erfüllt, d.h., es gilt

$$\frac{f(x^k + \beta^{\ell_k - 1}d^k) - f(x^k)}{\beta^{\ell_k - 1}} > \sigma \nabla f(x^k)^T d^k. \tag{9.11}$$

Wegen (9.9) kann o.B.d.A. $\{d^k\}_K \to d^*$ mit $d^* \neq 0$ angenommen werden. Aus (9.11) und Lemma 8.2 folgt somit für $k \to \infty$, $k \in K$:

$$\nabla f(x^*)^T d^* \geq \sigma \nabla f(x^*)^T d^*.$$

Wegen $\sigma \in (0, 1/2)$ folgt daher $\nabla f(x^*)^T d^* \geq 0$. Dagegen liefert die Bedingung (9.5) direkt $\nabla f(x^*)^T d^* \leq -\rho\|d^*\|^p < 0$, also einen Widerspruch.

Somit existiert ein $\bar{t} > 0$ mit $t_k \geq \bar{t}$ für alle $k \in K$. Aus (9.10) ergibt sich nun

$$\{\nabla f(x^k)^T d^k\}_K \to 0.$$

Erneut wegen (9.5) folgt hieraus $\{d^k\}_K \to 0$, was aber (9.9) widerspricht. Damit ist der Satz vollständig bewiesen. $\qquad\Box$

Wir wollen im folgenden zeigen, daß bereits die gesamte durch den Algorithmus 9.3 erzeugte Folge $\{x^k\}$ gegen einen Vektor $x^*$ konvergiert, sofern dieser Vektor gewissen Voraussetzungen genügt. Dazu benötigen wir ein sehr wichtiges Lemma, welches auf Moré und Sorensen [80] zurückgeht und welches auch in späteren Kapiteln noch mehrfach zum Nachweis der Konvergenz einer Folge herangezogen wird.

**Lemma 9.6.** *Sei $x^* \in \mathbb{R}^n$ ein isolierter Häufungspunkt einer beliebigen (nicht notwendig durch den Algorithmus 9.3 erzeugten) Folge $\{x^k\} \subseteq \mathbb{R}^n$ mit $\{\|x^{k+1} - x^k\|\}_K \to 0$ für jede gegen $x^*$ konvergente Teilfolge $\{x^k\}_K$. Dann konvergiert bereits die gesamte Folge $\{x^k\}$ gegen $x^*$.*

*Beweis.* Sei $\varepsilon > 0$ so gewählt, daß $x^*$ der einzige Häufungspunkt der Folge $\{x^k\}$ in der abgeschlossenen Kugelumgebung $\bar{U}_\varepsilon(x^*)$ ist. Angenommen, es konvergiert nicht die gesamte Folge $\{x^k\}$ gegen $x^*$. Sei $\{x^k\}_K$ eine Teilfolge mit $\|x^k - x^*\| \le \varepsilon$ für alle $k \in K$. Für jedes $k \in K$ definiere einen Index $\ell(k)$ durch

$$\ell(k) := \max\{\ell \mid \|x^l - x^*\| \le \varepsilon \ \text{ für alle } l \text{ mit } k \le l \le \ell\}.$$

Man beachte, daß $\ell(k)$ eindeutig definiert und endlich ist, da die Folge $\{x^k\}$ nach Voraussetzung nicht gegen $x^*$ konvergiert sowie $x^*$ per Konstruktion der einzige Häufungspunkt der Folge $\{x^k\}$ in $\bar{U}_\varepsilon(x^*)$ ist. Die Definition von $\ell(k)$ impliziert

$$\|x^{\ell(k)} - x^*\| \le \varepsilon$$

und

$$\|x^{\ell(k)+1} - x^*\| > \varepsilon$$

für alle $k \in K$. Also konvergiert die Teilfolge $\{x^{\ell(k)}\}_K$ gegen $x^*$ (sonst würde in $\bar{U}_\varepsilon(x^*)$ ein weiterer Häufungspunkt existieren, was aber nicht sein kann). Somit gilt

$$\|x^{\ell(k)} - x^*\| \le \frac{\varepsilon}{2}$$

für alle $k \in K$ hinreichend groß. Hieraus folgt

$$\|x^{\ell(k)+1} - x^{\ell(k)}\| \ge \|x^{\ell(k)+1} - x^*\| - \|x^{\ell(k)} - x^*\| \ge \frac{\varepsilon}{2}$$

für alle $k \in K$ hinreichend groß. Dies widerspricht jedoch der Voraussetzung unseres Lemmas. $\qquad\square$

Der folgende Konvergenzsatz ist nun eine relativ einfache Konsequenz des Lemmas 9.6.

**Satz 9.7.** *Sei $\{x^k\}$ eine durch den Algorithmus 9.3 erzeugte Folge und $x^*$ ein isolierter Häufungspunkt dieser Folge. Dann konvergiert bereits die gesamte Folge $\{x^k\}$ gegen $x^*$.*

*Beweis.* Sei $\{x^k\}_K$ eine gegen den isolierten Häufungspunkt $x^*$ konvergente Teilfolge. Wegen Satz 9.5 ist $x^*$ ein stationärer Punkt von $f$. Aus Stetigkeitsgründen folgt somit

$$\{\nabla f(x^k)\}_K \to \nabla f(x^*) = 0. \qquad (9.12)$$

Wegen $t_k \in (0, 1]$ ist ferner

$$\|x^{k+1} - x^k\| = t_k\|d^k\| \le \|d^k\| \qquad (9.13)$$

für alle $k \in \mathbb{N}$. Aus der Abstiegsbedingung (9.5) ergibt sich somit unter Verwendung der Cauchy–Schwarzschen Ungleichung

$$\rho\|d^k\|^p \le -\nabla f(x^k)^T d^k \le \|\nabla f(x^k)\|\,\|d^k\|.$$

Genügen daher alle Suchrichtungen $d^k, k \in K$, der Bedingung (9.5), so folgt aus (9.12) unmittelbar $\{\|d^k\|\}_K \to 0$. Wegen (9.12) gilt dann auch $\{\|d^k\|\}_K \to 0$, wenn $d^k = -\nabla f(x^k)$ für einige oder alle $k \in K$ gilt. Wegen (9.13) folgt daher

$$\{\|x^{k+1} - x^k\|\}_K \to 0.$$

Die Behauptung folgt nun aus dem Lemma 9.6. $\qquad\qquad\square$

Das folgende Lemma zeigt, daß sich die positive Definitheit der Hesse–Matrix $\nabla^2 f(x^*)$ von $f$ in einem Punkt $x^*$ auch auf eine ganze Umgebung von $x^*$ überträgt, und zwar sogar gleichmäßig. Dieses Lemma wird benötigt, um zu zeigen, daß die Newton–Richtung $d^k$ unter gewissen Voraussetzungen der Abstiegsbedingung (9.5) genügt.

**Lemma 9.8.** *Seien $f : \mathbb{R}^n \to \mathbb{R}$ zweimal stetig differenzierbar und $x^* \in \mathbb{R}^n$ mit $\nabla^2 f(x^*)$ positiv definit. Dann existieren Konstanten $\delta > 0$ und $\alpha > 0$ mit*

$$\alpha\|d\|^2 \le d^T \nabla^2 f(x)d$$

*für alle $x \in \mathbb{R}^n$ mit $\|x - x^*\| \le \delta$ und alle $d \in \mathbb{R}^n$, d.h., die Hesse–Matrizen $\nabla^2 f(x)$ sind lokal gleichmäßig positiv definit.*

*Beweis.* Angenommen, die Behauptung ist falsch. Dann existieren eine Folge $\{x^k\}$ mit $x^k \to x^*$ sowie Vektoren $d^k \in \mathbb{R}^n$ mit

$$(d^k)^T \nabla^2 f(x^k)d^k < \frac{1}{k}\|d^k\|^2 \qquad (9.14)$$

für alle $k \in \mathbb{N}$. O.B.d.A. kann dabei angenommen werden, daß $\|d^k\| = 1$ für alle $k \in \mathbb{N}$ gilt. Dann besitzt die Folge $\{d^k\}$ eine gegen ein $d^* \ne 0$ konvergente Teilfolge $\{d^k\}_K$. Wegen $\nabla^2 f(x^k) \to \nabla^2 f(x^*)$ ergibt sich aus (9.14) durch Grenzübergang auf dieser Teilfolge:

$$(d^*)^T \nabla^2 f(x^*)d^* \le 0.$$

Wegen $d^* \ne 0$ widerspricht dies jedoch der vorausgesetzten positiven Definitheit von $\nabla^2 f(x^*)$. $\qquad\qquad\square$

Wegen Lemma 9.8 und Satz 3.8 folgt aus der positiven Definitheit von $\nabla^2 f(x^*)$ unmittelbar die gleichmäßige Konvexität der Funktion $f$ in einer Umgebung von $x^*$.

Bevor wir zum lokalen Konvergenzsatz für den Algorithmus 9.3 kommen, wollen wir noch zeigen, daß unter geeigneten Voraussetzungen beim globalisierten Newton–Verfahren lokal die volle Schrittweite $t_k = 1$ akzeptiert wird, sofern die Suchrichtung $d^k$ als Lösung der Newton–Gleichung (9.4) gegeben ist. Dieses Lemma macht auch deutlich, warum wir beim Algorithmus 9.3 für $\sigma$ nur Werte aus dem Intervall $(0, 1/2)$ zugelassen haben, während beispielsweise $\sigma \in (0, 1)$ beliebig sein konnte, um die globale Konvergenz des Gradientenverfahrens 8.1 oder auch die globale Konvergenz des globalisierten Newton–Verfahrens 9.3 zu beweisen.

**Lemma 9.9.** *Seien $f : \mathbb{R}^n \to \mathbb{R}$ zweimal stetig differenzierbar, $x^* \in \mathbb{R}^n$ mit $\nabla f(x^*) = 0$ und $\nabla^2 f(x^*)$ positiv definit, $\{x^k\}$ eine gegen $x^*$ konvergente Folge und $\{d^k\} \subseteq \mathbb{R}^n$ die Folge der Newton–Richtungen*

$$d^k = -\nabla^2 f(x^k)^{-1} \nabla f(x^k).$$

*Dann existiert ein $k_0 \in \mathbb{N}$ mit*

$$f(x^k + d^k) \leq f(x^k) + \sigma \nabla f(x^k)^T d^k$$

*für alle $k \geq k_0$ und jedes feste $\sigma \in (0, 1/2)$.*

*Beweis.* Aus unseren Voraussetzungen folgt aus Stetigkeitsgründen zunächst

$$\{\|\nabla f(x^k)\|\} \to 0.$$

Wegen Lemma 7.3 existiert ferner eine Konstante $c > 0$ mit

$$\|\nabla^2 f(x^k)^{-1}\| \leq c$$

für alle hinreichend großen $k \in \mathbb{N}$. Also folgt aus der Newton–Gleichung

$$\|d^k\| \leq \|\nabla^2 f(x^k)^{-1}\| \, \|\nabla f(x^k)\| \leq c\|\nabla f(x^k)\| \to 0. \qquad (9.15)$$

Da $\nabla^2 f(x^*)$ und somit auch $\nabla^2 f(x^*)^{-1}$ positiv definit ist, existiert wegen Lemma 9.8 ein $\alpha > 0$ mit

$$\nabla f(x^k)^T \nabla^2 f(x^k)^{-1} \nabla f(x^k) \geq \alpha\|\nabla f(x^k)\|^2 \qquad (9.16)$$

für alle $k \in \mathbb{N}$ hinreichend groß. Aufgrund des Taylorschen Satzes A.2 existiert zu jedem $k \in \mathbb{N}$ ein Vektor $\xi^k \in \mathbb{R}^n$ auf der Verbindungsstrecke von $x^k$ zu $x^k + d^k$ mit

$$f(x^k + d^k) = f(x^k) + \nabla f(x^k)^T d^k + \frac{1}{2}(d^k)^T \nabla^2 f(\xi^k) d^k.$$

Wegen $x^k \to x^*$ und $d^k \to 0$ gilt auch $\xi^k \to x^*$. Somit ist

$$\|\nabla^2 f(\xi^k) - \nabla^2 f(x^k)\| \to 0.$$

Wegen $\sigma \in (0, 1/2)$ ist daher

$$(\sigma - \tfrac{1}{2})\alpha + \tfrac{1}{2}c^2 \|\nabla^2 f(\xi^k) - \nabla^2 f(x^k)\| \leq 0 \tag{9.17}$$

für alle $k \in \mathbb{N}$ hinreichend groß. Aus der bereits in (9.15) bewiesenen Ungleichung

$$\|d^k\| \leq c \|\nabla f(x^k)\|,$$

der Definition der Newton–Richtung $d^k$ sowie der Cauchy–Schwarzschen Ungleichung ergibt sich daher unter Verwendung von (9.16) und (9.17) die folgende Ungleichungskette:

$$
\begin{aligned}
f(x^k + d^k) &= f(x^k) + \nabla f(x^k)^T d^k + \tfrac{1}{2}(d^k)^T \nabla^2 f(\xi^k) d^k \\[4pt]
&= f(x^k) + \nabla f(x^k)^T d^k + \tfrac{1}{2}(d^k)^T \nabla^2 f(x^k) d^k \\[4pt]
&\quad + \tfrac{1}{2}(d^k)^T \left(\nabla^2 f(\xi^k) - \nabla^2 f(x^k)\right) d^k \\[4pt]
&= f(x^k) + \nabla f(x^k)^T d^k - \tfrac{1}{2}\nabla f(x^k)^T d^k \\[4pt]
&\quad + \tfrac{1}{2}(d^k)^T \left(\nabla^2 f(\xi^k) - \nabla^2 f(x^k)\right) d^k \\[4pt]
&\leq f(x^k) + \tfrac{1}{2}\nabla f(x^k)^T d^k + \tfrac{1}{2}\|d^k\|^2 \|\nabla^2 f(\xi^k) - \nabla^2 f(x^k)\| \\[4pt]
&= f(x^k) + \sigma \nabla f(x^k)^T d^k - (\sigma - \tfrac{1}{2})\nabla f(x^k)^T d^k \\[4pt]
&\quad + \tfrac{1}{2}\|d^k\|^2 \|\nabla^2 f(\xi^k) - \nabla^2 f(x^k)\| \\[4pt]
&= f(x^k) + \sigma \nabla f(x^k)^T d^k + (\sigma - \tfrac{1}{2})\nabla f(x^k)^T \nabla^2 f(x^k)^{-1} \nabla f(x^k) \\[4pt]
&\quad + \tfrac{1}{2}\|d^k\|^2 \|\nabla^2 f(\xi^k) - \nabla^2 f(x^k)\| \\[4pt]
&\leq f(x^k) + \sigma \nabla f(x^k)^T d^k \\[4pt]
&\quad + \left((\sigma - \tfrac{1}{2})\alpha + \tfrac{1}{2}c^2 \|\nabla^2 f(\xi^k) - \nabla^2 f(x^k)\|\right) \|\nabla f(x^k)\|^2 \\[4pt]
&\leq f(x^k) + \sigma \nabla f(x^k)^T d^k
\end{aligned}
$$

für alle $k \in \mathbb{N}$ hinreichend groß. $\qquad\square$

Nach diesen Vorbereitungen sind wir nun in der Lage, einen lokalen Konvergenzsatz für das globalisierte Newton–Verfahren 9.3 zu beweisen.

**Satz 9.10.** *Seien $f : \mathbb{R}^n \to \mathbb{R}$ zweimal stetig differenzierbar und $\{x^k\}$ eine durch den Algorithmus 9.3 erzeugte Folge. Ist $x^*$ ein Häufungspunkt von $\{x^k\}$ mit $\nabla^2 f(x^*)$ positiv definit, so gelten die folgenden Aussagen:*

*(a) Die gesamte Folge $\{x^k\}$ konvergiert gegen $x^*$, und $x^*$ ist striktes lokales Minimum von $f$.*

*(b) Für alle hinreichend großen $k \in \mathbb{N}$ ist die Suchrichtung $d^k$ stets als Lösung der Newton–Gleichung (9.4) gegeben.*

*(c) Für alle hinreichend großen $k \in \mathbb{N}$ wird die volle Schrittweite $t_k = 1$ akzeptiert.*

*(d) $\{x^k\}$ konvergiert superlinear gegen $x^*$.*

*(e) Ist $\nabla^2 f$ lokal Lipschitz–stetig, so konvergiert $\{x^k\}$ quadratisch gegen $x^*$.*

*Beweis.* (a): Wegen Satz 9.5 ist der Häufungspunkt $x^*$ ein stationärer Punkt von $f$. Da $\{f(x^k)\}$ monoton fällt und $f(x^k) \to f(x^*)$ auf einer Teilfolge gilt, ergibt sich die Konvergenz der gesamten Folge $\{f(x^k)\}$ gegen den Wert $f(x^*)$. Also besitzt jeder Häufungspunkt der Folge $\{x^k\}$ den gleichen Funktionswert wie der Häufungspunkt $x^*$. Da $\nabla^2 f(x^*)$ aber positiv definit ist, ist $x^*$ aufgrund des Satzes 2.3 ein striktes lokales Minimum von $f$. Damit ist der Häufungspunkt $x^*$ notwendig ein isolierter Häufungspunkt der Folge $\{x^k\}$. Die Konvergenz der gesamten Folge $\{x^k\}$ gegen $x^*$ ist somit eine unmittelbare Konsequenz des Satzes 9.7.

(b): Da $\{x^k\}$ nach Teil (a) gegen $x^*$ konvergiert, sind die Matrizen $\nabla^2 f(x^k)$ für alle $k \geq k_0, k_0 \in \mathbb{N}$ hinreichend groß, positiv definit und somit insbesondere regulär, siehe Lemma 9.8. Insbesondere ist die Newton–Gleichung (9.4) daher eindeutig lösbar für alle $k \geq k_0$.

Wir zeigen nun, daß es eine Konstante $\tilde{\rho} > 0$ gibt mit

$$\nabla f(x^k)^T d^k \leq -\tilde{\rho}\|d^k\|^2 \tag{9.18}$$

für alle $k \geq k_0$ hinreichend groß. Aus der Regularität von $\nabla^2 f(x^*)$ folgt wegen Lemma 7.3, daß es eine Konstante $c > 0$ gibt mit

$$\|\nabla^2 f(x^k)^{-1}\| \leq c$$

für alle $k \geq k_0$ hinreichend groß. Damit ergibt sich aus der Newton–Gleichung (9.4):

$$\|d^k\| = \|\nabla^2 f(x^k)^{-1}\nabla f(x^k)\| \leq c\|\nabla f(x^k)\|. \tag{9.19}$$

Zusammen mit Lemma 9.8 ergibt sich daher aus der positiven Definitheit von $\nabla^2 f(x^*)^{-1}$ mit einer Konstanten $\alpha > 0$:

$$-\nabla f(x^k)^T d^k = \nabla f(x^k)^T \nabla^2 f(x^k)^{-1}\nabla f(x^k) \geq \alpha\|\nabla f(x^k)\|^2 \geq \frac{\alpha}{c^2}\|d^k\|^2.$$

Setzt man noch $\tilde{\rho} := \alpha/c^2$, so erhält man gerade die Zwischenbehauptung (9.18). Wegen Satz 9.5 und (9.19) gilt aber $\|d^k\| \to 0$. Aus (9.18) und $p > 2$ folgt nun, daß die Ungleichung

$$\nabla f(x^k)^T d^k \leq -\rho \|d^k\|^p$$

für alle $k \in \mathbb{N}$ hinreichend groß erfüllt ist. Damit ist die Behauptung (b) bewiesen.

(c): Die Behauptung (c) ist eine unmittelbare Konsequenz der Teile (a), (b) und des Lemmas 9.9.

(d) und (e): Wegen (a), (b) und (c) stimmt das globalisierte Newton–Verfahren 9.3 in einer Umgebung von $x^*$ mit dem lokalen Newton–Verfahren 9.1 überein. Daher besitzt der Algorithmus 9.3 dieselben lokalen Konvergenzeigenschaften wie der Algorithmus 9.1, so daß die Aussagen (d) und (e) unmittelbar aus dem Satz 9.2 folgen. $\qquad\qquad\Box$

## 9.3 Hinweise zur Implementation

In diesem Abschnitt gehen wir zunächst etwas genauer auf die Lösung der Newton–Gleichung ein und geben anschließend noch eine Variante der Armijo–Regel an. Beides kann für das praktische Verhalten des Newton–Verfahrens von erheblicher Bedeutung sein.

### Modifizierte Cholesky–Zerlegung

Beim Newton–Verfahren hat man in jedem Schritt das lineare Gleichungssystem

$$\nabla^2 f(x^k) d = -\nabla f(x^k)$$

zu lösen. Da die Hesse–Matrix $\nabla^2 f(x^k)$ stets symmetrisch ist, sollte man zur Lösung dieses Gleichungssystems auch ein Verfahren verwenden, welches diese Symmetrie ausnutzt wie etwa die Verfahren von Bunch–Kaufman–Parlett und Parlett–Reid–Aasen, siehe [50] für eine Beschreibung dieser beiden Verfahren sowie geeignete Literaturhinweise.

In diesem Abschnitt folgen wir einer etwas anderen Idee: Aufgrund des Lemmas 9.8 ist die Koeffizientenmatrix $\nabla^2 f(x^k)$ in der Nähe eines Minimums $x^*$ von $f$ unter geeigneten Voraussetzungen positiv definit. Daher liegt es nahe, zur Lösung dieses Gleichungssystems das *Cholesky–Verfahren* anzuwenden. Ist die Iterierte $x^k$ allerdings noch zu weit von der Lösung $x^*$ entfernt, so wird die Hesse–Matrix $\nabla^2 f(x^k)$ i.a. nicht positiv definit sein. Gill und Murray [47] (siehe auch Gill, Murray und Wright [48]) haben daher eine Modifikation des Cholesky–Verfahrens vorgeschlagen, das dieser Situation gerecht wird und das sich in numerischen Tests als recht erfolgreich herausgestellt hat. Unsere etwas vereinfachte Darstellung folgt dabei jener aus dem Buch [5] von Bertsekas.

Zur Beschreibung des modifizierten Cholesky–Verfahrens erinnern wir zunächst an das bekannte Cholesky–Verfahren zur Lösung eines linearen Gleichungssystems der Gestalt

$$Ax = b$$

mit einer symmetrischen und positiv definiten Matrix $A \in \mathbb{R}^{n \times n}$ und einem Vektor $b \in \mathbb{R}^n$. Das Cholesky–Verfahren basiert auf einer Zerlegung der Matrix $A$ in der Form

$$A = LL^T$$

mit einer unteren Dreiecksmatrix $L \in \mathbb{R}^{n \times n}$,

$$L = \begin{pmatrix} l_{11} & 0 & \cdots & 0 \\ l_{21} & l_{22} & \cdots & 0 \\ \vdots & \vdots & \ddots & \vdots \\ l_{n1} & l_{n2} & \cdots & l_{nn} \end{pmatrix}.$$

Durch direkten Vergleich der Einträge der Matrix $A = (a_{ij})$ mit den entsprechenden Einträgen der Matrix $LL^T$ ergibt sich auch unmittelbar ein Algorithmus zur Berechnung der Elemente von $L$. Bei spaltenweiser Bestimmung der Elemente von $L$ erhält man beispielsweise folgendes Verfahren:

$$
\begin{aligned}
&\text{for } j = 1:n \\
&\qquad l_{jj} := \sqrt{a_{jj} - \sum_{m=1}^{j-1} l_{jm}^2} \\
&\qquad \text{for } i = j+1:n \\
&\qquad\qquad l_{ij} := \left( a_{ij} - \sum_{m=1}^{j-1} l_{jm} l_{im} \right) / l_{jj} \\
&\qquad \text{end} \\
&\text{end.}
\end{aligned}
$$

Dieser Algorithmus ist auch die Grundlage für die modifizierte Cholesky–Zerlegung: Ist $A$ positiv definit, so ist das Cholesky–Verfahren durchführbar; insbesondere sind alle Diagonalelemente $l_{jj}$ positiv. Für nicht notwendig positiv definites $A$ wollen wir dies durch Einführung einer Konstanten $\mu > 0$ erzwingen. Das modifizierte Cholesky–Verfahren lautet dann wie folgt:

$$
\begin{aligned}
&\text{for } j = 1:n \\
&\qquad l_{jj} := \begin{cases} \sqrt{a_{jj} - \sum_{m=1}^{j-1} l_{jm}^2} & \text{falls } \mu < a_{jj} - \sum_{m=1}^{j-1} l_{jm}^2 \\ \sqrt{\mu} & \text{sonst} \end{cases} \\
&\qquad \text{for } i = j+1:n \\
&\qquad\qquad l_{ij} := \left( a_{ij} - \sum_{m=1}^{j-1} l_{jm} l_{im} \right) / l_{jj} \\
&\qquad \text{end} \\
&\text{end.}
\end{aligned}
$$

Der einzige Unterschied zum eigentlichen Cholesky–Verfahren besteht also in der Berechnung der Diagonalelemente $l_{jj}$: Wird der Ausdruck in der Wurzel zu klein, so ersetzt man das $j$–te Diagonalelement durch den konstanten Term $\sqrt{\mu}$. Die Konstante $\mu$ wird in der Praxis natürlich recht klein gewählt, so daß die modifizierte Cholesky–Zerlegung für positiv definite Matrizen i.a. mit der ursprünglichen Cholesky–Zerlegung übereinstimmt.

Nach der Berechnung der Dreiecksmatrix $L$ kann man das Gleichungssystem

$$LL^T x = b \qquad (9.20)$$

dann, wie üblich, lösen, indem man zunächst das System

$$Ly = b$$

durch Vorwärtseinsetzen nach $y$ auflöst und anschließend den gesuchten Vektor $x$ aus dem System

$$L^T x = y$$

durch Rückwärtselimination bestimmt.

Man beachte aber, daß bei der modifizierten Cholesky–Zerlegung die Lösung des Gleichungssystems (9.20) i.a. nicht mehr mit derjenigen des ursprünglichen Gleichungssystems

$$Ax = b$$

übereinstimmt, da aufgrund der eingeführten Störung bei den Diagonalelementen von $L$ nicht notwendig die Gleichung

$$A = LL^T$$

gewährleistet ist. Vielmehr kann man verifizieren, daß

$$LL^T = A + E \qquad (9.21)$$

gilt mit einer positiv semidefiniten Diagonalmatrix $E$, deren Einträge gegeben sind durch

$$e_{jj} := \begin{cases} 0 & \text{falls } \mu < a_{jj} - \sum_{m=1}^{j-1} l_{jm}^2, \\ \mu - \left( a_{jj} - \sum_{m=1}^{j-1} l_{jm}^2 \right) & \text{sonst.} \end{cases}$$

Der Nachweis dieser Gleichung wird dem Leser in der Aufgabe 9.4 überlassen. Da alle Diagonalelemente von $L$ bei der modifizierten Cholesky–Zerlegung positiv sind, ergibt sich aus (9.21) auch unmittelbar die positive Definitheit der Matrix $A + E$. Daher ist die mittels der modifizierten Cholesky–Zerlegung berechnete Suchrichtung $d^k$ zumindest eine Abstiegsrichtung von $f$ (siehe Beispiel 4.3). Im allgemeinen wird diese Richtung auch dem Test (9.5) genügen. Implementiert man das globalisierte Newton–Verfahren 9.3 daher unter Verwendung der modifizierten Cholesky–Zerlegung, so werden nur sehr selten Gradientenschritte gewählt werden.

Abschließend verweisen wir noch auf die Aufgabe 9.11, wo eine ähnliche Störungstechnik wie bei der modifizierten Cholesky–Zerlegung benutzt wird, um das Newton–Verfahren zu globalisieren; dort wird sogar vollständig auf den Einsatz von Gradientenschritten verzichtet.

## Nichtmonotone Armijo–Regel

Die numerische Erfahrung zeigt, daß das lokale Newton–Verfahren 9.1 häufig auch dann gute Konvergenzeigenschaften aufweist, wenn der Startvektor $x^0 \in \mathbb{R}^n$ weit weg von dem gesuchten Minimum $x^*$ der Funktion $f$ liegt. Tatsächlich konvergiert das lokale Newton–Verfahren 9.1 bei weiter entfernten $x^0$ häufig sogar schneller als das globalisierte Newton–Verfahren 9.3 gegen die gesuchte Lösung. Auf der anderen Seite besitzt das globalisierte Newton–Verfahren 9.3 i.a. die besseren globalen Konvergenzeigenschaften.

Diese Beobachtungen legen es nahe, möglichst häufig die volle Schrittweite $t_k = 1$ beim globalisierten Newton–Verfahren 9.3 zu wählen, wobei dies natürlich auf kontrollierte Weise geschehen sollte, um die globalen Konvergenzeigenschaften des Algorithmus 9.3 möglichst nicht allzu sehr zu zerstören. Von Grippo, Lampariello und Lucidi [53] stammt ein Vorschlag, der diesem Ziel gerecht wird und der sich in der numerischen Praxis (insbesondere bei relativ stark nichtlinearen Funktionen $f$) außerordentlich gut bewährt hat.

Die Idee von Grippo, Lampariello und Lucidi [53] besteht darin, die im Algorithmus 9.3 benutzte Armijo–Regel

$$f(x^k + t_k d^k) \leq f(x^k) + \sigma t_k \nabla f(x^k)^T d^k$$

zu ersetzen durch die *nichtmonotone Armijo–Regel*

$$f(x^k + t_k d^k) \leq \mathcal{R}_k + \sigma t_k \nabla f(x^k)^T d^k,$$

wobei sich der Referenzwert $\mathcal{R}_k$ als Maximum der letzten $m_k + 1$ Funktionswerte ($m_k \in \mathbb{N}$) berechnet:

$$\mathcal{R}_k := \max_{k-m_k \leq j \leq k} \{f(x^j)\}.$$

Für $m_k = 0$ stimmt die nichtmonotone Armijo–Regel offenbar gerade mit der üblichen Armijo–Regel überein. Im allgemeinen wird $m_k$ nach der Berechnung der Suchrichtung $d^k$ und vor Bestimmung der Schrittweite $t_k$ wie folgt aufdatiert: Im Falle eines Gradientenschrittes ($d^k = -\nabla f(x^k)$) setzt man

$$m_k := 0,$$

anderenfalls setzt man

$$m_k := \min\{m_{k-1} + 1, m\};$$

dabei ist $m \in \mathbb{N}$ eine für den gesamten Algorithmus fest vorgegebene Konstante, etwa $m = 10$. Manchmal hat es sich auch als recht nützlich erwiesen, in den ersten paar Iterationsschritten $m_k = 0$ zu setzen, etwa für $k = 0, 1, \ldots, 5$.

Bei Verwendung dieser nichtmonotonen Armijo–Regel ist die Folge $\{f(x^k)\}$ natürlich nicht mehr monoton fallend (was der Regel auch ihren Namen gegeben hat); allerdings fällt der Funktionswert immer noch „im Mittel".

Während die nichtmonotone Armijo–Regel natürlich keinen Einfluß auf das lokale Konvergenzverhalten des Newton–Verfahrens hat (die volle Schrittweite $t_k = 1$ wird lokal natürlich „erst recht" akzeptiert), unterscheidet sich die globale Konvergenztheorie natürlich etwas von derjenigen bei Verwendung der normalen Armijo–Regel. Wir verweisen diesbezüglich auf die Originalarbeit von Grippo, Lampariello und Lucidi [53].


## 9.4 Numerische Resultate

In diesem Abschnitt präsentieren wir eine Reihe von numerischen Resultaten, die wir mit verschiedenen, in diesem Kapitel vorgestellten Verfahren erzielt haben. Ähnliche Abschnitte werden auch alle noch folgenden Kapitel abschließen.

Vorweg sei allerdings gesagt, daß es nicht der Sinn dieses Abschnittes (bzw. dieser Abschnitte) ist, sämtliche Verfahren an möglichst vielen Beispielen miteinander zu vergleichen und dabei insbesondere die optimale Wahl verschiedener Parameter zu bestimmen.

Vielmehr beschränken wir uns hierbei auf eine relativ kleine Auswahl an Standard–Testproblemen (siehe Anhang C), anhand derer wir die Besonderheiten verschiedener Verfahren herausarbeiten wollen. Dabei werden wir Parameterwerte wählen, die sich in der Originalliteratur als recht brauchbar erwiesen haben. Die damit erzielten numerischen Resultate können dem Leser auch zur Kontrolle seiner eigenen Testrechnungen dienen.

Wir beginnen zunächst mit dem lokalen Newton–Verfahren aus dem Algorithmus 9.1. Die Tabelle 9.1 enthält die Anzahl der Iterationen (Spalte „Iter."), die zur Lösung verschiedener Testbeispiele aus dem Anhang C benötigt werden, wobei die Tabelle 9.1 neben dem Namen des Testbeispieles auch noch an die Dimension $n$ sowie die Anzahl der Summanden $m$ für das jeweilige Testproblem erinnert (vergleiche Anhang C).

Das lokale Newton–Verfahren wird abgebrochen, wenn

$$\|\nabla f(x^k)\| \leq \varepsilon \qquad \text{oder} \qquad k > k_{\max}$$

gilt, wobei

$$\varepsilon = 10^{-6} \qquad \text{und} \qquad k_{\max} = 200$$

gesetzt wurden. Man beachte, daß für das lokale Newton–Verfahren die Anzahl der Iterationen insbesondere gleich der Anzahl der Funktions– und Gradientenauswertungen ist.

**Tabelle 9.1.** Numerische Resultate für das lokale Newton–Verfahren

| Testbeispiel | $n$ | $m$ | Iter. |
|---|---|---|---|
| Gauß–Funktion | 3 | 15 | – |
| Beliebig–dimensionale Funktion | 10 | 12 | 14 |
| Penalty–Funktion I | 4 | 5 | 18 |
| Browns schlechtskalierte Funktion | 2 | 3 | 161 |
| Trigonometrische Funktion | 4 | 4 | 11 |
| Rosenbrock–Funktion | 2 | 2 | 5 |
| Wood–Funktion | 4 | 6 | – |

Aus der Tabelle 9.1 ergibt sich, daß insgesamt fünf der dort angegebenen sieben Beispiele durch das lokale Newton–Verfahren gelöst werden. Fehler treten nur bei der Gauß– sowie der Wood–Funktion auf, wobei der Algorithmus bei der Wood–Funktion zwar nach relativ wenigen Iterationsschritten abbricht, allerdings in einem Punkt, der nur ein (numerischer) Sattelpunkt und kein lokales oder globales Minimum dieser Funktion ist.

Zum Vergleich geben wir in der Tabelle 9.2 die Ergebnisse an, die wir mit dem globalisierten Newton–Verfahren aus dem Algorithmus 9.3 erzielt haben. Genauer enthält die Tabelle 9.2 die folgenden Angaben: Name des Testproblemes, die das Testbeispiel definierenden Größen $n$ und $m$, die Anzahl der Iterationen, die Anzahl der Funktionsauswertungen (die, bedingt durch die Armijo–Schrittweitenstrategie, jetzt von der Anzahl der Iterationen abweichen kann) in der Spalte „$f$–Ausw." sowie die Anzahl der benutzten Newton– und Gradientenschritte in den Spalten „Newt." und „Grad.".

Als Parameter für den Algorithmus 9.3 wurden dabei gewählt:

$$\rho = 10^{-8}, \, p = 2.1, \, \beta = 0.5, \, \sigma = 10^{-4}.$$

Das Verfahren wird abgebrochen, wenn eine der folgenden Bedingungen erfüllt ist:

$$\|\nabla f(x^k)\| \leq \varepsilon \qquad k > k_{\max} \qquad \text{oder} \qquad t_k < t_{\min}$$

mit

$$\varepsilon = 10^{-6}, \qquad k_{\max} = 200 \qquad \text{und} \qquad t_{\min} = 10^{-14}.$$

Die Tabelle 9.2 zeigt, daß wir jetzt nur noch ein Testbeispiel (nämlich die Wood–Funktion) nicht erfolgreich minimieren können, während das Testproblem von Gauß jetzt gelöst werden kann, wenngleich die meisten Iterationsschritte leider Gradientenschritte sind, was eigentlich etwas unerwünscht ist. Ansonsten werden überwiegend Newton–Schritte gewählt, und die Anzahl der benötigten Iterationsschritte ist zumeist relativ gering. Insbesondere hat sich die Anzahl der Iterationsschritte für das Beispiel von Brown drastisch reduziert. Die Werte für die trigonometrische Funktion in den Tabellen 9.1 und 9.2 sind nicht vergleichbar, da beide Verfahren gegen unterschiedliche (lokale) Minima konvergieren. Hingegen ist die Anzahl der Iterationsschritte

**Tabelle 9.2.** Numerische Resultate für das globalisierte Newton–Verfahren

| Testbeispiel | $n$ | $m$ | Iter. | $f$–Ausw. | Newt. | Grad. |
|---|---|---|---|---|---|---|
| Gauß–Funktion | 3 | 15 | 37 | 107 | 3 | 34 |
| Beliebig–dimensionale Fkt. | 10 | 12 | 14 | 14 | 14 | 0 |
| Penalty–Funktion I | 4 | 5 | 32 | 40 | 32 | 0 |
| Browns schlechtskalierte Fkt. | 2 | 3 | 11 | 130 | 8 | 3 |
| Trigonometrische Funktion | 4 | 4 | 23 | 29 | 19 | 4 |
| Rosenbrock–Funktion | 2 | 2 | 20 | 26 | 20 | 0 |
| Wood–Funktion | 4 | 6 | – | – | – | – |

für die Rosenbrock–Funktion und die Penalty–Funktion I beim globalisierten Newton–Verfahren etwas höher als beim lokalen Newton–Verfahren.

Letzteres kann i.w. dadurch vermieden werden, indem man eine nichtmonotone Armijo–Regel verwendet. Wir fassen unsere diesbezüglichen Ergebnisse in der Tabelle 9.3 zusammen. Für das nichtmonotone Newton–Verfahren haben wir dabei die gleichen Parameter und das gleiche Abbruchkriterium gewählt wie für das (monotone) globalisierte Newton–Verfahren. Lediglich für die nichtmonotone Armijo–Regel wurde zusätzlich

$$m = 10$$

gesetzt.

**Tabelle 9.3.** Numerische Resultate für das nichtmonotone Newton–Verfahren

| Testbeispiel | $n$ | $m$ | Iter. | $f$–Ausw. | Newt. | Grad. |
|---|---|---|---|---|---|---|
| Gauß–Funktion | 3 | 15 | 36 | 99 | 3 | 33 |
| Beliebig–dimensionale Fkt. | 10 | 12 | 14 | 14 | 14 | 0 |
| Penalty–Funktion I | 4 | 5 | 18 | 18 | 18 | 0 |
| Browns schlechtskalierte Fkt. | 2 | 3 | 11 | 130 | 8 | 3 |
| Trigonometrische Funktion | 4 | 4 | 22 | 27 | 18 | 4 |
| Rosenbrock–Funktion | 2 | 2 | 7 | 8 | 7 | 0 |
| Wood–Funktion | 4 | 6 | – | – | – | – |

Die Daten in der Tabelle 9.3 bestätigen in der Tat, daß die Anzahl der Iterationen bei der Rosenbrock–Funktion und der Penalty–Funktion I jetzt wieder (jedenfalls ungefähr) mit den Daten aus der Tabelle 9.1 für das lokale Newton–Verfahren übereinstimmen, so daß hier eine Verbesserung gegenüber dem (monoton) globalisierten Newton–Verfahren auftritt. Ansonsten stimmen die Werte der Tabelle 9.3 weitgehend mit jenen aus der Tabelle 9.2 überein, wobei die Werte in der Tabelle 9.3 an einigen Stellen noch geringfügig besser sind. Allerdings kann das Beispiel der Wood–Funktion nachwievor nicht gelöst werden.

Die Tabelle 9.4 enthält nun die numerischen Resultate, die mittels des globalisierten Newton–Verfahrens erzielt worden sind, wobei jetzt allerdings die modifizierte Cholesky–Zerlegung benutzt wurde, um die in jedem Iterationsschritt auftretende Newton–Gleichung zu „lösen". Für dieses modifizierte Newton–Verfahren haben wir wieder die übliche (monotone) Armijo–Regel zur Globalisierung benutzt, denn erfahrungsgemäß funktioniert die nichtmonotone Armijo–Regel nur dann recht gut, wenn die Newton–Richtung auch gut approximiert wird; letzteres ist durch die Verwendung der modifizierten Cholesky–Zerlegung aber nicht mehr garantiert. Ansonsten stimmen die Wahl der Parameter und des Abbruchkriteriums mit dem des globalisierten Newton–Verfahrens überein. Zusätzlich wurde für die modifizierte Cholesky–Zerlegung noch

$$\mu = 10^{-6}$$

gewählt.

**Tabelle 9.4.** Numerische Resultate für das modifizierte Newton–Verfahren

| Testbeispiel | $n$ | $m$ | Iter. | $f$–Ausw. | Newt. | Grad. |
|---|---|---|---|---|---|---|
| Gauß–Funktion | 3 | 15 | – | – | – | – |
| Beliebig–dimensionale Fkt. | 10 | 12 | 14 | 14 | 14 | 0 |
| Penalty–Funktion I | 4 | 5 | 32 | 40 | 32 | 0 |
| Browns schlechtskalierte Fkt. | 2 | 3 | 11 | 130 | 8 | 3 |
| Trigonometrische Funktion | 4 | 4 | 46 | 75 | 41 | 5 |
| Rosenbrock–Funktion | 2 | 2 | 20 | 26 | 20 | 0 |
| Wood–Funktion | 4 | 6 | 38 | 80 | 38 | 0 |

Aus der Tabelle 9.4 läßt sich ablesen, daß das modifizierte Newton–Verfahren das einzige der hier untersuchten Verfahren ist, welches die Wood–Funktion auch tatsächlich minimiert. Die Verwendung der modifizierten Cholesky–Zerlegung erweist sich in diesem Beispiel also als recht hilfreich, um einem (numerischen) Sattelpunkt zu entkommen. Allerdings löst das modifizierte Newton–Verfahren nicht das Beispiel von Gauß und ist auch sonst dem nichtmonotonen Newton–Verfahren zum Teil unterlegen.

## Aufgaben

**Aufgabe 9.1.** Man beweise den Satz 9.2 ohne Verwendung der beiden Charakterisierungssätze 7.8 und 7.10.

**Aufgabe 9.2.** Man betrachte die eindimensionale Funktion $f(x) := -\frac{1}{4}x^4$ und zeige, daß das lokale Newton–Verfahren 9.1 für jeden Startpunkt $x^0 \in \mathbb{R}$ gegen das eindeutig bestimmte Maximum $x^* := 0$ der Funktion $f$ konvergiert.

**Aufgabe 9.3.** Seien $A \in \mathbb{R}^{n \times n}$ symmetrisch und positiv definit sowie $A = LL^T$ die Cholesky–Zerlegung von $A$ mit einer unteren Dreiecksmatrix $L \in \mathbb{R}^{n \times n}$. Wie lautet das Cholesky–Verfahren, wenn man die Elemente von $L$ zeilenweise berechnet?

**Aufgabe 9.4.** Man verifiziere die Gleichheit (9.21). (Hinweis: Man führe die übliche Cholesky–Zerlegung für die Matrix $\tilde{A} := A + E$ aus (9.21) durch.)

**Aufgabe 9.5.** Seien $f : \mathbb{R}^n \to \mathbb{R}$ zweimal stetig differenzierbar und $x \in \mathbb{R}^n$. Die Hesse–Matrix $\nabla^2 f(x)$ sei indefinit. Dann ist die Newton–Richtung

$$d_N := -\nabla^2 f(x)^{-1} \nabla f(x)$$

nicht notwendigerweise eine Abstiegsrichtung. Im folgenden wird beschrieben, wie man durch Ausnutzen der Informationen aus $\nabla^2 f(x)$ zu einer Abstiegsrichtung kommen kann, und zwar auch dann, wenn $x$ ein stationärer Punkt von $f$ ist.

Es sei $\nabla^2 f(x) = LDL^T$, wobei $L$ eine untere Dreiecksmatrix mit lauter Einsen in der Diagonalen und $D = \mathrm{diag}(\delta_1, \ldots, \delta_n)$ eine Diagonalmatrix seien (die Existenz einer solchen Zerlegung werde vorausgesetzt; numerisch gelingt eine solche Zerlegung häufig durch geeignete Modifikation des Cholesky–Verfahrens). Man setze nun

$$d := \sigma \frac{s}{\|s\|},$$

wobei $s$ die Lösung des folgenden linearen Gleichungssystems ist:

$$L^T s = a, \qquad a_i := \begin{cases} 1, & \text{falls} \quad \delta_i \leq 0 \\ 0, & \text{falls} \quad \delta_i > 0 \end{cases}$$

und $\sigma = \pm 1$ so gewählt wird, daß $\nabla f(x)^T d \leq 0$ gilt. Dann ist $d$ eine Abstiegsrichtung für $f$ in $x$.

Wie hat man den Vektor $d$ abzuändern, falls lediglich eine permutierte Hesse–Matrix $P^T \nabla^2 f(x) P$ ($P \in \mathbb{R}^{n \times n}$ Permutationsmatrix) eine Zerlegung in der Gestalt $LDL^T$ besitzt?

**Aufgabe 9.6.** Das lokale Newton–Verfahren (Algorithmus 9.1) ist invariant gegenüber affin–linearen Transformationen. Damit ist gemeint: Ist $A \in \mathbb{R}^{n \times n}$ regulär und $c \in \mathbb{R}^n$, erzeugt das Newton–Verfahren zur Minimierung einer Funktion $f$ mit Start im Punkt $x^0$ die Folge $\{x^k\}$ und erzeugt das Newton–Verfahren zur Minimierung der Funktion $g(y) := f(Ay + c)$ mit Start in $y^0$ die Folge $\{y^k\}$, so gilt

$$x^0 = Ay^0 + c \quad \Longrightarrow \quad x^k = Ay^k + c \quad \text{für alle } k \in \mathbb{N}.$$

Ist auch das Gradientenverfahren mit Schrittweiten $t_k = 1$ invariant gegenüber affin–linearen Transformationen?

**Aufgabe 9.7.** Sei $f : \mathbb{R}^n \to \mathbb{R}$ zweimal stetig differenzierbar, $x^* \in \mathbb{R}^n$ ein stationärer Punkt von $f$ und $\nabla^2 f(x^*)$ regulär. Ferner sei $\nabla^2 f$ lokal *Hölder-stetig*, d.h., es ist

$$\|\nabla^2 f(x) - \nabla^2 f(y)\| \le K\|x - y\|^\alpha$$

für alle $x, y \in \mathbb{R}^n$ aus einer hinreichend kleinen Umgebung von $x^*$ und ein festes $\alpha \in (0, 1]$ (für $\alpha = 1$ hat man wieder die lokale Lipschitz–Stetigkeit). Dann existiert ein $\varepsilon > 0$, so daß für jedes $x^0 \in \mathcal{U}_\varepsilon(x^*)$ gelten:

(a) Das Newton–Verfahren 9.1 ist wohldefiniert und erzeugt eine gegen $x^*$ konvergente Folge $\{x^k\}$.

(b) Es existiert eine Konstante $c > 0$ mit $\|x^{k+1} - x^*\| \le c\|x^k - x^*\|^{1+\alpha}$ (im Spezialfall $\alpha = 1$ ergibt sich also wieder die schon bekannte quadratische Konvergenz).

**Aufgabe 9.8.** Man betrachte den folgenden Algorithmus:

(S.0)  Wähle $x^0 \in \mathbb{R}^n, \varepsilon \ge 0$, setze $k := 0$.

(S.1)  Ist $\|\nabla f(x^k)\| \le \varepsilon$: STOP.

(S.2)  Bestimme $d^k \in \mathbb{R}^n$ durch Lösen des linearen Gleichungssystems

$$\nabla^2 f(x^0)d = -\nabla f(x^k). \tag{9.22}$$

(S.3)  Setze $x^{k+1} := x^k + d^k, k \leftarrow k + 1$, und gehe zu (S.1).

Man bezeichnet dieses Verfahren häufig als *vereinfachtes Newton–Verfahren*, da im Gleichungssystem (9.22) stets dieselbe Koeffizientenmatrix auftritt. Das hat den Vorteil, daß man diese Matrix nur einmal zu faktorisieren braucht und anschließend dieses Gleichungssystem billiger lösen kann als beim eigentlichen Newton–Verfahren.

Das vereinfachte Newton–Verfahren möge nicht nach endlich vielen Schritten abbrechen. Ferner seien $f : \mathbb{R}^n \to \mathbb{R}$ wieder zweimal stetig differenzierbar, $x^* \in \mathbb{R}^n$ ein stationärer Punkt von $f$ mit $\nabla^2 f(x^*)$ regulär. Dann existiert ein $\varepsilon > 0$, so daß für jedes $x^0 \in \mathcal{U}_\varepsilon(x^*)$ gelten:

(a) Das vereinfachte Newton–Verfahren ist wohldefiniert und erzeugt eine gegen $x^*$ konvergente Folge $\{x^k\}$.

(b) Die Konvergenzrate ist linear.

**Aufgabe 9.9.** Indem man in jeder Iteration einen Newton–Schritt mit $m \in \mathbb{N}$ vereinfachten Newton–Schritten (vgl. Aufgaben 9.8) kombiniert, erhält man den folgenden Algorithmus:

(S.0)  Wähle $x^0 \in \mathbb{R}^n, \varepsilon \ge 0, m \in \mathbb{N}$, setze $k := 0$.

(S.1)  Ist $\|\nabla f(x^k)\| \le \varepsilon$: STOP.

(S.2)  Setze $y^{k,0} := x^k$. Führe die folgenden Schritte für $j = 0, 1, \ldots, m - 1$ aus:

(a) Bestimme eine Lösung $d^{k,j} \in \mathbb{R}^n$ des linearen Gleichungssystems

$$\nabla^2 f(x^k)d = -\nabla f(y^{k,j}).$$

(b) Setze $y^{k,j+1} := y^{k,j} + d^{k,j}$.

(S.3) Setze $x^{k+1} := y^{k,m}, k \leftarrow k+1$, und gehe zu (S.1).

(Man beachte, daß dieser Algorithmus im Fall $m = 1$ mit dem lokalen Newton–Verfahren übereinstimmt, und daß man im Fall $m > 1$ die Matrix $\nabla^2 f(x^k)$ nur einmal zu faktorisieren braucht, um dann die linearen Gleichungssysteme im Schritt (S.2) (a) für $j = 0, 1, \ldots, m-1$ zu lösen.)

Seien $f : \mathrm{IR}^n \to \mathrm{IR}$ zweimal stetig differenzierbar, $\nabla^2 f$ lokal Lipschitzstetig, $x^* \in \mathrm{IR}^n$ ein stationärer Punkt von $f$ und $\nabla^2 f(x^*)$ regulär. Dann existiert ein $\varepsilon > 0$, so daß der obige Algorithmus für alle Startpunkte $x^0 \in \mathcal{U}_\varepsilon(x^*)$ wohldefiniert ist und eine gegen $x^*$ konvergente Folge $\{x^k\}$ erzeugt, so daß $\|x^{k+1} - x^*\| \leq c\|x^k - x^*\|^{m+1}$ für alle $k \in \mathrm{IN}$ gilt mit einer geeigneten Konstanten $c > 0$. (Für $m = 1$ ergibt sich hieraus wieder die bereits bekannte quadratische Konvergenz; für $m = 2$ spricht man von *kubischer Konvergenz*.)

**Aufgabe 9.10.** Man betrachte den folgenden Algorithmus:

(S.0) Wähle $x^0 \in \mathrm{IR}^n, \beta \in (0,1), \sigma \in (0, 1/2), \varepsilon \geq 0$, setze $k := 0$.
(S.1) Ist $\|\nabla f(x^k)\| \leq \varepsilon$: STOP.
(S.2) Finde eine Lösung $d^k \in \mathrm{IR}^n$ der Newton–Gleichung

$$\nabla^2 f(x^k)d = -\nabla f(x^k).$$

(S.3) Bestimme $t_k := \max\{\beta^\ell | \ell = 0, 1, 2, \ldots\}$ mit

$$f(x^k + t_k d^k) \leq f(x^k) + \sigma t_k \nabla f(x^k)^T d^k.$$

(S.4) Setze $x^{k+1} := x^k + t_k d^k, k \leftarrow k+1$, und gehe zu (S.1).

Sei $f : \mathrm{IR}^n \to \mathrm{IR}$ zweimal stetig differenzierbar und gleichmäßig konvex. Dann gelten die folgenden Aussagen:

(a) Der obige Algorithmus ist wohldefiniert.
(b) Die durch den Algorithmus erzeugte Folge $\{x^k\}$ konvergiert (bei beliebigem Startpunkt $x^0 \in \mathrm{IR}^n$) gegen das eindeutig bestimmte Minimum $x^*$ von $f$.
(c) Für alle hinreichend großen $k \in \mathrm{IN}$ wird die volle Schrittweite $t_k = 1$ akzeptiert.
(d) Die Folge $\{x^k\}$ konvergiert superlinear gegen $x^*$.
(e) Ist $\nabla^2 f$ lokal Lipschitz-stetig, so konvergiert $\{x^k\}$ quadratisch gegen $x^*$.

(Bemerkung: Diese Aufgabe zeigt, daß man bei Anwendung eines globalisierten Newton–Verfahrens zur Lösung von gleichmäßig konvexen Minimierungsproblemen auf den Einsatz von Gradientenschritten verzichten kann.)

**Aufgabe 9.11.** Wir betrachten hier eine sogenannte *Levenberg–Marquardt-Regularisierung* des Newton–Verfahrens:

(S.0) Seien $x^0 \in \mathrm{IR}^n, \beta \in (0,1), \sigma \in (0, 1/2), \varepsilon \geq 0, \rho : \mathrm{IR} \to \mathrm{IR}$ eine stetige Funktion mit $\rho(\tau) \geq 0$ für alle $\tau \in \mathrm{IR}$ und $\rho(\tau) = 0$ genau dann, wenn $\tau = 0$ gilt. Setze $k := 0$.

(S.1)  Ist $\|\nabla f(x^k)\| \le \varepsilon$: STOP.

(S.2)  Finde eine Lösung $d^k \in \mathbb{R}^n$ des linearen Gleichungssystems

$$\left(\nabla^2 f(x^k) + \rho(\|\nabla f(x^k)\|)I\right) d = -\nabla f(x^k).$$

(S.3)  Bestimme $t_k := \max\{\beta^\ell \mid \ell = 0, 1, 2, \ldots\}$ mit

$$f(x^k + t_k d^k) \le f(x^k) + \sigma t_k \nabla f(x^k)^T d^k.$$

(S.4)  Setze $x^{k+1} := x^k + t_k d^k, k \leftarrow k + 1$, und gehe zu (S.1).

Sei $f : \mathbb{R}^n \to \mathbb{R}$ zweimal stetig differenzierbar und konvex. Dann gelten:

(a)  Es ist stets $\nabla f(x^k)^T d^k \le 0$. Ist $x^k$ noch kein globales Minimum von $f$, so gilt sogar $\nabla f(x^k)^T d^k < 0$. Der Algorithmus ist also wohldefiniert.

(b)  Jeder Häufungspunkt $x^*$ einer durch den Algorithmus erzeugten Folge $\{x^k\}$ ist ein globales Minimum von $f$.

(c)  Ist $x^*$ ein Häufungspunkt der Folge $\{x^k\}$ mit $\nabla^2 f(x^*)$ regulär, so gelten:

   (i)  Die gesamte Folge $\{x^k\}$ konvergiert gegen $x^*$.

   (ii)  Die volle Schrittweite $t_k = 1$ wird für alle $k \in \mathbb{N}$ hinreichend groß akzeptiert.

   (iii)  Die Folge $\{x^k\}$ konvergiert superlinear gegen $x^*$.

   (iv)  Ist $\nabla^2 f$ lokal Lipschitz–stetig und $\rho(\tau) = O(\tau)$, so konvergiert die Folge $\{x^k\}$ quadratisch gegen $x^*$.

**Aufgabe 9.12.** Man implementiere das lokale Newton–Verfahren 9.1 und teste es an den Beispielen aus dem Anhang C. Welche Testprobleme werden gelöst? Wieviele Iterationsschritte werden dazu benötigt? Als Abbruchkriterum nehme man beispielsweise: $\|\nabla f(x^k)\| \le \varepsilon$ oder $k > k_{\max}$ mit $\varepsilon = 10^{-6}$ und $k_{\max} = 200$.

**Aufgabe 9.13.** Man implementiere das globalisierte Newton–Verfahren 9.3

(a)  unter Verwendung der im Algorithmus 9.3 beschriebenen Armijo–Regel;

(b)  unter Verwendung der im Abschnitt 9.3 beschriebenen nichtmonotonen Armijo–Regel.

Man teste beide Varianten an den Beispielen aus dem Anhang C. Welche Probleme werden gelöst? Wieviele Iterationsschritte, Funktionsauswertungen, Newton–Schritte und Gradientenschritte werden dazu jeweils benötigt? Als Abbruchkriterium nehme man wieder jenes aus der Aufgabe 9.12. Beispielwerte für die übrigen Parameter: $\rho = 10^{-8}$, $p = 2.1$, $\beta = 0.5$, $\sigma = 10^{-4}$ sowie $m = 10$ (für die nichtmonotone Armijo–Regel).

**Aufgabe 9.14.** Man implementiere das globalisierte Newton–Verfahren 9.3 mit der modifizierten Cholesky–Zerlegung aus dem Abschnitt 9.3

(a)  unter Verwendung der im Algorithmus 9.3 beschriebenen Armijo–Regel;

(b) unter Verwendung der im Abschnitt 9.3 beschriebenen nichtmonotonen Armijo–Regel.

Man teste beide Varianten an den Beispielen aus dem Anhang C. Welche Probleme werden diesmal gelöst? Wieviele Iterationsschritte, Funktionsauswertungen, (modifizierte) Newton–Schritte und Gradientenschritte werden dazu jeweils benötigt? Als Abbruchkriterium nehme man erneut jenes aus der Aufgabe 9.12. Geeignete Parameter können jene aus der Aufgabe 9.13 sein. Für die modifizierte Cholesky–Zerlegung wähle man beispielsweise $\mu = 10^{-6}$.

# 10. Inexakte Newton–Verfahren

Dieses Kapitel beschäftigt sich mit den sogenannten inexakten Newton–Verfahren. Diese Verfahren sind Varianten des im vorhergehenden Kapitels besprochenen Newton–Verfahrens: Statt in jedem Schritt die Newton–Gleichung exakt zu lösen, wird jetzt eine inexakte Lösung zugelassen. Damit sind die inexakten Newton–Verfahren insbesondere auch auf großdimensionale Optimierungsprobleme anwendbar.

Die lokalen Konvergenzeigenschaften der inexakten Newton–Verfahren werden im Abschnitt 10.1 untersucht. Ein globalisiertes inexaktes Newton–Verfahren mitsamt zugehöriger Konvergenztheorie ist dann der Inhalt des Abschnitts 10.2. Im Abschnitt 10.3 geben wir einige Hinweise zu einer möglichen Implementation der inexakten Newton–Verfahren, während der Abschnitt 10.4 schließlich numerische Resultate für einige der in diesem Kapitel vorgestellten Verfahren enthält.

## 10.1 Das lokale inexakte Newton–Verfahren

Beim Newton–Verfahren wird in jedem Iterationsschritt die Newton–Gleichung

$$\nabla^2 f(x^k)d = -\nabla f(x^k) \tag{10.1}$$

exakt gelöst. Dies ist i.a. recht aufwendig bzw. numerisch schon aufgrund von Rundungsfehlern kaum möglich. Darüberhinaus werden wir in diesem Abschnitt sehen, daß dies auch gar nicht nötig ist.

Wir folgen einer Idee von Dembo, Eisenstat und Steihaug [22] und werden inexakte Lösungen der Newton–Gleichung (10.1) zulassen. Als Maß für die Inexaktheit nehmen wir den relativen Fehler

$$\frac{\|\nabla^2 f(x^k)d + \nabla f(x^k)\|}{\|\nabla f(x^k)\|}.$$

Wir versuchen also, zu einer vorgegebenen Toleranz $\eta_k \geq 0$ einen Vektor $d^k \in \mathbb{R}^n$ zu bestimmen, so daß die Bedingung

$$\frac{\|\nabla^2 f(x^k)d^k + \nabla f(x^k)\|}{\|\nabla f(x^k)\|} \leq \eta_k$$

bzw.

$$\|\nabla^2 f(x^k)d^k + \nabla f(x^k)\| \leq \eta_k \|\nabla f(x^k)\| \tag{10.2}$$

erfüllt ist. Im Spezialfall $\eta_k = 0$ ist $d^k$ dann auch Lösung der Newton–Gleichung (10.1). Die Bestimmung eines Vektors $d^k \in \mathbb{R}^n$, für den die Bedingung (10.2) erfüllt ist, ist bei geeignetem Vorgehen mit weniger Aufwand verbunden als die exakte Lösung der Newton–Gleichung (mehr darüber im Abschnitt 10.3). Darüberhinaus mag das System (10.2) sehr wohl eine Lösung besitzen, obwohl die Newton–Gleichung (10.1) selbst nicht lösbar ist.

Wir formulieren zunächst unser inexaktes Newton–Verfahren. Dazu orientieren wir uns an dem Newton–Verfahren aus dem Algorithmus 9.1 und ersetzen darin die Newton–Gleichung durch die Bedingung (10.2) für eine von uns gewählte Toleranz $\eta_k$.

**Algorithmus 10.1.** *(Lokales inexaktes Newton–Verfahren)*

*(S.0) Wähle $x^0 \in \mathbb{R}^n, \varepsilon \geq 0$, und setze $k := 0$.*
*(S.1) Ist $\|\nabla f(x^k)\| \leq \varepsilon$: STOP.*
*(S.2) Wähle eine Toleranz $\eta_k \geq 0$ und bestimme einen Vektor $d^k \in \mathbb{R}^n$ mit*

$$\|\nabla f(x^k) + \nabla^2 f(x^k)d^k\| \leq \eta_k \|\nabla f(x^k)\|. \tag{10.3}$$

*(S.3) Setze $x^{k+1} = x^k + d^k, k \leftarrow k + 1$, und gehe zu (S.1).*

Wir formulieren als nächstes einen lokalen Konvergenzsatz für den Algorithmus 10.1. Dazu bemerken wir, daß die Konvergenz natürlich von der Wahl der Folge $\{\eta_k\}$ abhängig sein wird. Der folgende Satz besagt nun, daß man bei geeigneter Wahl dieser Toleranzen lokal lineare, superlineare und sogar quadratische Konvergenz erreichen kann. Dabei gehen wir wieder davon aus, daß der Algorithmus 10.1 nicht nach endlich vielen Schritten abbricht.

**Satz 10.2.** *Seien $f : \mathbb{R}^n \rightarrow \mathbb{R}$ zweimal stetig differenzierbar und $x^* \in \mathbb{R}^n$ ein stationärer Punkt von $f$ mit $\nabla^2 f(x^*)$ regulär. Dann existiert ein $\varepsilon > 0$, so daß für jedes $x^0 \in \mathcal{U}_\varepsilon(x^*)$ gelten:*

*(a) Ist $\eta_k \leq \bar{\eta}$ für ein hinreichend kleines $\bar{\eta} \in (0,1)$, so ist der Algorithmus 10.1 wohldefiniert und die durch ihn erzeugte Folge $\{x^k\}$ konvergiert linear gegen $x^*$.*
*(b) Die Konvergenzrate ist superlinear, falls $\eta_k \rightarrow 0$ gilt.*
*(c) Die Konvergenzrate ist quadratisch, falls $\eta_k = O(\|\nabla f(x^k)\|)$ gilt und $\nabla^2 f$ lokal Lipschitz–stetig ist.*

*Beweis.* Der Beweis ist eine Verallgemeinerung des entsprechenden Konvergenzsatzes 9.2 für das lokale Newton–Verfahren 9.1.

Da $f$ zweimal stetig differenzierbar ist, ist $\nabla f$ lokal Lipschitz–stetig. Also existieren ein $\varepsilon_1 > 0$ und eine Konstante $L > 0$ mit

$$\|\nabla f(x)\| = \|\nabla f(x) - \nabla f(x^*)\| \leq L\|x - x^*\| \tag{10.4}$$

für alle $x \in \mathcal{U}_{\varepsilon_1}(x^*)$. Wegen Lemma 7.3 existiert ferner ein $\varepsilon_2 > 0$, so daß $\nabla^2 f(x)$ für alle $x \in \mathcal{U}_{\varepsilon_2}(x^*)$ regulär ist mit

$$\|\nabla^2 f(x)^{-1}\| \leq c \tag{10.5}$$

für eine Konstante $c > 0$. Aufgrund des Lemmas 7.2 existiert außerdem ein $\varepsilon_3 > 0$ mit

$$\|\nabla f(x) - \nabla f(x^*) - \nabla^2 f(x)(x - x^*)\| \leq \frac{1}{4c}\|x - x^*\| \tag{10.6}$$

für alle $x \in \mathcal{U}_{\varepsilon_3}(x^*)$. Setze nun $\varepsilon := \min\{\varepsilon_1, \varepsilon_2, \varepsilon_3\}$ und

$$\bar{\eta} := \frac{1}{4cL}. \tag{10.7}$$

Wähle $x^0 \in \mathcal{U}_\varepsilon(x^*)$. Dann ist $\nabla^2 f(x^0)$ regulär. Insbesondere läßt sich ein $d^0 \in \mathbb{R}^n$ mit (10.3) berechnen. Somit ist $x^1$ wohldefiniert, und es gilt wegen (10.4)—(10.7):

$$
\begin{aligned}
&\|x^1 - x^*\| \\
&= \|x^0 - x^* - \nabla^2 f(x^0)^{-1}\nabla f(x^0) + \nabla^2 f(x^0)^{-1}\left[\nabla^2 f(x^0)d^0 + \nabla f(x^0)\right]\| \\
&\leq \|\nabla^2 f(x^0)^{-1}\|\left[\|\nabla f(x^0) - \nabla f(x^*) - \nabla^2 f(x^0)(x^0 - x^*)\| \right. \\
&\quad \left. + \|\nabla^2 f(x^0)d^0 + \nabla f(x^0)\|\right] \\
&\leq c\left(\frac{1}{4c}\|x^0 - x^*\| + \bar{\eta}\|\nabla f(x^0)\|\right) \\
&\leq c\left(\frac{1}{4c}\|x^0 - x^*\| + \bar{\eta}L\|x^0 - x^*\|\right) \\
&= \frac{1}{2}\|x^0 - x^*\|.
\end{aligned}
$$

Also ist auch $x^1 \in \mathcal{U}_\varepsilon(x^*)$, und per Induktion folgt

$$\|x^k - x^*\| \leq \left(\frac{1}{2}\right)^k \|x^0 - x^*\|$$

für alle $k \in \mathbb{N}$. Ist also $\eta_k \leq \bar{\eta}$, so ist die Folge $\{x^k\}$ wohldefiniert und (mindestens) linear konvergent gegen $x^*$. Dies beweist Teil (a).

Zum Nachweis von (b) bemerken wir zunächst, daß man analog zur obigen Ungleichungskette auch

$$
\begin{aligned}
\|x^{k+1} - x^*\| &\leq c\left(\|\nabla f(x^k) - \nabla f(x^*) - \nabla^2 f(x^k)(x^k - x^*)\| + \eta_k\|\nabla f(x^k)\|\right) \\
&\leq c\left(\|\nabla f(x^k) - \nabla f(x^*) - \nabla^2 f(x^k)(x^k - x^*)\| + \eta_k L\|x^k - x^*\|\right)
\end{aligned}
$$

beweisen kann. Für $\eta_k \to 0$ ist daher

$$\|x^{k+1} - x^*\| = o(\|x^k - x^*\|)$$

wegen Lemma 7.2 (a), d.h., $\{x^k\}$ konvergiert superlinear gegen $x^*$, womit Teil (b) auch schon bewiesen ist.

Die lokale quadratische Konvergenz läßt sich auf sehr ähnliche Weise verifizieren. Wir überlassen die genaue Durchführung dem Leser.    □

Wählen wir insbesondere $\eta_k = 0$ für alle $k \in \mathbb{N}$, d.h., geht der Algorithmus 10.1 über in das lokale Newton–Verfahren 9.1, so erhalten wir als Spezialfall des Satzes 10.2 wieder den lokalen Konvergenzsatz 9.2 für das Newton–Verfahren.

Man beachte, daß die Aussagen (b) und (c) des Satzes 10.2 auch konkrete Hinweise für die Wahl der Folge $\{\eta_k\}$ geben, die in einer Implementation auch geeignet benutzt werden sollten.

Hingegen ist die Aussage (a) des Satzes 10.2 theoretisch zwar recht interessant, praktisch jedoch weniger brauchbar, da nicht gesagt wird, wie klein die obere Schranke $\bar{\eta}$ denn nun wirklich gewählt werden muß, um zumindest (lineare) Konvergenz zu erhalten.

Wir werden auf dieses Problem im verbleibenden Teil dieses Abschnittes eingehen. Dazu erinnern wir kurz an unsere Diskussion nach der Definition der verschiedenen Konvergenzraten, siehe 7.1: Die superlineare und die quadratische Konvergenz einer Folge $\{x^k\}$ ist unabhängig von der speziellen Wahl der Normen, nicht jedoch die lineare Konvergenz. Wählt man also eine andere Norm, so kann man durchaus andere Resultate erzielen. Insbesondere wird die Größe der Konstanten $\bar{\eta}$ im Satz 10.2 von der Wahl der jeweiligen Normen abhängen.

Bislang haben wir immer die Euklidische Norm $\|x\| = \sqrt{\sum_{i=1}^{n} x_i^2}$ gewählt. Für unsere nachfolgenden Betrachtungen gehen wir nun zu einer anderen Norm über, die sich aus einer geeigneten Gewichtung der Euklidischen Norm ergibt. Dazu sei $x^* \in \mathbb{R}^n$ wie im Satz 10.2 ein stationärer Punkt von $f$ mit regulärer Hesse–Matrix $\nabla^2 f(x^*)$. Die Regularität dieser Hesse–Matrix impliziert nun, daß durch die Vorschrift

$$\|x\|_* := \|\nabla^2 f(x^*)x\|$$

wieder eine Norm auf dem $\mathbb{R}^n$ definiert wird (dem Leser sei empfohlen, dies nachzuprüfen). Sie wird sich im folgenden als die angemessene Norm für den Nachweis der lokal linearen Konvergenz des inexakten Newton–Verfahrens bei beliebiger Wahl von $\bar{\eta} \in (0,1)$ herausstellen. Wir präzisieren diese Aussage in dem

**Satz 10.3.** *Seien $f : \mathbb{R}^n \to \mathbb{R}$ zweimal stetig differenzierbar und $x^* \in \mathbb{R}^n$ ein stationärer Punkt von $f$ mit $\nabla^2 f(x^*)$ regulär. Dann existiert ein $\varepsilon > 0$, so daß für jedes $x^0 \in \mathcal{U}_\varepsilon(x^*)$ gelten:*

*(a) Ist $\eta_k \leq \bar{\eta}$ für ein beliebiges $\bar{\eta} \in (0,1)$, so ist der Algorithmus 10.1 wohldefiniert und die durch ihn erzeugte Folge $\{x^k\}$ konvergiert linear gegen $x^*$ in der Norm $\|\cdot\|_*$.*

*(b) Die Konvergenzrate ist superlinear in der Norm $\|\cdot\|_*$, falls $\eta_k \to 0$ gilt.*

*(c) Die Konvergenzrate ist quadratisch in der Norm $\|\cdot\|_*$, falls $\eta_k = O(\|\nabla f(x^k)\|)$ gilt und $\nabla^2 f$ lokal Lipschitz–stetig ist.*

*Beweis.* Die Aussagen (b) und (c) folgen sofort aus dem Satz 10.2, da sowohl die superlineare als auch die quadratische Konvergenz normunabhängige Eigenschaften sind.

Der Beweis des Teils (a) erfolgt im Prinzip ähnlich zu dem des Satzes 10.2, allerdings müssen gewisse Abschätzungen etwas vorsichtiger vorgenommen werden, wobei sich hierbei auch die Wahl der Norm $\|\cdot\|_*$ als wichtig erweist. Als Motivation möge der Leser noch einmal den Beweis des Sates 10.2 studieren und sich selbst überlegen, welche Stelle des dortigen Beweises es nicht erlaubt, $\bar{\eta} \in (0,1)$ beliebig zu wählen (siehe auch die Aufgabe 10.3).

Wähle nun ein $\eta \in \mathbb{R}$ mit $\bar{\eta} < \eta < 1$. Wegen Lemma 7.3 existiert ein $\varepsilon_1 > 0$, so daß $\nabla^2 f(x)$ regulär ist mit

$$\|\nabla^2 f(x)^{-1}\| \leq c \tag{10.8}$$

für alle $x \in \mathcal{U}_{\varepsilon_1}(x^*)$ für ein gewisses $c > 0$. Wähle nun $\delta > 0$ hinreichend klein, so daß

$$c\delta\|\nabla^2 f(x^*)\| + \bar{\eta}(1+\delta)(1+c\delta) \leq \eta \tag{10.9}$$

gilt. Man beachte, daß dies wegen $\bar{\eta} < \eta$ stets möglich ist.

Wegen Korollar 7.6 existiert ein $\varepsilon_2 > 0$ mit

$$\int_0^1 \|\nabla^2 f(x^* + \tau(x - x^*)) - \nabla^2 f(x^*)\| d\tau \leq \frac{\delta}{\|\nabla^2 f(x^*)^{-1}\|} \tag{10.10}$$

für alle $x \in \mathcal{U}_{\varepsilon_2}(x^*)$. Aufgrund des Mittelwertsatzes in der Integralform A.3 folgt daher

$$\begin{aligned}
\|\nabla f(x)\| &= \|\nabla f(x^*) + \int_0^1 \left(\nabla^2 f(x^* + \tau(x - x^*)) - \nabla^2 f(x^*)\right) d\tau (x - x^*) \\
&\quad + \nabla^2 f(x^*)(x - x^*)\| \\
&\leq \int_0^1 \|\nabla^2 f(x^* + \tau(x - x^*)) - \nabla^2 f(x^*)\| d\tau \|x - x^*\| + \|x - x^*\|_* \\
&\leq \frac{\delta}{\|\nabla^2 f(x^*)^{-1}\|}\|\nabla^2 f(x^*)^{-1}\nabla^2 f(x^*)(x - x^*)\| + \|x - x^*\|_* \\
&\leq (1+\delta)\|x - x^*\|_*
\end{aligned} \tag{10.11}$$

für alle $x \in \mathcal{U}_{\varepsilon_2}(x^*)$, da $x^*$ nach Voraussetzung ein stationärer Punkt von $f$ ist. Wegen Lemma 7.2 existiert außerdem ein $\varepsilon_3 > 0$ mit

$$\begin{aligned}
\|\nabla f(x) - \nabla f(x^*) - \nabla^2 f(x)(x - x^*)\| &\leq \frac{\delta}{\|\nabla^2 f(x^*)^{-1}\|}\|x - x^*\| \\
&\leq \delta\|x - x^*\|_*
\end{aligned} \tag{10.12}$$

für alle $x \in \mathcal{U}_{\varepsilon_3}(x^*)$. Schließlich gibt es aus Stetigkeitsgründen ein $\varepsilon_4 > 0$ mit

$$\|\nabla^2 f(x) - \nabla^2 f(x^*)\| \leq \delta \tag{10.13}$$

für alle $x \in \mathcal{U}_{\varepsilon_4}(x^*)$. Setze nun $\varepsilon := \min\{\varepsilon_1, \varepsilon_2, \varepsilon_3, \varepsilon_4\}$, und wähle $x^0 \in \mathcal{U}_\varepsilon(x^*)$. Wir setzen zur Abkürzung

$$r^0 := \nabla^2 f(x^0)d^0 + \nabla f(x^0)$$

und bemerken, daß aufgrund der Regularität von $\nabla^2 f(x^0)$ insbesondere ein Vektor $d^0 \in \mathbb{R}^n$ existiert mit

$$\|r^0\| \leq \eta_0 \|\nabla f(x^0)\|$$

(man kann z.B. $d^0$ als exakte Lösung der Newton–Gleichung (10.1) wählen). Somit ist $x^1$ wohldefiniert, und es gilt wegen (10.8)—(10.13):

$$
\begin{aligned}
&\|x^1 - x^*\|_* \\
&= \|\nabla^2 f(x^*)(x^1 - x^*)\| \\
&= \|\nabla^2 f(x^*)\left[x^0 - x^* - \nabla^2 f(x^0)^{-1}\nabla f(x^0)\right] + \nabla^2 f(x^*)\nabla^2 f(x^0)^{-1}r^0\| \\
&\leq \|\nabla^2 f(x^*)\|\,\|x^0 - x^* - \nabla^2 f(x^0)^{-1}\nabla f(x^0)\| \\
&\quad + \|r^0 + \left(\nabla^2 f(x^*) - \nabla^2 f(x^0)\right)\nabla^2 f(x^0)^{-1}r^0\| \\
&\leq \|\nabla^2 f(x^*)\|\,\|\nabla^2 f(x^0)^{-1}[\nabla^2 f(x^0)(x^0 - x^*) - \nabla f(x^0)]\| \\
&\quad + \|r^0\| + c\,\|\nabla^2 f(x^0) - \nabla^2 f(x^*)\|\,\|r^0\| \\
&\leq c\delta\|\nabla^2 f(x^*)\|\,\|x^0 - x^*\|_* + \|r^0\| + c\delta\,\|r^0\| \\
&\leq c\delta\|\nabla^2 f(x^*)\|\,\|x^0 - x^*\|_* + \bar{\eta}(1 + c\delta)\|\nabla f(x^0)\| \\
&\leq c\delta\|\nabla^2 f(x^*)\|\,\|x^0 - x^*\|_* + \bar{\eta}(1 + \delta)(1 + c\delta)\|x^0 - x^*\|_* \\
&= \left(c\delta\|\nabla^2 f(x^*)\| + \bar{\eta}(1 + \delta)(1 + c\delta)\right)\|x^0 - x^*\|_* \\
&\leq \eta\|x^0 - x^*\|_*.
\end{aligned}
$$

Wegen $\eta < 1$ ist daher auch $x^1 \in \mathcal{U}_\varepsilon(x^*)$. Per Induktion folgt somit, daß die durch den Algorithmus 10.1 erzeugte Folge $\{x^k\}$ existiert und der Bedingung

$$\|x^{k+1} - x^*\|_* \leq \eta\|x^k - x^*\|_*$$

genügt. Hieraus folgt, daß die Folge $\{x^k\}$ bezüglich der Norm $\|\cdot\|_*$ linear gegen $x^*$ konvergiert. $\qquad\square$

Der wesentliche Unterschied der beiden Sätze 10.2 und 10.3 steckt in den Aussagen (a): Während im Satz 10.2 noch verlangt werden mußte, daß die obere Schranke $\bar{\eta} \in (0, 1)$ hinreichend klein war, ohne daß genauer gesagt werden konnte, wie klein diese Schranke denn nun wirklich zu sein hat, erlaubt der Satz 10.3 nun eine beliebige Konstante $\bar{\eta} \in (0, 1)$.

Nun scheint allerdings auch die Aussage (a) des Satzes 10.3 nur von wenig praktischem Nutzen zu sein, da wir die Norm $\|\cdot\|_*$ nicht kennen, denn $x^*$ ist i.a. ja unbekannt. In der Tat impliziert die lineare Konvergenz der Folge $\{x^k\}$ in der $\|\cdot\|_*$ Norm keineswegs die lineare Konvergenz dieser Folge in der Euklidischen Norm. Aus der linearen Konvergenz bezüglich der Norm $\|\cdot\|_*$

folgt aber sehr wohl die Konvergenz auch bzgl. der Euklidischen Norm. Dies ergibt sich unmittelbar aus der Äquivalenz aller Normen im $\mathbb{R}^n$. Insofern ist Teil (a) des Satzes 10.3 sehr wohl von praktischem Interesse, garantiert er doch immerhin die Konvergenz der durch das inexakte Newton–Verfahren 10.1 erzeugten Folge $\{x^k\}$ bei einer beliebigen Wahl von $\bar{\eta} \in (0,1)$.

## 10.2 Ein globalisiertes inexaktes Newton–Verfahren

Nachdem wir uns im Abschnitt 10.1 zunächst um das lokale inexakte Newton–Verfahren gekümmert haben, wollen wir hier eine globalisierte Variante angeben. Wir folgen dabei der Idee des Abschnittes 9.2 und globalisieren unser inexaktes Newton–Verfahren 10.1 mittels des Gradientenverfahrens.

**Algorithmus 10.4.** *(Globalisiertes inexaktes Newton–Verfahren)*

*(S.0)* *Wähle* $x^0 \in \mathbb{R}^n, \rho > 0, p > 2, \beta \in (0,1), \sigma \in (0,1/2), \varepsilon \geq 0$, *und setze*
$k := 0$.

*(S.1)* *Ist* $\|\nabla f(x^k)\| \leq \varepsilon : STOP$.

*(S.2)* *Wähle ein* $\eta_k \geq 0$ *und bestimme einen Vektor* $d^k \in \mathbb{R}^n$ *mit*

$$\|\nabla f(x^k) + \nabla^2 f(x^k) d^k\| \leq \eta_k \|\nabla f(x^k)\|. \tag{10.14}$$

*Ist dies nicht möglich oder ist die Bedingung*

$$\nabla f(x^k)^T d^k \leq -\rho \|d^k\|^p \tag{10.15}$$

*nicht erfüllt, so setze* $d^k := -\nabla f(x^k)$.

*(S.3)* *Bestimme* $t_k := \max\{\beta^\ell | \ell = 0,1,2,\ldots\}$ *mit*

$$f(x^k + t_k d^k) \leq f(x^k) + \sigma t_k \nabla f(x^k)^T d^k.$$

*(S.4)* *Setze* $x^{k+1} := x^k + t_k d^k, k \leftarrow k+1$, *und gehe zu (S.1)*.

Der verbleibende Teil dieses Abschnittes dient der theoretischen Untersuchung des Algorithmus 10.4. Dazu gehen wir wieder davon aus, daß der Abbruchparameter $\varepsilon$ im Algorithmus 10.4 gleich 0 ist und daß der Algorithmus nicht nach endlich vielen Schritten abbricht.

Bei dem Nachweis der globalen und lokal schnellen Konvergenz des Algorithmus 10.4 folgen wir im wesentlichen dem Vorgehen aus dem Abschnitt 9.2. Da einige der Beweise völlig analog zu denen der entsprechenden Resultate des Abschnittes 9.2 geführt werden können, werden wir uns an einigen Stellen etwas kürzer fassen und stattdessen auf das vorhergehende Kapitel verweisen bzw. die detaillierte Durchführung dieser Beweise dem Leser in Form von Aufgaben überlassen.

Wir beweisen zunächst einen globalen Konvergenzsatz für den Algorithmus 10.4.

**Satz 10.5.** *Ist $f : \mathbb{R}^n \to \mathbb{R}$ zweimal stetig differenzierbar sowie $\eta_k \leq \bar{\eta}$ für alle $k \in \mathbb{N}$ und ein $\bar{\eta} \in (0,1)$, so ist jeder Häufungspunkt einer durch den Algorithmus 10.4 erzeugten Folge ein stationärer Punkt von $f$.*

*Beweis.* Sei $x^*$ ein Häufungspunkt einer durch den Algorithmus 10.4 erzeugten Folge $\{x^k\}$. Dann existiert eine gegen $x^*$ konvergente Teilfolge $\{x^k\}_K$. Ist nun $d^k = -\nabla f(x^k)$ für unendlich viele $k \in K$, so folgt die Behauptung wieder aus der Bemerkung 8.4.

Wir können daher o.B.d.A. annehmen, daß die Suchrichtungen $d^k$ für alle $k \in K$ der inexakten Newton–Bedingung (10.14) genügen. Angenommen, es ist $\nabla f(x^*) \neq 0$. Aus (10.14) folgt

$$\|\nabla f(x^k)\| - \|\nabla^2 f(x^k)d^k\| \leq \|\nabla f(x^k) + \nabla^2 f(x^k)d^k\| \leq \eta_k\|\nabla f(x^k)\|$$

und daher

$$(1 - \bar{\eta})\|\nabla f(x^k)\| \leq (1 - \eta_k)\|\nabla f(x^k)\| \leq \|\nabla^2 f(x^k)\|\,\|d^k\|, \qquad (10.16)$$

woraus sich

$$\|d^k\| \geq (1 - \bar{\eta})\frac{\|\nabla f(x^k)\|}{\|\nabla^2 f(x^k)\|}$$

ergibt. (Beachte: Wäre $\|\nabla^2 f(x^k)\| = 0$, so wäre auch $\nabla f(x^k) = 0$ wegen (10.16), was aber unserer allgemeinen Voraussetzung, daß der Algorithmus nicht nach endlich vielen Schritten abbreche, widerspräche.)

Der Rest des Beweises ist nahezu identisch zu dem des Satzes 9.5, so daß wir hier auf die weiteren Einzelheiten verzichten und den Leser lediglich auf die Aufgabe 10.4 verweisen. $\qquad\square$

Völlig analog zum Beweis des Satzes 9.7 läßt sich unter Verwendung des Lemmas 9.6 und des Satzes 10.5 das folgende Resultat zeigen, siehe Aufgabe 10.5.

**Satz 10.6.** *Seien $\{x^k\}$ eine durch den Algorithmus 10.4 erzeugte Folge und $x^*$ ein isolierter Häufungspunkt dieser Folge. Dann konvergiert bereits die gesamte Folge $\{x^k\}$ gegen $x^*$.*

Wir beweisen schließlich noch das Analogon des Lemmas 9.9. Dieses garantiert, daß bei geeigneter Wahl von $\{\eta_k\}$ auch beim globalisierten inexakten Newton–Verfahren schließlich die volle Schrittweite $t_k = 1$ angenommen wird.

**Lemma 10.7.** *Seien $f : \mathbb{R}^n \to \mathbb{R}$ zweimal stetig differenzierbar, $x^* \in \mathbb{R}^n$ mit $\nabla f(x^*) = 0$ und $\nabla^2 f(x^*)$ positiv definit, $\{x^k\}$ eine gegen $x^*$ konvergente Folge und $\{d^k\} \subseteq \mathbb{R}^n$ eine Folge von inexakten Newton–Richtungen, die der Bedingung*

$$\|\nabla f(x^k) + \nabla^2 f(x^k)d^k\| \leq \eta_k\|\nabla f(x^k)\| \qquad (10.17)$$

*mit $\eta_k \to 0$ genügen möge. Dann existiert ein $k_0 \in \mathbb{N}$ mit*

$$f(x^k + d^k) \leq f(x^k) + \sigma \nabla f(x^k)^T d^k$$

*für alle $k \geq k_0$ und jedes feste $\sigma \in (0, 1/2)$.*

*Beweis.* Der Beweis ist eine Verallgemeinerung des entsprechenden Lemmas 9.9 für das globalisierte Newton–Verfahren 9.3: Zunächst folgt aus unserer Voraussetzung wieder

$$\{\|\nabla f(x^k)\|\} \to 0.$$

Wegen (10.17) und $\eta_k \to 0$ ist außerdem

$$\|\nabla^2 f(x^k)d^k\| \le (1 + \eta_k)\|\nabla f(x^k)\| \le 2\|\nabla f(x^k)\| \tag{10.18}$$

für alle $k \in \mathbb{N}$ hinreichend groß. Aufgrund des Lemmas 7.3 ist ferner

$$\|\nabla^2 f(x^k)^{-1}\| \le c$$

für eine Konstante $c > 0$ und alle $x^k$ nahe genug bei $x^*$. Daher folgt

$$\frac{1}{c}\|d^k\| \le \|\nabla^2 f(x^k)d^k\| \le 2\|\nabla f(x^k)\|$$

aus (10.18) und somit

$$\|d^k\| \le \kappa\|\nabla f(x^k)\| \tag{10.19}$$

für alle hinreichend großen $k \in \mathbb{N}$ und $\kappa := 2c$. Insbesondere ergibt sich hieraus

$$\{\|d^k\|\} \to 0.$$

Aus der positiven Definitheit von $\nabla^2 f(x^*)^{-1}$ folgt wegen Lemma 9.8 außerdem die Existenz einer Konstanten $\alpha > 0$ mit

$$\nabla f(x^k)^T \nabla^2 f(x^k)^{-1} \nabla f(x^k) \ge \alpha\|\nabla f(x^k)\|^2$$

für alle $k \in \mathbb{N}$ groß genug. Aufgrund des Taylorschen Satzes A.2 existiert ferner zu jedem $k \in \mathbb{N}$ ein Punkt $\xi^k \in \mathbb{R}^n$ auf der Verbindungsstrecke von $x^k$ zu $x^k + d^k$ mit

$$f(x^k + d^k) = f(x^k) + \nabla f(x^k)^T d^k + \frac{1}{2}(d^k)^T \nabla^2 f(\xi^k)d^k.$$

Wegen $x^k \to x^*$ und $d^k \to 0$ gilt auch $\xi^k \to x^*$. Somit ist

$$\|\nabla^2 f(\xi^k) - \nabla^2 f(x^k)\| \to 0.$$

Zusammen mit der Voraussetzung $\eta_k \to 0$ folgt daher

$$(\sigma - \frac{1}{2})\alpha + (\frac{1}{2} - \sigma)c\eta_k + \frac{1}{2}\eta_k\kappa + \frac{1}{2}\kappa^2\|\nabla^2 f(\xi^k) - \nabla^2 f(x^k)\| \le 0 \tag{10.20}$$

für alle $k \in \mathbb{N}$ hinreichend groß. Nun gilt

$$f(x^k + d^k)$$

$$= f(x^k) + \nabla f(x^k)^T d^k + \frac{1}{2}(d^k)^T \nabla^2 f(\xi^k) d^k$$

$$= f(x^k) + \nabla f(x^k)^T d^k + \frac{1}{2}(d^k)^T \nabla^2 f(x^k) d^k$$

$$\quad + \frac{1}{2}(d^k)^T \left(\nabla^2 f(\xi^k) - \nabla^2 f(x^k)\right) d^k$$

$$\leq f(x^k) + \frac{1}{2}\nabla f(x^k)^T d^k + \frac{1}{2}\left(\nabla f(x^k) + \nabla^2 f(x^k) d^k\right)^T d^k$$

$$\quad + \frac{1}{2}\|d^k\|^2 \|\nabla^2 f(\xi^k) - \nabla^2 f(x^k)\|$$

$$\leq f(x^k) + \sigma \nabla f(x^k)^T d^k - (\sigma - \frac{1}{2})\nabla f(x^k)^T d^k$$

$$\quad + \frac{1}{2}\|\nabla f(x^k) + \nabla^2 f(x^k) d^k\|\, \|d^k\| + \frac{1}{2}\|d^k\|^2 \|\nabla^2 f(\xi^k) - \nabla^2 f(x^k)\|$$

$$\leq f(x^k) + \sigma \nabla f(x^k)^T d^k + (\sigma - \frac{1}{2})\nabla f(x^k)^T \nabla^2 f(x^k)^{-1} \nabla f(x^k)$$

$$\quad - (\sigma - \frac{1}{2})\nabla f(x^k)^T \nabla^2 f(x^k)^{-1} \left(\nabla f(x^k) + \nabla^2 f(x^k) d^k\right)$$

$$\quad + \frac{1}{2}\eta_k \|\nabla f(x^k)\|\, \|d^k\| + \frac{1}{2}\|d^k\|^2\, \|\nabla^2 f(\xi^k) - \nabla^2 f(x^k)\|$$

$$\leq f(x^k) + \sigma \nabla f(x^k)^T d^k + (\sigma - \frac{1}{2})\alpha \|\nabla f(x^k)\|^2$$

$$\quad + (\frac{1}{2} - \sigma)\|\nabla f(x^k)\|\, \|\nabla^2 f(x^k)^{-1}\|\|\nabla f(x^k) + \nabla^2 f(x^k) d^k\|$$

$$\quad + \frac{1}{2}\eta_k \|\nabla f(x^k)\|\, \|d^k\| + \frac{1}{2}\|d^k\|^2\, \|\nabla^2 f(\xi^k) - \nabla^2 f(x^k)\|$$

$$\leq f(x^k) + \sigma \nabla f(x^k)^T d^k$$

$$\quad + \left((\sigma - \frac{1}{2})\alpha + (\frac{1}{2} - \sigma)c\eta_k + \frac{1}{2}\eta_k\kappa + \frac{1}{2}\kappa^2 \|\nabla^2 f(\xi^k) - \nabla^2 f(x^k)\|\right)$$

$$\quad \times \|\nabla f(x^k)\|^2$$

$$\leq f(x^k) + \sigma \nabla f(x^k)^T d^k$$

für alle $k \in \mathbb{N}$ hinreichend groß, wobei die letzte Ungleichung aus der Eigenschaft (10.20) folgt. $\qquad\square$

Wir kommen nun zu dem zentralen Konvergenzsatz für das globalisierte inexakte Newton–Verfahren 10.4.

**Satz 10.8.** *Seien* $f : \mathbb{R}^n \to \mathbb{R}$ *zweimal stetig differenzierbar sowie* $\{x^k\}$ *eine durch den Algorithmus 10.4 erzeugte Folge mit* $\{\eta_k\} \to 0$. *Ist* $x^*$ *ein Häufungspunkt von* $\{x^k\}$ *mit* $\nabla^2 f(x^*)$ *positiv definit, so gelten die folgenden Aussagen:*

(a) *Die gesamte Folge* $\{x^k\}$ *konvergiert gegen* $x^*$, *und* $x^*$ *ist ein striktes lokales Minimum von* $f$.

*(b) Für alle hinreichend großen $k$ stammt die Suchrichtung $d^k$ stets aus der inexakten Newton–Bedingung (10.14).*

*(c) Für alle hinreichend großen $k$ wird die volle Schrittweite $t_k = 1$ akzeptiert.*

*(d) Die Folge $\{x^k\}$ konvergiert superlinear gegen $x^*$.*

*(e) Ist $\nabla^2 f$ lokal Lipschitz–stetig und $\eta_k = O(\|\nabla f(x^k)\|)$, so konvergiert die Folge $\{x^k\}$ quadratisch gegen $x^*$.*

*Beweis.* Unter Verwendung der in diesem Abschnitt bewiesenen Resultate kann der Beweis dieses Satzes in weitgehender Analogie zu dem des entsprechenden Konvergenzsatzes 9.10 für das globalisierte Newton–Verfahren erfolgen. Lediglich der Nachweis einer zu (9.18) entsprechenden Ungleichung unterscheidet sich etwas von dem Beweis des Satzes 9.10. Wir überlassen die Details dem Leser in der Aufgabe 10.6. $\qquad\square$

## 10.3 Hinweise zur Implementation

Wir geben in diesem Abschnitt einige Hinweise zur Implementation von inexakten Newton–Verfahren. Im ersten Unterabschnitt gehen wir dazu auf das sogenannte (präkonditionierte) CG–Verfahren ein, welches uns i.w. einen Vektor $d^k \in \mathbb{R}^n$ liefert, so daß die Bedingung (10.3) erfüllt ist. Im zweiten Unterabschnitt werden wir etwas über eine mögliche Wahl eines geeigneten Präkonditionierers sagen. Der dritte Unterabschnitt schließlich beschreibt eine Möglichkeit, wie eine dünn besetzte Matrix auf dem Rechner abgespeichert werden kann. Einige weitere numerische Hinweise werden noch im vierten Unterabschnitt gegeben. Insgesamt erlauben die hier gegebenen Hinweise, das inexakte Newton–Verfahren auch auf großdimensionale Optimierungsprobleme anzuwenden.

### Inexakte Lösung der Newton–Gleichung

Der wesentliche Aufwand beim inexakten Newton–Verfahren besteht in der approximativen Lösung der Newton–Gleichung, d.h., in der Bestimmung eines Vektors $d^k \in \mathbb{R}^n$, so daß die Bedingung

$$\|\nabla^2 f(x^k)d^k + \nabla f(x^k)\| \le \eta_k\|\nabla f(x^k)\|$$

für ein gegebenes $\eta_k \ge 0$ erfüllt ist. Zur Vereinfachung lassen wir im folgenden den Iterationsindex $k$ weg. Wir wollen also einen Vektor $d \in \mathbb{R}^n$ bestimmen mit

$$\|\nabla^2 f(x)d + \nabla f(x)\| \le \eta\|\nabla f(x)\|. \qquad (10.21)$$

Hierfür eignet sich insbesondere das sogenannte CG–Verfahren. Den meisten Lesern dürfte dieses Verfahren bereits bekannt sein, ansonsten verweisen wir hier auf den Abschnitt 13.1, wo das CG–Verfahren ebenfalls hergeleitet wird, und zwar als Grundlage für verschiedene Algorithmen zur Lösung von nicht-linearen Optimierungsproblemen.

Der Vollständigkeit halber seien einige Eigenschaften des CG–Verfahrens aber auch hier erwähnt: Das CG–Verfahren ist ein iteratives Verfahren zur Lösung eines linearen Gleichungssystems mit einer symmetrischen und positiv definiten Matrix, das theoretisch nach höchstens $n$ Schritten die Lösung des linearen Gleichungssystems findet, wobei $n$ die Dimension des Gleichungssystems bezeichnet. Praktisch liefert das CG–Verfahren aber häufig schon nach sehr viel weniger Iterationsschritten eine sehr gute Näherung an die exakte Lösung, insbesondere dann, wenn man das CG–Verfahren mit einem geeigneten Präkonditionierer ausrüstet.

Da wir bei den inexakten Newton–Verfahren nur an Näherungslösungen für die Newton–Gleichung

$$\nabla^2 f(x)d = -\nabla f(x) \tag{10.22}$$

interessiert sind sowie die Hesse–Matrix $\nabla^2 f(x)$ stets symmetrisch sowie zumindest in der Nähe eines strikten Minimums auch positiv definit ist, scheint das CG–Verfahren in unserem Zusammenhang sehr geeignet zu sein.

Um dem Leser das Blättern zu ersparen, geben wir das CG–Verfahren zur approximativen Lösung (im Sinne von (10.21)) der Newton–Gleichung (10.22) hier vollständig wieder. Wir konzentrieren uns dabei von vornherein auf das präkonditionierte CG–Verfahren aus dem Algorithmus 13.4, wobei wir die Bezeichnungen an die jetzige Situation angepaßt haben.

**Algorithmus 10.9.** *(Präkonditioniertes CG–Verfahren)*

*(S.0) Wähle $B \in \mathbb{R}^{n \times n}$ symmetrisch und positiv definit, $d_{CG}^0 \in \mathbb{R}^n$, und setze $r^0 := \nabla^2 f(x)d_{CG}^0 + \nabla f(x), p^0 := -Br^0$ und $i := 0$.*

*(S.1) Ist $\|r^i\| \leq \eta \|\nabla f(x)\|$: STOP, setze $d := d_{CG}^i$.*

*(S.2) Setze*

$$\tilde{t}_i := \frac{(r^i)^T Br^i}{(p^i)^T \nabla^2 f(x)p^i}.$$

*(S.3) Setze*

$$d_{CG}^{i+1} := d_{CG}^i + \tilde{t}_i p^i,$$
$$r^{i+1} := r^i + \tilde{t}_i \nabla^2 f(x)p^i,$$
$$\tilde{\beta}_i := \frac{(r^{i+1})^T Br^{i+1}}{(r^i)^T Br^i},$$
$$p^{i+1} := -Br^{i+1} + \tilde{\beta}_i p^i.$$

*(S.4) Setze $i \leftarrow i + 1$, und gehe zu (S.1).*

Es sei angemerkt, daß im Algorithmus 10.9 für alle $i$ gilt:

$$r^i = \nabla^2 f(x)d_{CG}^i + \nabla f(x),$$

siehe Abschnitt 13.1. Der Schritt (S.1) im Algorithmus 10.9 testet somit gerade, ob die Bedingung (10.21) für $d := d^i_{CG}$ erfüllt ist.

Bislang sind wir davon ausgegangen, daß die Matrix $\nabla^2 f(x)$ positiv definit ist; diese Voraussetzung ist natürlich auch sinnvoll in der Nähe eines Minimums mit positiv definiter Hesse–Matrix. Im allgemeinen weiß man aber nicht, ob die Hesse–Matrix im aktuellen Iterationspunkt auch wirklich positiv definit ist. Tatsächlich wird sie es häufig nicht sein, was dann insbesondere in der Berechnung von $\tilde{t}_i$ zu Schwierigkeiten führen kann. Um diese Problematik zu umgehen, fügen wir in dem Algorithmus 10.9 noch ein zusätzliches Abbruchkriterium ein.

**Algorithmus 10.10.** *(Präkonditioniertes CG–Verfahren für die Newton–Gleichung)*

*(S.0) Wähle $B \in \mathbb{R}^{n \times n}$ symmetrisch und positiv definit, $d^0_{CG} \in \mathbb{R}^n, \alpha > 0$, und setze $r^0 := \nabla^2 f(x) d^0_{CG} + \nabla f(x), p^0 := -Br^0$ und $i := 0$.*

*(S.1) Ist $\|r^i\| \leq \eta \|\nabla f(x)\|$ oder $|(p^i)^T \nabla^2 f(x) p^i| \leq \alpha (p^i)^T p^i$: STOP, setze $d := d^i_{CG}$.*

*(S.2) Setze*

$$\tilde{t}_i := \frac{(r^i)^T B r^i}{(p^i)^T \nabla^2 f(x) p^i}.$$

*(S.3) Setze*

$$d^{i+1}_{CG} := d^i_{CG} + \tilde{t}_i p^i,$$
$$r^{i+1} := r^i + \tilde{t}_i \nabla^2 f(x) p^i,$$
$$\tilde{\beta}_i := \frac{(r^{i+1})^T B r^{i+1}}{(r^i)^T B r^i},$$
$$p^{i+1} := -B r^{i+1} + \tilde{\beta}_i p^i.$$

*(S.4) Setze $i \leftarrow i + 1$, und gehe zu (S.1).*

Man beachte, daß bei dem zusätzlichen Abbruchkriterium im Schritt (S.1) üblicherweise keine Betragsstriche auftreten. Wir haben hier die Betragsstriche eingefügt, da dies für die Wohldefiniertheit des Algorithmus 10.10 ausreicht sowie in dem Buch [3] das CG–Verfahren auch zur Lösung von symmetrischen (nicht notwendig positiv definiten) Gleichungssystemen empfohlen wird.

Konvergiert die durch das inexakte Newton–Verfahren 10.4 erzeugte Folge $\{x^k\}$ gegen einen Punkt $x^*$, der etwa den Voraussetzungen des Konvergenzsatzes 10.8 genügen möge, so gilt offenbar $d^k \to 0$. Daher startet man den Algorithmus 10.10 i.a. mit $d^0_{CG} = 0$.

Ansonsten bemerken wir, daß der Hauptaufwand im Algorithmus 10.10 in der Berechnung von zwei Matrix–Vektor–Produkten $\nabla^2 f(x) p^i$ und $B r^{i+1}$ besteht, wobei die Matrix $B$ der Präkonditionierer für das CG–Verfahren ist (das Matrix–Vektor–Produkt $Br^i$ ist bereits aus der vorhergehenden CG–Iteration bekannt und sollte dort auch abgespeichert werden). Insbesondere die Berechnung von $z^{i+1} := Br^{i+1}$ kann kritisch sein, da man manchmal nur $H := B^{-1}$ zur Verfügung hat. In diesem Fall erfolgt die Berechnung von $z^{i+1}$ durch Lösung des linearen Gleichungssystems

$$B^{-1}z = r^{i+1} \iff Hz = r^{i+1}. \tag{10.23}$$

Dieses lineare Gleichungssystem sollte natürlich möglichst einfach zu lösen sein. Dies muß bei der Wahl des Präkonditionierers $B$ unbedingt berücksichtigt werden. Wir gehen hierauf im folgenden Unterabschnitt etwas näher ein.

## Zur Wahl eines Präkonditionierers

Eine geeignete Wahl der Matrix $B$ im präkonditionierten CG–Verfahren ist häufig von entscheidender Bedeutung für das numerische Verhalten des Algorithmus 10.10. Aus den im Abschnitt 13.1 dargelegten Gründen liegt eine Wahl von $B$ mit $B\nabla^2 f(x) \approx I$ nahe. Die Wahl $B := \nabla^2 f(x)^{-1}$ scheidet aber aus, da man beim präkonditionierten CG–Verfahren ein lineares Gleichungssystem mit der Koeffizientenmatrix $B^{-1} = \nabla^2 f(x)$ zu lösen hätte (siehe (10.23)), und das war ja gerade das Ausgangsproblem. Andererseits wäre dieses Gleichungssystem bei der Wahl von $B := I$ natürlich sehr einfach zu lösen; dieser Präkonditionierer würde aber nicht viel bringen. In der Tat stimmt das präkonditionierte CG–Verfahren mit $B := I$ überein mit dem üblichen (nicht präkonditionierten) CG–Verfahren.

In der Praxis wird man einen geeigneten Mittelweg zwischen $B := I$ und $B := \nabla^2 f(x)^{-1}$ wählen. Besitzt die Hesse–Matrix $\nabla^2 f(x)$ zum Beispiel nur positive Diagonalelemente (was sicherlich der Fall ist, wenn diese Matrix positiv definit ist), so kann man als Präkonditionierer $B$ diejenige Diagonalmatrix wählen, deren Diagonalelemente gerade die Inversen der Diagonalelemente von $\nabla^2 f(x)$ sind (sogenannter *Jacobi–Präkonditionierer*). Dieser recht simple Präkonditionierer ist manchmal schon recht nützlich.

Im folgenden beschreiben wir einen weiteren Präkonditionierer, der auf der modifizierten Cholesky–Zerlegung einer positiv definiten Matrix beruht. Die Idee ist dabei die folgende: Angenommen, $\nabla^2 f(x)$ ist positiv definit. Dann existiert die Cholesky–Zerlegung $\nabla^2 f(x) = LL^T$. Ist $\nabla^2 f(x)$ nun dünn besetzt, so ist der Faktor $L$ i.a. nicht mehr so dünn besetzt. Es entsteht ein sogenannter *fill–in*. Diesen möchte man natürlich gerne vermeiden.

Man führt deshalb eine sogenannte *unvollständige Cholesky–Zerlegung* durch, die die Besetztheitsstruktur von $\nabla^2 f(x)$ berücksichtigt. Grob gesagt bedeutet dies, daß man das übliche Cholesky–Verfahren durchführt, aber alle die Elemente $l_{ij}$ von $L$ gleich Null setzt, für die die entsprechenden Elemente $a_{ij}$ von $A := \nabla^2 f(x)$ ebenfalls Null sind. Auf diese Weise vermeidet man fill–in, allerdings gilt i.a. nicht mehr $\nabla^2 f(x) = LL^T$. Trotzdem wäre $B := (LL^T)^{-1}$ zumeist immer noch ein recht guter Präkonditionierer. Ferner läßt sich $z^{i+1} := Br^{i+1}$ dann relativ einfach durch Vorwärts– und Rückwärts-substitution aus (10.23) berechnen.

Nun tritt allerdings das Problem auf, daß die Matrix $B$ positiv definit sein muß, was äquivalent dazu ist, daß alle Diagonalelemente von $L$ von Null verschieden sind. Durch die oben beschriebene unvollständige Cholesky-Zerlegung von $A = \nabla^2 f(x)$ wird dies nicht gewährleistet. Wir können aber denselben Trick auf die im Abschnitt 9.3 beschriebene modifizierte Cholesky-Zerlegung anwenden und erhalten so den folgenden Algorithmus:

$$
\begin{aligned}
&\text{for } j = 1 : n \\
&\qquad l_{jj} := \begin{cases} \sqrt{a_{jj} - \sum_{m=1}^{j-1} l_{jm}^2} & \text{falls } \mu < a_{jj} - \sum_{m=1}^{j-1} l_{jm}^2 \\ \sqrt{\mu} & \text{sonst} \end{cases} \\
&\qquad \text{for } i = j + 1 : n \\
&\qquad\qquad \text{if } a_{ij} = 0 \\
&\qquad\qquad\qquad \text{then} \\
&\qquad\qquad\qquad\qquad l_{ij} := 0 \\
&\qquad\qquad\qquad \text{else} \\
&\qquad\qquad\qquad\qquad l_{ij} := \left( a_{ij} - \sum_{m=1}^{j-1} l_{jm} l_{im} \right) / l_{jj} \\
&\qquad\qquad\qquad \text{end} \\
&\qquad\qquad \text{end} \\
&\qquad \text{end} \\
&\text{end}
\end{aligned}
$$

Mit dem so berechneten Faktor $L$ setzen wir dann wieder $B := (LL^T)^{-1}$ und benutzen dieses $B$ als Präkonditionierer im Algorithmus 10.10, d.h., nach-dem wir in einem äußeren Iterationsschritt einmal diesen Faktor $L$ berechnet haben, brauchen wir pro innerer CG-Iteration jeweils nur eine Vorwärts- und Rückwärtselimination durchzuführen, um das lineare Gleichungssystem (10.23) zu lösen.

Auf einen weiteren (dem Optimierungsproblem vielleicht sogar angepaßte-ren) Präkonditionierer gehen wir im Abschnitt 12.3 ein. Der dort zu bespre-chende Präkonditionierer hat den Vorteil, daß er direkt eine symmetrische und positiv definite Approximation $B$ an die inverse Hesse–Matrix $\nabla^2 f(x)$ liefert, so daß keine linearen Gleichungssysteme gelöst zu werden brauchen.

## Zur Speicherung dünn besetzter Matrizen

Die Abspeicherung der Hesse–Matrix $\nabla^2 f(x) \in \mathbb{R}^{n \times n}$ ist i.a. unmöglich, wenn die Dimension $n$ sehr groß ist. Außerdem sind bei großen Dimensionen die Hesse–Matrizen $\nabla^2 f(x)$ häufig nur sehr dünn besetzt, man würde also sehr viele Nullen explizit abspeichern. Dies erscheint überflüssig, und wir beschreiben in diesem Unterabschnitt eine von vielen Möglichkeiten, dünn besetzte Matrizen abzuspeichern.

Sei also $A \in \mathbb{R}^{n \times n}$ eine gegebene Matrix von großer Dimension. Wir gehen dabei davon aus, daß $A$ nur sehr dünn besetzt ist, d.h., sehr viele Elemente von $A$ sind gleich Null. Es sei $n_{nz} \in \mathbb{N}$ die Anzahl derjenigen Element $a_{ij}$ von $A$, die von Null verschieden sind. Wir speichern $A$ dann in Form dreier Vektoren $A_{nz}, A_{col}$ und $A_{row}$ ab, wobei $A_{nz}$ ein Vektor im $\mathbb{R}^{n_{nz}}$ ist, der alle von Null verschiedenen Elemente von $A$ enthält, $A_{col}$ ebenfalls ein Vektor im $\mathbb{R}^{n_{nz}}$ ist, der für jedes Element von $A_{nz}$ angibt, in welcher Spalte dieses Element in der ursprünglichen Matrix $A \in \mathbb{R}^{n \times n}$ stand, und $A_{row}$ schließlich ein Vektor im $\mathbb{R}^n$ ist, der angibt, an welchen Stellen im Vektor $A_{nz}$ bei der eigentlichen Matrix $A \in \mathbb{R}^{n \times n}$ eine neue Zeile beginnt.

Wir geben im folgenden ein einfaches Beispiel an, welches das allgemeine Schema viel besser illustriert, als dies viele Worte tun können.

**Beispiel 10.11.** *Sei $A \in \mathbb{R}^{4 \times 4}$ gegeben durch*

$$A = \begin{pmatrix} 2\,0\,6\,1 \\ 1\,2\,0\,0 \\ 3\,0\,0\,4 \\ 1\,0\,1\,0 \end{pmatrix}.$$

*Diese Matrix $A$ besitzt $n_{nz} = 9$ von Null verschiedene Elemente. Die drei Vektoren $A_{nz}, A_{col}$ und $A_{row}$ lauten wie folgt:*

$$A_{nz} = (2, 6, 1, 1, 2, 3, 4, 1, 1)^T \in \mathbb{R}^9,$$
$$A_{col} = (1, 3, 4, 1, 2, 1, 4, 1, 3)^T \in \mathbb{R}^9,$$
$$A_{row} = (1, 4, 6, 8)^T \in \mathbb{R}^4.$$

Im Beispiel 10.11 ist die Abspeicherung der Matrix $A$ in Form der drei Vektoren $A_{nz}, A_{col}$ und $A_{row}$ natürlich teurer als die direkte Abspeicherung von $A$; für wirklich großdimensionale Beispiele ist dies natürlich nicht mehr der Fall. Ist beispielsweise $n = 10.000$ und hat $A$ nur fünf von Null verschiedene Elemente in jeder Zeile, so müßte man bei expliziter Abspeicherung von $A$ immerhin $10^8$ Elemente abspeichern, während man in den Vektoren $A_{nz}, A_{col}$ und $A_{row}$ zusammen nur $1.1 \cdot 10^5$ Elemente zu speichern hätte — und das ist entschieden weniger!

## Einige weitere Hinweise

Die Wahl der Toleranzen $\eta_k$ hat i.a. einen erheblichen Einfluß auf das Konvergenzverhalten von inexakten Newton–Verfahren. Leider gibt es für die Wahl der Folge $\{\eta_k\}$ keine Standardvorschrift. Der Satz 10.2 legt aber nahe, etwa

$$\eta_k = \min\{c_1/(k+1), c_2\|\nabla f(x^k)\|\} \tag{10.24}$$

für Konstanten $c_1 > 0$ und $c_2 > 0$ (etwa $c_1 = c_2 = 1$) zu setzen, um lokal quadratische Konvergenz zu erreichen, jedoch gibt es eine ganze Reihe von anderen Vorschriften. Wir verweisen hier nur auf die Arbeiten von Dembo und Steihaug [23], Brown und Saad [7] sowie Eisenstat und Walker [34].

Prinzipiell gilt die folgende Regel: Je kleiner $\eta_k$ gewählt wird, je höhere Ansprüche man also an die Näherungslösungen für die Newton–Gleichung (10.1) stellt, desto geringer wird zwar die Anzahl der äußeren Iterationen, aber desto höher wird auch die Anzahl der inneren CG–Iterationen pro äußerer Iteration.

Ersetzt man beim globalisierten inexakten Newton–Verfahren 10.4 die Armijo–Regel wieder durch ihre nichtmonotone Variante, wie sie im Abschnitt 9.3 beschrieben wurde, so wird sich das numerische Verhalten des inexakten Newton–Verfahrens häufig wieder verbessern; die Erfahrung zeigt allerdings, daß man bei Verwendung einer nichtmonotonen Armijo–Regel die Newton–Gleichung (10.1) exakter lösen sollte als dies bei Verwendung der monotonen Armijo–Regel der Fall ist. Beispielsweise könnte man in (10.24) die Wahl $c_1 = c_2 = 10^{-1}$ oder gar $c_1 = c_2 = 10^{-2}$ treffen. Man vergleiche hierzu auch die Arbeit [54] von Grippo, Lampariello und Lucidi.

## 10.4 Numerische Resultate

In diesem Abschnitt präsentieren wir für die in diesem Kapitel vorgestellten Algorithmen zumindest einige numerische Resultate. Als Testprobleme wählen wir wieder eine Auswahl der Beispiele aus dem Anhang C.

Wir beginnen zunächst mit dem globalisierten inexakten Newton–Verfahren aus dem Algorithmus 10.4. Als Parameter werden gewählt:

$$\rho = 10^{-8}, p = 2.1, \beta = 0.5, \sigma = 10^{-4}.$$

Das Verfahren wird abgebrochen, wenn eine der folgenden Bedingungen erfüllt ist:

$$\|\nabla f(x^k)\| \leq \varepsilon, \qquad k > k_{\max} \qquad \text{oder} \qquad t_k < t_{\min}$$

mit

$$\varepsilon = 10^{-6}, \qquad k_{\max} = 200 \qquad \text{und} \qquad t_{\min} = 10^{-14}.$$

Die inexakte Lösung der Newton–Gleichung im Sinne von

$$\|\nabla^2 f(x^k)d + \nabla f(x^k)\| \leq \eta_k\|\nabla f(x^k)\|$$

geschieht durch Anwendung des CG–Verfahrens (zunächst ohne Präkonditionierer), wobei $\eta_k$ als

$$\eta_k := \min\{c_1/(k+1), c_2\|\nabla f(x^k)\|\}$$

mit

$$c_1 = c_2 = 1$$

gesetzt wurde und die Konstante $\alpha$ aus dem CG–Algorithmus 10.10 als

$$\alpha = 10^{-8}$$

gewählt wurde. Wir fassen die mit diesem Algorithmus erzielten numerischen Resultate in der Tabelle 10.1 zusammen. Die Spalten in dieser Tabelle haben dabei die folgende Bedeutung:

| | |
|---|---|
| Testbeispiel: | Name des Testbeispieles aus dem Anhang C, |
| $n$: | Dimension des Testbeispieles, |
| $m$: | Anzahl der Summanden im Testbsp. (siehe Anhang C), |
| Iter.: | Anzahl der (äußeren) Iterationen, |
| $i_{cum}$: | Anzahl der (kumulierten) CG–Iterationen, |
| $f$–Ausw.: | Anzahl der Funktionsauswertungen, |
| INewt.: | Anzahl der inexakten Newton–Schritte, |
| Grad.: | Anzahl der Gradientenschritte. |

**Tabelle 10.1.** Numerische Resultate für das globalisierte inexakte Newton–Verfahren

| Testbeispiel | $n$ | $m$ | Iter. | $i_{cum}$ | $f$–Ausw. | INewt. | Grad. |
|---|---|---|---|---|---|---|---|
| Gauß–Fkt. | 3 | 15 | 37 | 74 | 107 | 3 | 34 |
| Beliebig–dim. Fkt. | 10 | 12 | 15 | 14 | 15 | 15 | 0 |
| Penalty–Fkt. I | 4 | 5 | 32 | 53 | 41 | 32 | 0 |
| Trig. Fkt. | 4 | 4 | 49 | 2315 | 148 | 38 | 11 |
| Rosenbrock–Fkt. | 2 | 2 | 22 | 35 | 28 | 22 | 0 |
| Powells sing. Fkt. | 4 | 4 | 4 | 7 | 4 | 4 | 0 |
| Wood–Fkt. | 4 | 6 | – | – | – | – | – |

Aus der Tabelle 10.1 ist ersichtlich, daß mit Ausnahme des Beispieles von Wood alle Testprobleme zumindest gelöst werden. Bei der Wood–Funktion bleibt das Verfahren in der Nähe eines (numerischen) Sattelpunktes hängen. (Dies gilt auch für alle anderen in diesem Abschnitt getesteten Verfahren.) Ansonsten ähneln die Resultate denen des globalisierten Newton–Verfahrens (siehe Tabelle 9.2), lediglich bei der trigonometrischen Funktion treten etwas größere Unterschiede auf.

Als nächstes untersuchen wir das numerische Verhalten des globalisierten inexakten Newton–Verfahrens unter Verwendung der nichtmonotonen Armijo–Regel aus dem Abschnitt 9.3, und zwar unter Benutzung der gleichen Parameter und des gleichen Abbruchkriteriums wie für das (monotone)

globalisierte Newton–Verfahren aus dem Algorithmus 10.4. Lediglich für die nichtmonotone Armijo–Regel wurde zusätzlich

$$m = 10$$

gesetzt. Die erzielten Resultate sind in der Tabelle 10.2 zusammengefaßt. Die Spalten in dieser Tabelle haben dabei die gleiche Bedeutung wie jene in der Tabelle 10.1.

**Tabelle 10.2.** Numerische Resultate für das globalisierte inexakte Newton–Verfahren mit nichtmonotoner Armijo–Regel und $c_1 = c_2 = 0$

| Testbeispiel | $n$ | $m$ | Iter. | $i_{cum}$ | $f$–Ausw. | INewt. | Grad. |
|---|---|---|---|---|---|---|---|
| Gauß–Fkt. | 3 | 15 | 36 | 72 | 99 | 3 | 33 |
| Beliebig–dim. Fkt. | 10 | 12 | 15 | 14 | 15 | 15 | 0 |
| Penalty–Fkt. I | 4 | 5 | 21 | 29 | 21 | 21 | 0 |
| Trig. Fkt. | 4 | 4 | 39 | 1826 | 43 | 37 | 2 |
| Rosenbrock–Fkt. | 2 | 2 | 15 | 22 | 15 | 15 | 0 |
| Powells sing. Fkt. | 4 | 4 | 4 | 7 | 4 | 4 | 0 |
| Wood–Fkt. | 4 | 6 | – | – | – | – | – |

Ein Vergleich der Tabellen 10.1 und 10.2 macht deutlich, daß sich die Anzahl der (äußeren) Iterationen und der kumulierten CG–Iterationen durch Verwendung der nichtmonotonen Armijo–Regel zum Teil erheblich reduzieren läßt. Man werfe dafür insbesondere einen Blick auf die entsprechenden Zahlen für die Penalty–Funktion I, die trigonometrische Funktion sowie die Rosenbrock–Funktion.

Erhöht man die Genauigkeit, mit der in jedem Iterationsschritt die Newton–Gleichung gelöst wird, indem man beispielsweise

$$c_1 = c_2 = 10^{-2} \tag{10.25}$$

statt $c_1 = c_2 = 1$ setzt, so erhält man nochmals eine Verbesserung der Resultate, wobei zumindest für die hier getesteten Beispiele nicht nur die Anzahl der (äußeren) Iterationen, sondern auch die Anzahl der kumulierten CG–Iterationen abnimmt. Die entsprechenden Resultate für die Wahl (10.25) von $c_1$ und $c_2$ befinden sich in der Tabelle 10.3.

Abschließend kommen wir nun zu dem globalisierten inexakten Newton–Verfahren mit einem präkonditionierten CG–Verfahren als Löser für die in jedem Schritt zu bestimmende Suchrichtung. Als Präkonditionierer wurde dabei die modifizierte Cholesky–Zerlegung aus dem Abschnitt 10.3 mit

$$\mu = 10^{-6}$$

gewählt. Die Tabelle 10.4 enthält die zugehörigen numerischen Resultate unter Verwendung der nichtmonotonen Armijo–Regel sowie der Parameter aus (10.25).

**Tabelle 10.3.** Numerische Resultate für das globalisierte inexakte Newton–Verfahren mit nichtmonotoner Armijo–Regel und $c_1 = c_2 = 10^{-2}$

| Testbeispiel | $n$ | $m$ | Iter. | $i_{cum}$ | $f$–Ausw. | INewt. | Grad. |
|---|---|---|---|---|---|---|---|
| Gauß–Fkt. | 3 | 15 | 36 | 72 | 99 | 3 | 33 |
| Beliebig–dim. Fkt. | 10 | 12 | 14 | 14 | 14 | 14 | 0 |
| Penalty–Fkt. I | 4 | 5 | 18 | 27 | 18 | 18 | 0 |
| Trig. Fkt. | 4 | 4 | 34 | 1670 | 37 | 32 | 2 |
| Rosenbrock–Fkt. | 2 | 2 | 7 | 14 | 8 | 7 | 0 |
| Powells sing. Fkt. | 4 | 4 | 1 | 4 | 1 | 1 | 0 |
| Wood–Fkt. | 4 | 6 | – | – | – | – | – |

**Tabelle 10.4.** Numerische Resultate für das globalisierte inexakte Newton–Verfahren unter Verwendung eines präkonditionierten CG–Verfahrens

| Testbeispiel | $n$ | $m$ | Iter. | $i_{cum}$ | $f$–Ausw. | INewt. | Grad. |
|---|---|---|---|---|---|---|---|
| Gauß–Fkt. | 3 | 15 | 36 | 72 | 99 | 3 | 33 |
| Beliebig–dim. Fkt. | 10 | 12 | 14 | 14 | 14 | 14 | 0 |
| Penalty–Fkt. I | 4 | 5 | 18 | 18 | 18 | 18 | 0 |
| Trig. Fkt. | 4 | 4 | 24 | 120 | 26 | 23 | 1 |
| Rosenbrock–Fkt. | 2 | 2 | 7 | 7 | 8 | 7 | 0 |
| Powells sing. Fkt. | 4 | 4 | 1 | 3 | 1 | 1 | 0 |
| Wood–Fkt. | 4 | 6 | – | – | – | – | – |

Ein Blick auf die Tabelle 10.4 macht deutlich, daß die Anzahl der kumulierten CG–Iterationen nochmals reduziert wird, zum Teil sogar erheblich. Wir erinnern allerdings daran, daß jede CG–Iteration bei Verwendung eines Präkonditionierers natürlich teurer ist als eine CG–Iteration ohne Verwendung eines Präkonditionierers. Aus diesem Grunde sagt ein einfacher Vergleich der in den Tabellen 10.3 und 10.4 angegebenen Zahlen wenig aus über die tatsächliche Effizienz der beiden betrachteten inexakten Newton–Verfahren.

Dennoch wollen wir festhalten, daß der CG–Algorithmus auch bei Anwendung innerhalb eines inexakten Newton–Verfahrens üblicherweise vorkonditioniert wird. Neben dem hier getesteten modifizierten Cholesky–Verfahren werden wir im Abschnitt 12.3 noch einen weiteren Präkonditionierer beschreiben, der dem Optimierungsproblem vielleicht noch angepaßter ist und insbesondere nicht die Lösung eines weiteren linearen Gleichungssystems nach sich zieht.

## Aufgaben

**Aufgabe 10.1.** Man beweise Teil (c) des Satzes 10.2.

**Aufgabe 10.2.** Man beweise die Teile (b) und (c) des Satzes 10.2 unter Verwendung der beiden Charakterisierungssätze 7.8 und 7.10.

**Aufgabe 10.3.** Man überlege sich, warum man im Satz 10.2 nicht $\bar{\eta} \in (0,1)$ beliebig hätte voraussetzen können. Wie wird dieses Problem im Beweis des Satzes 10.3 umgangen?

**Aufgabe 10.4.** Man beweise den Satz 10.5.

**Aufgabe 10.5.** Man beweise das Lemma 10.6.

**Aufgabe 10.6.** Man führe den Beweis des Satzes 10.8 in allen Details aus.

**Aufgabe 10.7.** Seien $f : \mathbb{R}^n \to \mathbb{R}$ zweimal stetig differenzierbar, $x^* \in \mathbb{R}^n$ ein stationärer Punkt von $f$ und $\nabla^2 f(x^*)$ regulär. Ferner sei $\nabla^2 f$ lokal Hölder–stetig, d.h., es sei

$$\|\nabla^2 f(x) - \nabla^2 f(y)\| \leq K \|x - y\|^\alpha$$

für alle $x, y \in \mathbb{R}^n$ aus einer hinreichend kleinen Umgebung von $x^*$ sowie Konstanten $K > 0$ und $\alpha \in (0,1]$. Dann existiert ein $\varepsilon > 0$, so daß für jedes $x^0 \in \mathcal{U}_\varepsilon(x^*)$ gelten:

(a) Ist $\eta_k \leq \bar{\eta}$ für ein hinreichend kleines $\bar{\eta} \in (0,1)$, so ist der Algorithmus 10.1 wohldefiniert und die durch ihn erzeugte Folge $\{x^k\}$ konvergiert linear gegen $x^*$.

(b) Ist $\eta_k = O(\|\nabla f(x^k)\|^\alpha)$, so existiert eine Konstante $c > 0$ mit $\|x^{k+1} - x^*\| \leq c \|x^k - x^*\|^{1+\alpha}$.

**Aufgabe 10.8.** Seien $f : \mathbb{R}^n \to \mathbb{R}$ zweimal stetig differenzierbar und $x^* \in \mathbb{R}^n$ ein stationärer Punkt von $f$ mit $\nabla^2 f(x^*)$ regulär. Sei $\{x^k\}$ eine durch das inexakte Newton–Verfahren aus dem Algorithmus 10.1 erzeugte Folge, die gegen $x^*$ konvergiere. Dann gelten:

(a) Die Folge $\{x^k\}$ konvergiert genau dann superlinear gegen $x^*$, wenn $\eta_k \to 0$ gilt.

(b) Ist $\nabla^2 f$ lokal Lipschitz–stetig, so konvergiert die Folge $\{x^k\}$ genau dann quadratisch gegen $x^*$, wenn $\eta_k = O(\|\nabla f(x^k)\|)$ gilt.

**Aufgabe 10.9.** Man implementiere das lokale inexakte Newton–Verfahren 10.1 und teste es an den Beispielen aus dem Anhang C. Zur inexakten Lösung der Newton–Gleichung verwende man das CG–Verfahren aus dem Algorithmus 10.10 mit $B := I$ (also ohne Präkonditionierer), $\alpha = 10^{-8}$ und $\eta_k$ aus (10.24) mit z.B. $c_1 = c_2 = 1$. Welche Testprobleme werden gelöst? Wieviele (äußere) Iterationsschritte und kumulierte (innere) CG–Iterationen werden dazu jeweils benötigt? Als Abbruchkriterium nehme man beispielsweise: $\|\nabla f(x^k)\| \leq \varepsilon$ oder $k > k_{\max}$ mit $\varepsilon = 10^{-6}$ und $k_{\max} = 200$.

**Aufgabe 10.10.** Man implementiere das globalisierte inexakte Newton–Verfahren 10.4

(a) unter Verwendung der im Algorithmus 10.4 beschriebenen Armijo–Regel;

(b) unter Verwendung der im Abschnitt 9.3 beschriebenen nichtmonotonen
Armijo–Regel.

Man teste beide Varianten an den Beispielen aus dem Anhang C. Zur inexakten Lösung der Newton–Gleichung verwende man das CG–Verfahren aus
dem Algorithmus 10.10 mit $B := I$ (also ohne Präkonditionierer), $\alpha = 10^{-8}$
und $\eta_k$ aus (10.24) mit z.B. $c_1 = c_2 = 10^{-2}$. Welche Testprobleme werden
jeweils gelöst? Wieviele (äußere) Iterationsschritte, Funktionsauswertungen,
inexakte Newton– und Gradientenschritte sowie kumulierte (innere) CG–
Iterationen werden dazu benötigt? Als Abbruchkriterium nehme man wieder jenes aus der Aufgabe 10.9. Beispielwerte für die übrigen Parameter:
$\rho = 10^{-8}, p = 2.1, \beta = 0.5, \sigma = 10^{-4}$ sowie $m = 10$ (für die nichtmonotone
Armijo–Regel).

**Aufgabe 10.11.** Man implementiere das globalisierte inexakte Newton–
Verfahren 10.4

(a) unter Verwendung der im Algorithmus 10.4 beschriebenen Armijo–Regel;
(b) unter Verwendung der im Abschnitt 9.3 beschriebenen nichtmonotonen
Armijo–Regel.

Zur inexakten Lösung der Newton–Gleichung verwende man dabei das CG–
Verfahren aus dem Algorithmus 10.10 und den im Abschnitt 10.3 beschriebenen, auf der unvollständigen Cholesky–Zerlegung basierenden, Präkonditionierer. Zur Vereinfachung speichere man alle Matrizen als zweidimensionales
Feld ab. Ansonsten wähle man für das CG–Verfahren dieselben Parameter
wie in der Aufgabe 10.10.

Man teste beide Varianten an den Beispielen aus dem Anhang C. Welche Testprobleme werden jeweils gelöst? Wieviele (äußere) Iterationsschritte, Funktionsauswertungen, inexakte Newton– und Gradientenschritte sowie
kumulierte (innere) CG–Iterationen werden dazu benötigt? Als Abbruchkriterium nehme man wieder jenes aus der Aufgabe 10.9. Beispielwerte für die
übrigen Parameter: $\rho = 10^{-8}, p = 2.1, \beta = 0.5, \sigma = 10^{-4}$ sowie $m = 10$ (für
die nichtmonotone Armijo–Regel).

**Aufgabe 10.12.** Man schreibe ein Programm zur Berechnung eines Matrix–
Vektor–Produktes $y = Ap$, wobei $p \in \mathbb{R}^n$ ein gegebener Vektor ist sowie
$A \in \mathbb{R}^{n \times n}$ eine gegebene Matrix beschreibt, die in der im Abschnitt 10.3
angegebenen Weise in Form von drei Vektor abgespeichert ist. Man teste das
Programm u.a. anhand der Matrix $A$ aus dem Beispiel 10.11.

# 11. Quasi–Newton–Verfahren

Dieses Kapitel behandelt die Klasse der sogenannten Quasi–Newton–Verfahren. Diese Verfahren verwenden anstelle der exakten Hesse–Matrix der zu minimierenden Funktion eine geeignete Approximation an diese (und vermeiden damit die häufig sehr aufwendige explizite Berechnung aller zweiten partiellen Ableitungen der Zielfunktion). Diese Approximation wird dabei von Iteration zu Iteration aufdatiert, so daß die in jedem Schritt auftretenden linearen Gleichungssysteme sehr viel leichter, nämlich ebenfalls durch Aufdatieren, zu lösen sind als beim Newton–Verfahren (bei den sogenannten inversen Quasi–Newton–Verfahren entfällt die Lösung eines linearen Gleichungssystems sogar vollständig). Damit ist jeder Iterationsschritt der Quasi–Newton–Verfahren wesentlich weniger aufwendig als etwa beim Newton–Verfahren. Dennoch sind viele der Quasi–Newton–Verfahren lokal superlinear konvergent.

Im Abschnitt 11.1 leiten wir mit den PSB–, DFP– und BFGS–Formeln zunächst die wohl bekanntesten Aufdatierungsformeln her. Die lokal superlineare Konvergenz des PSB– und des BFGS–Verfahrens werden danach in den Abschnitten 11.2 und 11.3 untersucht. Der Abschnitt 11.4 beschäftigt sich dann mit möglichen Globalisierungen von Quasi–Newton–Verfahren, während im Abschnitt 11.5 bewiesen wird, daß das globalisierte BFGS–Verfahren bei Anwendung auf gleichmäßig konvexe Funktionen global konvergent und lokal superlinear konvergent ist. Der Abschnitt 11.6 gibt einen gewissen Überblick über weitere existierende Quasi–Newton–Verfahren. Im Abschnitt 11.7 geben wir Hinweise zur Implementation von Quasi–Newton–Verfahren, und im abschließenden Abschnitt 11.8 gehen wir auf das numerische Verhalten einiger Quasi–Newton–Verfahren ein.

## 11.1 Herleitung einiger Quasi–Newton–Formeln

In diesem Abschnitt führen wir verschiedene Quasi–Newton–Formeln ein. Wir beginnen zunächst mit der Herleitung der sogenannten PSB–Formel und erhalten anschließend durch einfache Modifikationen der dabei benutzten Techniken die berühmten DFP– und BFGS–Formeln.

Der Ansatz für alle zu besprechenden Verfahren besteht darin, die Hesse–Matrizen $\nabla^2 f(x^k)$ „hinreichend gut" durch einfacher berechenbare Matrizen $H_k$ zu approximieren und in jedem Schritt

$$x^{k+1} := x^k - H_k^{-1}\nabla f(x^k)$$

zu setzen. Einen Hinweis darauf, wie die Matrizen $H_k$ bestimmt werden können, gibt das Korollar 7.9 von Dennis und Moré: Notwendig und hinreichend für die superlineare Konvergenz der Folge $\{x^k\}$ ist unter den dort genannten Voraussetzungen die Bedingung

$$\|(\nabla^2 f(x^k) - H_k)(x^{k+1} - x^k)\| = o(\|x^{k+1} - x^k\|). \tag{11.1}$$

Wegen der mittels der Ungleichung

$$\begin{aligned}
&\|\nabla f(x^{k+1}) - \nabla f(x^k) - \nabla^2 f(x^k)(x^{k+1} - x^k)\| \\
\leq\ & \|\nabla f(x^{k+1}) - \nabla f(x^*) - \nabla^2 f(x^*)(x^{k+1} - x^*)\| \\
& + \|\nabla f(x^k) - \nabla f(x^*) - \nabla^2 f(x^*)(x^k - x^*)\| \\
& + \|(\nabla^2 f(x^*) - \nabla^2 f(x^k))(x^{k+1} - x^k)\|
\end{aligned}$$

leicht nachzuweisenden Eigenschaft

$$\|\nabla f(x^{k+1}) - \nabla f(x^k) - \nabla^2 f(x^k)(x^{k+1} - x^k)\| = o(\|x^{k+1} - x^k\|)$$

ist (11.1) äquivalent zu

$$\|\nabla f(x^{k+1}) - \nabla f(x^k) - H_k(x^{k+1} - x^k)\| = o(\|x^{k+1} - x^k\|) \tag{11.2}$$

siehe Aufgabe 11.1. Dies motiviert die folgende Forderung, und zwar an $H_{k+1}$ (man beachte, daß hier $x^{k+1}$ auftritt und die Forderung somit erst bei der Festlegung von $H_{k+1}$ berücksichtigt werden kann):

$$\nabla f(x^{k+1}) - \nabla f(x^k) = H_{k+1}(x^{k+1} - x^k).$$

Mit den Abkürzungen $H := H_k, H_+ := H_{k+1}, s := x^{k+1} - x^k$ und $y := \nabla f(x^{k+1}) - \nabla f(x^k)$ lautet diese sogenannte *Quasi–Newton–Bedingung*

$$H_+ s = y. \tag{11.3}$$

Die Bedingung (11.3) wird häufig auch als *Quasi–Newton–Gleichung* oder *Sekantengleichung* bezeichnet.

Natürlich gibt es viele Möglichkeiten, zu gegebenen Vektoren $s, y \in \mathbb{R}^n$ eine Matrix $H_+ \in \mathbb{R}^{n \times n}$ mit der Eigenschaft (11.3) zu bestimmen. Die folgenden Sätze zeigen Wege auf, wie die Fortschreibung von $H$ zu $H_+$ durchgeführt werden kann und motivieren dadurch die wichtigsten Quasi–Newton–Verfahren.

Wir beginnen mit zwei Hilfsaussagen.

**Lemma 11.1.** *Für alle $w \in \mathbb{R}^n$ gilt $\|w\| = \max_{\|x\|=1} |w^T x|$.*

*Beweis.* O.B.d.A. sei $w \neq 0$. Aufgrund der Cauchy–Schwarzschen Ungleichung gilt einerseits

$$\max_{\|x\|=1} |w^T x| \leq \max_{\|x\|=1} (\|w\|\,\|x\|) = \|w\|.$$

Andererseits gilt für $\bar{x} := w/\|w\|$ wegen $\|\bar{x}\| = 1$:

$$\max_{\|x\|=1} |w^T x| \geq |w^T \bar{x}| = \|w\|.$$

Beide Ungleichungen zusammen ergeben gerade die Behauptung.          $\square$

**Lemma 11.2.** *Für alle* $v, w \in \mathrm{I\!R}^n$ *gilt* $\|vw^T\| = \|v\|\,\|w\|$.

*Beweis.* Aus der Definition einer Matrixnorm folgt unter Verwendung des Lemmas 11.1:

$$\begin{aligned}
\|vw^T\| &= \max_{\|x\|=1} \|(vw^T)x\| \\
&= \max_{\|x\|=1} \|v(w^T x)\| \\
&= \max_{\|x\|=1} (|w^T x|\,\|v\|) \\
&= \|v\| \max_{\|x\|=1} |w^T x| \\
&= \|v\|\,\|w\|.
\end{aligned}$$

Damit ist das Lemma bereits bewiesen.          $\square$

Nach diesen Vorbereitungen sind wir nun bereits in der Lage, die erste Quasi–Newton–Aufdatierungsformel herzuleiten. Wir erinnern dazu daran, daß $\|A\|_F$ die Frobenius–Norm einer Matrix $A$ bezeichnet, vgl. Anhang B.

**Satz 11.3.** *Seien* $s \in \mathrm{I\!R}^n$ *mit* $s \neq 0, y \in \mathrm{I\!R}^n$ *und eine symmetrische Matrix* $H \in \mathrm{I\!R}^{n \times n}$ *gegeben. Dann ist die eindeutige Lösung des Problems*

$$\min \|H_+ - H\|_F^2 \quad u.d.N. \quad H_+ s = y, H_+^T = H_+ \tag{11.4}$$

*gegeben durch*

$$H_+^{PSB} := H + \frac{(y - Hs)s^T + s(y - Hs)^T}{s^T s} - \frac{(y - Hs)^T s}{(s^T s)^2} ss^T$$

*(dies ist die sogenannte* Powell–symmetric–Broyden–Formel, *kurz: PSB–Formel).*

*Beweis.* Der Beweis erfolgt in mehreren Teilschritten:

(a) Das Optimierungsproblem (11.4) ist offenbar strikt konvex (sogar gleichmäßig konvex) und besitzt daher höchstens eine Lösung. Wir werden im folgenden zeigen, daß $H_+^{PSB}$ die dann eindeutige Lösung des Problemes (11.4) ist. Dazu bemerken wir zunächst, daß die Matrix $H_+^{PSB}$ offenbar symmetrisch ist und der Quasi–Newton–Gleichung $H_+^{PSB}s = y$ genügt, so daß $H_+^{PSB}$ für das Problem (11.4) zumindest zulässig ist.

(b) Sei $A \in \mathrm{I\!R}^{n \times n}$ eine beliebige Matrix mit $As = y$ und $A^T = A$. Da auch $H_+^{PSB}$ der Quasi–Newton–Gleichung genügt, folgt

$$(H_+^{PSB} - H)s = y - Hs = (A - H)s.$$

Sei nun $v \in \mathrm{I\!R}^n$ ein beliebiger Vektor mit $s^T v = 0$. Dann gilt

$$
\begin{aligned}
\|(H_+^{PSB} - H)v\| &= \left\| \frac{(y - Hs)s^T + s(y - Hs)^T}{s^T s}v - \frac{(y - Hs)^T s}{(s^T s)^2} ss^T v \right\| \\[2mm]
&= \left\| \frac{s(y - Hs)^T}{s^T s} v \right\| \\[2mm]
&= \left\| \frac{ss^T}{s^T s}(A - H)v \right\| \\[2mm]
&\leq \left\| \frac{ss^T}{s^T s} \right\| \, \|(A - H)v\| \\[2mm]
&= \|(A - H)v\|,
\end{aligned}
$$

denn wegen Lemma 11.2 ist

$$\left\| \frac{ss^T}{s^T s} \right\| = 1.$$

(c) Wir zeigen nun, daß $H_+^{PSB}$ tatsächlich die Lösung des Minimierungsproblemes (11.4) ist: Wegen $s \neq 0$ ist $v^1 := s/\|s\|$ definiert und ein Vektor der euklidischen Länge 1. Nach Gram–Schmidt läßt sich $v^1$ zu einer Orthonormalbasis $v^1, \ldots, v^n$ des $\mathrm{I\!R}^n$ ergänzen. Dann folgt mit Lemma B.2 und dem vorbereitenden Beweisteil (b) für alle Matrizen $A \in \mathrm{I\!R}^{n \times n}$ mit $As = y$ und $A = A^T$:

$$
\begin{aligned}
\|H_+^{PSB} - H\|_F^2 &= \sum_{i=1}^n \|(H_+^{PSB} - H)v^i\|^2 \\[2mm]
&= \|(H_+^{PSB} - H)v^1\|^2 + \sum_{i=2}^n \|(H_+^{PSB} - H)v^i\|^2 \\[2mm]
&\leq \|(A - H)v^1\|^2 + \sum_{i=2}^n \|(A - H)v^i\|^2 \\[2mm]
&= \sum_{i=1}^n \|(A - H)v^i\|^2 \\[2mm]
&= \|A - H\|_F^2.
\end{aligned}
$$

Damit ist der Satz vollständig bewiesen.                                  $\Box$

Die im Satz 11.3 hergeleitete PSB–Formel geht auf Powell [93] zurück. Powell leitet die PSB–Formel allerdings etwas anders her, nämlich durch einen gewissen Symmetrisierungsprozeß aus der sogenannten Broyden–Formel zur Lösung von nichtlinearen Gleichungssystemen. Dieser Zugang gab der Formel auch ihren Namen. Wir verweisen den Leser für weitere Einzelheiten auf die Originalarbeit [93] von Powell bzw. auf das sehr schöne Buch [28] von Dennis und Schnabel.

Das folgende Lemma verallgemeinert nun den Satz 11.3 durch Gewichtung der in (11.4) auftretenden Frobenius–Norm.

**Lemma 11.4.** *Seien* $s \in \mathbb{R}^n$ *mit* $s \neq 0, y \in \mathbb{R}^n$ *und eine symmetrische Matrix* $H \in \mathbb{R}^{n \times n}$ *gegeben. Sei ferner* $W \in \mathbb{R}^{n \times n}$ *symmetrisch und positiv definit. Dann ist die eindeutig bestimmte Lösung des gewichteten Problems*

$$\min \|W(H_+ - H)W\|_F^2 \quad u.d.N. \quad H_+s = y, H_+^T = H_+ \tag{11.5}$$

*gegeben durch*

$$H_+^W := H + \frac{(y - Hs)(W^{-2}s)^T + W^{-2}s(y - Hs)^T}{(W^{-2}s)^T s}$$
$$- \frac{s^T(y - Hs)W^{-2}s(W^{-2}s)^T}{((W^{-2}s)^T s)^2}.$$

*(man beachte, daß der Nenner hier ungleich Null ist).*

*Beweis.* Wir führen das gewichtete Problem (11.5) zunächst auf ein Problem in der Standardform (11.4) zurück und wenden dann den Satz 11.3 an.

Dazu setzen wir

$$A := WHW \quad \text{und} \quad A_+ := WH_+W.$$

Dann gelten

$$\|W(H_+ - H)W\|_F = \|A_+ - A\|_F,$$
$$H_+s = y \Longleftrightarrow A_+W^{-1}s = Wy$$

und

$$H_+^T = H_+ \Longleftrightarrow A_+^T = A_+.$$

Also ist das gewichtete Problem (11.5) äquivalent zu

$$\min \|A_+ - A\|_F^2 \quad u.d.N. \quad A_+s_W = y_W, A_+^T = A_+, \tag{11.6}$$

wobei zur Abkürzung

$$s_W := W^{-1}s \quad \text{und} \quad y_W := Wy$$

gesetzt wurden. Wegen $s \neq 0$ ist auch $s_W \neq 0$. Aufgrund des Satzes 11.3 ist daher

$$A_+ = A + \frac{(y_W - As_W)s_W^T + s_W(y_W - As_W)^T}{s_W^T s_W} - \frac{(y_W - As_W)^T s_W}{(s_W^T s_W)^2} s_W s_W^T$$

die eindeutige Lösung des Problems (11.6). Setzt man hierin die Definitionen von $A, A_+, s_W$ und $y_W$ ein, so folgt

$$WH_+W = WHW + \frac{(Wy - WHs)(W^{-1}s)^T + W^{-1}s(Wy - WHs)^T}{(W^{-1}s)^T(W^{-1}s)}$$
$$- \frac{(Wy - WHs)^T(W^{-1}s)}{((W^{-1}s)^T(W^{-1}s))^2}(W^{-1}s)(W^{-1}s)^T.$$

Multipliziert man diese Gleichung von links und rechts jeweils mit $W^{-1}$, so ergibt sich gerade die behauptete Formel für die Lösung $H_+^W$ des Problemes (11.5). $\qquad \Box$

Bevor wir das Lemma 11.4 zur Herleitung einer weiteren Aufdatierungsformel verwenden können, benötigen wir noch ein weiteres Hilfsresultat. Dieses macht zugleich deutlich, daß die wünschenswerte Eigenschaft von $H_+$, symmetrisch und positiv definit zu sein, nur realisiert werden kann, wenn die Vektoren $s$ und $y$ die Bedingung $s^T y > 0$ erfüllen (vgl. hierzu insbesondere den späteren Abschnitt 11.4).

**Lemma 11.5.** *Seien $s, y \in \mathbb{R}^n$ mit $s \neq 0$ gegeben. Genau dann existiert eine symmetrische und positiv definite Matrix $Q \in \mathbb{R}^{n \times n}$ mit $Qs = y$, wenn $s, y$ der Bedingung $s^T y > 0$ genügen.*

*Beweis.* Existiert eine symmetrische und positiv definite Matrix $Q \in \mathbb{R}^{n \times n}$ mit $Qs = y$, so folgt offenbar $s^T y = s^T Qs > 0$.

Sei nun $s^T y > 0$. Setze

$$v := \sqrt{\frac{y^T s}{s^T s}}\, s.$$

Dann ist $v^T v > 0$ und daher die Matrix

$$J := I + \frac{(y - v)v^T}{v^T v}$$

wohldefiniert. Wir zeigen nun, daß die Matrix

$$Q := JJ^T$$

die gewünschten Eigenschaften hat: Offenbar ist $Q$ symmetrisch. Ferner rechnet man leicht nach, daß $Q$ der Quasi–Newton–Gleichung $Qs = y$ genügt. Außerdem läßt sich leicht verifizieren, daß die Matrix $J$ regulär ist, woraus sich die positive Definitheit von $Q$ sofort ergibt. Für einige Details dieses Beweises verweisen wir auf die Aufgabe 11.2. $\qquad \Box$

Nach diesen Vorbereitungen sind wir nun in der Lage, eine der berühmtesten Quasi–Newton–Aufdatierungsformeln in der unrestringierten Optimierung herzuleiten. Dies geschieht durch eine geeignete Wahl der Gewichtungsmatrix $W$ in (11.5).

**Satz 11.6.** *Seien $H \in \mathbb{R}^{n \times n}$ symmetrisch und positiv definit sowie $s, y \in \mathbb{R}^n$ mit $s^T y > 0$ gegeben. Sei $Q \in \mathbb{R}^{n \times n}$ eine gemäß Lemma 11.5 existierende symmetrische und positiv definite Matrix mit $Qs = y$, und sei $W := Q^{-1/2}$ die Inverse einer wegen Lemma B.6 existierenden Quadratwurzel von $Q$. Dann ist die eindeutige Lösung des gewichteten Problems (11.5) mit dem so gewählten $W$ gegeben durch*

$$H_+^{DFP} := H + \frac{(y - Hs)y^T + y(y - Hs)^T}{y^T s} - \frac{(y - Hs)^T s}{(y^T s)^2} yy^T$$

*(dies ist die sogenannte* Davidon–Fletcher–Powell–Formel, *kurz: DFP–Formel).*

*Beweis.* Die Aussage folgt unmittelbar aus dem Lemma 11.4, denn aus $Qs = y$ und $W = Q^{-1/2}$ folgt unmittelbar $W^{-2}s = Qs = y$. Einsetzen dieses Ausdrucks in die Formel für $H_+^W$ in Lemma 11.4 liefert dann gerade die Behauptung. $\qquad\square$

Die DFP–Formel verdankt ihren Namen den Arbeiten [20] von Davidon sowie [41] von Fletcher und Powell, die diese Aufdatierungsformel entdeckt und untersucht haben.

Wir wollen abschließend noch die BFGS–Formel herleiten, die nicht minder berühmt als die DFP–Formel ist und die sich in der numerischen Praxis als die erfolgreichste aller Quasi–Newton–Formeln herausgestellt hat.

Dazu sei $B \in \mathbb{R}^{n \times n}$ eine symmetrische Matrix, die als Approximation der *inversen* Hesse–Matrix $\nabla^2 f(x^*)^{-1}$ aufgefaßt werden kann. Der Übergang von $H$ zu $B$ ist dadurch motiviert, daß hier bei der Berechnung der Suchrichtung kein lineares Gleichungssystem gelöst zu werden braucht, sondern lediglich eine Matrix–Vektor–Multiplikation durchgeführt werden muß. Man wird von einer geeigneten Aufdatierung $B_+$ von $B$ natürlich verlangen, daß $B_+$ der sogenannten *inversen Quasi–Newton–Gleichung*

$$B_+ s = y$$

genügt.

Das folgende Analogon des Lemmas 11.4 erhält man unmittelbar, indem man die Vektoren $s$ und $y$ miteinander vertauscht.

**Lemma 11.7.** *Seien $s \in \mathbb{R}^n, y \in \mathbb{R}^n$ mit $y \neq 0$ und eine symmetrische Matrix $B \in \mathbb{R}^{n \times n}$ gegeben. Sei ferner $W \in \mathbb{R}^{n \times n}$ symmetrisch und positiv definit. Dann ist die eindeutig bestimmte Lösung des inversen gewichteten Problems*

$$\min \|W(B_+ - B)W\|_F^2 \quad u.\,d.\,N. \quad B_+ y = s, B_+^T = B_+ \tag{11.7}$$

*gegeben durch*

$$B_+^W := B + \frac{(s - By)(W^{-2}y)^T + W^{-2}y(s - By)^T}{(W^{-2}y)^T y}$$
$$- \frac{y^T(s - By)W^{-2}y(W^{-2}y)^T}{((W^{-2}y)^T y)^2}.$$

Wiederum durch geeignete Wahl der Gewichtungsmatrix $W$ in (11.7) erhält man nun den

**Satz 11.8.** *Seien $B \in \mathbb{R}^{n \times n}$ symmetrisch und positiv definit sowie $s, y \in \mathbb{R}^n$ mit $s^T y > 0$ gegeben. Sei $Q \in \mathbb{R}^{n \times n}$ eine gemäß Lemma 11.5 existierende symmetrische und positiv definite Matrix mit $Qs = y$, und sei $W := Q^{1/2}$ eine wegen Lemma B.6 existierende Quadratwurzel von $Q$. Dann ist die eindeutige Lösung des inversen gewichteten Problems (11.7) mit dem so gewählten $W$ gegeben durch*

$$B_+^{BFGS} := B + \frac{(s - By)s^T + s(s - By)^T}{y^T s} - \frac{(s - By)^T y s s^T}{(y^T s)^2}$$

*(dies ist die sogenannte* inverse Broyden–Fletcher–Goldfarb–Shanno–Formel, *kurz: inverse BFGS–Formel).*

*Beweis.* Analog zum Beweis des Satzes 11.6 ergibt sich die Behauptung unmittelbar aus dem Lemma 11.7 durch Einsetzen der entsprechenden Terme.

□

Die BFGS–Formel wurde praktisch zeitgleich und unabhängig voneinander von Broyden [9], Fletcher [38], Goldfarb [49] und Shanno [101] entdeckt; interessant daran ist, daß alle vier Autoren diese Formel auf etwas anderem Wege herleiten Weitere Zugänge, die zu der BFGS–Formel führen, finden sich beispielsweise bei Dennis und Schnabel [27] sowie bei Fletcher [40]. Die Tatsache, daß so viele unterschiedliche Methoden auf die BFGS–Formel führen, mag bereits hier als ein Grund angesehen werden, warum die BFGS–Formel in der Praxis den anderen Aufdatierungsformeln überlegen ist.

**Bemerkung 11.9.** *Die zur inversen BFGS–Aufdatierungsformel zugehörige* direkte BFGS–Aufdatierungsformel *lautet*

$$H_+^{BFGS} = H + \frac{yy^T}{s^T y} - \frac{Hss^T H}{s^T H s},$$

*wobei $H \in \mathbb{R}^{n \times n}$ wieder symmetrisch und positiv definit sowie $s, y \in \mathbb{R}^n$ mit $s^T y > 0$ gegeben seien. „Zugehörig" bedeutet dabei, daß die Matrix $H_+^{BFGS}$ die Inverse der Matrix $B_+^{BFGS}$ ist, sofern $H$ die Inverse von $B$ ist.*

*Entsprechend lautet die zur direkten DFP–Aufdatierungsformel aus dem Satz 11.6 zugehörige* inverse DFP–Aufdatierungsformel:

$$B_+^{DFP} = B + \frac{ss^T}{s^T y} - \frac{Byy^T B}{y^T By};$$

*dabei seien $B \in \mathbb{R}^{n \times n}$ symmetrisch und positiv definit sowie $s, y \in \mathbb{R}^n$ mit $s^T y > 0$ gegeben.*

*Beweis.* Man hat nachzurechnen, daß aus $BH = I$ folgt

$$B_+^{BFGS} H_+^{BFGS} = I.$$

Diese Rechnung sei dem Leser überlassen, vgl. Aufgabe 11.3. Die entsprechende Aussage für die DFP–Formeln ergibt sich nun einfach durch Austausch des Tripels $(H, s, y)$ durch das Tripel $(B, y, s)$. $\qquad\square$

Man erhält die Formeln $B_+^{DFP}$ und $H_+^{DFP}$ aus den Formeln $H_+^{BFGS}$ und $B_+^{BFGS}$, indem man das Tripel $(H, s, y)$ durch das Tripel $(B, y, s)$ ersetzt, und umgekehrt. Deshalb werden die DFP– und BFGS–Formeln manchmal als zueinander „duale" Aufdatierungsformeln bezeichnet. Zu einer anderen Herleitung der direkten BFGS-Formel vgl. Aufgabe 11.4 (b).

## 11.2 Lokale Konvergenz des PSB–Verfahrens

In diesem Abschnitt formulieren wir zunächst das PSB–Verfahren und beweisen anschließend die lokal superlineare Konvergenz dieses Verfahrens. Wir folgen dabei im wesentlichen der Arbeit [10] von Broyden, Dennis und Moré, die erstmals die superlineare Konvergenz von verschiedenen Quasi–Newton–Verfahren bewiesen haben. Insbesondere wurde in der Arbeit [10] gezeigt, daß neben dem PSB–Verfahren auch das DFP– und das BFGS–Verfahren lokal superlinear konvergent sind.

Da das BFGS–Verfahren heute das wichtigste Quasi–Newton–Verfahren darstellt, ist unser eigentliches Ziel auch der Nachweis der superlinearen Konvergenz des BFGS–Verfahrens. Leider sind die zugehörigen Beweise etwas technisch, so daß wir erst im nächsten Abschnitt dieses Konvergenzresultat beweisen werden.

Gewissermaßen als Motivation für die dabei benutzte Beweistechnik wollen wir hier erst einmal die superlineare Konvergenz des PSB–Verfahrens zeigen. Zwar ist auch dies nicht unbedingt einfach, aber doch noch recht gut durchschaubar. Der Nachweis der lokal superlinearen Konvergenz des BFGS–Verfahrens erfolgt dann im Prinzip auf sehr ähnliche Weise im Abschnitt 11.3.

Für einen entsprechenden Beweis der superlinearen Konvergenz des DFP–Verfahrens verweisen wir den interessierten Leser auf die Aufgaben 11.9–11.14.

Bevor wir nun das PSB–Verfahren angeben, erinnern wir daran, daß eine der wesentlichen Motivationen der Quasi–Newton–Verfahren darin bestand, die Verwendung der Hesse–Matrix $\nabla^2 f(x^k)$ zu vermeiden. Stattdessen wurde diese Hesse–Matrix durch eine symmetrische Matrix $H_k$ ersetzt. Wählen wir hierfür speziell die Matrix, die sich in jedem Schritt aus der PSB–Aufdatierungsvorschrift ergibt, so erhält man aus dem lokalen Newton–Verfahren 9.1 gerade den

**Algorithmus 11.10.** *(PSB–Verfahren)*

*(S.0) Wähle $x^0 \in \mathbb{R}^n, H_0 \in \mathbb{R}^{n \times n}$ symmetrisch, $\varepsilon \geq 0$, und setze $k := 0$.*
*(S.1) Ist $\|\nabla f(x^k)\| \leq \varepsilon$: STOP.*
*(S.2) Bestimme $d^k$ durch*

$$d^k := -H_k^{-1} \nabla f(x^k).$$

*(S.3) Setze $x^{k+1} := x^k + d^k, s^k := x^{k+1} - x^k, y^k := \nabla f(x^{k+1}) - \nabla f(x^k)$ und*

$$H_{k+1} := H_k + \frac{(y^k - H_k s^k)(s^k)^T + s^k(y^k - H_k s^k)^T}{(s^k)^T s^k}$$
$$- \frac{(s^k)^T(y^k - H_k s^k)s^k(s^k)^T}{((s^k)^T s^k)^2}.$$

*(S.4) Setze $k \leftarrow k + 1$, und gehe zu (S.1).*

Man beachte, daß man beim PSB–Verfahren 11.10 (im Gegensatz zum lokalen Newton–Verfahren 9.1) nicht nur einen Startvektor $x^0 \in \mathbb{R}^n$, sondern auch eine symmetrische Startmatrix $H_0 \in \mathbb{R}^{n \times n}$ vorgeben muß. Wenn wir also einen lokalen Konvergenzsatz für das PSB–Verfahren beweisen wollen, werden wir nicht nur verlangen müssen, daß der Startvektor $x^0$ hinreichend dicht an einer „Lösung" $x^*$ des Minimierungsproblemes liegt, sondern daß auch die Startmatrix $H_0$ eine entsprechend gute Approximation an die entsprechende Hesse–Matrix $\nabla^2 f(x^*)$ darstellt.

Wir erwähnen ferner, daß wir im Algorithmus 11.10 eine Folge von Matrizen $\{H_k\}$ berechnen, so daß der Schritt (S.2) so aussieht, als ob man in jeder Iteration ein lineares Gleichungssystem zu lösen hätte. Wir werden im Abschnitt 11.7 jedoch sehen, daß dies nicht der Fall ist bzw. daß dies mit einem Aufwand von nur $O(n^2)$ Rechenoperationen geschehen kann.

Hier aber konzentrieren wir uns zunächst auf die theoretischen Eigenschaften des Algorithmus 11.10. Dazu gehen wir wieder davon aus, daß der Abbruchparameter $\varepsilon$ im Algorithmus 11.10 gleich 0 ist und daß der Algorithmus nicht nach endlich vielen Schritten abbricht, so daß $\nabla f(x^k) \neq 0$ für alle $k \in \mathbb{N}$ gilt.

Die Richtigkeit des folgenden Lemmas läßt sich sehr einfach verifizieren. Dem Leser wird dies in der Aufgabe 11.6 überlassen.

**Lemma 11.11.** *Seien $H_k, A \in \mathbb{R}^{n \times n}$ symmetrische Matrizen sowie $s^k, y^k \in \mathbb{R}^n$ mit $s^k \neq 0$ gegeben. Dann gilt*

$$H_{k+1} - A = P_k^T (H_k - A) P_k + \frac{(y^k - As^k)(s^k)^T}{(s^k)^T s^k} + \frac{s^k (y^k - As^k)^T}{(s^k)^T s^k} P_k$$

*mit*

$$P_k := I - \frac{s^k (s^k)^T}{(s^k)^T s^k}.$$

Unter der Matrix $A$ im Lemma 11.11 möge sich der Leser die Hesse–Matrix $\nabla^2 f(x^*)$ vorstellen.

Wir wollen im folgenden die Differenz $\|H_{k+1} - A\|_F$ unter Verwendung des Lemmas 11.11 geeignet nach oben abschätzen. Dazu werden wir in den folgenden Lemmata einige elementare Ergebnisse herleiten, mit denen dann schließlich eine geeignete Abschätzung des Ausdrucks $\|H_{k+1} - A\|_F$ gelingen wird.

Das folgende Lemma beschäftigt sich zunächst mit den dyadischen Produkten.

**Lemma 11.12.** *Für alle $u, v \in \mathbb{R}^n$ gilt $\|uv^T\|_F = \|u\| \, \|v\|$.*

*Beweis.* Wegen Lemma B.1 (c) und der Linearität der Spur–Abbildung gilt:

$$\|uv^T\|_F^2 = \mathrm{Spur}(vu^T uv^T) = u^T u \, \mathrm{Spur}(vv^T) = \|u\|^2 v^T v = \|u\|^2 \|v\|^2.$$

Dies ist gerade die Behauptung. $\qquad\square$

Das nächste Lemma ist nützlich zur Abschätzung der im Lemma 11.11 definierten Matrix $P_k$.

**Lemma 11.13.** *Für jedes $s \in \mathbb{R}^n$ mit $s \neq 0$ und $n > 1$ gilt*

$$\left\| I - \frac{ss^T}{s^T s} \right\| = 1.$$

*Beweis.* Da $ss^T$ eine Matrix vom Rang 1 ist, kann $P := I - \frac{ss^T}{s^T s}$ nicht die Nullmatrix sein. Ferner ist $P$ offenbar symmetrisch mit $P^2 = P$. Bezeichnet $\lambda$ einen Eigenwert von $P$ mit Eigenvektor $v \neq 0$, so ist $\lambda^2$ ein Eigenwert von $P^2$ zum Eigenvektor $v$. Daher folgt aus

$$\lambda v = Pv = P^2 v = \lambda^2 v$$

unmittelbar $\lambda = \lambda^2$, also $\lambda \in \{0, 1\}$. Somit ist

$$\|P\|^2 = \lambda_{\max}(P^T P) = \lambda_{\max}(P) = 1$$

wegen $n > 1$. $\qquad\square$

Wir beweisen schließlich noch einen nützlichen Zusammenhang zwischen der Spektralnorm und der Frobenius–Norm von Matrizen.

**Lemma 11.14.** *Für alle $A, B \in \mathbb{R}^{n \times n}$ gilt die Abschätzung*

$$\|AB\|_F \leq \min\{\|A\| \, \|B\|_F, \|A\|_F \|B\|\}.$$

*Beweis.* Setze $C := AB$. Seien $B_{\cdot j}$ und $C_{\cdot j}$ die $j$–ten Spaltenvektoren von $B$ und $C$. Dann gilt $C_{\cdot j} = AB_{\cdot j}$ für $j = 1, \ldots, n$. Ferner ist

$$\|C\|_F^2 = \sum_{j=1}^n \|C_{\cdot j}\|^2$$

per Definition der Frobenius–Norm und der euklidischen Norm. Damit folgt:

$$\begin{aligned}
\|AB\|_F^2 &= \|C\|_F^2 \\
&= \sum_{j=1}^n \|C_{\cdot j}\|^2 \\
&= \sum_{j=1}^n \|AB_{\cdot j}\|^2 \\
&\leq \|A\|^2 \sum_{j=1}^n \|B_{\cdot j}\|^2 \\
&= \|A\|^2 \|B\|_F^2.
\end{aligned}$$

Durch Anwendung der soeben bewiesenen Ungleichung folgt auch

$$\|AB\|_F = \|(AB)^T\|_F = \|B^T A^T\|_F \leq \|B^T\| \, \|A^T\|_F = \|B\| \, \|A\|_F,$$

wobei sich die Gleichheit $\|A\|_F = \|A^T\|_F$ unmittelbar aus der Definition der Frobenius–Norm ergibt und die Gleichheit $\|B\| = \|B^T\|$ zum Beispiel aus der Singulärwertzerlegung von $B$ folgt (man kann dies auch elementarer beweisen, indem man zeigt, daß die Eigenwerte von $B^T B$ und $BB^T$ übereinstimmen).

Insgesamt folgt hieraus die Behauptung. $\qquad\square$

Aus den Lemmata 11.13 und 11.14 folgt sofort die Abschätzung

$$\left\| E \left( I - \frac{ss^T}{s^T s} \right) \right\|_F \leq \|E\|_F \left\| I - \frac{ss^T}{s^T s} \right\| = \|E\|_F$$

für eine beliebige Matrix $E \in \mathbb{R}^{n \times n}$ und einen beliebigen Vektor $s \in \mathbb{R}^n$ mit $s \neq 0$. Tatsächlich würden wir mit dieser Abschätzung auch die lokal lineare Konvergenz des PSB–Verfahrens beweisen können. Zum Nachweis der superlinearen Konvergenz benötigen wir jedoch eine genauere Abschätzung, die uns durch das nächste Lemma gegeben wird.

**Lemma 11.15.** *Seien $E \in \mathbb{R}^{n \times n}$ und $s \in \mathbb{R}^n$ mit $s \neq 0$ gegeben. Dann gilt*

$$\left\| E \left( I - \frac{ss^T}{s^T s} \right) \right\|_F \leq \|E\|_F \left( 1 - \frac{1}{2} \theta^2 \right)$$

*mit*

$$\theta := \begin{cases} \frac{\|Es\|}{\|E\|_F \|s\|} & \text{falls } E \neq 0, \\ 0 & \text{falls } E = 0. \end{cases}$$

*Beweis.* Im Fall $E = 0$ ist die Behauptung trivialerweise richtig. Im Fall $E \neq 0$ hingegen ergibt sich mit Lemma B.1 (c) und der Linearität der Spur–Abbildung:

$$\left\| E \left( I - \frac{ss^T}{s^T s} \right) \right\|_F^2 = \mathrm{Spur} \left( \left( I - \frac{ss^T}{s^T s} \right) E^T E \left( I - \frac{ss^T}{s^T s} \right) \right)$$

$$= \mathrm{Spur}(E^T E) - \frac{1}{\|s\|^2} \mathrm{Spur}(s(E^T Es)^T)$$

$$\quad - \frac{1}{\|s\|^2} \mathrm{Spur}((E^T Es)s^T) + \frac{1}{\|s\|^4} \mathrm{Spur}(s(s^T E^T Es)s^T)$$

$$= \|E\|_F^2 - \frac{1}{\|s\|^2} s^T E^T Es - \frac{1}{\|s\|^2} s^T E^T Es + \frac{\|Es\|^2}{\|s\|^4} \|s\|^2$$

$$= \|E\|_F^2 - \frac{\|Es\|^2}{\|s\|^2}$$

$$= \|E\|_F^2 (1 - \theta^2)$$

$$\leq \|E\|_F^2 \left( 1 - \frac{1}{2} \theta^2 \right)^2,$$

wobei die letzte Ungleichung aus

$$\left( 1 - \frac{1}{2} \theta^2 \right)^2 = 1 - \theta^2 + \frac{1}{4} \theta^4 \geq 1 - \theta^2$$

folgt. $\qquad\square$

Nach diesen Vorbereitungen sind wir nun in der Lage, eine geeignete Abschätzung für den Term $\|H_{k+1} - A\|_F$ anzugeben.

**Lemma 11.16.** *Seien $H_k, A \in \mathbb{R}^{n \times n}$ symmetrische Matrizen sowie $s^k, y^k \in \mathbb{R}^n$ mit $s^k \neq 0$ gegeben. Dann gilt*

$$\|H_{k+1} - A\|_F \leq \|H_k - A\|_F \left( 1 - \frac{1}{2} \theta_k^2 \right) + 2 \frac{\|y^k - As^k\|}{\|s^k\|}$$

*mit*

$$\theta_k := \begin{cases} \frac{\|(H_k - A)s^k\|}{\|H_k - A\|_F \|s^k\|} & \text{falls } H_k \neq A, \\ 0 & \text{falls } H_k = A. \end{cases}$$

*Beweis.* Mit

$$P_k := I - \frac{s^k (s^k)^T}{(s^k)^T s^k}$$

ergibt sich unter Verwendung der Lemmata 11.11–11.14 für $n > 1$:

$$\|H_{k+1} - A\|_F \leq \|P_k^T\| \, \|(H_k - A)P_k\|_F$$

$$+ \frac{\|(y^k - As^k)(s^k)^T\|_F}{(s^k)^T s^k} + \frac{\|s^k(y^k - As^k)^T\|_F}{(s^k)^T s^k} \|P_k\|$$

$$\leq \|(H_k - A)P_k\|_F + 2\frac{\|y^k - As^k\|}{\|s^k\|}$$

$$\leq \|H_k - A\|_F \left(1 - \frac{1}{2}\theta_k^2\right) + 2\frac{\|y^k - As^k\|}{\|s^k\|}.$$

Für $n = 1$ gilt die behauptete Abschätzung ebenfalls, da dann $P_k$ die Null-matrix ist. $\qquad\square$

Basierend auf dem folgenden Lemma werden wir gleich noch eine etwas andere Abschätzung für den Term $\|H_{k+1} - A\|_F$ angeben können.

**Lemma 11.17.** *Seien $f : \mathbb{R}^n \to \mathbb{R}$ zweimal stetig differenzierbar, $\nabla^2 f$ lokal Lipschitz–stetig sowie $x^* \in \mathbb{R}^n$. Dann existieren $\varepsilon > 0$ und $L > 0$ mit*

$$\|\nabla f(x^{k+1}) - \nabla f(x^k) - \nabla^2 f(x^*)(x^{k+1} - x^k)\|$$

$$\leq \frac{L}{2}\left(\|x^{k+1} - x^*\| + \|x^k - x^*\|\right)\|x^{k+1} - x^k\|$$

$$\leq L \max\{\|x^{k+1} - x^*\|, \|x^k - x^*\|\}\|x^{k+1} - x^k\|$$

*für alle $x^k, x^{k+1} \in \mathcal{U}_\varepsilon(x^*)$.*

*Beweis.* Die zweite Ungleichung ist offensichtlich, so daß wir nur die erste Ungleichung nachzuweisen haben.

Nach Voraussetzung existiert ein $\varepsilon > 0$, so daß $\nabla^2 f$ in der Umgebung $\mathcal{U}_\varepsilon(x^*)$ von $x^*$ Lipschitz–stetig ist. Es bezeichne $L > 0$ die entsprechende Lipschitz–Konstante. Aufgrund des Mittelwertsatzes A.3 in der Integralform gilt dann

$$\|\nabla f(x^{k+1}) - \nabla f(x^k) - \nabla^2 f(x^*)(x^{k+1} - x^k)\|$$

$$= \left\| \int_0^1 \left(\nabla^2 f(x^k + \tau(x^{k+1} - x^k)) - \nabla^2 f(x^*)\right)(x^{k+1} - x^k)d\tau \right\|$$

$$\leq \int_0^1 \|\nabla^2 f(x^k + \tau(x^{k+1} - x^k)) - \nabla^2 f(x^*)\|d\tau\|x^{k+1} - x^k\|$$

$$\leq L \int_0^1 \|x^k + \tau(x^{k+1} - x^k) - x^*\|d\tau\|x^{k+1} - x^k\|$$

$$\leq L \int_0^1 \left[\tau\|x^{k+1} - x^*\| + (1 - \tau)\|x^k - x^*\|\right] d\tau\|x^{k+1} - x^k\|$$

$$= \frac{L}{2}\left(\|x^{k+1} - x^*\| + \|x^k - x^*\|\right)\|x^{k+1} - x^k\|$$

für alle $x^k, x^{k+1} \in \mathcal{U}_\varepsilon(x^*)$.                                    $\square$

Aus den Lemmata 11.16 und 11.17 ergibt sich unmittelbar das

**Lemma 11.18.** *Seien $f : \mathbb{R}^n \to \mathbb{R}$ zweimal stetig differenzierbar, $\nabla^2 f$ lokal Lipschitz–stetig sowie $x^* \in \mathbb{R}^n$. Seien ferner $H_k, A \in \mathbb{R}^{n \times n}$ symmetrische Matrizen. Dann gilt*

$$\|H_{k+1} - A\|_F \leq \|H_k - A\|_F + 2L \max\{\|x^{k+1} - x^*\|, \|x^k - x^*\|\} \qquad (11.8)$$

*für alle $x^k, x^{k+1} \in \mathbb{R}^n$ mit $x^k \neq x^{k+1}$ aus einer hinreichend kleinen Umgebung von $x^*$, wobei $L > 0$ die lokale Lipschitz–Konstante von $\nabla^2 f$ bezeichnet.*

Wir sind nun in der Lage, zumindest die lineare Konvergenz des PSB–Verfahrens zu beweisen.

**Satz 11.19.** *Seien $f : \mathbb{R}^n \to \mathbb{R}$ zweimal stetig differenzierbar, $\nabla^2 f$ lokal Lipschitz–stetig und $x^* \in \mathbb{R}^n$ mit $\nabla f(x^*) = 0$ und $\nabla^2 f(x^*)$ regulär. Dann existieren $\varepsilon > 0$ und $\delta > 0$, so daß der Algorithmus 11.10 für jeden Startvektor $x^0 \in \mathbb{R}^n$ mit $\|x^0 - x^*\| < \varepsilon$ und jede symmetrische Startmatrix $H_0 \in \mathbb{R}^{n \times n}$ mit $\|H_0 - \nabla^2 f(x^*)\|_F < \delta$ wohldefiniert ist und eine Folge $\{x^k\}$ erzeugt, die (mindestens) linear gegen $x^*$ konvergiert.*

*Beweis.* Aus dem Lemma 11.18 folgt mit $A := \nabla^2 f(x^*)$ und einer Lipschitz–Konstanten $L > 0$ die Ungleichung

$$\|H_{k+1} - \nabla^2 f(x^*)\|_F \leq \|H_k - \nabla^2 f(x^*)\|_F + 2L \max\{\|x^{k+1} - x^*\|, \|x^k - x^*\|\}$$
$$(11.9)$$

für alle $x^k, x^{k+1} \in \mathbb{R}^n$ mit $x^k \neq x^{k+1}$ hinreichend nahe bei $x^*$. Seien

$$\gamma \geq \|\nabla^2 f(x^*)^{-1}\|$$

und

$$r \in (0, 1)$$

beliebig. Wähle nun $\varepsilon > 0$ und $\delta > 0$ so, daß die Ungleichung (11.9) in der Umgebung $\mathcal{U}_\varepsilon(x^*)$ gilt sowie die folgenden Ungleichungen erfüllt sind:

$$2\delta\gamma \leq r,$$

$$\frac{2\gamma}{1-r}(L\varepsilon + \delta) \leq r$$

und

$$\frac{2L\varepsilon}{1-r} \leq \delta.$$

Man beachte, daß diese Ungleichungen für alle hinreichend kleinen $\varepsilon > 0$ und $\delta > 0$ offenbar erfüllt sind.

Seien nun $x^0 \in \mathbb{R}^n$ mit $\|x^0 - x^*\| < \varepsilon$ und $H_0 \in \mathbb{R}^{n \times n}$ mit $\|H_0 - \nabla^2 f(x^*)\|_F < \delta$ gewählt. Wir zeigen durch vollständige Induktion, daß die folgenden drei Aussagen für alle $k \in \mathbb{N}$ gelten:

(a) $\|H_k - \nabla^2 f(x^*)\|_F \le 2\delta$;

(b) $H_k$ ist regulär mit $\|H_k^{-1}\| \le \frac{\gamma}{1-r}$;

(c) $\|x^{k+1} - x^*\| \le r\|x^k - x^*\|$.

Wir beginnen mit dem Induktionsanfang $k = 0$ : Per Konstruktion ist $\|H_0 - \nabla^2 f(x^*)\|_F \le \delta \le 2\delta$. Ferner ist $\|A\| \le \|A\|_F$ und $\|AB\|_F \le \|A\|_F\|B\|_F$ für beliebige Matrizen $A, B \in \mathbb{R}^{n \times n}$. Aus der Ungleichung

$$\|I - \nabla^2 f(x^*)^{-1} H_0\| \le \|I - \nabla^2 f(x^*)^{-1} H_0\|_F \le \gamma\|H_0 - \nabla^2 f(x^*)\|_F \le 2\delta\gamma \le r$$

folgt wegen Lemma B.8 die Regularität von $H_0$ mit

$$\|H_0^{-1}\| \le \frac{\gamma}{1 - r}.$$

Unter Anwendung des Lemmas 11.17 ergibt sich daher

$$
\begin{aligned}
&\|x^1 - x^*\| \\
&= \| - H_0^{-1}\nabla f(x^0) + x^0 - x^*\| \\
&\le \|H_0^{-1}\|\|\nabla f(x^0) - \nabla f(x^*) - H_0(x^0 - x^*)\| \\
&\le \|H_0^{-1}\| \left(\|\nabla f(x^0) - \nabla f(x^*) - \nabla^2 f(x^*)(x^0 - x^*)\| \right. \\
&\quad \left. + \|H_0 - \nabla^2 f(x^*)\|\,\|x^0 - x^*\|\right) \\
&\le \|H_0^{-1}\| \left(\|\nabla f(x^0) - \nabla f(x^*) - \nabla^2 f(x^*)(x^0 - x^*)\| \right. \\
&\quad \left. + \|H_0 - \nabla^2 f(x^*)\|_F\|x^0 - x^*\|\right) \\
&\le \frac{\gamma}{1 - r}\left(2L\|x^0 - x^*\|^2 + 2\delta\|x^0 - x^*\|\right) \\
&\le \frac{2\gamma}{1 - r}(\varepsilon L + \delta)\|x^0 - x^*\| \\
&\le r\|x^0 - x^*\|,
\end{aligned}
$$

womit die Aussagen (a)–(c) für $k = 0$ bewiesen sind.

Es mögen (a)–(c) nun für $j = 0, 1, \ldots, k$ gelten. Dann ist insbesondere $s^j = x^{j+1} - x^j \ne 0$ für alle $j = 0, 1, \ldots, k$, denn wäre $s^j = 0$, so würde $d^j = 0$ und damit aufgrund der Regularität von $H_j$ auch $\nabla f(x^j) = 0$ folgen (siehe Schritt (S.2) im Algorithmus 11.10), was aber unserer Annahme widerspräche, daß $\nabla f(x^k) \ne 0$ für alle $k \in \mathbb{N}$ gilt. Also können wir die Ungleichung (11.9) anwenden und erhalten aus unserer Induktionsannahme

$$
\begin{aligned}
\|H_{j+1} - \nabla^2 f(x^*)\|_F - \|H_j - \nabla^2 f(x^*)\|_F &\le 2L \max\{\|x^{j+1} - x^*\|, \|x^j - x^*\|\} \\
&= 2L\|x^j - x^*\| \\
&\le 2Lr^j\|x^0 - x^*\|
\end{aligned}
$$

für $j = 0, 1, \ldots, k$. Hieraus ergibt sich durch Summation:

$$\|H_{k+1} - \nabla^2 f(x^*)\|_F - \|H_0 - \nabla^2 f(x^*)\|_F$$

$$= \sum_{j=0}^{k} \left( \|H_{j+1} - \nabla^2 f(x^*)\|_F - \|H_j - \nabla^2 f(x^*)\|_F \right)$$

$$\leq \sum_{j=0}^{k} 2L r^j \|x^0 - x^*\|$$

$$\leq \frac{2L}{1-r}\varepsilon.$$

Also ist

$$\|H_{k+1} - \nabla^2 f(x^*)\|_F \leq \|H_0 - \nabla^2 f(x^*)\|_F + \frac{2L}{1-r}\varepsilon$$

$$\leq \delta + \frac{2L}{1-r}\varepsilon$$

$$\leq 2\delta$$

Analog zum Induktionsanfang folgt hieraus die Regularität von $H_{k+1}$ mit

$$\|H_{k+1}^{-1}\| \leq \frac{\gamma}{1-r}.$$

Insbesondere existiert die Iterierte $x^{k+2}$, und man erhält ebenfalls wie beim Induktionsanfang die Abschätzung

$$\|x^{k+2} - x^*\| \leq r\|x^{k+1} - x^*\|.$$

Damit sind die Aussagen (a)–(c) für alle $k \in \mathbb{N}$ vollständig bewiesen.

Daraus folgt nun, daß die gesamte Folge in der Umgebung $\mathcal{U}_\varepsilon(x^*)$ bleibt, wohldefiniert ist und mindestens linear gegen $x^*$ konvergiert. $\qquad\square$

Wir halten an dieser Stelle explizit fest, daß wir im folgenden stets annehmen können, daß $s^k \neq 0$ für alle $k \in \mathbb{N}$ ist; dies folgt aus dem Beweis des Satzes 11.19, da dieser insbesondere zeigte, daß unter den Voraussetzungen des Satzes 11.19 alle Matrizen $H_k$ regulär sind.

Wir verifizieren nun die Gültigkeit der Dennis–Moré–Bedingung (vgl. Korollar 7.9).

**Lemma 11.20.** *Seien $f : \mathbb{R}^n \to \mathbb{R}$ zweimal stetig differenzierbar, $\nabla^2 f$ lokal Lipschitz-stetig sowie $x^* \in \mathbb{R}^n$ mit $\nabla f(x^*) = 0$ und $\nabla^2 f(x^*)$ regulär. Sei ferner $\{x^k\}$ eine durch den Algorithmus 11.10 erzeugte Folge mit*

$$\sum_{k=0}^{\infty} \|x^k - x^*\| < \infty \tag{11.10}$$

*(insbesondere konvergiere die Folge $\{x^k\}$ also gegen den Punkt $x^*$). Dann gilt*

$$\|(H_k - \nabla^2 f(x^*))(x^{k+1} - x^k)\| = o(\|x^{k+1} - x^k\|).$$

*Beweis.* Wir nehmen zunächst einmal an, daß $H_k \neq \nabla^2 f(x^*)$ für alle $k \in \mathbb{N}$ gilt. Dann folgt aus dem Lemma 11.16 die Abschätzung

$$\|H_{k+1} - \nabla^2 f(x^*)\|_F \leq \|H_k - \nabla^2 f(x^*)\|_F \left(1 - \frac{1}{2}\theta_k^2\right) + 2\frac{\|y^k - \nabla^2 f(x^*)s^k\|}{\|s^k\|}$$

mit

$$\theta_k := \frac{\|(H_k - \nabla^2 f(x^*))(x^{k+1} - x^k)\|}{\|H_k - \nabla^2 f(x^*)\|_F \|x^{k+1} - x^k\|}.$$

Aufgrund des Lemmas 11.17 existiert eine Konstante $L > 0$, so daß für alle $k \geq k_0$, $k_0 \in \mathbb{N}$ hinreichend groß, gilt:

$$\|y^k - \nabla^2 f(x^*)s^k\| \leq \frac{L}{2} \left(\|x^{k+1} - x^*\| + \|x^k - x^*\|\right) \|x^{k+1} - x^k\|.$$

Zusammen ergibt sich daher die Abschätzung

$$\begin{aligned}\|H_{k+1} - \nabla^2 f(x^*)\|_F \leq &\|H_k - \nabla^2 f(x^*)\|_F \left(1 - \tfrac{1}{2}\theta_k^2\right) \\ &+ L \left(\|x^{k+1} - x^*\| + \|x^k - x^*\|\right).\end{aligned} \qquad (11.11)$$

Setzt man

$$\rho_k := \|H_k - \nabla^2 f(x^*)\|_F,$$

so gilt

$$\theta_k \rho_k = \frac{\|(H_k - \nabla^2 f(x^*))(x^{k+1} - x^k)\|}{\|x^{k+1} - x^k\|}. \qquad (11.12)$$

Aus (11.11) erhält man

$$\frac{1}{2}\theta_k^2 \rho_k \leq \rho_k - \rho_{k+1} + L \left(\|x^{k+1} - x^*\| + \|x^k - x^*\|\right).$$

Summation dieser Ungleichung für $k = k_0, k_0 + 1, \ldots, \ell$ liefert dann mit $S := \sum_{k=0}^{\infty} \|x^k - x^*\| < \infty$:

$$\rho_{\ell+1} + \frac{1}{2}\sum_{k=k_0}^{\ell} \theta_k^2 \rho_k \leq \rho_{k_0} + 2LS.$$

Da die rechte Seite von $\ell$ unabhängig ist und auf der linken Seite alle Summanden nichtnegativ sind, erhält man, daß die Folge $\{\rho_k\}$ beschränkt ist und $\sum_{k=0}^{\infty} \theta_k^2 \rho_k < \infty$ gilt; insbesondere ist dann $\lim_{k\to\infty} \theta_k^2 \rho_k = 0$. Wegen der Beschränktheit von $\{\rho_k\}$ ist dann auch $\lim_{k\to\infty} \theta_k^2 \rho_k^2 = 0$, also $\lim_{k\to\infty} \theta_k \rho_k = 0$. Wegen (11.12) folgt hieraus die Behauptung, falls $H_k \neq \nabla^2 f(x^*)$ und $x^k \neq x^{k+1}$ für alle $k \in \mathbb{N}$ sind.

Ist nun $H_k = \nabla^2 f(x^*)$ für endlich oder unendlich viele $k \in \mathbb{N}$, so gilt die Behauptung unseres Lemmas offenbar ebenfalls. $\qquad\square$

Abschließend beweisen wir nun die sogar superlineare Konvergenz des PSB–Verfahrens.

**Satz 11.21.** *Seien $f : \mathbb{R}^n \to \mathbb{R}$ zweimal stetig differenzierbar, $\nabla^2 f$ lokal Lipschitz-stetig sowie $x^* \in \mathbb{R}^n$ mit $\nabla f(x^*) = 0$ und $\nabla^2 f(x^*)$ regulär. Dann existieren ein $\varepsilon > 0$ und ein $\delta > 0$, so daß das PSB-Verfahren 11.10 für jeden Startvektor $x^0 \in \mathbb{R}^n$ mit $\|x^0 - x^*\| < \varepsilon$ und jede symmetrische Startmatrix $H_0 \in \mathbb{R}^{n \times n}$ mit $\|H_0 - \nabla^2 f(x^*)\|_F < \delta$ wohldefiniert ist und eine Folge $\{x^k\}$ erzeugt, die superlinear gegen $x^*$ konvergiert.*

*Beweis.* Wegen Satz 11.19 konvergiert die Folge $\{x^k\}$ lokal mindestens linear gegen den Punkt $x^*$. Aus der geometrischen Reihe ergibt sich somit unmittelbar, daß die Bedingung (11.10) erfüllt ist. Aufgrund des Satzes 11.20 genügen die durch das PSB-Verfahren 11.10 erzeugten Folgen $\{x^k\}$ und $\{H_k\}$ daher der Dennis-Moré-Bedingung

$$\|(H_k - \nabla^2 f(x^*))(x^{k+1} - x^k)\| = o(\|x^{k+1} - x^k\|).$$

Aus dem Korollar 7.9 ergibt sich somit die behauptete superlineare Konvergenz der Folge $\{x^k\}$ gegen $x^*$. $\qquad\square$

Wir bemerken noch, daß der Satz 11.21 (bzw. das Lemma 11.20) eigentlich sogar folgendes zeigen: Genügen $f$ und $x^*$ den Voraussetzungen des Satzes 11.21 und ist $\{x^k\}$ irgendeine durch das PSB-Verfahren 11.10 erzeugte Folge, die der Bedingung (11.10) genügt, so konvergiert diese Folge bereits superlinear gegen $x^*$. Zum Nachweis der lokal superlinearen Konvergenz hat man also lediglich die Bedingung (11.10) zu verifizieren. Insbesondere ergibt sich aus dieser Beobachtung, daß jede durch das PSB-Verfahren erzeugte und linear konvergente Folge bereits superlinear konvergent ist. Eine ähnliche Beobachtung werden wir im nächsten Abschnitt bei dem BFGS-Verfahren machen.

Tatsächlich ist diese Beobachtung für sehr viele Quasi-Newton-Verfahren richtig; wir verweisen den interessierten Leser diesbezüglich auf den Abschnitt 10.3 in Kosmol [71] bzw. die Arbeit [29] von Dennis und Walker.

Bevor wir im nächsten Abschnitt zum Nachweis der superlinearen Konvergenz des BFGS-Verfahrens gelangen, wollen wir an dieser Stelle noch einmal kurz die wesentlichen Schritte zum Beweis der superlinearen Konvergenz des PSB-Verfahrens rekapitulieren: Im Lemma 11.11 haben wir zunächst eine andere Darstellung der PSB-Aufdatierungsformel angegeben, die in den weiteren theoretischen Untersuchungen dann benutzt wurde. Insbesondere gelang mit der Darstellung aus dem Lemma 11.11 eine vorsichtige Abschätzung des Fehlers $\|H_{k+1} - \nabla^2 f(x^*)\|_F$ im $(k+1)$-sten Iterationsschritt mittels des Fehlers $\|H_k - \nabla^2 f(x^*)\|$ im $k$-ten Iterationsschritt. Dies gelang nach einigen Vorbereitungen im Lemma 11.16. Zwar konnte nicht bewiesen werden, daß dieser Fehler kleiner wird (was im allgemeinen auch nicht der Fall ist), jedoch lieferte dieses Lemma eine hinreichend gute Kontrolle über den möglichen Zuwachs des Fehlers.

Die Abschätzung aus dem Lemma 11.11 wurde im Satz 11.19 dann zum Nachweis der lokal linearen Konvergenz des PSB-Verfahrens benutzt. Das

Lemma 11.20 zeigte (unter Verwendung des Lemmas 11.16), daß dann bereits die Dennis–Moré–Bedingung erfüllt ist, so daß wir aus dem Korollar 7.9 unmittelbar die superlineare Konvergenz der durch das PSB–Verfahren erzeugten Folge erhielten.

Das Vorgehen beim BFGS–Verfahren wird ähnlich sein, wobei allerdings einige der Abschätzungen etwas komplizierter sind als beim PSB–Verfahren.

## 11.3 Lokale Konvergenz des BFGS–Verfahrens

In diesem Abschnitt kommen wir nun endlich zum BFGS–Verfahren und der lokal superlinearen Konvergenz dieses Verfahrens. Wir geben zunächst einmal das BFGS–Verfahren an, welches im Prinzip identisch ist zum PSB–Verfahren 11.10, wobei jetzt natürlich die Aufdatierungsformel für das BFGS–Verfahren benutzt wird. Allerdings verwenden wir hier die inverse BFGS–Formel aus dem Satz 11.8. Wir bezeichnen den nachfolgenden Algorithmus daher auch als inverses BFGS–Verfahren.

**Algorithmus 11.22.** *(Inverses BFGS–Verfahren)*

*(S.0) Wähle $x^0 \in {\rm I\!R}^n, B_0 \in {\rm I\!R}^{n\times n}$ symmetrisch und positiv definit, $\varepsilon \geq 0$, und setze $k := 0$.*
*(S.1) Ist $\|\nabla f(x^k)\| \leq \varepsilon$: STOP.*
*(S.2) Setze*

$$d^k := -B_k \nabla f(x^k).$$

*(S.3) Setze $x^{k+1} := x^k + d^k, s^k := x^{k+1} - x^k, y^k := \nabla f(x^{k+1}) - \nabla f(x^k)$ und*

$$B_{k+1} := B_k + \frac{(s^k - B_k y^k)(s^k)^T + s^k(s^k - B_k y^k)^T}{(y^k)^T s^k}$$
$$- \frac{(s^k - B_k y^k)^T y^k}{((y^k)^T s^k)^2} s^k (s^k)^T.$$

*(S.4) Setze $k \leftarrow k+1$, und gehe zu (S.1).*

Im folgenden gehen wir wieder davon aus, daß der Algorithmus 11.22 nicht nach endlich vielen Schritten abbricht; insbesondere soll wieder $\nabla f(x^k) \neq 0$ für alle $k \in {\rm I\!N}$ gelten.

Wir beginnen unsere Konvergenzuntersuchung jetzt mit einem Lemma, welches gewissermaßen das Analogon für das Lemma 11.11 ist: Es enthält eine andere Darstellung für die inverse BFGS–Aufdatierungsmatrix. Das Lemma läßt sich durch einfaches Nachrechnen verifizieren. Wir überlassen die Details dem Leser in der Aufgabe 11.7.

**Lemma 11.23.** *Seien $B_k, A \in {\rm I\!R}^{n\times n}$ symmetrische Matrizen, $W \in {\rm I\!R}^{n\times n}$ symmetrisch und regulär sowie $s^k, y^k \in {\rm I\!R}^n$ mit $(s^k)^T y^k > 0$ gegeben. Dann gilt*

$$E_{k+1} = P_k^T E_k P_k + \frac{W(s^k - Ay^k)(Ws^k)^T}{(y^k)^T s^k} + \frac{Ws^k(s^k - Ay^k)^T W P_k}{(y^k)^T s^k}$$

*mit*

$$P_k := I - \frac{(W^{-1}y^k)(Ws^k)^T}{(y^k)^T s^k},$$

$$E_k := W(B_k - A)W$$

*und*

$$E_{k+1} := W(B_{k+1} - A)W.$$

Wie benutzen das Lemma 11.23 im folgenden, um den Fehler $\|W(B_{k+1} - A)W\|_F$ im $(k+1)$–sten Iterationsschritt geeignet durch den Fehler $\|W(B_k - A)W\|_F$ im $k$–ten Iterationsschritt nach oben abzuschätzen. Das Auffinden einer geeigneten Abschätzung ist in der Tat der wesentliche Teil unserer Konvergenzanalyse und wird eine Reihe von technischen Hilfsresultaten erfordern.

Man beachte übrigens, daß wir hier eine mit einer Matrix $W \in \mathbb{R}^{n \times n}$ gewichtete Frobenius–Norm benutzen. Interessanterweise trat auch in der Herleitung der inversen BFGS–Formel im Satz 11.8 eine solche Gewichtungsmatrix $W$ auf. Tatsächlich wird die Matrix $W$ im Lemma 11.23 später eine ähnliche Rolle spielen wie im Satz 11.8.

Wir beginnen nun mit dem ersten technischen Resultat.

**Lemma 11.24.** *Für alle $E \in \mathbb{R}^{n \times n}$ und $u, v \in \mathbb{R}^n$ gilt:*

$$\|E(I - uv^T)\|_F^2 = \|E\|_F^2 - 2v^T E^T E u + \|Eu\|^2 \|v\|^2.$$

*Beweis.* Aus Lemma B.1 (c), $\text{Spur}(uv^T) = u^T v$ sowie der Linearität der Spur–Abbildung folgt:

$$\begin{aligned}
\|E(I - uv^T)\|_F^2 &= \text{Spur}((I - vu^T)E^T E(I - uv^T)) \\
&= \text{Spur}(E^T E) - \text{Spur}(vu^T E^T E) - \text{Spur}(E^T E uv^T) \\
&\quad + \text{Spur}(vu^T E^T E uv^T) \\
&= \|E\|_F^2 - \text{Spur}(v(E^T Eu)^T) - \text{Spur}((E^T Eu)v^T) \\
&\quad + u^T E^T Eu \, \text{Spur}(vv^T) \\
&= \|E\|_F^2 - v^T E^T Eu - u^T E^T Ev + \|Eu\|^2 \|v\|^2 \\
&= \|E\|_F^2 - 2v^T E^T Eu + \|Eu\|^2 \|v\|^2.
\end{aligned}$$

Damit ist die behauptete Gleichung auch schon bewiesen. $\square$

Wir kommen jetzt zu einem zweiten technischen Lemma. Dieses verwendet erstmals die Voraussetzung (11.13), die auch in den nachfolgenden Resultaten noch mehrfach benutzt wird. Wir werden später sehen, daß diese Voraussetzung bei einer geeigneten Wahl der Gewichtungsmatrix $W$ lokal stets erfüllt ist.

**Lemma 11.25.** *Seien $W \in \mathbb{R}^{n \times n}$ symmetrisch und regulär sowie $s, y \in \mathbb{R}^n$ mit*

$$\|Ws - W^{-1}y\| \leq \beta\|W^{-1}y\| \tag{11.13}$$

*für ein $\beta \in [0, 1/3]$ gegeben. Dann gilt*

$$(1 - \beta)\|W^{-1}y\|^2 \leq s^T y \leq (1 + \beta)\|W^{-1}y\|^2.$$

*Beweis.* Aus (11.13) folgt unter Anwendung der Cauchy–Schwarzschen Ungleichung:

$$|(Ws - W^{-1}y)^T W^{-1}y| \leq \|Ws - W^{-1}y\|\,\|W^{-1}y\| \leq \beta\|W^{-1}y\|^2.$$

Zusammen mit der Identität

$$s^T y = (Ws)^T(W^{-1}y) = (Ws - W^{-1}y)^T W^{-1}y + \|W^{-1}y\|^2$$

folgt daher einerseits

$$s^T y \leq (1 + \beta)\|W^{-1}y\|^2$$

und andererseits

$$s^T y \geq \|W^{-1}y\|^2 - |(Ws - W^{-1}y)^T W^{-1}y| \geq (1 - \beta)\|W^{-1}y\|^2,$$

womit das Lemma auch schon bewiesen ist.    $\square$

Durch Anwendung unser beiden vorhergehenden Lemmata erhalten wir nun unser drittes technisches Resultat.

**Lemma 11.26.** *Seien $W \in \mathbb{R}^{n \times n}$ symmetrisch und regulär sowie $s, y \in \mathbb{R}^n$ mit $y \neq 0$ und*

$$\|Ws - W^{-1}y\| \leq \beta\|W^{-1}y\| \tag{11.14}$$

*für ein $\beta \in [0, 1/3]$ gegeben. Sei $E \in \mathbb{R}^{n \times n}$ und setze*

$$\alpha := \frac{1 - 2\beta}{1 - \beta^2} \in [3/8, 1],$$

$$\theta := \begin{cases} \frac{\|EW^{-1}y\|}{\|E\|_F \|W^{-1}y\|} \in [0, 1] & \text{falls } E \neq 0, \\ 0 & \text{falls } E = 0. \end{cases}$$

*Dann gelten die folgenden Abschätzungen:*

*(a)* $\left\| E\left(I - \frac{W^{-1}y(W^{-1}y)^T}{y^T s}\right)\right\|_F \leq (1 - \frac{\alpha}{2}\theta^2)\|E\|_F.$

*(b)* $\left\| E\left(I - \frac{W^{-1}y(Ws)^T}{y^T s}\right)\right\|_F \leq \left[(1 - \frac{\alpha}{2}\theta^2) + \frac{1}{1-\beta}\frac{\|Ws - W^{-1}y\|}{\|W^{-1}y\|}\right]\|E\|_F.$

*Beweis.* Im Falle $E = 0$ sind beide Behauptungen klar. Im folgenden sei daher stets $E \neq 0$ angenommen.

(a) Wegen Lemma 11.25 ist insbesondere $y^T s > 0$. Aus Lemma 11.24 folgt daher

$$\left\| E\left(I - \frac{W^{-1}y(W^{-1}y)^T}{y^T s}\right)\right\|_F^2 = \|E\|_F^2 + (-2y^T s + \|W^{-1}y\|^2)\frac{\|EW^{-1}y\|^2}{(y^T s)^2}. \tag{11.15}$$

Wiederum mit Lemma 11.25 ergibt sich

$$\frac{-2s^T y + \|W^{-1}y\|^2}{s^T y} = -2 + \frac{\|W^{-1}y\|^2}{s^T y} \leq -2 + \frac{s^T y}{(1-\beta)s^T y} = -\frac{1-2\beta}{1-\beta}. \tag{11.16}$$

Erneut wegen Lemma 11.25 ist

$$\frac{\alpha}{\|W^{-1}y\|^2} = \frac{1-2\beta}{(1-\beta^2)\|W^{-1}y\|^2} = \frac{1-2\beta}{(1-\beta)(1+\beta)\|W^{-1}y\|^2} \leq \frac{1-2\beta}{(1-\beta)s^T y}, \tag{11.17}$$

so daß sich aus den Abschätzungen (11.15)–(11.17) ergibt:

$$\left\| E\left(I - \frac{W^{-1}y(W^{-1}y)^T}{y^T s}\right)\right\|_F^2 \leq \|E\|_F^2 - \frac{1-2\beta}{1-\beta}\frac{\|EW^{-1}y\|^2}{s^T y}$$

$$\leq \|E\|_F^2 - \alpha\left(\frac{\|EW^{-1}y\|}{\|W^{-1}y\|}\right)^2.$$

Die Definition von $\theta$ liefert somit

$$\left\| E\left(I - \frac{W^{-1}y(W^{-1}y)^T}{y^T s}\right)\right\|_F^2 \leq (1-\alpha\theta^2)\|E\|_F^2 \leq \left(1 - \frac{\alpha}{2}\theta^2\right)^2\|E\|_F^2,$$

was unmittelbar die Behauptung (a) impliziert.

(b) Aus Teil (a) folgt zunächst

$$\left\| E\left(I - \frac{W^{-1}y(Ws)^T}{y^T s}\right)\right\|_F \leq \left\| E\left(I - \frac{W^{-1}y(W^{-1}y)^T}{y^T s}\right)\right\|_F$$

$$+ \left\| E\frac{W^{-1}y(Ws - W^{-1}y)^T}{y^T s}\right\|_F$$

$$\leq (1 - \tfrac{\alpha}{2}\theta^2)\|E\|_F + \left\| E\frac{W^{-1}y(Ws - W^{-1}y)^T}{y^T s}\right\|_F. \tag{11.18}$$

Wegen Lemma 11.12 ist

$$\left\| \frac{W^{-1}y(Ws - W^{-1}y)^T}{s^T y}\right\|_F = \frac{1}{s^T y}\|W^{-1}y\|\,\|Ws - W^{-1}y\|,$$

so daß man aus (11.18) und Lemma 11.25 gerade

$$\left\| E\left(I - \frac{W^{-1}y(Ws)^T}{y^T s}\right)\right\|_F \le (1 - \frac{\alpha}{2}\theta^2)\|E\|_F$$

$$+\|E\|_F \frac{\|W^{-1}y\|\,\|Ws - W^{-1}y\|}{s^T y}$$

$$\le \left[(1 - \frac{\alpha}{2}\theta^2) + \frac{1}{1-\beta}\frac{\|Ws - W^{-1}y\|}{\|W^{-1}y\|}\right]\|E\|_F$$

erhält. Damit ist auch Teil (b) beweisen. $\qquad\qquad\square$

Nach diesen Vorbereitungen sind wir nun in der Lage, eine erste Abschätzung für die Differenz

$$\|W(B_{k+1} - A)W\|_F = \|E_{k+1}\|_F$$

anzugeben. Es gilt nämlich das

**Lemma 11.27.** *Seien $B_k, A \in \mathbb{R}^{n\times n}$ symmetrische Matrizen, $W \in \mathbb{R}^{n\times n}$ symmetrisch und regulär sowie $s^k, y^k \in \mathbb{R}^n$ mit $y^k \ne 0$ und*

$$\|Ws^k - W^{-1}y^k\| \le \beta\|W^{-1}y^k\| \tag{11.19}$$

*für ein $\beta \in [0, 1/3]$ gegeben. Dann gilt*

$$\|W(B_{k+1} - A)W\|_F$$

$$\le \left[(1 - \frac{\alpha}{2}\theta_k^2) + \frac{5}{2}\frac{1}{1-\beta}\frac{\|Ws^k - W^{-1}y^k\|}{\|W^{-1}y^k\|}\right]\|W(B_k - A)W\|_F$$

$$+ 2(1 + 2\sqrt{n})\|W\|_F \frac{\|s^k - Ay^k\|}{\|W^{-1}y^k\|}$$

*mit*

$$\alpha := \frac{1 - 2\beta}{1 - \beta^2} \in [3/8, 1]$$

*und*

$$\theta_k := \begin{cases} \frac{\|W(B_k - A)y^k\|}{\|W(B_k - A)W\|_F\|W^{-1}y^k\|} & \text{falls } W(B_k - A)W \ne 0, \\ 0 & \text{falls } W(B_k - A)W = 0. \end{cases}$$

*Beweis.* Wir bemerken zunächst wieder, daß aufgrund des Lemmas 11.25 und der Voraussetzung (11.19) insbesondere $(s^k)^T y^k > 0$ gilt. Wegen Lemma 11.23 folgt daher

$$\|W(B_{k+1} - A)W\|_F \le \|P_k^T E_k P_k\|_F + \frac{\|W(s^k - Ay^k)(Ws^k)^T\|_F}{(s^k)^T y^k}$$
$$+ \frac{\|Ws^k(s^k - Ay^k)^T W P_k\|_F}{(s^k)^T y^k} \tag{11.20}$$

mit

$$E_k := W(B_k - A)W$$

und

$$P_k := I - \frac{(W^{-1}y^k)(Ws^k)^T}{(s^k)^T y^k}.$$

Aus dem Lemma 11.26 (b) ergibt sich zunächst

$$\|P_k^T E_k P_k\|_F \leq \left[1 + \frac{1}{1-\beta}\frac{\|Ws^k - W^{-1}y^k\|}{\|W^{-1}y^k\|}\right] \|P_k^T E_k\|_F. \qquad (11.21)$$

Nochmalige Anwendung des Lemmas 11.26 (b) liefert

$$\|P_k^T E_k\|_F = \|E_k^T P_k\|_F \leq \left[(1 - \frac{\alpha}{2}\theta_k^2) + \frac{1}{1-\beta}\frac{\|Ws^k - W^{-1}y^k\|}{\|W^{-1}y^k\|}\right] \|E_k\|_F$$
$$(11.22)$$

mit

$$\alpha := \frac{1 - 2\beta}{1 - \beta^2}$$

und

$$\theta_k := \begin{cases} \frac{\|E_k W^{-1}y^k\|}{\|E_k\|_F \|W^{-1}y^k\|} = \frac{\|W(B_k - A)y^k\|}{\|W(B_k - A)W\|_F \|W^{-1}y^k\|} & \text{falls } W(B_k - A)W \neq 0, \\ 0 & \text{falls } W(B_k - A)W = 0. \end{cases}$$

Aus (11.21) und (11.22) ergibt sich mit (11.19) und $\beta \in [0, 1/3]$ nach kurzer Rechnung:

$$\|P_k^T E_k P_k\|_F \leq \left[(1 - \frac{\alpha}{2}\theta_k^2) + \frac{5}{2}\frac{1}{1-\beta}\frac{\|Ws^k - W^{-1}y^k\|}{\|W^{-1}y^k\|}\right] \|E_k\|_F. \qquad (11.23)$$

Die beiden übrigen Terme in (11.20) lassen sich etwas leichter abschätzen: Aus der vorausgesetzten Ungleichung (11.19) folgt zunächst

$$\|Ws^k\| \leq (1 + \beta)\|W^{-1}y^k\| \leq \frac{4}{3}\|W^{-1}y^k\|.$$

Aus dem Lemma 11.25 ergibt sich ferner

$$(s^k)^T y^k \geq (1 - \beta)\|W^{-1}y^k\|^2 \geq \frac{2}{3}\|W^{-1}y^k\|^2.$$

Aus diesen beiden Ungleichungen folgt somit unter Berücksichtigung von Lemma 11.2 und Lemma 11.14:

$$\begin{aligned} \frac{\|W(s^k - Ay^k)(Ws^k)^T\|_F}{(s^k)^T y^k} &\leq \frac{1}{(s^k)^T y^k}\|W\|_F\|(s^k - Ay^k)(Ws^k)^T\| \\ &= \frac{1}{(s^k)^T y^k}\|W\|_F\|s^k - Ay^k\|\,\|Ws^k\| \qquad (11.24) \\ &\leq 2\|W\|_F\frac{\|s^k - Ay^k\|}{\|W^{-1}y^k\|}. \end{aligned}$$

Aus dem Lemma 11.26 (b) mit $E_k := I$ ergibt sich wegen (11.19) noch

$$\|P_k\|_F \leq \left(1 + \frac{1}{1-\beta}\beta\right) \|I\|_F = \left(1 + \frac{\beta}{1-\beta}\right) \sqrt{n} \leq 2\sqrt{n}.$$

Damit erhält man für den dritten Term in (11.20) in weitgehender Analogie zu der Abschätzung (11.24) die folgenden Ungleichungen:

$$
\begin{aligned}
\frac{\|Ws^k(s^k-Ay^k)^T W P_k\|_F}{(y^k)^T s^k} &\le \frac{1}{(s^k)^T y^k}\|(Ws^k)(s^k-Ay^k)^T W\|_F\|P_k\|_F \\
&\le 4\sqrt{n}\|W\|_F \frac{\|s^k-Ay^k\|}{\|W^{-1}y^k\|}.
\end{aligned}
\tag{11.25}
$$

Aus (11.20) sowie (11.23)–(11.25) ergibt sich nun gerade die behauptete Abschätzung für den Ausdruck $\|W(B_{k+1}-A)W\|_F$. $\qquad\square$

Wir wollen als nächstes zeigen, daß die Bedingung (11.19) bei geeigneter Wahl der Matrix $W$ in einer Umgebung einer „Lösung" $x^*$ des Minimierungsproblemes stets erfüllt ist.

**Lemma 11.28.** *Seien $f : \mathbb{R}^n \to \mathbb{R}$ zweimal stetig differenzierbar, $\nabla^2 f$ lokal Lipschitz–stetig sowie $x^* \in \mathbb{R}^n$ mit $\nabla f(x^*) = 0$ und $\nabla^2 f(x^*)$ positiv definit gegeben. Sei $W \in \mathbb{R}^{n\times n}$ die gemäß Lemma B.6 existierende symmetrische und positiv definite Quadratwurzel der Matrix $\nabla^2 f(x^*)$. Dann existiert zu jedem $\beta \in [0, 1/3]$ eine Umgebung um $x^*$, so daß*

$$
\|Ws^k - W^{-1}y^k\| \le \beta\|W^{-1}y^k\|
$$

*für alle $x^k, x^{k+1} \in \mathbb{R}^n$ aus dieser Umgebung von $x^*$ gilt, wobei $s^k := x^{k+1}-x^k$ und $y^k := \nabla f(x^{k+1}) - \nabla f(x^k)$ gesetzt wurden.*

*Beweis.* Nach Voraussetzung existieren ein $\varepsilon_1 > 0$ sowie eine Lipschitz–Konstante $L > 0$ mit

$$
\|\nabla^2 f(x) - \nabla^2 f(x^*)\| \le L\|x - x^*\|
$$

für alle $x \in \mathbb{R}^n$ mit $\|x - x^*\| \le \varepsilon_1$. Wegen $W^2 = \nabla^2 f(x^*)$ und Lemma 11.17 gilt daher

$$
\|y^k - W^2 s^k\| \le L \max\{\|x^{k+1} - x^*\|, \|x^k - x^*\|\}\|s^k\|
$$

für alle $x^k, x^{k+1} \in \mathcal{U}_{\varepsilon_1}(x^*)$.

Da $\nabla^2 f(x^*)$ nach Voraussetzung positiv definit ist, ist die Hesse–Matrix von $f$ aufgrund des Lemmas 9.8 gleichmäßig positiv definit in einer Umgebung von $x^*$. Aus dem Satz 3.8 (c) folgt daher, daß $f$ in einer Umgebung von $x^*$ gleichmäßig konvex ist. Wegen Satz 3.7 (c) ist der Gradient $\nabla f$ in dieser Umgebung daher gleichmäßig monoton. Folglich existieren ein $\varepsilon_2 > 0$ und ein $\mu > 0$ mit

$$
\begin{aligned}
\|y^k\|\|s^k\| &\ge (y^k)^T s^k \\
&= \left(\nabla f(x^{k+1}) - \nabla f(x^k)\right)^T \left(x^{k+1} - x^k\right) \\
&\ge \mu\|x^{k+1} - x^k\|^2 \\
&= \mu\|s^k\|^2
\end{aligned}
$$

und damit

$$\|y^k\| \geq \mu\|s^k\| \qquad (11.26)$$

für alle $x^k, x^{k+1} \in \mathcal{U}_{\varepsilon_2}(x^*)$. Daher ergibt sich aus

$$\|y^k\| = \|WW^{-1}y^k\| \leq \|W\| \, \|W^{-1}y^k\|$$

im Fall $y^k \neq 0$ (was per Definition auch $s^k \neq 0$ impliziert) die Ungleichung

$$\frac{1}{\|W^{-1}y^k\|} \leq \frac{\|W\|}{\|y^k\|} \leq \frac{\|W\|}{\mu\|s^k\|}.$$

Sei nun $\beta \in [0, 1/3]$ beliebig. Definiere

$$\varepsilon_3 := \min\left\{\varepsilon_1, \varepsilon_2, \frac{\mu\beta}{L\|W\|\,\|W^{-1}\|}\right\}.$$

Dann gilt für alle $x^k, x^{k+1} \in \mathcal{U}_{\varepsilon_3}(x^*)$ mit $y^k \neq 0$:

$$
\begin{aligned}
\frac{\|Ws^k - W^{-1}y^k\|}{\|W^{-1}y^k\|}
&\leq \frac{\|W\|\,\|W^{-1}(W^2 s^k - y^k)\|}{\mu\|s^k\|} \\[2mm]
&\leq \frac{\|W\|\,\|W^{-1}\|\,\|y^k - W^2 s^k\|}{\mu\|s^k\|} \\[2mm]
&\leq \frac{\|W\|\,\|W^{-1}\|L}{\mu}\max\{\|x^{k+1} - x^*\|, \|x^k - x^*\|\} \\[2mm]
&\leq \frac{\|W\|\,\|W^{-1}\|L}{\mu}\varepsilon_3 \\[2mm]
&\leq \beta.
\end{aligned}
$$

Da die Behauptung für alle $x^k, x^{k+1} \in \mathcal{U}_{\varepsilon_3}(x^*)$ mit $y^k = 0$ offensichtlich ebenfalls gilt (denn $y^k = 0$ impliziert $s^k = 0$ wegen (11.26)), ist das Lemma hiermit bewiesen. $\qquad\Box$

Unter Verwendung der bisherigen Resultate beweisen wir schließlich die folgende zentrale Abschätzung für den (gewichteten) Fehler $\|W(B_{k+1} - \nabla^2 f(x^*)^{-1})W\|_F$ der inversen BFGS–Matrizen.

**Lemma 11.29.** *Seien $f : \mathbb{R}^n \to \mathbb{R}$ zweimal stetig differenzierbar, $\nabla^2 f$ lokal Lipschitz-stetig sowie $x^* \in \mathbb{R}^n$ mit $\nabla f(x^*) = 0$ und $\nabla^2 f(x^*)$ positiv definit gegeben. Sei $W \in \mathbb{R}^{n\times n}$ die gemäß Lemma B.6 existierende symmetrische und positiv definite Quadratwurzel der Matrix $\nabla^2 f(x^*)$. Dann existiert zu jedem $\beta \in [0, 1/3]$ eine Umgebung um $x^*$, so daß*

$$
\begin{aligned}
&\|W(B_{k+1} - \nabla^2 f(x^*)^{-1})W\|_F \\
&\leq (1 - \frac{\alpha}{2}\theta_k^2)\|W(B_k - \nabla^2 f(x^*)^{-1})W\|_F \\
&\quad + \alpha_1\|W(B_k - \nabla^2 f(x^*)^{-1})W\|_F \max\{\|x^{k+1} - x^*\|, \|x^k - x^*\|\} \\
&\quad + \alpha_2 \max\{\|x^{k+1} - x^*\|, \|x^k - x^*\|\}
\end{aligned}
$$

*für alle $x^k, x^{k+1} \in \mathbb{R}^n$ mit $y^k := \nabla f(x^{k+1}) - \nabla f(x^k) \neq 0$ aus dieser Umgebung gilt; dabei sind $\alpha_1, \alpha_2 > 0$ geeignete Konstanten,*

$$\alpha := \frac{1 - 2\beta}{1 - \beta^2} \in [3/8, 1]$$

*und*

$$\theta_k := \begin{cases} \dfrac{\|W(B_k - \nabla^2 f(x^*)^{-1})y^k\|}{\|W(B_k - \nabla^2 f(x^*)^{-1})W\|_F \|W^{-1}y^k\|} & \text{falls } W(B_k - \nabla^2 f(x^*)^{-1})W \neq 0, \\ 0 & \text{falls } W(B_k - \nabla^2 f(x^*)^{-1})W = 0. \end{cases}$$

*Beweis.* Sei $\beta \in [0, 1/3]$ beliebig und setze $W := \nabla^2 f(x^*)^{1/2}$. Wegen Lemma 11.28 existiert eine Umgebung von $x^*$, so daß die Ungleichung (11.19) für alle $x^k, x^{k+1}$ aus dieser Umgebung erfüllt ist, wobei man in (11.19) natürlich wieder $s^k := x^{k+1} - x^k$ zu setzen hat. Mit $A := \nabla^2 f(x^*)^{-1}$ gilt wegen Lemma 11.17 mit einer Lipschitz–Konstanten $L > 0$ ferner

$$\|s^k - \nabla^2 f(x^*)^{-1}y^k\| \leq \|\nabla^2 f(x^*)^{-1}\| \, \|y^k - \nabla^2 f(x^*)s^k\|$$
$$\leq L\|\nabla^2 f(x^*)^{-1}\| \max\{\|x^{k+1} - x^*\|, \|x^k - x^*\|\}\|s^k\|$$

für alle $x^k, x^{k+1} \in \mathbb{R}^n$ aus einer hinreichend kleinen Umgebung von $x^*$.

Da $\nabla^2 f(x^*)$ positiv definit ist, zeigt man wie im Beweis des Lemmas 11.28, daß eine Konstante $\mu > 0$ existiert mit

$$\|y^k\| \geq \mu \|s^k\|$$

für alle $x^k, x^{k+1} \in \mathbb{R}^n$ hinreichend nahe bei $x^*$. Ebenfalls analog zum Beweis des Lemmas 11.28 ergibt sich hieraus die Gültigkeit der Ungleichung

$$\frac{\|s^k\|}{\|W^{-1}y^k\|} \leq \frac{\|W\|}{\mu}$$

(beachte dazu, daß wir $y^k \neq 0$ vorausgesetzt haben). Die letzte Ungleichungskette im Beweis des Lemmas 11.28 zeigte ferner, daß

$$\frac{\|Ws^k - W^{-1}y^k\|}{\|W^{-1}y^k\|} \leq \frac{\|W\| \, \|W^{-1}\| L}{\mu} \max\{\|x^{k+1} - x^*\|, \|x^k - x^*\|\}$$

für alle $x^k, x^{k+1} \in \mathbb{R}^n$ mit $y^k \neq 0$ in einer hinreichend kleinen Umgebung von $x^*$ gilt. Deshalb liefert das Lemma 11.27 mit $A = \nabla^2 f(x^*)^{-1}$ für alle hinreichend dicht bei $x^*$ gelegenen $x^k, x^{k+1} \in \mathbb{R}^n$ mit $y^k \neq 0$ die Abschätzung

$$\|W(B_{k+1} - \nabla^2 f(x^*)^{-1})W\|_F$$
$$\leq \left(1 - \frac{\alpha}{2}\theta_k^2\right) \|W(B_k - \nabla^2 f(x^*)^{-1})W\|_F$$
$$+ \frac{5}{2}\frac{1}{1 - \beta}\frac{\|Ws^k - W^{-1}y^k\|}{\|W^{-1}y^k\|} \|W(B_k - \nabla^2 f(x^*)^{-1})W\|_F$$

$$+2(1+2\sqrt{n})\|W\|_F\frac{\|s^k - \nabla^2 f(x^*)^{-1}y^k\|}{\|W^{-1}y^k\|}$$

$$\leq \left(1 - \frac{\alpha}{2}\theta_k^2\right)\|W(B_k - \nabla^2 f(x^*)^{-1})W\|_F$$

$$+\frac{5}{2}\frac{1}{1-\beta}\frac{\|W\|\,\|W^{-1}\|L}{\mu}\|W(B_k - \nabla^2 f(x^*)^{-1})W\|_F$$

$$\times \max\{\|x^{k+1} - x^*\|, \|x^k - x^*\|\}$$

$$+\frac{2L(1+2\sqrt{n})}{\mu}\|W\|_F\|W\|\,\|\nabla^2 f(x^*)^{-1}\|\max\{\|x^{k+1} - x^*\|, \|x^k - x^*\|\},$$

so daß die Behauptung mit den Konstanten

$$\alpha_1 := \frac{5}{2}\frac{1}{1-\beta}\frac{\|W\|\,\|W^{-1}\|L}{\mu}$$

und

$$\alpha_2 := \frac{2L(1+2\sqrt{n})}{\mu}\|W\|_F\|W\|\,\|\nabla^2 f(x^*)^{-1}\|$$

folgt. $\qquad\qquad\qquad\qquad\qquad\qquad\qquad\qquad\qquad\qquad\qquad\qquad\Box$

Wir kommen nun zum Nachweis der mindestens linearen Konvergenz des BFGS–Verfahrens.

**Satz 11.30.** *Seien $f : \mathbb{R}^n \to \mathbb{R}$ zweimal stetig differenzierbar, $\nabla^2 f$ lokal Lipschitz–stetig sowie $x^* \in \mathbb{R}^n$ mit $\nabla f(x^*) = 0$ und $\nabla^2 f(x^*)$ positiv definit. Dann existieren ein $\varepsilon > 0$ und ein $\delta > 0$, so daß das BFGS–Verfahren 11.22 für jeden Startvektor $x^0 \in \mathbb{R}^n$ mit $\|x^0 - x^*\| < \varepsilon$ und jede symmetrische und positiv definite Startmatrix $B_0 \in \mathbb{R}^{n \times n}$ mit $\|B_0 - \nabla^2 f(x^*)^{-1}\|_F < \delta$ wohldefiniert ist und eine Folge $\{x^k\}$ erzeugt, die (mindestens) linear gegen $x^*$ konvergiert.*

*Beweis.* Setze $W := \nabla^2 f(x^*)^{1/2}$. Wähle $\beta \in [0, 1/3]$ beliebig. Wegen Lemma 11.29 existieren dann Konstanten $\alpha_1 > 0$ und $\alpha_2 > 0$ sowie eine Umgebung von $x^*$, so daß die Ungleichung

$$\begin{aligned}
&\|W(B_{k+1} - \nabla^2 f(x^*)^{-1})W\|_F \\
\leq\ & \|W(B_k - \nabla^2 f(x^*)^{-1})W\|_F \\
& +\alpha_1\|W(B_k - \nabla^2 f(x^*)^{-1})W\|_F \max\{\|x^{k+1} - x^*\|, \|x^k - x^*\|\} \\
& +\alpha_2 \max\{\|x^{k+1} - x^*\|, \|x^k - x^*\|\}
\end{aligned} \qquad (11.27)$$

für alle $x^k, x^{k+1} \in \mathbb{R}^n$ mit $y^k := \nabla f(x^{k+1}) - \nabla f(x^k) \neq 0$ aus dieser Umgebung erfüllt ist.

Da durch die Abbildung $A \mapsto \|WAW\|_F$ eine Norm im $\mathbb{R}^{n \times n}$ definiert ist und alle Normen im $\mathbb{R}^{n \times n}$ äquivalent sind, existiert ferner eine Konstante $\eta > 0$ mit

$$\|A\|_F \leq \eta\|WAW\|_F$$

für alle $A \in \mathbb{R}^{n \times n}$. Seien weiterhin

$$\gamma \geq \|\nabla^2 f(x^*)^{-1}\|_F,$$
$$\sigma \geq \|\nabla^2 f(x^*)\|$$

und

$$r \in (0,1)$$

beliebig gegeben. Wähle nun $\varepsilon > 0$ und $\delta_W > 0$ so, daß die Ungleichung (11.27) in der Umgebung $\mathcal{U}_\varepsilon(x^*)$ gilt und zusätzlich die folgenden Ungleichungen erfüllt sind:

$$(2\eta\delta_W + \gamma)L\varepsilon + 2\sigma\eta\delta_W \leq r,$$
$$\frac{2\alpha_1\delta_W + \alpha_2}{1 - r}\varepsilon \leq \delta_W;$$

eine solche Wahl ist offenbar stets möglich.

Seien nun $x^0 \in \mathbb{R}^n$ mit $\|x^0 - x^*\| < \varepsilon$ und $B_0 \in \mathbb{R}^{n \times n}$ symmetrisch und positiv definit mit $\|W(B_0 - \nabla^2 f(x^*)^{-1})W\|_F < \delta_W$ gewählt. Wir zeigen durch vollständige Induktion, daß die folgenden vier Aussagen für alle $k \in \mathbb{N}$ gelten:

(a)  $\|W(B_k - \nabla^2 f(x^*)^{-1})W\|_F \leq 2\delta_W$;
(b)  $\|B_k\|_F \leq 2\eta\delta_W + \gamma$;
(c)  $B_k$ ist regulär mit $\|B_k^{-1}\| \leq \frac{\sigma}{1-r}$;
(d)  $\|x^{k+1} - x^*\| \leq r\|x^k - x^*\|$.

Wir beginnen mit dem Induktionsanfang $k = 0$: Per Konstruktion ist $\|W(B_0 - \nabla^2 f(x^*)^{-1})W\|_F \leq \delta_W \leq 2\delta_W$. Aus der Definition von $\eta$ folgt daher

$$\begin{aligned}
\|B_0\|_F &\leq \|B_0 - \nabla^2 f(x^*)^{-1}\|_F + \|\nabla^2 f(x^*)^{-1}\|_F \\
&\leq \eta\|W(B_0 - \nabla^2 f(x^*)^{-1})W\|_F + \|\nabla^2 f(x^*)^{-1}\|_F \\
&\leq 2\eta\delta_W + \gamma.
\end{aligned}$$

Aus der Ungleichung

$$\begin{aligned}
\|I - B_0\nabla^2 f(x^*)\| &\leq \sigma\|B_0 - \nabla^2 f(x^*)^{-1}\| \\
&\leq \sigma\|B_0 - \nabla^2 f(x^*)^{-1}\|_F \\
&\leq \sigma\eta\|W(B_0 - \nabla^2 f(x^*)^{-1})W\|_F \\
&\leq 2\sigma\eta\delta_W
\end{aligned} \tag{11.28}$$

ergibt sich unter Anwendung des Lemmas 11.17 daher:

$$\begin{aligned}
\|x^1 &- x^*\| \\
&= \| - B_0\left[\nabla f(x^0) - \nabla f(x^*) - \nabla^2 f(x^*)(x^0 - x^*)\right] \\
&\quad + \left[I - B_0\nabla^2 f(x^*)\right](x^0 - x^*)\|
\end{aligned}$$

$$\leq \|B_0\| \, \|\nabla f(x^0) - \nabla f(x^*) - \nabla^2 f(x^*)(x^0 - x^*)\|$$
$$+ \|I - B_0 \nabla^2 f(x^*)\| \, \|x^0 - x^*\|$$
$$\leq L\|B_0\|_F \|x^0 - x^*\|^2 + 2\eta\sigma\delta_W \|x^0 - x^*\|$$
$$\leq ((2\eta\delta_W + \gamma)L\varepsilon + 2\eta\sigma\delta_W)\, \|x^0 - x^*\|$$
$$\leq r\|x^0 - x^*\|.$$

Außerdem ergibt sich aus (11.28) unmittelbar

$$\|I - B_0 \nabla^2 f(x^*)\| \leq r$$

und daher mit Lemma B.8 die Regularität der Matrix $B_0$ mit

$$\|B_0^{-1}\| \leq \frac{\sigma}{1 - r},$$

womit die Aussagen (a)–(d) für $k = 0$ bewiesen sind.

Es mögen (a)–(d) nun für $j = 0, 1, \ldots, k$ gelten. Dann ist insbesondere $y^j \neq 0$ für alle $j = 0, 1, \ldots, k$; wäre nämlich $y^j = 0$ für einen solchen Index $j$, so wäre wegen (11.26) auch $s^j = 0$, woraus sich unmittelbar $d^j = 0$ und daher aufgrund der Regularität von $B_j$ auch $\nabla f(x^j) = 0$ ergeben würde (vergleiche Schritt (S.2) im Algorithmus 11.22). Dies steht aber im Widerspruch zu unserer allgemeinen Voraussetzung, daß $\nabla f(x^k) \neq 0$ für alle $k \in \mathbb{N}$ gelten soll.

Folglich können wir die Abschätzung (11.27) anwenden. Aus der Induktionsannahme folgt dann

$$\|W(B_{j+1} - \nabla^2 f(x^*)^{-1})W\|_F - \|W(B_j - \nabla^2 f(x^*)^{-1})W\|_F$$
$$\leq (2\alpha_1\delta_W + \alpha_2)\max\{\|x^{j+1} - x^*\|, \|x^j - x^*\|\}$$
$$= (2\alpha_1\delta_W + \alpha_2)\|x^j - x^*\|$$
$$\leq (2\alpha_1\delta_W + \alpha_2)r^j \|x^0 - x^*\|$$

für $j = 0, 1, \ldots, k$. Daher ergibt sich durch Summation:

$$\|W(B_{k+1} - \nabla^2 f(x^*)^{-1})W\|_F - \|W(B_0 - \nabla^2 f(x^*)^{-1})W\|_F$$
$$= \sum_{j=0}^{k} \left( \|W(B_{j+1} - \nabla^2 f(x^*)^{-1})W\|_F - \|W(B_j - \nabla^2 f(x^*)^{-1})W\|_F \right)$$
$$\leq \sum_{j=0}^{k} (2\alpha_1\delta_W + \alpha_2)r^j \|x^0 - x^*\|$$
$$\leq \frac{2\alpha_1\delta_W + \alpha_2}{1 - r}\varepsilon.$$

Also ist

$$\|W(B_{k+1} - \nabla^2 f(x^*)^{-1})W\|_F \leq \|W(B_0 - \nabla^2 f(x^*)^{-1})W\|_F + \frac{2\alpha_1\delta_W + \alpha_2}{1-r}\varepsilon$$

$$\leq \delta_W + \frac{2\alpha_1\delta_W + \alpha_2}{1-r}\varepsilon$$

$$\leq 2\delta_W.$$

Analog zum Induktionsanfang folgt hieraus

$$\|B_{k+1}\|_F \leq 2\eta\delta_W + \gamma.$$

Ebenfalls wie beim Induktionsanfang beweist man daher die Ungleichung

$$\|x^{k+2} - x^*\| \leq r\|x^{k+1} - x^*\|$$

sowie die Regularität der Matrix $B_{k+1}$ mit

$$\|B_{k+1}^{-1}\| \leq \frac{\sigma}{1-r}.$$

Damit sind die Aussagen (a)–(d) für alle $k \in \mathbb{N}$ vollständig bewiesen.

Daraus folgt nun, daß die gesamte Folge $\{x^k\}$ in der Umgebung $\mathcal{U}_\varepsilon(x^*)$ bleibt, wohldefiniert ist und mindestens linear gegen $x^*$ konvergiert, sofern $x^0 \in \mathbb{R}^n$ und $B_0 \in \mathbb{R}^{n\times n}$ symmetrisch und positiv definit so gewählt werden, daß $\|x^0 - x^*\| < \varepsilon$ und $\|W(B_0 - \nabla^2 f(x^*)^{-1})W\|_F < \delta_W$ gelten. Wiederum aufgrund des Normäquivalenzsatzes folgt hieraus die Behauptung des Satzes.

$\square$

**Bemerkung 11.31.** *Wir erwähnen hier ausdrücklich, daß der Beweis des Satzes 11.30 insbesondere zeigt, daß zum einen die Folge*

$$\{\|W(B_k - \nabla^2 f(x^*)^{-1})W\|\}$$

*(mit $W := \nabla^2 f(x^*)^{1/2}$) beschränkt bleibt und daß zum anderen alle Matrizen $B_k$ invertierbar sind mit $\|B_k^{-1}\| \leq c$ für alle $k \in \mathbb{N}$ und eine geeignete Konstante $c > 0$. Wie im Beweis des Satzes 11.30 gezeigt wurde, impliziert letzteres insbesondere, daß wir davon ausgehen können, daß $y^k \neq 0$ für alle $k \in \mathbb{N}$ gilt.*

Als nächstes weisen wir nach, daß die durch den Algorithmus 11.22 erzeugten Folgen $\{x^k\}$ und $\{B_k\}$ einer Art „dualen" Dennis–Moré–Bedingung genügen. Diese wird im anschließenden Resultat dann zum Nachweis der lokal superlinearen Konvergenz des BFGS–Verfahrens benötigt.

**Lemma 11.32.** *Seien $f : \mathbb{R}^n \to \mathbb{R}$ zweimal stetig differenzierbar, $\nabla^2 f$ lokal Lipschitz-stetig sowie $x^* \in \mathbb{R}^n$ mit $\nabla f(x^*) = 0$ und $\nabla^2 f(x^*)$ positiv definit. Sei ferner $\{x^k\}$ eine durch den Algorithmus 11.22 erzeugte Folge mit*

$$\sum_{k=0}^{\infty} \|x^k - x^*\| < \infty \tag{11.29}$$

*(insbesondere konvergiere die Folge $\{x^k\}$ also gegen den Punkt $x^*$). Ist außerdem die durch*

$$\rho_k := \|W(B_k - \nabla^2 f(x^*)^{-1})W\|_F$$

*(mit $W := \nabla^2 f(x^*)^{1/2}$) definierte Folge $\{\rho_k\}$ beschränkt, so gilt*

$$\|(B_k - \nabla^2 f(x^*)^{-1})(\nabla f(x^{k+1}) - \nabla f(x^k))\| = o(\|\nabla f(x^{k+1}) - \nabla f(x^k)\|).$$

*Beweis.* Gemäß Voraussetzung sei $W$ die positiv definite Quadratwurzel der Hesse–Matrix $\nabla^2 f(x^*)$. Sei ferner $\beta \in [0, 1/3]$ beliebig.

Wir gehen zunächst davon aus, daß

$$\rho_k = \|W(B_k - \nabla^2 f(x^*)^{-1})W\|_F \neq 0$$

für alle $k \in \mathbb{N}$ ist. Nach Voraussetzung ist die Folge $\{\rho_k\}$ beschränkt. Wegen Lemma 11.29 existieren daher geeignete Konstanten $\alpha > 0$ und $\rho > 0$ mit

$$\begin{aligned}
\rho_{k+1} &\leq (1 - \tfrac{\alpha}{2}\theta_k^2)\rho_k + \rho \max\{\|x^{k+1} - x^*\|, \|x^k - x^*\|\} \\
&\leq (1 - \tfrac{\alpha}{2}\theta_k^2)\rho_k + \rho\left(\|x^{k+1} - x^*\| + \|x^k - x^*\|\right)
\end{aligned} \tag{11.30}$$

für alle $k \in \mathbb{N}$ hinreichend groß, wobei

$$\theta_k := \frac{\|W(B_k - \nabla^2 f(x^*)^{-1})y^k\|}{\|W(B_k - \nabla^2 f(x^*)^{-1})W\|_F\|W^{-1}y^k\|} \tag{11.31}$$

gilt. Durch Umformung folgt aus (11.30):

$$\frac{\alpha}{2}\theta_k^2\rho_k \leq \rho_k - \rho_{k+1} + \rho\left(\|x^{k+1} - x^*\| + \|x^k - x^*\|\right)$$

für alle $k \in \mathbb{N}$ hinreichend groß, etwa für alle $k \geq k_0$ mit einem geeigneten $k_0 \in \mathbb{N}$. Summation dieser Ungleichung für $k = k_0, k_0 + 1, \ldots, \ell$ liefert dann mit $S := \sum_{k=0}^{\infty} \|x^k - x^*\| < \infty$:

$$\rho_{\ell+1} + \frac{\alpha}{2}\sum_{k=k_0}^{\ell} \theta_k^2\rho_k \leq \rho_{k_0} + 2\rho S.$$

Da die rechte Seite von $\ell$ unabhängig ist und auf der linken Seite alle Summanden nichtnegativ sind, erhält man $\sum_{k=0}^{\infty} \theta_k^2\rho_k < \infty$; insbesondere ist dann $\lim_{k\to\infty} \theta_k^2\rho_k = 0$. Aus der Beschränktheit der Folge $\{\rho_k\}$ folgt daher $\lim_{k\to\infty} \theta_k^2\rho_k^2 = 0$ und somit $\lim_{k\to\infty} \theta_k\rho_k = 0$. Wegen

$$\theta_k\rho_k = \frac{\|W(B_k - \nabla^2 f(x^k)^{-1})y^k\|}{\|W^{-1}y^k\|}$$

ergibt sich

$$\|W(B_k - \nabla^2 f(x^*)^{-1})y^k\| = o(\|W^{-1}y^k\|),$$

was aufgrund der Äquivalenz aller Normen im $\mathbb{R}^n$ nichts anderes als die „duale" Dennis–Moré–Bedingung

$$\|(B_k - \nabla^2 f(x^*)^{-1})y^k\| = o(\|y^k\|)$$

ist (man beachte dazu, daß durch die Vorschrift $\|x\|_W := \|Wx\|$ für jedes reguläre $W \in \mathbb{R}^{n \times n}$ wieder eine Vektornorm im $\mathbb{R}^n$ definiert wird). Damit ist die Behauptung im Fall $W(B_k - \nabla^2 f(x^*)^{-1})W \neq 0$ für alle $k \in \mathbb{N}$ bewiesen.

Ist nun $W(B_k - \nabla^2 f(x^*)^{-1})W = 0$ und somit aufgrund der Regularität von $W$ auch $B_k - \nabla^2 f(x^*)^{-1} = 0$ für endlich oder unendlich viele Indizes $k \in \mathbb{N}$, so bleibt die Behauptung offenbar richtig.    $\square$

Abschließend kommen wir nun zum Hauptresultat dieses Abschnittes, nämlich dem Nachweis der lokal superlinearen Konvergenz des BFGS–Verfahrens 11.22.

**Satz 11.33.** *Seien $f : \mathbb{R}^n \to \mathbb{R}$ zweimal stetig differenzierbar, $\nabla^2 f$ lokal Lipschitz–stetig sowie $x^* \in \mathbb{R}^n$ mit $\nabla f(x^*) = 0$ und $\nabla^2 f(x^*)$ positiv definit. Dann existieren ein $\varepsilon > 0$ und ein $\delta > 0$, so daß das BFGS–Verfahren 11.22 für jeden Startvektor $x^0 \in \mathbb{R}^n$ mit $\|x^0 - x^*\| < \varepsilon$ und jede symmetrische und positiv definite Startmatrix $B_0 \in \mathbb{R}^{n \times n}$ mit $\|B_0 - \nabla^2 f(x^*)^{-1}\|_F < \delta$ wohldefiniert ist und eine Folge $\{x^k\}$ erzeugt, die superlinear gegen $x^*$ konvergiert.*

*Beweis.* Aufgrund des Satzes 11.30 konvergiert die Folge $\{x^k\}$ zumindest linear gegen $x^*$. Unter Verwendung der geometrischen Reihe erkennt man dann, daß die Voraussetzung (11.29) des Lemmas 11.32 erfüllt ist. Wegen Bemerkung 11.31 ist außerdem die durch

$$\rho_k := \|W(B_k - \nabla^2 f(x^*)^{-1})W\|_F$$

(mit $W := \nabla^2 f(x^*)^{1/2}$) definierte Folge $\{\rho_k\}$ beschränkt. Lemma 11.32 impliziert daher, daß die durch den Algorithmus 11.22 erzeugten Folgen $\{x^k\}$ und $\{B_k\}$ der „dualen" Dennis–Moré–Bedingung

$$\|(B_k - \nabla^2 f(x^*)^{-1})y^k\| = o(\|y^k\|) \tag{11.32}$$

genügen, wobei wir wieder die Abkürzung $y^k := \nabla f(x^{k+1}) - \nabla f(x^k)$ für $k \in \mathbb{N}$ benutzen.

Wir wollen nun zeigen, daß sich aus der Bedingung (11.32) bereits die superlineare Konvergenz der Folge $\{x^k\}$ ergibt. Dazu gehen wir ähnlich vor wie beim Beweis des Charakterisierungssatzes 7.8.

Wegen $d^k = -B_k \nabla f(x^k)$ gilt zunächst

$$B_k y^k = B_k \nabla f(x^{k+1}) + d^k.$$

Also ist

$$\left(B_k - \nabla^2 f(x^*)^{-1}\right) y^k = B_k \nabla f(x^{k+1}) - \nabla^2 f(x^*)^{-1} \left(y^k - \nabla^2 f(x^*)d^k\right).$$

$$\tag{11.33}$$

Aufgrund der Bemerkung 11.31 sind alle Matrizen $B_k$ regulär, und es existiert eine Konstante $c > 0$ mit

$$\|B_k^{-1}\| \leq c$$

für alle $k \in \mathbb{N}$. Damit folgt aus (11.33):

$$\|\nabla f(x^{k+1})\| \leq c \left[\|(B_k - \nabla^2 f(x^*)^{-1})y^k\| + \|\nabla^2 f(x^*)^{-1}\| \, \|y^k - \nabla^2 f(x^*)d^k\|\right]$$

für alle $k \in \mathbb{N}$. Aus dem Lemma 11.17 ergibt sich somit mit einer lokalen Lipschitz–Konstanten $L > 0$ die Abschätzung

$$\|\nabla f(x^{k+1})\| \leq c \left[\|(B_k - \nabla^2 f(x^*)^{-1})y^k\| + L\|\nabla^2 f(x^*)^{-1}\| \, \|x^k - x^*\| \, \|d^k\|\right] \tag{11.34}$$

für alle $k \in \mathbb{N}$, wobei wir bereits ausgenutzt haben, daß aufgrund der schon bekannten linearen Konvergenz $\|x^{k+1} - x^*\| \leq \|x^k - x^*\|$ gilt.

Aufgrund der zweimaligen stetigen Differenzierbarkeit von $f$ existiert ferner eine lokale Lipschitz–Konstante $\tilde{L} > 0$ mit

$$\|y^k\| \leq \tilde{L}\|d^k\|$$

für alle $k \in \mathbb{N}$ groß genug. Damit ergibt sich aus (11.34) und der dualen Dennis–Moré–Bedingung für alle hinreichend großen $k \in \mathbb{N}$:

$$\begin{aligned}
&\frac{\|\nabla f(x^{k+1})\|}{\|d^k\|} \\
&\leq c \left[\frac{\|(B_k - \nabla^2 f(x^*)^{-1})y^k\|}{\|d^k\|} + L\|\nabla^2 f(x^*)^{-1}\|\|x^k - x^*\|\right] \\
&\leq c \left[\tilde{L}\frac{\|(B_k - \nabla^2 f(x^*)^{-1})y^k\|}{\|y^k\|} + L\|\nabla^2 f(x^*)^{-1}\|\|x^k - x^*\|\right] \\
&\to 0.
\end{aligned}$$

Wegen Lemma 7.4 existiert ferner eine Konstante $\beta > 0$ mit

$$\|\nabla f(x^{k+1})\| \geq \beta\|x^{k+1} - x^*\|$$

für alle hinreichend großen $k \in \mathbb{N}$. Aus der bereits bekannten linearen Konvergenz der Folge $\{x^k\}$ gegen $x^*$ ergibt sich weiterhin

$$\|d^k\| \leq \|x^{k+1} - x^*\| + \|x^k - x^*\| \leq 2\|x^k - x^*\|$$

für alle $k \in \mathbb{N}$. Daher folgt

$$\frac{\beta\|x^{k+1} - x^*\|}{2\|x^k - x^*\|} \leq \frac{\|\nabla f(x^{k+1})\|}{\|d^k\|} \to 0,$$

so daß die Folge $\{x^k\}$ in der Tat superlinear gegen $x^*$ konvergiert. $\qquad\square$

Man beachte übrigens, daß wir im Satz 11.33 zum Nachweis der superlinearen Konvergenz des BFGS–Verfahrens voraussetzen mußten, daß die Hesse–Matrix $\nabla^2 f(x^*)$ positiv definit ist, während im entsprechenden Konvergenzsatz 11.21 für das PSB–Verfahren lediglich die Regularität dieser Matrix gefordert wurde (wie auch beim lokalen Newton–Verfahren, siehe Satz 9.2). Die positive Definitheit von $\nabla^2 f(x^*)$ ging entscheidend bei der Wahl der Gewichtungsmatrix $W$ ein, mit der im Lemma 11.28 nachgewiesen werden konnte, daß die vorher benutzte Voraussetzung (11.19) lokal stets erfüllt ist.

Abschließend bemerken wir auch hier, daß eine genaue Inspektion des Beweises vom Satz 11.33 eigentlich sogar das folgende Resultat zeigt (vergleiche Aufgabe 11.8): Wann immer das (inverse) BFGS–Verfahren 11.22 unter den Voraussetzungen des Satzes 11.33 eine Folge $\{x^k\}$ erzeugt, für die (11.29) gilt und die durch

$$\rho_k := \|W(B_k - \nabla^2 f(x^*)^{-1})W\|_F$$

(mit $W := \nabla^2 f(x^*)^{1/2}$) erzeugte Folge $\{\rho_k\}$ beschränkt bleibt, so konvergiert die Folge $\{x^k\}$ bereits superlinear gegen $x^*$. Der Beweis des Satzes 11.33 benutzt an zwei Stellen zwar explizit die bereits aus dem Satz 11.30 bekannte lineare Konvergenz der Folge $\{x^k\}$, in beiden Fällen läßt sich die lineare Konvergenz aber durch die schwächere Bedingung (11.29) ersetzen.

Diese Variante des Satzes 11.33 wird im Abschnitt 11.5 noch benutzt werden.

## 11.4 Globalisierte Quasi–Newton–Verfahren

Bislang haben wir nur lokale Quasi–Newton–Verfahren betrachtet und dementsprechend auch nur das lokale Konvergenzverhalten von Quasi–Newton–Verfahren untersucht. Analog zum Vorgehen in den Kapiteln 9 und 10 wollen wir in diesem Abschnitt nun globalisierte Quasi–Newton–Verfahren betrachten, indem wir zunächst eine Schrittweitenstrategie einführen.

Im Gegensatz zu den Newton– und inexakten Newton–Verfahren wählen wir hier jedoch nicht die Armijo–Regel, sondern die Wolfe–Powell–Schrittweitenstrategie zur Globalisierung der Quasi–Newton–Verfahren. Der Grund hierfür wird im Laufe dieses Abschnittes noch klar werden. Außerdem beschränken wir uns in diesem Abschnitt beispielhaft auf das BFGS–Verfahren. In der Aufgabe 11.16 gehen wir auf eine analoge Globalisierung des DFP–Verfahrens ein.

Wir untersuchen also den folgenden Algorithmus, wobei wir hier, im Gegensatz zum Algorithmus 11.22, von der direkten BFGS–Aufdatierungsformel Gebrauch machen.

**Algorithmus 11.34.** *(Globalisiertes BFGS–Verfahren)*

*(S.0) Wähle $x^0 \in \mathbb{R}^n, H_0 \in \mathbb{R}^{n \times n}$ symmetrisch und positiv definit, $\sigma \in (0, 1/2), \rho \in (\sigma, 1), \varepsilon \geq 0$, und setze $k := 0$.*

*(S.1)  Ist $\|\nabla f(x^k)\| \le \varepsilon$: STOP.*

*(S.2)  Bestimme $d^k$ aus*

$$d^k := -H_k^{-1}\nabla f(x^k)$$

*(S.3)  Bestimme ein $t_k > 0$, so daß die Wolfe–Powell–Bedingungen*

$$f(x^k + t_k d^k) \le f(x^k) + \sigma t_k \nabla f(x^k)^T d^k,$$
$$\nabla f(x^k + t_k d^k)^T d^k \ge \rho \nabla f(x^k)^T d^k$$

*erfüllt sind.*

*(S.4)  Setze $x^{k+1} := x^k + t_k d^k, s^k := x^{k+1} - x^k, y^k := \nabla f(x^{k+1}) - \nabla f(x^k)$
und*

$$H_{k+1} := H_k + \frac{y^k (y^k)^T}{(y^k)^T s^k} - \frac{H_k s^k (s^k)^T H_k}{(s^k)^T H_k s^k}.$$

*(S.5)  Setze $k \leftarrow k + 1$, und gehe zu (S.1).*

Wie immer gehen wir davon aus, daß der Algorithmus 11.34 nicht nach endlich vielen Schritten abbricht, so daß $\nabla f(x^k) \neq 0$ für alle $k \in \mathbb{N}$ gilt. Das Ziel dieses Abschnittes wird es nun sein, zumindest die Wohldefiniertheit des Algorithmus 11.34 zu zeigen. Zu diesem Zweck benötigen wir das folgende Lemma (vgl. auch Aufgabe 11.15).

**Lemma 11.35.** *Sind $s^k, y^k \in \mathbb{R}^n$ mit $(s^k)^T y^k > 0$ gegeben sowie $H_k \in \mathbb{R}^{n \times n}$ symmetrisch und positiv definit, so ist auch die BFGS–Aufdatierungsmatrix $H_{k+1}$ symmetrisch und positiv definit.*

*Beweis.* Offenbar ist $H_{k+1}$ symmetrisch. Da $H_k$ nach Voraussetzung symmetrisch und positiv definit ist, existiert wegen Lemma B.6 eine ebenfalls symmetrische und positiv definite Quadratwurzel $H_k^{1/2}$ von $H_k$. Sei nun $d \in \mathbb{R}^n \setminus \{0\}$ gegeben und setze

$$z^k := H_k^{1/2} s^k, \quad w^k := H_k^{1/2} d.$$

Dann ist

$$\begin{aligned}
d^T H_{k+1} d &= d^T H_k d + \frac{(d^T y^k)^2}{(y^k)^T s^k} - \frac{(d^T H_k s^k)^2}{(s^k)^T H_k s^k} \\
&= (w^k)^T w^k + \frac{(d^T y^k)^2}{(y^k)^T s^k} - \frac{((w^k)^T z^k)^2}{(z^k)^T z^k} \\
&\ge (w^k)^T w^k + \frac{(d^T y^k)^2}{(y^k)^T s^k} - \frac{\|w^k\|^2 \|z^k\|^2}{\|z^k\|^2} \\
&= \frac{(d^T y^k)^2}{(y^k)^T s^k} \\
&\ge 0.
\end{aligned}$$

Insbesondere kann in dieser Kette von Ungleichungen nur dann

$$d^T H_{k+1} d = 0$$

auftreten, wenn sowohl $(w^k)^T z^k = \|w^k\| \, \|z^k\|$ als auch $d^T y^k = 0$ gelten. Ist nun $(w^k)^T z^k = \|w^k\| \, \|z^k\|$, so sind $w^k$ und $z^k$ linear abhängig. Also existiert ein $\alpha \in \mathbb{R}$ mit $w^k = \alpha z^k$. Dann ist auch $d = \alpha s^k$ und somit wegen $d^T y^k = 0$ auch $(s^k)^T y^k = 0$ im Widerspruch zu unserer Voraussetzung. Folglich gilt

$$d^T H_{k+1} d > 0$$

für alle Vektoren $d \in \mathbb{R}^n$ mit $d \neq 0$, d.h., $H_{k+1}$ ist auch positiv definit.    □

Zum Nachweis der Wohldefiniertheit des Algorithmus 11.34 ist ferner das folgende Resultat von Bedeutung.

**Lemma 11.36.** *Ist im $k$–ten Iterationsschritt des globalisierten BFGS–Verfahrens 11.34 $H_k$ symmetrisch und positiv definit und existiert eine Schrittweite $t_k > 0$, die den Wolfe–Powell–Bedingungen aus dem Schritt (S.3) des Algorithmus 11.34 genügt, so gilt $(s^k)^T y^k > 0$.*

*Beweis.* Sei $k \in \mathbb{N}$ fest gewählt. Aus den Vorschriften der Wolfe–Powell–Schrittweitenregel folgt dann:

$$\begin{aligned}
(s^k)^T y^k &= (x^{k+1} - x^k)^T (\nabla f(x^{k+1}) - \nabla f(x^k)) \\
&= t_k (d^k)^T (\nabla f(x^{k+1}) - \nabla f(x^k)) \\
&\geq t_k \rho \nabla f(x^k)^T d^k - t_k \nabla f(x^k)^T d^k \\
&= t_k (\rho - 1) \nabla f(x^k)^T d^k \\
&= t_k (1 - \rho) \nabla f(x^k)^T H_k^{-1} \nabla f(x^k) \\
&> 0
\end{aligned}$$

wegen $\nabla f(x^k) \neq 0$. Damit ist die Behauptung bewiesen.    □

Man beachte, daß in den Beweis des Lemmas 11.36 entscheidend die Wahl der Wolfe–Powell–Schrittweitenstrategie zur Bestimmung von $t_k > 0$ einging.

Aus diesen Vorbereitungen ergibt sich nun das folgende Resultat.

**Satz 11.37.** *Sei $f : \mathbb{R}^n \to \mathbb{R}$ stetig differenzierbar und nach unten beschränkt. Dann gelten für das globalisierte BFGS–Verfahren 11.34:*

*(a) Es ist $(s^k)^T y^k > 0$ für alle $k \in \mathbb{N}$.*
*(b) Die Matrizen $H_k$ sind symmetrisch und positiv definit für alle $k \in \mathbb{N}$.*
*(c) Das Verfahren ist wohldefiniert.*

*Beweis.* Die Aussagen (a), (b) und (c) folgen aus den Lemmata 11.35 und 11.36 mittels vollständiger Induktion: Ist $H_k$ symmetrisch und positiv definit, so ist wegen $\nabla f(x^k) \neq 0$

$$\nabla f(x^k)^T d^k < 0;$$

folglich existiert aufgrund des Satzes 5.3 (a) eine Schrittweite $t_k > 0$, die den Wolfe–Powell–Bedingungen genügt. Der $k$–te Iterationsschritt ist somit wohldefiniert, aus Lemma 11.36 folgt $(s^k)^T y^k > 0$ und wegen Lemma 11.35 ist auch $H_{k+1}$ symmetrisch und positiv definit.    □

Abschließend diskutieren wir noch die globalen und lokalen Konvergenzeigenschaften des Algorithmus 11.34 und beschreiben gegebenenfalls kurz geeignete Modifikationen dieses Verfahrens.

Dazu bemerken wir zunächst, daß wir zum einen gerne die Eigenschaft nachweisen möchten, daß jeder Häufungspunkt einer durch das globalisierte BFGS–Verfahren erzeugten Folge $\{x^k\}$ ein stationärer Punkt von $f$ ist, und daß wir lokal wieder superlineare Konvergenz haben.

Leider gilt i.a. keine dieser beiden wünschenswerten Eigenschaften für den Algorithmus 11.34, ganz im Gegensatz zu den globalisierten Newton– und inexakten Newton–Verfahren aus den Abschnitten 9.2 und 10.2. Allerdings läßt sich die globale Konvergenz sehr leicht erzwingen: Zum Beispiel kann man immer dann $d^k := -\nabla f(x^k)$ setzen, wenn die im Algorithmus 11.34 berechneten Quasi–Newton–Suchrichtungen nicht der Winkelbedingung aus dem Satz 4.6 genügen. Auf diese Weise erreicht man, daß in jedem Iterationsschritt diese Winkelbedingung erfüllt ist. Unter den Voraussetzungen des Satzes 4.6 folgt dann, daß jeder Häufungspunkt einer durch ein derartig modifiziertes Verfahren zumindest ein stationärer Punkt von $f$ ist.

Allerdings ist bei einer solchen Modifikation keineswegs klar, wie man die neue Matrix $H_{k+1}$ zu berechnen hat. Man könnte beispielsweise $H_{k+1}$ als BFGS–Aufdatierung der Einheitsmatrix $I$ wählen, denn die Suchrichtung $d^k := -\nabla f(x^k)$ im $k$–ten Iterationsschritt entspricht formal der Wahl $H_k := I$. Naheliegender ist vielleicht die Wahl $H_{k+1} := H_k$, da man in der Matrix $H_k$ bereits eine Reihe von Informationen gesammelt hat, die man ungerne verlieren möchte. Andererseits ist auch diese Wahl nicht ganz unkritisch, denn gerade die Matrix $H_k$ hat im $k$–ten Iterationsschritt ja dafür gesorgt, daß die zugehörige Suchrichtung $d^k = -H_k^{-1}\nabla f(x^k)$ nicht der Winkelbedingung genügt.

Alternativ bietet sich an, die neue Matrix $H_{k+1}$ auch bei Wahl der Gradientenrichtung im $k$–ten Iterationsschritt ganz normal mit der BFGS–Aufdatierungsformel zu berechnen. Schließlich könnte man auch $H_{k+1} := \nabla^2 f(x^{k+1})$ setzen, soweit die Hesse–Matrix von $f$ günstig ausgewertet werden kann und positiv definit ist. Wir gehen auf die Eigenschaften dieser verschiedenen Verfahren nicht weiter ein, verweisen den interessierten Leser aber auf den Abschnitt 11.5 aus dem Buch [71] von Kosmol, wo verschiedene Globalisierungen von Quasi–Newton–Verfahren auch theoretisch etwas mehr untersucht werden.

Schließlich diskutieren wir noch die lokalen Konvergenzeigenschaften des globalisierten BFGS–Verfahrens: In der Praxis wird man nicht selten beobachten, daß die durch den Algorithmus 11.34 erzeugte Folge von Matrizen $\{H_k\}$ gegen die Hesse–Matrix $\nabla^2 f(x^*)$ in einer „Lösung" $x^*$ des Optimierungsproblems konvergiert. In diesem Fall folgt die superlineare Konvergenz einer durch den Algorithmus 11.34 erzeugten Folge unmittelbar aus der Dennis–Moré–Charakterisierung, siehe das Korollar 7.9; dazu muß man allerdings sicherstellen, daß stets die Schrittweite $t_k = 1$ gewählt wird, sofern diese den Wolfe–Powell–Bedingungen genügt. Man kann dann zeigen, daß unter den Voraussetzungen des lokalen Konvergenzsatzes 11.33 der Algorithmus 11.34 stets die volle Schrittweite $t_k = 1$ akzeptiert, siehe Aufgabe 7.7.

Tatsächlich läßt sich für bestimmte Klassen von Funktionen die Konvergenz von $\{H_k\}$ gegen die exakte Hesse–Matrix $\nabla^2 f(x^*)$ beweisen, und zwar nicht nur für die Folge der BFGS–Aufdatierungsmatrizen, sondern für eine ganze Reihe weiterer Quasi–Newton–Formeln. Für strikt konvexe quadratische Funktionen wird dieses Thema in der Aufgabe 13.11 diskutiert. Für weitergehende Untersuchungen vergleiche man etwa die Arbeiten von Ge und Powell [44], Stoer [113] sowie Boggs und Tolle [6].

Für allgemeine Funktionen läßt sich die Konvergenz der Folge $\{H_k\}$ gegen $\nabla^2 f(x^*)$ leider nicht beweisen; selbst wenn die Folge $\{H_k\}$ konvergiert, tut sie dies nicht notwendig gegen die Hesse–Matrix $\nabla^2 f(x^*)$. Zum Glück ist dies für den Nachweis der superlinearen Konvergenz aber auch nicht nötig, und man beobachtet in der Praxis auch sonst häufig lokal schnelle Konvergenz.

## 11.5 Konvergenz bei gleichmäßig konvexen Funktionen

In diesem Abschnitt betrachten wir weiterhin das globalisierte BFGS–Verfahren aus dem Algorithmus 11.34. Wir wollen zeigen, daß dieses Verfahren für eine zweimal stetig differenzierbare und gleichmäßig konvexe Zielfunktion $f$ global gegen das eindeutig bestimmte Minimum von $f$ konvergiert, und zwar bei beliebiger Wahl des Startvektors $x^0 \in \mathbb{R}^n$ und beliebiger Wahl der symmetrischen und positive definiten Startmatrix $H_0 \in \mathbb{R}^{n \times n}$. Dies ist ein sehr starkes Konvergenzresultat für das BFGS–Verfahren, und es ist zur Zeit nicht bekannt, ob dies auch für das DFP–Verfahren gilt.

Der erste Beweis für diesen Konvergenzsatz stammt von Powell [95]. Wir folgen in unserer Darstellung jedoch einem neueren Beweis, der auf Werner [118] zurückgeht, siehe auch das Numerik–Buch [119, Abschnitt 7.3.3] von Werner. Mit anderen Mitteln haben auch Byrd und Nocedal [13] dieses Resultat erzielt, sogar für verschiedene Schrittweitenstrategien inklusive der Armijo–Regel. Wir verweisen hierzu auch auf das Lehrbuch [108, Satz 3.1.13] von Spellucci.

Als Vorbereitung für den Konvergenzsatz benötigen wir zunächst einige Lemmata. Wir beginnen zunächst mit dem einfachen

**Lemma 11.38.** *Seien $u, v \in \mathbb{R}^n$ gegeben. Dann ist*

$$\det(I + uv^T) = 1 + u^T v.$$

*Beweis.* Bekanntlich ist $\det(A)$ für eine beliebige Matrix $A \in \mathbb{R}^{n \times n}$ gleich dem Produkt aller Eigenwerte von $A$. Seien nun $\lambda_1, \ldots, \lambda_n$ die Eigenwerte von $uv^T$. Dann sind $1 + \lambda_i, 1 \leq i \leq n$, die Eigenwerte von $I + uv^T$. Sei nun $u \neq 0$ vorausgesetzt (anderenfalls ist das Lemma offenbar richtig). Da $uv^T$

höchstens eine Rang 1–Matrix ist, gilt $\lambda_i = 0$ für zumindest $n - 1$ Indizes $i$. Wegen

$$(uv^T)u = u(v^Tu) = (v^Tu)u$$

und $u \neq 0$ ist ferner $v^Tu$ der evtl. einzige Eigenwert von $uv^T$, der von Null verschieden ist. Insgesamt folgt daher

$$\det(I + uv^T) = \prod_{i=1}^{n}(1 + \lambda_i) = 1 + u^Tv$$

und damit die Behauptung.   $\square$

Das folgende Lemma von Pearson [89] enthält eine nützliche Rekursionsformel für die Determinanten der BFGS–Aufdatierungsmatrizen.

**Lemma 11.39.** *Seien $H_k \in \mathbb{R}^{n \times n}$ symmetrisch und positiv definit, $s^k, y^k \in \mathbb{R}^n$ mit $(s^k)^T y^k > 0$ und $H_{k+1}$ die BFGS–Aufdatierungsmatrix von $H_k$. Dann gilt*

$$\det(H_{k+1}) = \frac{(y^k)^T s^k}{(s^k)^T H_k s^k}\,\det(H_k).$$

*Beweis.* Mit

$$A_k := H_k + \frac{y^k(y^k)^T}{(y^k)^T s^k}$$

folgt sofort

$$H_{k+1} = A_k - \frac{(H_k s^k)(H_k s^k)^T}{(s^k)^T H_k s^k}.$$

Wegen Lemma 11.38 ist

$$\det(A_k) = \det\left[H_k\left(I + \frac{H_k^{-1}y^k(y^k)^T}{(y^k)^T s^k}\right)\right] = \left(1 + \frac{(y^k)^T H_k^{-1} y^k}{(y^k)^T s^k}\right)\det(H_k).$$

Nun rechnet man sehr leicht nach, daß die Inverse $A_k^{-1}$ existiert und durch den Ausdruck

$$A_k^{-1} = H_k^{-1} - \frac{H_k^{-1}y^k(y^k)^T H_k^{-1}}{(y^k)^T s^k + (y^k)^T H_k^{-1} y^k}$$

gegeben ist. Daher läßt sich $H_{k+1}$ in der Gestalt

$$H_{k+1} = A_k\left(I - \frac{A_k^{-1}H_k s^k(H_k s^k)^T}{(s^k)^T H_k s^k}\right)$$

schreiben, womit durch erneute Anwendung von Lemma 11.38 folgt:

$$\det(H_{k+1}) = \left(1 - \frac{(s^k)^T H_k A_k^{-1} H_k s^k}{(s^k)^T H_k s^k}\right)\det(A_k).$$

Einsetzen von $A_k^{-1}$ ergibt daher mit etwas Rechnung:

$$\det(H_{k+1})$$

$$= \det(H_k)\left(1 + \frac{(y^k)^T H_k^{-1} y^k}{(y^k)^T s^k}\right)$$

$$\times \left(1 - \frac{(s^k)^T H_k}{(s^k)^T H_k s^k}\left(H_k^{-1} - \frac{H_k^{-1} y^k (y^k)^T H_k^{-1}}{(y^k)^T s^k + (y^k)^T H_k^{-1} y^k}\right) H_k s^k\right)$$

$$= \det(H_k)\left(\frac{(y^k)^T s^k + (y^k)^T H_k^{-1} y^k}{(y^k)^T s^k}\right)\left(\frac{(s^k)^T y^k (y^k)^T s^k}{(s^k)^T H_k s^k [(y^k)^T s^k + (y^k)^T H_k^{-1} y^k]}\right)$$

$$= \det(H_k)\left(\frac{(y^k)^T s^k}{(s^k)^T H_k s^k}\right).$$

Damit ist das Lemma schließlich bewiesen. $\qquad\Box$

Der Beweis unseres globalen Konvergenzsatzes basiert auf dem Satz 4.7. Da die von uns benutzte Wolfe–Powell–Schrittweitenstrategie aufgrund des Satzes 5.3 effizient ist, haben wir lediglich die Zoutendijk–Bedingung zu überprüfen. Dazu werden wir zeigen, daß ausreichend viele der durch den Algorithmus 11.34 erzeugten Suchrichtungen der Bedingung

$$\delta_k := \left(\frac{\nabla f(x^k)^T d^k}{\|\nabla f(x^k)\|\,\|d^k\|}\right)^2 \geq c$$

für eine Konstante $c > 0$ genügen. Zu diesem Zweck benötigen wir noch das

**Lemma 11.40.** *Sind $\alpha_0, \ldots, \alpha_k \geq 0$ und $a > 0$ Konstanten mit*

$$\sum_{j=0}^{k} \alpha_j \leq (k+1)a,$$

*so existiert eine aus mindestens $\frac{2}{3}(k+1)$ Elementen bestehende Indexmenge $J_k \subseteq \{0, \ldots, k\}$ mit $\alpha_j \leq 3a$ für alle $j \in J_k$.*

*Beweis.* Setze $I_k := \{i \in \{0, \ldots, k\}\,|\,\alpha_i > 3a\}$. Dann ist

$$3a|I_k| < \sum_{i \in I_k} \alpha_i \leq \sum_{j=0}^{k} \alpha_j \leq (k+1)a.$$

Also besitzt $I_k$ weniger als $\frac{1}{3}(k+1)$ Elemente. Somit ist $J_k := \{0, \ldots, k\} \setminus I_k$ die gesuchte Indexmenge. $\qquad\Box$

Als eine einfache Konsequenz des Lemmas 11.40 erhalten wir das

**Korollar 11.41.** *Sind $\beta_0, \ldots, \beta_k \geq 1$ und $b > 1$ Konstanten mit*

$$\prod_{j=0}^{k} \beta_j \leq b^{k+1},$$

*so existiert eine aus mindestens $\frac{2}{3}(k+1)$ Elementen bestehende Indexmenge $J_k \subseteq \{0, 1, \ldots, k\}$ mit $\beta_j \leq b^3$ für alle $j \in J_k$.*

*Beweis.* Man wende das Lemma 11.40 mit $\alpha_j := \ln\beta_j$ und $a := \ln b$ an und benutze das Additionstheorem des ln.                                    $\square$

Wir kommen nun zu dem Hauptresultat dieses Abschnittes.

**Satz 11.42.** *Seien $f : \mathbb{R}^n \to \mathbb{R}$ zweimal stetig differenzierbar, die Levelmenge $\mathcal{L}(x^0) := \{x \in \mathbb{R}^n \mid f(x) \le f(x^0)\}$ konvex und $f$ gleichmäßig konvex auf $\mathcal{L}(x^0)$. Sei $\{x^k\}$ eine durch das globalisierte BFGS–Verfahren 11.34 erzeugte Folge mit beliebigem Startpunkt $x^0 \in \mathbb{R}^n$ und beliebiger (symmetrischer und positiv definiter) Startmatrix $H_0 \in \mathbb{R}^{n \times n}$. Dann konvergiert die gesamte Folge $\{x^k\}$ gegen das eindeutig bestimmte Minimum $x^*$ von $f$.*

*Beweis.* Der Beweis erfolgt in mehreren Teilschritten.

(a) Wir beginnen zunächst mit einigen vorbereitenden Überlegungen: Nach Satz 11.37 ist die Folge $\{H_k\}$ symmetrisch und positiv definit, $d^k$ stets eine Abstiegsrichtung von $f$ in $x^k$ und daher die Folge $\{x^k\}$ selbst aufgrund der gestellten Voraussetzungen wohldefiniert. Wegen Satz 3.7 ist ferner der Gradient $\nabla f$ gleichmäßig monoton auf der Levelmenge $\mathcal{L}(x^0)$. Also existiert ein $\mu > 0$ mit

$$(y^j)^T s^j = (\nabla f(x^{j+1}) - \nabla f(x^j))^T (x^{j+1} - x^j) \ge \mu \|x^{j+1} - x^j\|^2 = \mu \|s^j\|^2$$
$$(11.35)$$

für alle $j \in \mathbb{N}$. Weiterhin ist $\mathcal{L}(x^0)$ kompakt, siehe Lemma 3.9. Nach Bemerkung 5.4 ist der Gradient $\nabla f$ Lipschitz–stetig auf der Levelmenge $\mathcal{L}(x^0)$, d.h., es existiert ein $L > 0$ mit

$$\|y^j\| = \|\nabla f(x^{j+1}) - \nabla f(x^j)\| \le L \|x^{j+1} - x^j\| = L \|s^j\| \qquad (11.36)$$

für alle $j \in \mathbb{N}$.

(b) Wir zeigen nun, daß eine Konstante $c_1 > 0$ existiert mit

$$\mathrm{Spur}(H_{k+1}) \le c_1(k+1) \quad \text{für alle } k \in \mathbb{N}. \qquad (11.37)$$

Aus der Aufdatierungsvorschrift und der positiven Definitheit von $H_{k+1}$ ergibt sich induktiv

$$\begin{aligned}
0 < \mathrm{Spur}(H_{k+1}) \\
= \mathrm{Spur}(H_k) - \frac{\|H_k s^k\|^2}{(s^k)^T H_k s^k} + \frac{\|y^k\|^2}{(y^k)^T s^k} \\
\le \mathrm{Spur}(H_k) + \frac{\|y^k\|^2}{(y^k)^T s^k} \\
\vdots \\
\le \mathrm{Spur}(H_0) + \sum_{j=0}^{k} \frac{\|y^j\|^2}{(y^j)^T s^j}.
\end{aligned} \qquad (11.38)$$

Der zweite Term läßt sich mit (11.35) und (11.36) abschätzen zu

$$\sum_{j=0}^{k} \frac{\|y^j\|^2}{(y^j)^T s^j} \leq \sum_{j=0}^{k} \frac{L^2 \|s^j\|^2}{\mu \|s^j\|^2} = (k+1)\frac{L^2}{\mu}. \tag{11.39}$$

Also existiert ein $c_1 > 0$ mit (11.37).

(c) Wir zeigen jetzt, daß eine Konstante $c_2 > 0$ existiert mit

$$-\sum_{j=0}^{k} \frac{\|\nabla f(x^j)\|^2}{\nabla f(x^j)^T d^j} \leq c_2(k+1) \quad \text{für alle } k \in \mathbb{N}. \tag{11.40}$$

Ähnlich zum Beweisteil (b) ergibt sich zunächst durch Induktion:

$$0 < \mathrm{Spur}(H_{k+1}) = \mathrm{Spur}(H_k) - \frac{\|H_k s^k\|^2}{(s^k)^T H_k s^k} + \frac{\|y^k\|^2}{(y^k)^T s^k}$$

$$\vdots$$

$$= \mathrm{Spur}(H_0) - \sum_{j=0}^{k} \frac{\|H_j s^j\|^2}{(s^j)^T H_j s^j} + \sum_{j=0}^{k} \frac{\|y^j\|^2}{(y^j)^T s^j}$$

Aus (11.39) und den Definitionen von $d^j$ und $s^j$ folgt daher:

$$-\sum_{j=0}^{k} \frac{\|\nabla f(x^j)\|^2}{\nabla f(x^j)^T d^j} = \sum_{j=0}^{k} \frac{\|H_j d^j\|^2}{(d^j)^T H_j d^j} = \sum_{j=0}^{k} \frac{\|H_j s^j\|^2}{(s^j)^T H_j s^j} < \mathrm{Spur}(H_0) + \frac{L^2}{\mu}(k+1).$$

Hieraus folgt bereits die Behauptung (11.40).

(d) Als nächstes weisen wir nach, daß eine Konstante $c_3 > 0$ existiert mit

$$\prod_{j=0}^{k} \left( \frac{\|\nabla f(x^j)\| \, \|d^j\|}{\nabla f(x^j)^T d^j} \right)^2 \leq c_3^{k+1} \quad \text{für alle } k \in \mathbb{N}. \tag{11.41}$$

Aus dem Lemma 11.39 ergibt sich zunächst per Induktion:

$$\det(H_{k+1}) = \frac{(y^k)^T s^k}{(s^k)^T H_k s^k} \det(H_k) = \ldots = \prod_{j=0}^{k} \frac{(y^j)^T s^j}{(s^j)^T H_j s^j} \det(H_0). \tag{11.42}$$

Bezeichnen wir mit $\lambda_1, \ldots, \lambda_n$ die Eigenwerte von $H_{k+1}$, so gelten bekanntlich

$$\det(H_{k+1}) = \prod_{i=1}^{n} \lambda_i \quad \text{und} \quad \mathrm{Spur}(H_{k+1}) = \sum_{i=1}^{n} \lambda_i.$$

Durch Anwendung der Ungleichung vom geometrisch–arithmetischen Mittel ergibt sich daher

$$\det(H_{k+1}) = \prod_{i=1}^{n} \lambda_i \leq \left(\frac{1}{n}\sum_{i=1}^{n}\lambda_i\right)^n = \left(\frac{1}{n}\mathrm{Spur}(H_{k+1})\right)^n. \qquad (11.43)$$

Aus (11.42) und (11.43) folgt daher mit Teil (b):

$$\prod_{j=0}^{k}\frac{(y^j)^T s^j}{(s^j)^T H_j s^j} = \frac{\det(H_{k+1})}{\det(H_0)} \leq \frac{\left(\frac{1}{n}\mathrm{Spur}(H_{k+1})\right)^n}{\det(H_0)} \leq \frac{\left(\frac{1}{n}c_1(k+1)\right)^n}{\det(H_0)}.$$

Durch erneute Anwendung der Ungleichung vom geometrisch–arithmetischen Mittel folgt unter Verwendung von Teil (c):

$$\prod_{j=0}^{k}\frac{\|H_j s^j\|^2}{(s^j)^T H_j s^j} \leq \left(\frac{1}{k+1}\sum_{j=0}^{k}\frac{\|H_j s^j\|^2}{(s^j)^T H_j s^j}\right)^{k+1}$$

$$= \left(-\frac{1}{k+1}\sum_{j=0}^{k}\frac{\|\nabla f(x^j)\|^2}{\nabla f(x^j)^T d^j}\right)^{k+1}$$

$$\leq c_2^{k+1}.$$

Aus (11.35) ergibt sich daher

$$\prod_{j=0}^{k}\left(\frac{\|\nabla f(x^j)\|\,\|d^j\|}{\nabla f(x^j)^T d^j}\right)^2 = \prod_{j=0}^{k}\frac{\|H_j s^j\|^2\|s^j\|^2}{((s^j)^T H_j s^j)^2}$$

$$\leq \frac{1}{\mu^{k+1}}\prod_{j=0}^{k}\frac{\|H_j s^j\|^2}{(s^j)^T H_j s^j}\prod_{j=0}^{k}\frac{(y^j)^T s^j}{(s^j)^T H_j s^j}$$

$$\leq \left(\frac{c_2}{\mu}\right)^{k+1}\frac{\left(\frac{1}{n}c_1(k+1)\right)^n}{\det(H_0)}$$

$$\leq c_3^{k+1}$$

für ein hinreichend großes $c_3 > 0$.

(e) Wir kommen nun zum eigentlichen Beweis unseres Satzes: Aus dem Teil (d) ergibt sich zusammen mit dem Korollar 11.41, daß es zu jedem $k \in \mathbb{N}$ eine aus mindestens $\frac{2}{3}(k+1)$ Elementen bestehende Indexmenge $J_k \subseteq \{0, 1, \ldots, k\}$ gibt mit

$$\left(\frac{\|\nabla f(x^j)\|\,\|d^j\|}{\nabla f(x^j)^T d^j}\right)^2 \leq c_3^3 \quad \text{für alle } j \in J_k.$$

Mit

$$\delta_j := \left(\frac{\nabla f(x^j)^T d^j}{\|\nabla f(x^j)\|\,\|d^j\|}\right)^2$$

folgt daher

$$\sum_{j=0}^{k} \delta_j \geq \sum_{j \in J_k} \delta_j$$

$$\geq \frac{1}{c_3^3}|J_k|$$

$$\geq \frac{2}{3}\frac{1}{c_3^3}(k+1).$$

Also ist

$$\sum_{k=0}^{\infty} \delta_k = \infty.$$

Da die Wolfe–Powell–Schrittweitenregel aufgrund des Satzes 5.3 effizient ist, folgt die Behauptung nun aus dem Satz 4.7. $\qquad\square$

Man kann sogar zeigen, daß das globalisierte BFGS–Verfahren aus dem Algorithmus 11.34 für zweimal stetig differenzierbare und gleichmäßig konvexe Funktionen nicht nur global, sondern auch lokal superlinear konvergiert, und zwar weiterhin mit beliebigem Startvektor $x^0 \in \mathbb{R}^n$ und beliebiger symmetrischer und positiv definiter Startmatrix $H_0 \in \mathbb{R}^{n \times n}$.

Wir wollen im folgenden zumindest andeuten, warum dies der Fall ist. Dazu müssen wir allerdings voraussetzen, daß $\nabla^2 f$ lokal Lipschitz–stetig ist und daß die Schrittweite $t_k = 1$ stets genommen wird, sofern sie den Wolfe–Powell–Bedingungen genügt. Man kann zeigen, daß dies lokal stets der Fall ist, so daß das globalisierte BFGS–Verfahren lokal ohne Schrittweitenstrategie auskommt, vergleiche Aufgabe 7.7.

Aufgrund des globalen Konvergenzsatzes 11.42 wissen wir, daß die durch den Algorithmus 11.34 erzeugte Folge zumindest gegen $x^*$ konvergiert. Der Trick zum Nachweis der superlinearen Konvergenz besteht nun darin, daß wir zeigen, daß $\{x^k\}$ bereits hinreichend schnell gegen $x^*$ konvergiert, so daß

$$\sum_{k=0}^{\infty} \|x^k - x^*\| < \infty \tag{11.44}$$

gilt. Hieraus kann man dann die Beschränktheit der Folgen $\{H_k\}$ und $\{H_k^{-1}\}$ herleiten (der interessierte Leser sei dazu auf den Abschnitt 11.3 des Buches [71] von Kosmol verwiesen), so daß sich aus den Bemerkungen am Ende des Abschnittes 11.3 unmittelbar die superlineare Konvergenz der Folge $\{x^k\}$ gegen $x^*$ ergibt.

Zum Nachweis von (11.44) bemerken wir zunächst, daß aufgrund der vorausgesetzten gleichmäßigen Konvexität von $f$ eine Konstante $\mu > 0$ existiert mit

$$\mu\|x^k - x^*\|^2 \leq f(x^k) - f(x^*) \tag{11.45}$$

für alle $k \in \mathbb{N}$, siehe Lemma 3.11. Ferner zeigte der Beweis des globalen Konvergenzsatzes 11.42, daß die durch den Algorithmus 11.34 erzeugten Suchrichtungen der Zoutendijk–Bedingung genügen. Damit sind die Voraussetzungen des Satzes 4.7 erfüllt. Dem Beweis des Satzes 4.7 können wir daher die für alle $k \in \mathbb{N}$ gültige Ungleichung

$$f(x^k) - f(x^*) \leq \exp(-2\mu\theta \sum_{j=0}^{k-1} \delta_j)(f(x^0) - f(x^*)) \qquad (11.46)$$

entnehmen, wobei $\theta > 0$ eine geeignete Konstante ist, die sich aus der Effizienz der Wolfe–Powell–Schrittweitenstrategie ergibt, und wobei $\delta_j$ definiert ist durch

$$\delta_j := \left( \frac{\nabla f(x^j)^T d^j}{\|\nabla f(x^j)\| \, \|d^j\|} \right)^2 .$$

Nun zeigte der Teil (e) des Beweises des Satzes 11.42 aber eigentlich etwas mehr: Es ist nicht nur die Zoutendijk–Bedingung erfüllt, sondern es existiert sogar eine Konstante $\delta > 0$ mit

$$\sum_{j=0}^{k} \delta_j \geq \delta(k + 1)$$

für alle $k \in \mathbb{N}$. Damit ergibt sich aus (11.46) sofort

$$f(x^k) - f(x^*) \leq \exp(-2\mu\theta\delta k)(f(x^0) - f(x^*))$$

für alle $k \in \mathbb{N}$. Wegen (11.45) folgt somit

$$\|x^k - x^*\| \leq \sqrt{\frac{f(x^0) - f(x^*)}{\mu}} \, \exp(-\mu\theta\delta)^k \qquad (11.47)$$

für alle $k \in \mathbb{N}$. Setzt man nun

$$c := \sqrt{\frac{f(x^0) - f(x^*)}{\mu}}$$

und

$$q := \exp(-\mu\theta\delta) \in (0, 1),$$

so gilt also

$$\|x^k - x^*\| \leq cq^k$$

für alle $k \in \mathbb{N}$, woraus sich aufgrund der Konvergenz der geometrischen Reihe unmittelbar die gewünschte Aussage (11.44) ergibt.

## 11.6 Weitere Quasi–Newton–Formeln

Im Laufe der letzten 30 Jahre sind eine ganze Reihe weiterer Quasi–Newton–Verfahren vorgestellt und untersucht worden. Wir geben in diesem Abschnitt einen kurzen Überblick über zumindest einige dieser Verfahren.

Dazu beginnen wir zunächst mit der sogenannten *symmetrischen Rang 1–Formel* (kurz: SR1–Formel), die durch die Aufdatierungsvorschrift

$$H_+^{SR1} := H + \frac{(y - Hs)(y - Hs)^T}{(y - Hs)^T s}$$

gegeben ist, sofern $(y - Hs)^T s \neq 0$ gilt. Es ist die einzige symmetrische Rang 1–Modifikation von $H$, die der Quasi–Newton–Gleichung

$$H_+ s = y$$

genügt, siehe Aufgabe 11.4. Sie hat allerdings (ähnlich wie die PSB–Formel) den Nachteil, daß selbst bei positiv definitem $H$ die aufdatierte Matrix $H_+^{SR1}$ im allgemeinen nicht mehr positiv definit ist. Damit ist nicht mehr gewährleistet, daß die in einem Quasi–Newton–Verfahren unter Benutzung der SR1–Formel berechneten Suchrichtungen $d^k$ auch Abstiegsrichtungen von $f$ in den Punkten $x^k$ sind. Aus diesem Grunde ist die SR1–Formel lange Zeit nicht weiter betrachtet worden, zumal ein Gegenbeispiel in der Arbeit [10] zeigte, daß man für die SR1–Formel selbst lokal nicht die gleichen Konvergenzeigenschaften wie für die BFGS– oder DFP–Formel erwarten kann.

In den letzten zehn Jahren hat die SR1–Formel aber eine Art Renaissance erlebt, insbesondere im Zusammenhang mit Trust–Region–Verfahren, vergleiche Kapitel 14. Das neu gewonnene Interesse an der SR1–Formel begann mit der Arbeit [18] von Conn, Gould und Toint. In der Arbeit [18] werden unter anderem verschiedene Quasi–Newton–Varianten eines Lösers für restringierte Optimierungsprobleme numerisch miteinander verglichen, und das überraschende Ergebnis war, daß der dort betrachtete Algorithmus unter Verwendung der SR1–Formel zumindest bei Problemen etwas höherer Dimension der BFGS–Variante überlegen ist.

Im Anschluß an die Arbeit von Conn, Gould und Toint [18] gab es daher mehrere Publikationen, die sich auch mit den theoretischen Eigenschaften der SR1–Formel näher beschäftigten. Zu nennen sind hier insbesondere die Arbeiten [19] von Conn, Gould und Toint, [65] von Khalfan, Byrd und Schnabel, [11] von Byrd, Khalfan und Schnabel sowie [67] von Kelley und Sachs. Grob gesagt, gelingt es den Autoren unter gewissen und zumeist recht einschränkenden Voraussetzungen, die lokale $(n + 1)$–Schritt superlineare und $2n$–Schritt quadratische Konvergenz einer durch ein SR1–Quasi–Newton–Verfahren erzeugten Folge zu beweisen, d.h., es gilt

$$\frac{\|x^{k+n+1} - x^*\|}{\|x^k - x^*\|} \to 0$$

bzw.

$$\|x^{k+2n} - x^*\| \le c\|x^k - x^*\|^2$$

für alle $k \in \mathbb{N}$ mit einer Konstanten $c > 0$. Von Spellucci [109] konnte unter gewissen Voraussetzungen kürzlich sogar die übliche superlineare Konvergenz

$$\|x^{k+1} - x^*\| = o(\|x^k - x^*\|)$$

einer durch ein modifiziertes SR1–Verfahren erzeugten Folge $\{x^k\}$ nachgewiesen werden.

Ähnliche Konvergenzeigenschaften sind auch für eine Reihe weiterer Verfahren bekannt, siehe etwa die Arbeit von Stoer [112], in der insbesondere der Zusammenhang zwischen der endlichen Abbrucheigenschaft bei strikt konvexen quadratischen Funktionen (vergleiche die Aufgaben 13.11 und 13.12) und der lokalen Konvergenzrate bei beliebigen Funktionen diskutiert wird.

Eine ganze Klasse von Quasi–Newton–Verfahren erhält man mit der sogenannten *Broyden–Formel* [8]

$$H_+(\phi) := H + \frac{yy^T}{y^T s} - \frac{Hss^T H}{(s)^T Hs} + \phi vv^T;$$

dabei ist $\phi \in \mathbb{R}$ ein Parameter und

$$v := \sqrt{s^T Hs} \left( \frac{y}{y^T s} - \frac{Hs}{s^T Hs} \right).$$

Speziell für $\phi = 0$ ergibt sich die BFGS–Formel, während $\phi = 1$ gerade die DFP–Formel liefert. Für $\phi \in [0,1]$ spricht man manchmal auch von der *eingeschränkten Broyden–Klasse*.

Die (eingeschränkte) Broyden–Klasse besitzt viele gemeinsame Eigenschaften mit der DFP– und BFGS–Formel. Ein auf Dixon [32, 33] zurückgehendes Resultat besagt zum Beispiel, daß bei Verwendung der Curry–Regel (siehe Aufgabe 5.6) alle Quasi–Newton–Verfahren aus der Broyden–Klasse die gleiche Iterationsfolge liefern, siehe auch Werner [119, Satz 3.4]. Unterschiede entstehen also nur durch die Wahl einer implementierbaren Schrittweitenstrategie. Trotzdem konnten Byrd, Nocedal und Yuan [15] den globalen Konvergenzsatz 11.42 für das globalisierte BFGS–Verfahren 11.34 (der die implementierbare Wolfe–Powell–Schrittweitenregel benutzt) auf die gesamte eingeschränkte Broyden–Klasse ausdehnen, allerdings mit Ausnahme des DFP–Verfahrens, d.h., für alle Parameter $\phi \in [0,1)$. Es ist ein offenes Problem, ob dieses Resultat auch für $\phi = 1$ gilt. Etwas schwächere Konvergenzaussagen, allerdings für die gesamte eingeschränkte Broyden–Klasse inklusive des DFP–Verfahrens, wurden zuvor schon von Stoer [111] bewiesen.

Quasi–Newton–Verfahren aus der Broyden–Klasse mit $\phi < 0$ werden zum Beispiel von Zhang und Tewarson [124] betrachtet. Unter gewissen Einschränkungen konnte die sogenannte R–lineare Konvergenz der durch ihren Algorithmus erzeugten Folge bewiesen werden. Unter weiteren Restriktionen an die Wahl des Parameters $\phi < 0$ waren Byrd, Liu und Nocedal [12] dann sogar in der Lage, für ein dem Algorithmus 11.34 entsprechendes Quasi–Newton–Verfahren lokal superlineare Konvergenz für zweimal stetig differenzierbare und gleichmäßig konvexe Funktionen zu zeigen. Dabei mag es auch von Bedeutung sein, die Wahl von $\phi$ von dem jeweiligen Iterationsschritt $k$ abhängig zu wählen, so daß $\phi = \phi_k$ nicht mehr ein konstanter Parameter während der gesamten Iteration ist.

Noch allgemeiner als die Broyden–Klasse sind die *Oren–Luenberger–Aufdatierungsformeln*. Diese hängen von zwei Parametern $\rho \in \mathrm{IR}$ und $\lambda \in \mathrm{IR}$ ab, und die (inverse) Aufdatierungsformel ist gegeben durch

$$B_+(\rho, \theta) := \rho \left( B - \frac{(By)(By)^T}{y^T By} + \theta vv^T \right) + \frac{ss^T}{s^T y}$$

mit

$$v := \sqrt{y^T By} \left( \frac{s}{s^T y} - \frac{By}{y^T By} \right).$$

In dem Spezialfall $\rho = 1, \theta = 1$ ergibt sich wieder die (inverse) BFGS–Formel, während die Wahl von $\rho = 1$ und $\theta = 0$ die (inverse) DFP–Formal liefert. Gewisse Elemente der Oren–Luenberger–Klasse haben sehr schöne theoretische Eigenschaften, siehe Oren [85], Oren und Luenberger [86] sowie Oren und Spedicato [87]. Auf einige dieser Eigenschaften gehen wir auch in der Aufgabe 11.18 ein.

Als einen weiteren Spezialfall der Oren–Luenberger–Klasse erhält man die Aufdatierungsformel von Kleinmichel [68, 69] (siehe auch Spedicato [107] für eine Verallgemeinerung), die wir auch in den Aufgabe 11.17 und 13.12 etwas näher beleuchten. Sie ist insofern interessant, als daß es sich bis auf einen Skalierungsfaktor um eine Rang 1–Modifikation handelt, die aber, im Gegensatz zur SR1–Formel, die positive Definitheit erhält.

Trotz vieler schöner theoretischer Eigenschaften ist zur Zeit aber nicht klar, ob gewisse Elemente der Oren–Luenberger–Klasse dem BFGS–Verfahren vielleicht auch numerisch überlegen sind. Das Auffinden eines solchen Elementes (sofern es denn existiert) ist allerdings nicht sehr einfach, denn Nocedal und Yuan [84] haben bewiesen, daß selbst ein recht interessanter Vertreter der Oren–Luenberger–Klasse (nämlich eine skalierte BFGS–Formel) i.a. nicht mehr superlinear konvergent ist. Zwar liefert die von Nocedal und Yuan [84] untersuchte Formel eine Suchrichtung, die sich der Newton–Richtung annähert, allerdings ist diese Richtung zum Teil schlecht skaliert und zerstört somit die gewünschte superlineare Konvergenz.

Dennoch werden auch in einigen neueren Arbeiten die Ideen von Oren, Luenberger und Spedicato [85, 86, 87] wieder aufgegriffen, um damit neue Quasi–Newton–Aufdatierungsformeln herzuleiten; man vergleiche hierzu beispielsweise die Arbeiten von Dennis und Wolkowicz [30], Wolkowicz [122] sowie Werner [120].

## 11.7 Hinweise zur Implementation

Die in diesem Kapitel besprochenen Quasi–Newton–Verfahren zerfallen in zwei Klassen: Die Verfahren der ersten Klasse sind die direkten Quasi–Newton–Verfahren (dazu gehören u.a. die Algorithmen 11.10 und 11.34), die zur Bestimmung der Suchrichtung $d$ jeweils die Lösung eines linearen Gleichungssystems

$$Hd = -\nabla f(x) \tag{11.48}$$

benötigen. Die Verfahren der zweiten Klasse sind die inversen Quasi–Newton–Verfahren (dazu gehört u.a. der Algorithmus 11.22), die stattdessen lediglich eine Matrix–Vektor–Multiplikation

$$d = -B\,\nabla f(x)$$

benötigen. Für die Konkurrenzfähigkeit der Verfahren der ersten Klasse ist entscheidend, daß es gelingt, den Aufwand beim Lösen der linearen Gleichungssysteme auf die Größenordnung des Aufwands beim Ausführen von Matrix–Vektor–Multiplikationen (also auf $O(n^2)$ Operationen pro Iterationsschritt) zu begrenzen. Dies ist dadurch möglich, daß anstelle der Aufdatierung von $H$ zu $H_+$ mit anschließender Dreieckszerlegung von $H_+$ eine vorhandene *Dreieckszerlegung von $H$ auf geschickte Weise zu einer Dreieckszerlegung von $H_+$ aufdatiert* wird. Man kann dabei überdies ohne Mehraufwand die positive Definitheit von $H_+$ kontrollieren. Wir beschreiben nachfolgend das übliche Vorgehen für den Fall der direkten BFGS–Aufdatierung (vgl. Algorithmus 11.34):

$$H_+ = H + \frac{yy^T}{y^T s} - \frac{Hss^T H}{s^T Hs}. \tag{11.49}$$

Für die symmetrische und positiv definite Matrix $H$ möge eine Cholesky–Zerlegung

$$H = LL^T \tag{11.50}$$

mit einer unteren Dreiecksmatrix $L$ vorliegen; außerdem sei mit den vor (11.3) eingeführten Bezeichnungen die Bedingung $s^T y > 0$ erfüllt.

Wir wollen $H_+$ in der Form

$$H_+ = J_+ J_+^T \tag{11.51}$$

darstellen. Dabei machen wir in Anlehnung an den Beweis von Lemma 11.5 den Ansatz (Rang 1–Korrektur)

$$J_+ = L + \frac{(y - Lv)v^T}{v^T v} \tag{11.52}$$

und wählen

$$v := \frac{\sqrt{y^T s}}{\|L^T s\|} L^T s. \tag{11.53}$$

Für diese Wahl gilt

$$v^T v = y^T s$$

sowie (unter Verwendung dieser Gleichung sowie von (11.50) und (11.49))

$$
\begin{aligned}
J_+ J_+^T &= \left( L + \frac{(y - Lv)v^T}{v^T v} \right) \left( L^T + \frac{v(y - Lv)^T}{v^T v} \right) \\
&= LL^T + \frac{Lvy^T - Lv(Lv)^T + y(Lv)^T - Lv(Lv)^T}{v^T v} \\
&\quad + \frac{(y - Lv)v^T v(y - Lv)^T}{(v^T v)^2} \\
&= LL^T + \frac{Lvy^T - Lv(Lv)^T + y(Lv)^T - Lv(Lv)^T}{v^T v} \\
&\quad + \frac{yy^T - y(Lv)^T - Lvy^T + Lv(Lv)^T}{v^T v} \\
&= LL^T + \frac{yy^T}{v^T v} - \frac{Lv(Lv)^T}{v^T v} \\
&= LL^T + \frac{yy^T}{y^T s} - \frac{y^T s}{\|L^T s\|^2} \frac{LL^T ss^T LL^T}{y^T s} \\
&= H + \frac{yy^T}{y^T s} - \frac{Hss^T H}{s^T Hs} \\
&= H_+ .
\end{aligned}
$$

$J_+$ nach (11.52) mit der Wahl von $v$ nach (11.53) liefert somit tatsächlich eine Zerlegung der Form (11.51).

Allerdings ist $J_+$ i.a. keine untere Dreiecksmatrix. Bringt man jedoch $J_+^T$ durch Multiplikation von links mit einer orthogonalen Matrix $Q_+^T$ auf obere Dreiecksform $R_+$ (mit anderen Worten: ermittelt man die QR–Zerlegung $J_+^T = Q_+ R_+$), so hat man mit $L_+ := R_+^T$ die gewünschte Cholesky–Zerlegung von $H_+$:

$$H_+ = J_+ J_+^T = R_+^T Q_+^T Q_+ R_+ = R_+^T R_+ = L_+ L_+^T. \tag{11.54}$$

Um die Matrix $J_+^T$ mit wenig Aufwand auf obere Dreiecksform zu bringen, können *Givens–Rotationen* verwendet werden. Eine Givens–Rotation ist eine lineare Abbildung $G_{ij}$ des $\mathbb{R}^n$ in sich von der Form

$$y = G_{ij}x, \quad y_\ell = \begin{cases} cx_i - sx_j & \text{falls } \ell = i, \\ sx_i + cx_j & \text{falls } \ell = j, \\ x_\ell & \text{falls } \ell \neq i, j \end{cases}$$

mit Zahlen $c$, $s$ mit der Eigenschaft $c^2 + s^2 = 1$. Die zugehörige Matrix ist offenbar orthogonal, und die Abbildung beschreibt in der $x_i x_j$–Ebene eine Drehung um 0 mit einem Winkel $\varphi$, der sich aus $c = \cos\varphi$, $s = \sin\varphi$ ergibt.

Wählt man zu einem gegebenen Vektor $x \in \mathbb{R}^n$ und $i, j \in \{1, 2, \ldots, n\}$, $i \neq j$, die Zahlen $c, s$ gemäß

$$c := \frac{x_i}{\sqrt{x_i^2 + x_j^2}}, \quad s := -\frac{x_j}{\sqrt{x_i^2 + x_j^2}}, \tag{11.55}$$

so gilt für den Bildvektor $y = G_{ij}x$ offenbar

$$y_i = \sqrt{x_i^2 + x_j^2}, \qquad y_j = 0$$

(im Sonderfall $x_i = x_j = 0$ werde formal $c := 1, s := 0$ und somit $G_{ij} = I$ gewählt). Man kann also durch Anwenden einer geeigneten Givens–Rotation $G_{ij}$ den $j$–ten Eintrag eines gegebenen Vektors auf Null setzen, wobei alle Einträge mit Indizes $\ell \neq i$, $\ell \neq j$ unverändert bleiben.

Sei nun

$$J_+^T = L^T + vu^T$$

mit $u, v \in \mathbb{R}^n$ und einer unteren Dreiecksmatrix $L \in \mathbb{R}^{n \times n}$ (vgl. (11.52)). Man kann nun durch sukzessive Anwendung geeigneter Givens-Rotationen $G_{n-1,n}$, $G_{n-2,n-1}$, $\ldots$, $G_{12}$ die Einträge des Vektors $v$ mit den Nummern $n, n-1, \ldots, 2$ auf Null setzen, so daß man als Ergebnis einen Vektor $\hat{v} = (\hat{v}_1, 0, \ldots, 0)^T$ erhält. Die parallel mitgeführte sukzessive Anwendung dieser Givens–Rotationen auf die obere Dreiecksmatrix $L^T$ führt auf eine obere Hessenberg-Matrix $\hat{R}$ (d.h., für die Elemente $\hat{r}_{ij}$ von $\hat{R}$ gilt $\hat{r}_{ij} = 0$ für alle $i, j$ mit $i \geq j + 2$). Insgesamt hat man also

$$G_{12}G_{23}\ldots G_{n-1,n}J_+^T = \hat{R} + \hat{v}u^T$$

erhalten. Die rechts stehende Matrix ist ebenfalls eine obere Hessenberg-Matrix. Die jetzt noch störenden Einträge in der Subdiagonalen von $\hat{R} + \hat{v}u^T$ können schließlich durch sukzessive Anwendung weiterer geeigneter Givens-Rotationen $G'_{12}$, $G'_{23}$, $\ldots$, $G'_{n-1,n}$ zu Null gemacht werden; bei der in (11.55) getroffenen Vorzeichenwahl sind die berechneten Diagonalelemente positiv. Die resultierende Matrix

$$G'_{n-1,n}\ldots G'_{23}G'_{12}(\hat{R} + \hat{v}u^T) =: R_+$$

ist die gesuchte obere Dreiecksmatrix: Denn mit

$$Q_+^T := G'_{n-1,n} \ldots G'_{23}G'_{12}G_{12}G_{23}\ldots G_{n-1,n}$$

ist

$$Q_+^T J_+^T = R_+ \, .$$

Wie bei (11.54) bereits bemerkt, gilt folglich

$$H_+ = L_+ L_+^T$$

mit $L_+ := R_+^T$; man hat somit die gewünschte Cholesky–Zerlegung von $H_+$ berechnet. Da hierin die Matrix $Q_+^T$ nicht mehr auftritt, ist die explizite Berechnung dieser Matrix nicht erforderlich.

Zusammenfassend läßt sich die Aufdatierung der Cholesky–Zerlegung

$$H = LL^T$$

zu $H_+ = L_+L_+^T$ folgendermaßen beschreiben:

*1. Schritt:* Zu den gegebenen Vektoren $s, y \in \mathbb{R}^n$ und der unteren Dreicksmatrix $L$ berechne man

$$v = \frac{\sqrt{y^T s}}{\|L^T s\|} L^T s,$$

$$u = \frac{1}{v^T v}(y - Lv).$$

*2. Schritt:* Zum Vektor $v$ und zur oberen Dreiecksmatrix $R := L^T$ mit den Einträgen $r_{j,m}$ berechne man den Vektor $\hat{v}$ und die obere Hessenberg–Matrix $\hat{R}$ nach dem folgenden Algorithmus:

$$
\begin{aligned}
&\text{for } j = n : -1 : 2 \\
&\quad \rho := \sqrt{v_{j-1}^2 + v_j^2} \\
&\quad \text{if } \rho = 0 \\
&\quad\quad\quad c := 1,\ s := 0 \\
&\quad \text{else} \\
&\quad\quad\quad c := v_{j-1}/\rho,\ s := -v_j/\rho \\
&\quad \text{end} \\
&\quad v_{j-1} := \rho,\ v_j := 0 \\
&\quad \text{for } m = j - 1 : n \\
&\quad\quad\quad \tau := c\,r_{j-1,m} - s\,r_{j,m} \\
&\quad\quad\quad r_{j,m} := s\,r_{j-1,m} + c\,r_{j,m} \\
&\quad\quad\quad r_{j-1,m} := \tau; \\
&\quad \text{end} \\
&\text{end} \\
&\hat{v} := (v_j),\ \hat{R} := (r_{j,m}).
\end{aligned}
$$

*3. Schritt:* Aus der oberen Hessenberg–Matrix $\hat{R} + \hat{v}u^T$, deren Einträge wieder mit $r_{j,m}$ bezeichnet seien, berechne man die obere Dreiecksmatrix $R_+$ und hieraus die gesuchte untere Dreiecksmatrix $L_+$ nach folgendem Algorithmus:

$$
\begin{aligned}
&\text{for } j = 2 : n \\
&\quad \rho := \sqrt{r_{j-1,j-1}^2 + r_{j,j-1}^2} \\
&\quad \text{if } \rho = 0 \\
&\quad\quad\quad c := 1,\ s := 0
\end{aligned}
$$

$$\text{else}$$
$$c := r_{j-1,j-1}/\rho, \quad s := -r_{j,j-1}/\rho$$
$$\text{end}$$
$$r_{j-1,j-1} := \rho, \quad r_{j,j-1} := 0$$
$$\text{for } m = j : n$$
$$\tau := c\, r_{j-1,m} - s\, r_{j,m}$$
$$r_{j,m} := s\, r_{j-1,m} + c\, r_{j,m}$$
$$r_{j-1,m} := \tau;$$
$$\text{end}$$
$$\text{end}$$
$$R_+ := (r_{j,m}), \quad L_+ := R_+^T.$$

Zur Durchführung der Aufdatierung von $L$ zu $L_+$ benötigt man die Anwendung von $2n-2$ Givens–Rotationen auf eine Dreiecks– bzw. Hessenberg–Matrix und auf einen Vektor. Die Lösung des linearen Gleichungssystems (11.48) kann durch Vorwärts–Rückwärts–Einsetzen bewerkstelligt werden. Der Gesamtaufwand beläuft sich somit, wie man leicht nachzählt, tatsächlich auf $O(n^2)$ Operationen.

## 11.8 Numerische Resultate

In diesem Abschnitt präsentieren wir einige numerische Resultate für mehrere der in diesem Kapitel besprochenen Quasi–Newton–Verfahren. Insbesondere beschäftigen wir uns mit dem globalisierten BFGS–Verfahren (vgl. Algorithmus 11.34), dem globalisierten DFP–Verfahren (vgl. Aufgabe 11.16) sowie dem in der Literatur ansonsten nur wenig beachteten globalisierten Kleinmichel–Verfahren (vgl. Aufgabe 11.17).

In allen Fällen benutzen wir als symmetrische und positiv definite Startmatrix die Einheitsmatrix. Ferner werden für alle hier untersuchten Verfahren die beiden Bedingungen

$$\|\nabla f(x^k)\| \le \varepsilon \quad \text{oder} \quad k > k_{\max}$$

mit

$$\varepsilon = 10^{-6} \quad \text{und} \quad k_{\max} = 500$$

als Abbruchkriterium genommen.

Als Globalisierung benutzen wir zunächst die Wolfe–Powell–Schrittweitenstrategie. Zur Berechnung einer den Wolfe–Powell–Bedingungen genügenden Schrittweite $t_k > 0$ verwenden wir den Algorithmus 6.2 mit

$$\sigma = 10^{-4} \quad \text{und} \quad \rho = 0.9. \tag{11.56}$$

Als Testprobleme benutzen wir wieder eine Teilmenge der Beispiele aus dem Anhang C. Alle Tabellen dieses Abschnittes enthalten die folgenden Informationen:

Testbeispiel:    Name des Testbeispieles aus dem Anhang C,
$n$:              Dimension des Testbeispieles,
$m$:              Anzahl der Summanden im Testbsp. (siehe Anhang C),
Iter.:            Anzahl der Iterationen,
$f$–Ausw.:        Anzahl der Funktionsauswertungen,
$\nabla f$–Ausw.: Anzahl der Gradientenauswertungen.

Die auf diese Weise erzielten Resultate für das globalisierte BFGS–, DFP–
und Kleinmichel–Verfahren befinden sich in den Tabellen 11.1, 11.2 und 11.3.

**Tabelle 11.1.** Numerische Resultate für das globalisierte BFGS–Verfahren (Wolfe–
Powell–Schrittweitenstrategie)

| Testbeispiel | $n$ | $m$ | Iter. | $f$–Ausw. | $\nabla f$–Ausw. |
|---|---|---|---|---|---|
| Biggs–Fkt. | 6 | 13 | 36 | 47 | 47 |
| Gauß–Fkt. | 3 | 15 | 4 | 7 | 7 |
| Powells schlechtskalierte Fkt. | 2 | 2 | 170 | 248 | 248 |
| Box–Fkt. | 3 | 3 | 27 | 37 | 37 |
| Beliebig–dimensionale Fkt. | 10 | 12 | 13 | 37 | 37 |
| Penalty–Fkt. I | 4 | 5 | 166 | 253 | 253 |
| Browns schlechtskalierte Fkt. | 2 | 3 | 12 | 56 | 56 |
| Rosenbrock–Fkt. | 2 | 2 | 21 | 39 | 39 |
| Powells singuläre Fkt. | 4 | 4 | 10 | 27 | 27 |
| Beale–Fkt. | 2 | 3 | 15 | 24 | 24 |
| Wood–Fkt. | 4 | 6 | 28 | 65 | 65 |

**Tabelle 11.2.** Numerische Resultate für das globalisierte DFP–Verfahren (Wolfe–
Powell–Schrittweitenstrategie)

| Testbeispiel | $n$ | $m$ | Iter. | $f$–Ausw. | $\nabla f$–Ausw. |
|---|---|---|---|---|---|
| Biggs–Fkt. | 6 | 13 | – | – | – |
| Gauß–Fkt. | 3 | 15 | 4 | 7 | 7 |
| Powells schlechtskalierte Fkt. | 2 | 2 | – | – | – |
| Box–Fkt. | 3 | 3 | 498 | 511 | 511 |
| Beliebig–dimensionale Fkt. | 10 | 12 | 13 | 37 | 37 |
| Penalty–Fkt. I | 4 | 5 | – | – | – |
| Browns schlechtskalierte Fkt. | 2 | 3 | 13 | 21 | 21 |
| Rosenbrock–Fkt. | 2 | 2 | – | – | – |
| Powells singuläre Fkt. | 4 | 4 | 9 | 26 | 26 |
| Beale–Fkt. | 2 | 3 | 24 | 33 | 33 |
| Wood–Fkt. | 4 | 6 | – | – | – |

Ein Blick auf die Tabellen 11.1–11.3 zeigt, daß das BFGS–Verfahren nicht
nur alle Testprobleme erfolgreich lösen kann, sondern (gemessen an der Anzahl der benötigten Iterationen, Funktions– und Gradientenauswertungen)

**Tabelle 11.3.** Numerische Resultate für das globalisierte Kleinmichel–Verfahren (Wolfe–Powell–Schrittweitenstrategie)

| Testbeispiel | $n$ | $m$ | Iter. | $f$–Ausw. | $\nabla f$–Ausw. |
|---|---|---|---|---|---|
| Biggs–Fkt. | 6 | 13 | 109 | 151 | 151 |
| Gauß–Fkt. | 3 | 15 | 8 | 16 | 16 |
| Powells schlechtskalierte Fkt. | 2 | 2 | 233 | 398 | 398 |
| Box–Fkt. | 3 | 3 | 33 | 45 | 45 |
| Beliebig–dimensionale Fkt. | 10 | 12 | 13 | 37 | 37 |
| Penalty–Fkt. I | 4 | 5 | 270 | 406 | 406 |
| Browns schlechtskalierte Fkt. | 2 | 3 | 28 | 41 | 41 |
| Rosenbrock–Fkt. | 2 | 2 | 31 | 53 | 53 |
| Powells singuläre Fkt. | 4 | 4 | 23 | 39 | 39 |
| Beale–Fkt. | 2 | 3 | 23 | 33 | 33 |
| Wood–Fkt. | 4 | 6 | 36 | 63 | 63 |

auch das mit Abstand beste der hier betrachteten Verfahren ist. Das DFP–Verfahren hingegen kann gleich bei fünf Testbeispielen das hier benutzte Abbruchkriterium nicht erfüllen. Dieser relativ hohe Anteil an nicht gelösten Problemen überrascht selbst die Autoren etwas.

Außerdem ist das DFP–Verfahren dem BFGS–Verfahren zumeist auch bei den von beiden Quasi–Newton–Methoden gelösten Testbeispielen unterlegen.

Hingegen ist das Verhalten des Kleinmichel–Verfahrens erstaunlich gut; insbesondere ist auch dieses Verfahren in der Lage, sämtliche Testprobleme zu lösen. Zwar ist es gegenüber dem BFGS–Verfahren hinsichtlich der Iterationszahlen sowie der Funktions– und Gradientenauswertungen ebenfalls deutlich unterlegen, allerdings handelt es sich bei dem Kleinmichel–Verfahren im Prinzip auch nur um eine Rang 1–Korrektur, was numerisch natürlich ausgenutzt werden kann, da beispielsweise der Algorithmus zur Aufdatierung einer Cholesky–Zerlegung (siehe Abschnitt 11.7) bei einer Rang 1–Korrektur weniger aufwendig ist als bei einer Rang 2–Korrektur. Bei einer geeigneten Implementation ist ein einzelner Iterationsschritt mit dem Kleinmichel–Verfahren daher weniger aufwendig als ein einzelner Iterationsschritt mit dem BFGS–Verfahren.

Aufgrund des im Abschnitt 11.6 erwähnten Resultates von Dixon müßten das BFGS– und das DFP–Verfahren bei Verwendung der Curry–Schrittweitenstrategie vollständig übereinstimmen. Die in den Tabellen 11.1 und 11.2 auftretenden krassen Unterschiede sind also nur auf die Verwendung der Wolfe–Powell–Schrittweitenstrategie zurückzuführen.

Wir wollen im folgenden daher untersuchen, welche Auswirkungen die Verwendung einer etwas präziseren Schrittweitenstrategie hat. Zur Annäherung der (nicht realisierbaren) Curry–Regel benutzen wir daher die strenge Wolfe–Powell–Regel mit

$$\sigma = 10^{-4} \quad \text{und} \quad \rho = 0.1.$$

Die mit dieser Schrittweitenregel erzielten Resultate für das BFGS–, das DFP– und das Kleinmichel–Verfahren sind in den Tabellen 11.4–11.6 zusammengefaßt.

**Tabelle 11.4.** Numerische Resultate für das globalisierte BFGS–Verfahren (strenge Wolfe–Powell–Schrittweitenstrategie)

| Testbeispiel | $n$ | $m$ | Iter. | $f$–Ausw. | $\nabla f$–Ausw. |
|---|---|---|---|---|---|
| Biggs–Fkt. | 6 | 13 | 22 | 164 | 109 |
| Gauß–Fkt. | 3 | 15 | 4 | 33 | 21 |
| Powells schlechtskalierte Fkt. | 2 | 2 | 104 | 815 | 506 |
| Box–Fkt. | 3 | 3 | 19 | 126 | 88 |
| Beliebig–dimensionale Fkt. | 10 | 12 | 7 | 68 | 44 |
| Penalty–Fkt. I | 4 | 5 | 31 | 241 | 155 |
| Browns schlechtskalierte Fkt. | 2 | 3 | 11 | 120 | 66 |
| Rosenbrock–Fkt. | 2 | 2 | 21 | 182 | 113 |
| Powells singuläre Fkt. | 4 | 4 | 7 | 58 | 33 |
| Beale–Fkt. | 2 | 3 | 11 | 79 | 49 |
| Wood–Fkt. | 4 | 6 | 50 | 376 | 232 |

**Tabelle 11.5.** Numerische Resultate für das globalisierte DFP–Verfahren (strenge Wolfe–Powell–Schrittweitenstrategie)

| Testbeispiel | $n$ | $m$ | Iter. | $f$–Ausw. | $\nabla f$–Ausw. |
|---|---|---|---|---|---|
| Biggs–Fkt. | 6 | 13 | 28 | 244 | 181 |
| Gauß–Fkt. | 3 | 15 | 4 | 38 | 24 |
| Powells schlechtskalierte Fkt. | 2 | 2 | 106 | 957 | 693 |
| Box–Fkt. | 3 | 3 | 87 | 791 | 640 |
| Beliebig–dimensionale Fkt. | 10 | 12 | 7 | 68 | 44 |
| Penalty–Fkt. I | 4 | 5 | 53 | 566 | 430 |
| Browns schlechtskalierte Fkt. | 2 | 3 | 11 | 44 | 29 |
| Rosenbrock–Fkt. | 2 | 2 | 38 | 382 | 267 |
| Powells singuläre Fkt. | 4 | 4 | 6 | 59 | 33 |
| Beale–Fkt. | 2 | 3 | 11 | 54 | 37 |
| Wood–Fkt. | 4 | 6 | 154 | 1529 | 1170 |

Man erkennt sofort, daß jetzt auch das DFP–Verfahren alle hier benutzten Testbeispiele lösen kann, und zwar relativ problemlos. Das numerische Verhalten des DFP–Verfahrens scheint also wesentlich stärker von der Wahl der Schrittweitenstrategie abzuhängen als etwa das BFGS–Verfahren. Allerdings ist das BFGS–Verfahren auch bei Verwendung der strengen Wolfe–Powell–Regel dem DFP–Verfahren immer noch überlegen. Selbst das Kleinmichel–Verfahren schneidet gegenüber dem DFP–Verfahren im Durchschnitt etwas besser ab. In der Tat ist das Kleinmichel–Verfahren (wieder gemessen an der Zahl der jeweils benötigten Iterationen, Funktions– und Gradientenauswer-

**Tabelle 11.6.** Numerische Resultate für das globalisierte Kleinmichel–Verfahren (strenge Wolfe–Powell–Schrittweitenstrategie)

| Testbeispiel | $n$ | $m$ | Iter. | $f$–Ausw. | $\nabla f$–Ausw. |
|---|---|---|---|---|---|
| Biggs–Fkt. | 6 | 13 | 95 | 662 | 414 |
| Gauß–Fkt. | 3 | 15 | 5 | 27 | 18 |
| Powells schlechtskalierte Fkt. | 2 | 2 | 105 | 989 | 640 |
| Box–Fkt. | 3 | 3 | 20 | 122 | 80 |
| Beliebig–dimensionale Fkt. | 10 | 12 | 7 | 68 | 44 |
| Penalty–Fkt. I | 4 | 5 | 38 | 367 | 232 |
| Browns schlechtskalierte Fkt. | 2 | 3 | 19 | 127 | 77 |
| Rosenbrock–Fkt. | 2 | 2 | 22 | 200 | 127 |
| Powells singuläre Fkt. | 4 | 4 | 19 | 143 | 87 |
| Beale–Fkt. | 2 | 3 | 10 | 64 | 40 |
| Wood–Fkt. | 4 | 6 | 68 | 516 | 324 |

tungen) dem BFGS–Verfahren jetzt nur noch geringfügig unterlegen, wobei natürlich auch hier zu beachten ist, daß bei geeigneter Implementation ein Iterationsschritt des Kleinmichel–Verfahrens kostengünstiger ist als ein Iterationsschritt des BFGS– (oder auch des DFP–) Verfahrens.

Ansonsten überrascht natürlich nicht, daß sich durch die Wahl der etwas präziseren Schrittweitenstrategie die Anzahl der Iterationsschritte im Prinzip bei allen hier betrachteten drei Quasi–Newton–Verfahren reduziert, während die entsprechenden Zahlen für die Funktions– und Gradientenauswertungen zum Teil erheblich höher sind. Die Unterschiede sind beim BFGS–Verfahren allerdings weniger gravierend als beim DFP– oder Kleinmichel–Verfahren.

Insofern erscheint es sinnvoll, beim BFGS–Verfahren die Wolfe–Powell–Schrittweitenstrategie mit den Parametern (11.56) als Globalisierungsstrategie zu wählen. Ähnliches gilt im Prinzip auch noch für das Kleinmichel–Verfahren, während man bei Einsatz des DFP–Verfahrens unbedingt auf eine gute Schrittweitenstrategie achten sollte. Im Prinzip wird diese Beobachtung allerdings dafür sorgen, daß man von vornherein das BFGS–Verfahren benutzt und das DFP–Verfahren gar nicht weiter beachtet.

## Aufgaben

**Aufgabe 11.1.** Seien $f : \mathbb{R}^n \to \mathbb{R}$ zweimal stetig differenzierbar, $x^* \in \mathbb{R}^n, \{x^k\} \subseteq \mathbb{R}^n$ eine superlinear gegen $x^*$ konvergente Folge sowie $\{H_k\} \subseteq \mathbb{R}^{n \times n}$ eine Folge symmetrischer Matrizen. Dann sind die beiden folgenden Aussagen äquivalent:

(a) Es ist $\|(\nabla^2 f(x^k) - H_k)(x^{k+1} - x^k)\| = o(\|x^{k+1} - x^k\|)$.
(b) Es ist $\|\nabla f(x^{k+1}) - \nabla f(x^k) - H_k(x^{k+1} - x^k)\| = o(\|x^{k+1} - x^k\|)$.

**Aufgabe 11.2.** Man vervollständige den Beweis von Lemma 11.5.

**Aufgabe 11.3.** Man bestätige, daß aus $B = H^{-1}$ folgt:

$$B_+^{BFGS} = (H_+^{BFGS})^{-1}.$$

(vgl. Bemerkung 11.9).

**Aufgabe 11.4.** (a) Die Ausführungen im späteren Abschnitt 11.7 legen es nahe, eine symmetrische Rang 1–Modifikation

$$H_+ := H + \gamma u u^T$$

für eine symmetrische Matrix $H \in \mathbb{R}^{n \times n}$ mit $u \in \mathbb{R}^n$ und $\gamma \in \mathbb{R}$ anzusetzen, um hiermit die Quasi–Newton–Gleichung $H_+ s = y$ mit $s, y \in \mathbb{R}^n$ zu erfüllen. Man zeige, daß dieser Ansatz auf die symmetrische Rang 1–Formel

$$H_+ = H + \frac{(y - Hs)(y - Hs)^T}{(y - Hs)^T s}$$

führt, sofern $(y - Hs)^T s \neq 0$ gilt.

(b) Entsprechend zeige man, daß man mittels des symmetrischen Rang 2–Ansatzes

$$H_+ = H + \gamma u u^T + \delta v v^T$$

mit $u, v \in \mathbb{R}^n, \gamma, \delta \in \mathbb{R}$ zu der direkten BFGS–Formel

$$H_+^{BFGS} = H + \frac{y y^T}{y^T s} - \frac{(Hs)(Hs)^T}{s^T Hs}$$

gelangen kann ($H$ sei wieder symmetrisch und positiv definit, und es gelte $y^T s \neq 0$).

**Aufgabe 11.5.** (a) Seien $H \in \mathbb{R}^{n \times n}$ regulär sowie $u, v \in \mathbb{R}^n$ gegeben. Dann ist die Matrix $H + u v^T$ genau dann regulär, wenn $1 + v^T H^{-1} u \neq 0$ ist. In diesem Fall gilt

$$(H + u v^T)^{-1} = \left( I - \frac{H^{-1} u v^T}{1 + v^T H^{-1} u} \right) H^{-1}$$

(dies ist die sogenannte *Sherman–Morrison–Formel*).

(b) Man leite mittels der Sherman–Morrison–Formel die zur symmetrischen Rang 1–Formel aus der Aufgabe 11.4 (a) zugehörige inverse Aufdatierungsformel

$$B_+ = B + \frac{(s - By)(s - By)^T}{(s - By)^T y}$$

her.

**Aufgabe 11.6.** Man beweise das Lemma 11.11.

**Aufgabe 11.7.** Man beweise das Lemma 11.23.

**Aufgabe 11.8.** Beim Beweis des Satzes 11.33 ging an zwei Stellen explizit die aus dem Satz 11.30 bereits bekannte lineare Konvergenz der durch das (inverse) BFGS–Verfahren 11.22 erzeugten Folge $\{x^k\}$ ein. Man zeige, daß der Satz 11.33 auch dann richtig ist, wenn man statt der linearen Konvergenz der Folge $\{x^k\}$ lediglich weiß, daß die Bedingung

$$\sum_{k=0}^{\infty} \|x^k - x^*\| < \infty$$

erfüllt ist.

Die nachfolgenden Aufgaben 11.9–11.14 dienen zum Nachweis der lokal superlinearen Konvergenz des DFP–Verfahrens.

**Aufgabe 11.9.** Man betrachte das folgende DFP–Verfahren:

(S.0) Wähle $x^0 \in \mathbb{R}^n, H_0 \in \mathbb{R}^{n \times n}$ symmetrisch und positiv definit, $\varepsilon \geq 0$, und setze $k := 0$.

(S.1) Ist $\|\nabla f(x^k)\| \leq \varepsilon$: STOP.

(S.2) Bestimme $d^k$ durch

$$d^k := -H_k^{-1} \nabla f(x^k).$$

(S.3) Setze $x^{k+1} := x^k + d^k, s^k := x^{k+1} - x^k, y^k := \nabla f(x^{k+1}) - \nabla f(x^k)$ und

$$H_{k+1} := H_k + \frac{(y^k - H_k s^k)(y^k)^T + y^k(y^k - H_k s^k)^T}{(y^k)^T s^k}$$
$$- \frac{(s^k)^T(y^k - H_k s^k)}{((y^k)^T s^k)^2} y^k (y^k)^T.$$

(S.4) Setze $k \leftarrow k + 1$, und gehe zu (S.1).

Seien $H_k, A \in \mathbb{R}^{n \times n}$ symmetrisch, $W \in \mathbb{R}^{n \times n}$ symmetrisch und regulär sowie $s^k, y^k \in \mathbb{R}^n$ mit $(s^k)^T y^k > 0$ gegeben. Dann gelten:

(a) Es ist

$$E_{k+1} = P_k^T E_k P_k + \frac{W(y^k - As^k)(Wy^k)^T}{(y^k)^T s^k} + \frac{Wy^k(y^k - As^k)^T W P_k}{(y^k)^T s^k}$$

mit

$$P_k := I - \frac{(W^{-1} s^k)(Wy^k)^T}{(y^k)^T s^k},$$
$$E_k := W(H_k - A)W$$

und

$$E_{k+1} := W(H_{k+1} - A)W.$$

(b) Ist

$$\|Wy^k - W^{-1}s^k\| \le \beta\|W^{-1}s^k\|$$

für ein $\beta \in [0, 1/3]$, so gilt die Abschätzung

$$\|W(H_{k+1} - A)W\|_F$$
$$\le \left[(1 - \frac{\alpha}{2}\theta_k^2) + \frac{5}{2}\frac{1}{1-\beta}\frac{\|Wy^k - W^{-1}s^k\|}{\|W^{-1}s^k\|}\right]\|W(H_k - A)W\|_F$$
$$+2(1 + 2\sqrt{n})\|W\|_F\frac{\|y^k - As^k\|}{\|W^{-1}s^k\|}$$

mit

$$\alpha := \frac{1 - 2\beta}{1 - \beta^2} \in [3/8, 1]$$

und

$$\theta_k := \begin{cases} \frac{\|W(H_k-A)s^k\|}{\|W(H_k-A)W\|_F\|W^{-1}s^k\|} & \text{falls } W(H_k - A)W \ne 0, \\ 0 & \text{falls } W(H_k - A)W = 0. \end{cases}$$

**Aufgabe 11.10.** Seien $f : \mathbb{R}^n \to \mathbb{R}$ zweimal stetig differenzierbar, $\nabla^2 f$ lokal Lipschitz–stetig sowie $x^* \in \mathbb{R}^n$ mit $\nabla f(x^*) = 0$ und $\nabla^2 f(x^*)$ positiv definit gegeben. Sei $W \in \mathbb{R}^{n \times n}$ die gemäß Lemma B.6 existierende Quadratwurzel der Matrix $\nabla^2 f(x^*)^{-1}$. Dann existiert zu jedem $\beta \in [0, 1/3]$ eine Umgebung um $x^*$, so daß

$$\|Wy^k - W^{-1}s^k\| \le \beta\|W^{-1}s^k\|$$

für alle $x^k, x^{k+1} \in \mathbb{R}^n$ aus dieser Umgebung von $x^*$ gilt, wobei $s^k := x^{k+1} - x^k$ und $y^k := \nabla f(x^{k+1}) - \nabla f(x^k)$ gesetzt wurden.

**Aufgabe 11.11.** Seien $f : \mathbb{R}^n \to \mathbb{R}$ zweimal stetig differenzierbar, $\nabla^2 f$ lokal Lipschitz–stetig sowie $x^* \in \mathbb{R}^n$ mit $\nabla f(x^*) = 0$ und $\nabla^2 f(x^*)$ positiv definit gegeben. Sei $W \in \mathbb{R}^{n \times n}$ die gemäß Lemma B.6 existierende Quadratwurzel der Matrix $\nabla^2 f(x^*)^{-1}$. Dann existiert zu jedem $\beta \in [0, 1/3]$ eine Umgebung um $x^*$, so daß

$$\|W(H_{k+1} - \nabla^2 f(x^*))W\|_F$$
$$\le (1 - \frac{\alpha}{2}\theta_k^2)\|W(H_k - \nabla^2 f(x^*))W\|_F$$
$$+\alpha_1\|W(H_k - \nabla^2 f(x^*))W\|_F \max\{\|x^{k+1} - x^*\|, \|x^k - x^*\|\}$$
$$+\alpha_2 \max\{\|x^{k+1} - x^*\|, \|x^k - x^*\|\}$$

für alle $x^k, x^{k+1} \in \mathbb{R}^n$ mit $s^k := x^{k+1} - x^k \ne 0$ aus dieser Umgebung von $x^*$ gilt; dabei sind $\alpha_1, \alpha_2 > 0$ geeignete Konstante,

$$\alpha := \frac{1 - 2\beta}{1 - \beta^2} \in [3/8, 1]$$

und

$$\theta_k := \begin{cases} \dfrac{\|W(H_k - \nabla^2 f(x^*))s^k\|}{\|W(H_k - \nabla^2 f(x^*))W\|_F \|W^{-1}s^k\|} & \text{falls } W(H_k - \nabla^2 f(x^*))W \neq 0, \\ 0 & \text{falls } W(H_k - \nabla^2 f(x^*))W = 0. \end{cases}$$

**Aufgabe 11.12.** Seien $f : \mathbb{R}^n \to \mathbb{R}$ zweimal stetig differenzierbar, $\nabla^2 f$ lokal Lipschitz–stetig sowie $x^* \in \mathbb{R}^n$ mit $\nabla f(x^*) = 0$ und $\nabla^2 f(x^*)$ positiv definit. Dann existieren ein $\varepsilon > 0$ und ein $\delta > 0$, so daß das DFP–Verfahren aus der Aufgabe 11.9 für jeden Startvektor $x^0 \in \mathbb{R}^n$ mit $\|x^0 - x^*\| < \varepsilon$ und jede symmetrische und positiv definite Startmatrix $H_0 \in \mathbb{R}^{n \times n}$ mit $\|H_0 - \nabla^2 f(x^*)\|_F < \delta$ wohldefiniert ist und eine Folge $\{x^k\}$ erzeugt, die (mindestens) linear gegen $x^*$ konvergiert.

**Aufgabe 11.13.** Seien $f : \mathbb{R}^n \to \mathbb{R}$ zweimal stetig differenzierbar, $\nabla^2 f$ lokal Lipschitz–stetig sowie $x^* \in \mathbb{R}^n$ mit $\nabla f(x^*) = 0$ und $\nabla^2 f(x^*)$ positiv definit. Sei ferner $\{x^k\} \subseteq \mathbb{R}^n$ eine durch das DFP–Verfahren aus der Aufgabe 11.9 erzeugte Folge mit

$$\sum_{k=0}^{\infty} \|x^k - x^*\| < \infty$$

(insbesondere konvergiere die Folge $\{x^k\}$ also gegen den Punkt $x^*$). Dann gilt

$$\|(H_k - \nabla^2 f(x^*))(x^{k+1} - x^k)\| = o(\|x^{k+1} - x^k\|).$$

**Aufgabe 11.14.** Seien $f : \mathbb{R}^n \to \mathbb{R}$ zweimal stetig differenzierbar, $\nabla^2 f$ lokal Lipschitz–stetig sowie $x^* \in \mathbb{R}^n$ mit $\nabla f(x^*) = 0$ und $\nabla^2 f(x^*)$ positiv definit. Dann existieren ein $\varepsilon > 0$ und ein $\delta > 0$, so daß das DFP–Verfahren aus der Aufgabe 11.9 für jeden Startvektor $x^0 \in \mathbb{R}^n$ mit $\|x^0 - x^*\| < \varepsilon$ und jede symmetrische und positiv definite Startmatrix $H_0 \in \mathbb{R}^{n \times n}$ mit $\|H_0 - \nabla^2 f(x^*)\|_F < \delta$ wohldefiniert ist und eine Folge $\{x^k\}$ erzeugt, die superlinear gegen $x^*$ konvergiert.

**Aufgabe 11.15.** Im Beweis des wichtigen Lemma 11.35 kann man ohne die Quadratwurzel $H_k^{1/2}$ von $H_k$ auskommen: Man verwende die Cauchy–Schwarzsche Ungleichung für das durch

$$\langle u, v \rangle_{H_k} := u^T H_k v$$

definierte Skalarprodukt.

**Aufgabe 11.16.** Man betrachte das folgende globalisierte DFP–Verfahren:

(S.0) Wähle $x^0 \in \mathbb{R}^n, H_0 \in \mathbb{R}^{n \times n}$ symmetrisch und positiv definit, $\sigma \in (0, 1/2), \rho \in (\sigma, 1), \varepsilon \geq 0$, und setze $k := 0$.

(S.1) Ist $\|\nabla f(x^k)\| \leq \varepsilon$: STOP.

(S.2) Bestimme $d^k$ durch

$$d^k := -H_k^{-1} \nabla f(x^k).$$

(S.3) Bestimme ein $t_k > 0$, so daß die Wolfe–Powell–Bedingungen

$$f(x^k + t_k d^k) \le f(x^k) + \sigma t_k \nabla f(x^k)^T d^k,$$
$$\nabla f(x^k + t_k d^k)^T d^k \ge \rho \nabla f(x^k)^T d^k$$

erfüllt sind.

(S.4) Setze $x^{k+1} := x^k + t_k d^k, s^k := x^{k+1} - x^k, y^k := \nabla f(x^{k+1}) - \nabla f(x^k)$ und

$$H_{k+1} := H_k + \frac{(y^k - H_k s^k)(y^k)^T + y^k(y^k - H_k s^k)^T}{(y^k)^T s^k}$$
$$- \frac{(y^k - H_k s^k)^T s^k}{((y^k)^T s^k)^2} y^k (y^k)^T.$$

(S.5) Setze $k \leftarrow k + 1$, und gehe zu (S.1).

Ist $f : \mathbb{R}^n \to \mathbb{R}$ stetig differenzierbar und nach unten beschränkt und bricht der obige Algorithmus nicht nach endlich vielen Schritten ab, so gelten:

(a) Es ist $(s^k)^T y^k > 0$ für alle $k \in \mathbb{N}$.

(b) Die Matrizen $H_k$ sind symmetrisch und positiv definit für alle $k \in \mathbb{N}$.

(c) Das globalisierte DFP–Verfahren ist wohldefiniert.

**Aufgabe 11.17.** Man betrachte das folgende Quasi–Newton–Verfahren von Kleinmichel [68, 69]:

(S.0) Seien $x^0 \in \mathbb{R}^n, H_0 \in \mathbb{R}^{n \times n}$ symmetrisch und positiv definit, $\sigma \in (0, 1/2), \rho \in (\sigma, 1), \varepsilon \ge 0$, und setze $k := 0$.

(S.1) Ist $\|\nabla f(x^k)\| \le \varepsilon$: STOP.

(S.2) Setze $d^k := -H_k^{-1} \nabla f(x^k)$.

(S.3) Bestimme eine Schrittweite $t_k > 0$, die den Wolfe–Powell–Bedingungen

$$f(x^k + t_k d^k) \le f(x^k) + \sigma t_k \nabla f(x^k)^T d^k,$$
$$\nabla f(x^k + t_k d^k)^T d^k \ge \rho \nabla f(x^k)^T d^k$$

genügt.

(S.4) Setze

$$x^{k+1} := x^k + t_k d^k,$$
$$s^k := x^{k+1} - x^k,$$
$$y^k := \nabla f(x^{k+1}) - \nabla f(x^k),$$
$$\rho_k := \frac{\nabla f(x^{k+1})^T d^k}{\nabla f(x^k)^T d^k}.$$

Wähle

$$\gamma_k \in (0, 1 - \rho_k)$$

und setze

$$H_{k+1} := \frac{\gamma_k}{t_k} \left[ H_k + \frac{(y^k + \gamma_k \nabla f(x^k))(y^k + \gamma_k \nabla f(x^k))^T}{\gamma_k (y^k + \gamma_k \nabla f(x^k))^T d^k} \right].$$

(S.5) Setze $k \leftarrow k + 1$, und gehe zu (S.1).

Ist $f : \mathbb{R}^n \to \mathbb{R}$ stetig differenzierbar und nach unten beschränkt und bricht der obige Algorithmus nicht nach endlich vielen Schritten ab, so gelten:

(a) $H_{k+1}s^k = y^k$, d.h., $H_{k+1}$ genügt der Quasi–Newton–Gleichung.

(b) Es ist

$$H_{k+1} = \frac{\gamma_k}{t_k}\left[ H_k - \frac{(y^k + \gamma_k \nabla f(x^k))(y^k + \gamma_k \nabla f(x^k))^T}{\gamma_k(1 - \rho_k - \gamma_k)\nabla f(x^k)^T d^k} \right].$$

(c) $\{H_k\}$ ist eine Folge symmetrischer und positiv definiter Matrizen.

(d) Das Quasi–Newton–Verfahren von Kleinmichel ist wohldefiniert.

**Aufgabe 11.18.** Seien $B \in \mathbb{R}^{n \times n}$ symmetrisch und positiv definit, $s, y \in \mathbb{R}^n$ mit $s^T y > 0, \rho, \theta \in \mathbb{R}$ zwei Parameter und betrachte die (inverse) Oren–Luenberger–Klasse von Aufdatierungsmatrizen

$$B_+(\rho, \theta) := \rho\left( B - \frac{(By)(By)^T}{y^T By} + \theta vv^T \right) + \frac{ss^T}{s^T y}$$

mit

$$v := \sqrt{y^T By}\left( \frac{s}{s^T y} - \frac{By}{y^T By} \right).$$

Dann gelten:

(a) $B_+(\rho, \theta)y = s$, d.h., $B_+(\rho, \theta)$ genügt der inversen Quasi–Newton–Gleichung.

(b) $B_+(\rho, \theta)$ ist genau dann positiv definit, wenn $\rho > 0$ und

$$\theta > -\frac{(s^T y)^2}{(s^T B^{-1} s)(y^T By) - (s^T y)^2}$$

sind. Insbesondere ist $B_+(\rho, \theta)$ positiv definit, wenn $\rho > 0$ und $\theta \geq 0$ sind.

(c) Sei $B_+(\rho, \theta)$ positiv definit. Setze

$$\varepsilon := s^T B^{-1} s, \quad \sigma := s^T y, \quad \tau := y^T By$$

sowie

$$\Lambda := \frac{\sigma\varepsilon + \rho\theta(\varepsilon\tau - \sigma^2) - \rho\sigma^2}{2\sigma^2} \quad \left( = \frac{\varepsilon + \Delta\tau}{2\sigma} \right), \quad \Delta := \frac{\rho\sigma^2 + \rho\theta(\varepsilon\tau - \sigma^2)}{\sigma\tau}.$$

Dann ist

$$\min\{\Lambda - \sqrt{\Lambda^2 - \Delta}, \rho\}d^T Bd \leq d^T B_+(\rho, \theta)d \leq \max\{\Lambda + \sqrt{\Lambda^2 - \Delta}, \rho\}d^T Bd$$

für alle $d \in \mathbb{R}^n$. Daher ist

$$\kappa_2(B_+(\rho,\theta)) \leq W(\rho,\theta)\kappa_2(B)$$

mit

$$W(\rho,\theta) := \frac{\max\{\Lambda + \sqrt{\Lambda^2 - \Delta}, \rho\}}{\min\{\Lambda - \sqrt{\Lambda^2 - \Delta}, \rho\}}.$$

(Bemerkung: Bei den sogenannten *optimal konditionierten* Oren–Luenberger–Verfahren [87] bestimmt man die Parameter $\rho$ und $\theta$ so, daß $W(\rho,\theta)$ minimal wird.)

(Hinweis zu (c): Für $d \in \mathbb{R}^n$ mit $d \neq 0$ ist

$$d^T B_+(\rho,\theta)d = d^T Bd \cdot N(\rho,\theta,d)$$

mit

$$N(\rho,\theta,d) := \rho + \frac{\sigma + \rho\theta\tau}{\sigma^2} \frac{(s^T d)^2}{d^T Bd} + \frac{\rho(\theta-1)}{\tau} \frac{(d^T By)^2}{d^T Bd} - \frac{2\rho\theta}{\sigma} \frac{(d^T s)(d^T By)}{d^T Bd}.$$

Also genügt es, die minimalen und maximalen Funktionswerte von $N(\rho,\theta,\cdot)$ zu finden. Setzt man

$$u := B^{1/2}y, \quad , z := B^{-1/2}s \text{ und } w := B^{1/2}d/\sqrt{d^T Bd},$$

so gelten

$$\varepsilon = \|z\|^2, \quad \tau = \|u\|^2, \quad \sigma = u^T z \text{ und } \|w\| = 1$$

und damit

$$N(\rho,\theta,d) = M(\rho,\theta,w)$$

mit

$$M(\rho,\theta,w) := \rho + \frac{\sigma + \rho\theta\tau}{\sigma^2}(w^T z)^2 + \frac{\rho(\theta-1)}{\tau}(u^T w)^2 - \frac{2\rho\theta}{\sigma}(u^T w)(z^T w).$$

Folglich hat man die minimalen und maximalen Funktionswerte von der Funktion $M(\rho,\theta,\cdot)$ unter der Nebenbedingung $\|w\| = 1$ zu bestimmen. Verwendet man die Lagrangesche Multiplikorenregel als notwendiges Optimalitätskriterium für ein Minimum bzw. Maximum $w^*$ für diese restringierte Optimierungsaufgabe, bezeichnet man den zugehörigen Lagrange–Parameter mit $\lambda^* \in \mathbb{R}$ und multipliziert die entstehende Gleichung mit den Vektoren $z^T, u^T$ und $(w^*)^T$, so sieht man, daß die folgenden Gleichungen gelten müssen:

$$\left(\frac{(\sigma + \rho\theta\tau)\varepsilon}{\sigma^2} - \rho\theta\right)z^T w^* + \left(\frac{\rho\sigma(\theta-1)}{\tau} - \frac{\rho\theta\varepsilon}{\sigma}\right)u^T w^* + \lambda^* z^T w^* = 0, \quad (11.57)$$

$$z^T w^* - \rho u^T w^* + \lambda^* u^T w^* = 0, \quad (11.58)$$

$$\frac{\sigma + \rho\theta\tau}{\sigma^2}(z^T w^*)^2 + \frac{\rho(\theta-1)}{\tau}(u^T w^*)^2 - 2\frac{\rho\theta}{\sigma}(u^T w^*)(z^T w^*) + \lambda^* = 0. \quad (11.59)$$

Aus (11.59) und der Definition von $M(\rho,\theta,w)$ folgt unmittelbar

$$M(\rho, \theta, w^*) = \rho - \lambda^*. \tag{11.60}$$

Deshalb braucht man das System (11.57)–(11.59) lediglich nach $\lambda^*$ aufzulösen. Im Fall $u^T w^* = 0$ folgt aus (11.58) sofort $z^T w^* = 0$ und somit wegen (11.59)

$$\lambda^* = 0,$$

d.h., $M(\rho, \theta, w^*) = \rho$ wegen (11.60). Anderenfalls setze man

$$a := \frac{z^T w^*}{u^T w^*}.$$

Aus (11.58) folgt dann

$$\lambda^* = \rho - a. \tag{11.61}$$

Ferner ergibt sich aus (11.57) nach Division durch $u^T w^*$, daß $a$ der quadratischen Gleichung

$$a^2 - 2\Lambda a + \Delta = 0$$

genügen muß, wobei $\Lambda$ und $\Delta$ die in der Aufgabe definierten Größen bezeichnet. Mittels der Cauchy–Schwarzschen Ungleichung verifiziert man sehr leicht, daß diese quadratische Gleichung zwei reelle Lösungen $a_{1,2}$ besitzt, die ihrerseits mittels (11.61) zu zwei weiteren Lagrange–Multiplikatoren $\lambda_{1,2}^*$ führen. Aus (11.60) sowie der Tatsache, daß die stetige Funktion $M(\rho, \theta, \cdot)$ auf dem kompakten Einheitskreis sowohl ein Maximum als auch ein Minimum annehmen muß, folgt dann relativ leicht die Behauptung (c). )

**Aufgabe 11.19.** Man implementiere das inverse BFGS–Verfahren aus dem Algorithmus 11.22 und teste das Verfahren an den Beispielen aus dem Anhang C. Welche Probleme werden gelöst? Wieviele Iterationsschritte werden dazu jeweils benötigt? Welche Ergebnisse erhält man, wenn man die inverse BFGS–Formel im Algorithmus 11.22 durch die inverse DFP–Formel aus der Bemerkung 11.9 bzw. durch die inverse SR1–Formel aus der Aufgabe 11.5 (b) ersetzt? Als Abbruchkriterium wähle man beispielsweise: $\|\nabla f(x^k)\| \leq \varepsilon$ oder $k > k_{\max}$ mit $\varepsilon = 10^{-6}$ und $k_{\max} = 500$. Als Startmatrix $B_0$ kann man beispielsweise die Einheitsmatrix $I$ wählen.

**Aufgabe 11.20.** Man implementiere das globalisierte BFGS–Verfahren aus dem Algorithmus 11.34 und teste das Verfahren an den Beispielen aus dem Anhang C. Zur Vereinfachung ersetze man die direkte BFGS–Aufdatierungsformel im Algorithmus 11.34 durch die inverse BFGS–Aufdatierungsformel aus dem Satz 11.8. Welche Probleme werden gelöst? Wieviele Iterationsschritte und Funktionsauswertungen werden dazu jeweils benötigt? Welche Ergebnisse erhält man, wenn man die inverse BFGS–Formel durch die inverse DFP–Formel aus der Bemerkung 11.9 ersetzt? Als Abbruchkriterium wähle man beispielsweise: $\|\nabla f(x^k)\| \leq \varepsilon$ oder $k > k_{\max}$ mit $\varepsilon = 10^{-6}$ und $k_{\max} = 500$. Als Startmatrix $B_0$ kann man wieder die Einheitsmatrix $I$ wählen. Als Parameter für die Wolfe–Powell–Schrittweitenstrategie eignen sich jene aus der Aufgabe 6.3; alternativ wähle man auch $\rho = 0.1$ statt $\rho = 0.9$.

**Aufgabe 11.21.** Man implementiere das globaliserte BFGS–Verfahren aus dem Algorithmus 11.34 und teste das Verfahren an den Beispielen aus dem Anhang C. Dabei löse man die im Schritt (S.2) auftretenden Gleichungssysteme, indem man die Cholesky–Zerlegung mittels der im Abschnitt 11.7 beschriebenen Methode durch Anwendung von Givens–Rotationen aufdatiert. Welche Probleme werden diesmal gelöst? Wieviele Iterationsschritte und Funktionsauswertungen werden dazu jeweils benötigt? Welche Ergebnisse erhält man, wenn man die BFGS–Formel durch die DFP–Formel aus dem Satz 11.6 bzw. durch die Kleinmichel–Formel aus der Aufgabe 11.17 ersetzt? Als Abbruchkriterium wähle man beispielsweise: $\|\nabla f(x^k)\| \leq \varepsilon$ oder $k > k_{\max}$ mit $\varepsilon = 10^{-6}$ und $k_{\max} = 500$. Als Startmatrix $H_0$ kann man wieder die Einheitsmatrix $I$ wählen. Als Parameter für die Wolfe–Powell–Schrittweitenstrategie eignen sich auch hier jene aus der Aufgabe 6.3; alternativ wähle man auch $\rho = 0.1$ statt $\rho = 0.9$.

# 12. Limited Memory Quasi–Newton–Verfahren

Einer der Nachteile der im Kapitel 11 behandelten Quasi–Newton–Verfahren besteht darin, in jedem Iterationsschritt eine $n \times n$–Matrix abspeichern zu müssen. Selbst bei Ausnutzung der Symmetrie dieser Matrix verbleibt ein Speicherplatzbedarf von $\frac{1}{2}n(n+1)$ Matrixeinträgen. Für großdimensionale Optimierungsprobleme ist dies aber entschieden zu viel.

Wir beschreiben in diesem Kapitel daher eine Variante der Quasi–Newton–Verfahren, die unter dem Namen *Limited Memory Quasi–Newton–Verfahren* (oder auch *Variable Storage Quasi–Newton–Verfahren*) bekannt geworden sind und einen Speicherplatzbedarf von nur $O(n)$ Elementen benötigen. Die Limited Memory Quasi–Newton–Verfahren eignen sich daher insbesondere zur Lösung von großdimensionalen Optimierungsproblemen. Aufgrund der herausragenden Bedeutung des BFGS–Verfahrens in der Klasse der Quasi–Newton–Verfahren beschränken wir unsere Darstellung in diesem Kapitel von vornherein auf das Limited Memory BFGS–Verfahren.

Im Abschnitt 12.1 leiten wir dieses Verfahren zunächst vollständig her. Der Abschnitt 12.2 beschäftigt sich dann mit den Konvergenzeigenschaften des Limited Memory BFGS–Verfahrens bei Anwendung auf gleichmäßig konvexe Funktionen. Einige Hinweise zur Implementation und anderweitiger Anwendungen des Limited Memory BFGS–Verfahrens werden im Abschnitt 12.3 gegeben. Das numerische Verhalten des Limited Memory BFGS–Verfahren wird schließlich im Abschnitt 12.4 untersucht.

## 12.1 Herleitung des Limited Memory BFGS–Verfahrens

Zur Herleitung des Limited–Memory BFGS–Verfahrens benötigen wir zunächst eine andere Darstellung der inversen BFGS–Aufdatierungsformel. Diese wird in dem folgenden Lemma angegeben, dessen einfachen Beweis wir dem Leser in der Aufgabe 12.1 überlassen.

**Lemma 12.1.** *Seien $B \in \mathbb{R}^{n \times n}$ symmetrisch und positiv definit sowie $s, y \in \mathbb{R}^n$ mit $s^T y > 0$ gegeben. Dann läßt sich die inverse BFGS–Aufdatierungsmatrix $B_+^{BFGS}$ aus dem Satz 11.8 auch wie folgt schreiben:*

$$B_+^{BFGS} = V^T B V + \rho s s^T$$

*mit*

$$\rho := 1/(y^T s)$$

*und*

$$V := I - \rho y s^T.$$

Entsprechend der Bezeichnungsweise im Lemma 12.1 setzen wir

$$\rho_j := 1/(y^j)^T s^j,$$
$$V_j := I - \rho_j y^j (s^j)^T$$

für gegebene Vektoren $s^j \in \mathbb{R}^n$ und $y^j \in \mathbb{R}^n$ mit $(s^j)^T y^j > 0$. Sei nun $B_0 \in \mathbb{R}^{n \times n}$ eine beliebig vorgegebene, symmetrische und positiv definite Matrix. Im allgemeinen wird $B_0 = \gamma I$ ein Vielfaches der Einheitsmatrix sein, so daß die Matrix $B_0$ sehr einfach abgespeichert werden kann. Mittels der Aufdatierungsformel aus dem Lemma 12.1 und durch rekursives Einsetzen von $B_1, B_2, \ldots$ ergibt sich dann:

$$B_1 = V_0^T B_0 V_0 + \rho_0 s^0 (s^0)^T,$$
$$B_2 = V_1^T B_1 V_1 + \rho_1 s^1 (s^1)^T$$
$$= V_1^T V_0^T B_0 V_0 V_1$$
$$\quad + \rho_0 V_1^T s^0 (s^0)^T V_1$$
$$\quad + \rho_1 s^1 (s^1)^T,$$
$$B_3 = V_2^T B_2 V_2 + \rho_2 s^2 (s^2)^T$$
$$= V_2^T V_1^T V_0^T B_0 V_0 V_1 V_2$$
$$\quad + \rho_0 V_2^T V_1^T s^0 (s^0)^T V_1 V_2$$
$$\quad + \rho_1 V_2^T s^1 (s^1)^T V_2$$
$$\quad + \rho_2 s^2 (s^2)^T.$$

Allgemein erhält man nach $k + 1$ Schritten:

$$B_{k+1} = V_k^T V_{k-1}^T \ldots V_0^T B_0 V_0 \ldots V_{k-1} V_k$$
$$\quad + \rho_0 V_k^T \ldots V_1^T s^0 (s^0)^T V_1 \ldots V_k$$
$$\vdots$$
$$\quad + \rho_{k-2} V_k^T V_{k-1}^T s^{k-2} (s^{k-2})^T V_{k-1} V_k$$
$$\quad + \rho_{k-1} V_k^T s^{k-1} (s^{k-1})^T V_k$$
$$\quad + \rho_k s^k (s^k)^T,$$

d.h., $B_{k+1}$ läßt sich vollständig berechnen aus $B_0$ sowie den Vektorpaaren $(s^j, y^j), j = 0, 1, \ldots, k$. Für große Werte von $k$ erscheint diese Methode wenig sinnvoll, da beispielsweise für $k \geq n/2$ der Speicherplatzbedarf für die $2(k+1)$

Vektoren $(s^j, y^j), j = 0, 1, \ldots, k$, bereits größer ist als der für die direkte Abspeicherung der Matrix $B_k \in \mathbb{R}^{n \times n}$ (und zwar sogar ohne Berücksichtigung der Symmetrie von $B_k$).

Jedoch gewinnt man aus der obigen Darstellung von $B_{k+1}$ jetzt relativ leicht das Limited Memory BFGS–Verfahren, welches i.w. auf Nocedal [83] zurückgeht: Dazu gibt man sich eine feste Zahl $m \in \mathbb{N}$ vor und speichert nur die letzten $m$ Vektorpaare $(s^k, y^k), (s^{k-1}, y^{k-1}), \ldots, (s^{k-m+1}, y^{k-m+1})$, mit deren Hilfe sich $V_k, V_{k-1}, \ldots, V_{k-m+1}$ und $\rho_k, \rho_{k-1}, \ldots, \rho_{k-m+1}$ berechnen lassen. Alle vorherigen Informationen $V_0, V_1, \ldots, V_{k-m}$ sowie $\rho_0, \rho_1, \ldots, \rho_{k-m}$ werden jetzt vernachlässigt, d.h., sie werden formal durch Einheitsmatrizen bzw. Nullen ersetzt. Auf diese Weise erhält man die folgende Näherung $\tilde{B}_{k+1}$ an $B_{k+1}$:

$$\tilde{B}_{k+1} = V_k^T V_{k-1}^T \cdots V_{k-m+1}^T B_0 V_{k-m+1} \cdots V_{k-1} V_k$$
$$+ \rho_{k-m+1} V_k^T \cdots V_{k-m+2}^T s^{k-m+1} (s^{k-m+1})^T V_{k-m+2} \cdots V_k$$
$$\vdots$$
$$+ \rho_{k-1} V_k^T s^{k-1} (s^{k-1})^T V_k$$
$$+ \rho_k s^k (s^k)^T.$$

In den ersten paar Iterationsschritten kann man natürlich nur auf die bis dahin schon existierenden Vektorpaare $(s^0, y^0), (s^1, y^1), \ldots$ zurückgreifen, und das können durchaus weniger als $m$ Vektorpaare sein. Berücksichtigt man dies, so erhält man gerade die folgende Modifikation des globalisierten BFGS–Verfahrens aus dem Algorithmus 11.34, wobei wir hier jedoch von der inversen BFGS–Formel ausgehen:

**Algorithmus 12.2.** *(Globalisiertes Limited Memory BFGS–Verfahren)*

*(S.0): Wähle $x^0 \in \mathbb{R}^n, \tilde{B}_0 \in \mathbb{R}^{n \times n}$ symmetrisch und positiv definit, $\sigma \in (0, 1/2), \rho \in (\sigma, 1)$, eine natürliche Zahl $m > 0, \varepsilon \geq 0$, und setze $k := 0$.*

*(S.1): Ist $\|\nabla f(x^k)\| \leq \varepsilon$: STOP.*

*(S.2): Setze $d^k := -\tilde{B}_k \nabla f(x^k)$.*

*(S.3): Berechne eine Schrittweite $t_k > 0$, die den Wolfe–Powell–Bedingungen*

$$f(x^k + t_k d^k) \leq f(x^k) + \sigma t_k \nabla f(x^k)^T d^k,$$
$$\nabla f(x^k + t_k d^k)^T d^k \geq \rho \nabla f(x^k)^T d^k$$

*genügt.*

*(S.4): Setze*

$$x^{k+1} := x^k + t_k d^k,$$
$$s^k := x^{k+1} - x^k,$$
$$y^k := \nabla f(x^{k+1}) - \nabla f(x^k),$$
$$\rho_k := 1/(y^k)^T s^k,$$
$$V_k := I - \rho_k y^k (s^k)^T \quad und$$
$$m_k := \min\{k + 1, m\}.$$

*Datiere $\tilde{B}_0$ mittels der inversen BFGS–Formel unter Verwendung der Vektorpaare $(s^j, y^j)$ für $j = k - m_k + 1, \ldots, k$ insgesamt $m_k$-mal auf, d.h., setze*

$$\tilde{B}_{k+1} = V_k^T V_{k-1}^T \cdots V_{k-m_k+1}^T \tilde{B}_0 V_{k-m_k+1} \cdots V_{k-1} V_k$$
$$+ \rho_{k-m_k+1} V_k^T \cdots V_{k-m_k+2}^T s^{k-m_k+1} (s^{k-m_k+1})^T V_{k-m_k+2} \cdots V_k$$
$$\vdots$$
$$+ \rho_{k-1} V_k^T s^{k-1} (s^{k-1})^T V_k$$
$$+ \rho_k s^k (s^k)^T$$

*(S.5): Setze $k \leftarrow k + 1$, und gehe zu (S.1).*

Bevor wir im nächsten Abschnitt zu den Konvergenzeigenschaften des Algorithmus 12.2 kommen, gehen wir zunächst auf einige elementare Eigenschaften dieses Algorithmus ein.

**Bemerkung 12.3.** *Ist $f : \mathbb{R}^n \to \mathbb{R}$ stetig differenzierbar und nach unten beschränkt, so gilt für die durch den Algorithmus 12.2 erzeugten Folgen $\{s^k\}$ und $\{y^k\}$ stets $(s^k)^T y^k > 0$. Ferner ist die Folge der Matrizen $\{\tilde{B}_k\}$ symmetrisch und positiv definit und der Algorithmus 12.2 somit wohldefiniert.*

*Beweis.* Die Behauptung folgt wie im Beweis von Satz 11.37 aus dem entsprechend zu modifizierenden Lemma 11.35 und aus Lemma 11.36. Die genaue Durchführung wird dem Leser überlassen, vgl. Aufgabe 12.2.    $\square$

Die im Schritt (S.4) des Algorithmus 12.2 berechnete Approximation $\tilde{B}_{k+1}$ an die BFGS–Aufdatierungsmatrix $B_{k+1}$ genügt ebenfalls der (inversen) Quasi–Newton–Gleichung $\tilde{B}_{k+1} y^k = s^k$. Dies läßt sich sehr leicht verifizieren und wird dem Leser in der Aufgabe 12.3 überlassen.

In dem Spezialfall $m = 1$ reduziert sich das globalisierte Limited Memory BFGS–Verfahren aus dem Algorithmus 12.2 auf ein schon vorher untersuchtes Verfahren von Shanno [102, 103]; man vergleiche diesbezüglich auch den Abschnitt 7.4.3 in dem Numerik–Buch von Werner [119]. Wir gehen in der Aufgabe 12.4 kurz auf das Shanno–Verfahren ein.

Der etwas monströse Ausdruck für die Matrix $\tilde{B}_{k+1}$ im Schritt (S.4) des Algorithmus 12.2 sieht zunächst nicht sehr vertrauenserweckend aus; insbesondere ist nicht klar, wie mit dieser Matrix die Berechnung der Suchrichtung $d^k$ im Schritt (S.2) effizient gestaltet werden kann. Wir werden im Abschnitt 12.3 auf dieses Problem zurückkommen und dort ein Verfahren angeben, das zur Berechnung der Suchrichtung $d^k$ nur $O(mn)$ Rechenoperationen benötigt.

Natürlich werden die Matrizen $\tilde{B}_{k+1}$ nicht explizit gespeichert, sondern lediglich die zur Berechnung von $\tilde{B}_{k+1}$ benötigten Vektorpaare $(s^j, y^j)$ für $j = k - m_k + 1, \ldots, k$, die Startmatrix $\tilde{B}_0$ (wir erinnern daran, daß i.a. $\tilde{B}_0 = \gamma I$ für ein $\gamma > 0$ gesetzt wird, so daß man hierfür nur einen Skalar abzuspeichern hat) sowie gegebenenfalls die reellen Zahlen $\rho_j$ für $j = k - m_k + 1, \ldots, k$. Für kleine Werte von $m$ und größere Dimensionen $n$ ist der Speicherplatzbedarf für das Limited Memory BFGS–Verfahren damit erheblich geringer als für das BFGS–Verfahren selbst, nämlich $O(mn)$ statt $O(n^2)$.

## 12.2 Konvergenz bei gleichmäßig konvexen Funktionen

In diesem Abschnitt wollen wir die globalen Konvergenzeigenschaften des Limited Memory BFGS–Verfahrens aus dem Algorithmus 12.2 untersuchen, und zwar für eine zweimal stetig differenzierbare und gleichmäßig konvexe Funktion $f$. Wir folgen dabei weitgehend der Darstellung von Liu und Nocedal [72] und gehen im folgenden natürlich wieder davon aus, daß der Abbruchparameter $\varepsilon$ im Algorithmus 12.2 gleich Null ist und das Verfahren nicht nach endlich vielen Schritten abbricht.

Für unsere theoretischen Untersuchungen ist die folgende einfache Beobachtung von Bedeutung: Die Suchrichtung $d^k \in \mathbb{R}^n$ aus dem Schritt (S.2) im Algorithmus 12.2 kann alternativ auch als Lösung des linearen Gleichungssystems

$$\tilde{H}_k d = -\nabla f(x^k)$$

berechnet werden, wobei im Schritt (S.4) des Algorithmus 12.2 die Matrix $\tilde{H}_{k+1}$ dann durch $m_k$–malige Aufdatierung von $\tilde{H}_0 := \tilde{B}_0^{-1}$ mittels der *direkten* BFGS–Formel berechnet werden müßte (vgl. Bemerkung 11.9). Wir fassen dieses zu Algorithmus 12.2 äquivalente Verfahren in dem folgenden Algorithmus zusammen.

**Algorithmus 12.4.** *(Globalisiertes direktes Limited Memory BFGS–Verfahren)*

*(S.0): Wähle $x^0 \in \mathbb{R}^n, \tilde{H}_0 \in \mathbb{R}^{n \times n}$ symmetrisch und positiv definit, $\sigma \in (0, 1/2), \rho \in (\sigma, 1)$, eine natürliche Zahl $m > 0, \varepsilon \geq 0$, und setze $k := 0$.*

*(S.1): Ist $\|\nabla f(x^k)\| \leq \varepsilon$: STOP.*

*(S.2): Berechne $d^k \in \mathbb{R}^n$ als Lösung des linearen Gleichungssystems*

$$\tilde{H}_k d = -\nabla f(x^k).$$

*(S.3): Berechne eine Schrittweite $t_k > 0$, die den Wolfe–Powell–Bedingungen*

$$f(x^k + t_k d^k) \leq f(x^k) + \sigma t_k \nabla f(x^k)^T d^k,$$
$$\nabla f(x^k + t_k d^k)^T d^k \geq \rho \nabla f(x^k)^T d^k$$

*genügt.*

*(S.4): Setze*

$$x^{k+1} := x^k + t_k d^k,$$
$$s^k := x^{k+1} - x^k,$$
$$y^k := \nabla f(x^{k+1}) - \nabla f(x^k),$$
$$m_k := \min\{k + 1, m\}$$

*und bestimme $\tilde{H}_{k+1}$ durch $m_k$-malige Aufdatierung von $\tilde{H}_0$ mittels der direkten BFGS-Formel unter Verwendung der Vektoren $(s^j, y^j)$ für $j = k - m_k + 1, \ldots, k$, d.h., setze*

$$\tilde{H}_k^{(1)} := \tilde{H}_0,$$

$$\tilde{H}_k^{(j+1)} := \tilde{H}_k^{(j)} + \frac{y^{k-m_k+j}(y^{k-m_k+j})^T}{(y^{k-m_k+j})^T s^{k-m_k+j}} - \frac{\tilde{H}_k^{(j)} s^{k-m_k+j}(s^{k-m_k+j})^T \tilde{H}_k^{(j)}}{(s^{k-m_k+j})^T \tilde{H}_k^{(j)} s^{k-m_k+j}}$$

$$\text{für } j = 1, \ldots, m_k,$$

$$\tilde{H}_{k+1} := \tilde{H}_k^{(m_k+1)}.$$

*(S.5): Setze $k \leftarrow k + 1$, und gehe zu (S.1).*

Wir werden in diesem Abschnitt voraussetzen, daß die zu minimierende Funktion $f$ zweimal stetig differenzierbar und gleichmäßig konvex ist. Das folgende Lemma stellt eine damit äquivalente Eigenschaft bereit:

**Lemma 12.5.** *Sei $f : \mathbb{R}^n \to \mathbb{R}$ zweimal stetig differenzierbar; weiter sei die Levelmenge $\mathcal{L}(x^0) := \{x \in \mathbb{R}^n | f(x) \leq f(x^0)\}$ konvex. Dann sind äquivalent:*

*(a) $f$ ist gleichmäßig konvex auf $\mathcal{L}(x^0)$.*
*(b) Es existieren Konstanten $\gamma_1 > 0$ und $\gamma_2 > 0$ mit*

$$\gamma_1 \|d\|^2 \leq d^T \nabla^2 f(x) d \leq \gamma_2 \|d\|^2$$

*für alle $d \in \mathbb{R}^n$ und alle $x \in \mathcal{L}(x^0)$.*

*Beweis.* Die Behauptung folgt aus Satz 3.8 (c) und Lemma 3.9 (vgl. auch Aufgabe 3.7). $\qquad\qquad\square$

Als einfache Konsequenz des Lemmas 12.5 halten wir das folgende Resultat fest.

**Bemerkung 12.6.** *Seien $f : \mathbb{R}^n \to \mathbb{R}$ zweimal stetig differenzierbar, die Levelmenge $\mathcal{L}(x^0) := \{x \in \mathbb{R}^n | f(x) \leq f(x^0)\}$ konvex und $f$ gleichmäßig konvex auf $\mathcal{L}(x^0)$. Dann gibt es Zahlen $\gamma_1 > 0$ und $\gamma_2 > 0$ mit*

$$\gamma_1 \|d\|^2 \leq d^T \bar{H} d \leq \gamma_2 \|d\|^2$$

*für alle $z^1, z^2 \in \mathcal{L}(x^0)$ und alle $d \in \mathbb{R}^n$, wobei $\bar{H} = \bar{H}(z^1, z^2) \in \mathbb{R}^{n \times n}$ die im Mittelwertsatz A.3 auftretende Matrix*

$$\bar{H} := \int_0^1 \nabla^2 f(z^1 + \tau(z^2 - z^1)) d\tau$$

*bezeichnet.*

*Beweis.* Wegen der Konvexität der Levelmenge $\mathcal{L}(x^0)$ ist $z^1 + \tau(z^2 - z^1) \in \mathcal{L}(x^0)$ für alle $z^1, z^2 \in \mathcal{L}(x^0)$ und alle $\tau \in [0,1]$. Aus Lemma 12.5 und der Monotonie des Integrals ergibt sich mit den Zahlen $\gamma_1 > 0$, $\gamma_2 > 0$ aus Lemma 12.5

$$
\begin{aligned}
\gamma_1 \|d\|^2 &= \int_0^1 \gamma_1 \|d\|^2 d\tau \\
&\leq \int_0^1 d^T \nabla^2 f(z^1 + \tau(z^2 - z^1)) d\, d\tau \\
&= d^T \bar{H} d \\
&\leq \int_0^1 \gamma_2 \|d\|^2 d\tau \\
&= \gamma_2 \|d\|^2
\end{aligned}
$$

für alle $d \in \mathbb{R}^n$. $\qquad\qquad\square$

Als eine weitere Konsequenz der an $f$ gestellten Voraussetzungen notieren wir das

**Lemma 12.7.** *Seien $f : \mathbb{R}^n \to \mathbb{R}$ zweimal stetig differenzierbar, die Levelmenge $\mathcal{L}(x^0) := \{x \in \mathbb{R}^n \mid f(x) \leq f(x^0)\}$ konvex und $f$ gleichmäßig konvex auf $\mathcal{L}(x^0)$. Sei $\{x^k\} \subseteq \mathbb{R}^n$ eine beliebige Folge und definiere*

$$
s^k := x^{k+1} - x^k \quad und \quad y^k := \nabla f(x^{k+1}) - \nabla f(x^k)
$$

*für $k \in \mathbb{N}$. Dann gibt es eine Konstante $\gamma_2 > 0$ mit*

$$
\frac{\|y^k\|^2}{(y^k)^T s^k} \leq \gamma_2
$$

*für alle $k \in \mathbb{N}$ mit $(y^k)^T s^k \neq 0$.*

*Beweis.* Aus dem Mittelwertsatz A.3 folgt

$$
y^k = \bar{H}_k s^k \tag{12.1}
$$

mit

$$
\bar{H}_k := \int_0^1 \nabla^2 f(x^k + \tau s^k) d\tau.
$$

Wegen Bemerkung 12.6 ist $\bar{H}_k$ insbesondere positiv definit. Nach Satz B.6 existiert daher eine ebenfalls symmetrische und positiv definite Quadratwurzel $\bar{H}_k^{1/2}$ mit $\bar{H}_k = \bar{H}_k^{1/2} \bar{H}_k^{1/2}$. Setze

$$
z^k := \bar{H}_k^{1/2} s^k.
$$

Dann folgt aus (12.1):

$$\frac{(y^k)^T y^k}{(y^k)^T s^k} = \frac{(s^k)^T \bar{H}_k \bar{H}_k s^k}{(\bar{H}_k s^k)^T s^k}$$

$$= \frac{(\bar{H}_k^{1/2} s^k)^T \bar{H}_k (\bar{H}_k^{1/2} s^k)}{(\bar{H}_k^{1/2} s^k)^T (\bar{H}_k^{1/2} s^k)}$$

$$= \frac{(z^k)^T \bar{H}_k z^k}{(z^k)^T z^k}$$

$$\leq \gamma_2,$$

wobei sich die letzte Ungleichung aus der Bemerkung 12.6 ergibt.    $\square$

Zum Nachweis der globalen Konvergenz des Limited Memory BFGS–Verfahrens wollen wir den Satz 4.6 anwenden. Da die Wolfe–Powell–Schrittweitenstrategie wegen Satz 5.3 unter den hier benutzten Voraussetzungen effizient ist, müssen wir nur noch überprüfen, daß unsere Suchrichtungen $d^k$ einer Winkelbedingung genügen.

Zu diesem Zweck beweisen wir als Vorbereitung zunächst zwei Lemmata, die im Kapitel 4 auch schon in Form von Aufgaben aufgetreten waren, siehe die Aufgaben 4.6 und 4.7. Aus Gründen der Vollständigkeit werden wir beide Lemmata hier beweisen.

**Lemma 12.8.** *Sei $\{H_k\} \subseteq \mathbb{R}^{n \times n}$ eine Folge symmetrischer und positiv definiter Matrizen. Dann sind die folgenden Aussagen äquivalent:*

*(a) Die Folgen $\{H_k\}$ und $\{H_k^{-1}\}$ sind beschränkt.*
*(b) Es existieren Konstanten $c_1 > 0$ und $c_2 > 0$ mit*

$$c_1 \|d\|^2 \leq d^T H_k d \leq c_2 \|d\|^2$$

*für alle $d \in \mathbb{R}^n$ und alle $k \in \mathbb{N}$.*
*(c) Es existieren Konstanten $c_3 > 0$ und $c_4 > 0$ mit*

$$c_3 \|d\|^2 \leq d^T H_k^{-1} d \leq c_4 \|d\|^2$$

*für alle $d \in \mathbb{R}^n$ und alle $k \in \mathbb{N}$.*

*Beweis.* Wir beginnen zunächst mit einer Vorbetrachtung: Da $H_k$ nach Voraussetzung symmetrisch und positiv definit ist, existiert eine orthogonale Matrix $Q_k \in \mathbb{R}^{n \times n}$ und eine positiv definite Diagonalmatrix $D_k \in \mathbb{R}^{n \times n}$ mit

$$H_k = Q_k^T D_k Q_k.$$

Daraus folgt zunächst die Gültigkeit der Gleichung

$$H_k^{-1} = Q_k^T D_k^{-1} Q_k.$$

Sie nun $D_k = \mathrm{diag}(\lambda_1^k, \ldots, \lambda_n^k)$ mit den Eigenwerten $0 < \lambda_1^k \leq \ldots \leq \lambda_n^k$. Dann gelten

$$\|H_k\| = \|D_k\| = \lambda_n^k \quad \text{und} \quad \|H_k^{-1}\| = \|D_k^{-1}\| = \frac{1}{\lambda_1^k}. \qquad (12.2)$$

Wir kommen nun zum eigentlichen Beweis:

(a) $\Rightarrow$ (b): Nach Voraussetzung existiert ein $c > 0$ mit

$$\|H_k\| \le c \quad \text{und} \quad \|H_k^{-1}\| \le c$$

für alle $k \in \mathbb{N}$. Wegen (12.2) gilt daher

$$\lambda_i^k \le \lambda_n^k \le c \quad \text{und} \quad \frac{1}{\lambda_i^k} \le \frac{1}{\lambda_1^k} \le c$$

für alle $k \in \mathbb{N}$ und alle $i \in \{1, \ldots, n\}$. Also folgt mit Lemma B.4

$$c_1 \|d\|^2 \le \lambda_{\min}(H_k)\|d\|^2 \le d^T H_k d \le \lambda_{\max}(H_k)\|d\|^2 \le c_2\|d\|^2$$

für $c_1 := 1/c$ und $c_2 := c$.

(b) $\Rightarrow$ (a): Nach Voraussetzung existieren Zahlen $c_1 > 0, c_2 > 0$ mit

$$c_1\|d\|^2 \le d^T H_k d \le c_2\|d\|^2$$

für alle $d \in \mathbb{R}^n$ und alle $k \in \mathbb{N}$. Für den Eigenvektor $d := d_i^k$ zum Eigenwert $\lambda_i^k$ liefert dies

$$c_1 \le \lambda_i^k \le c_2,$$

$i = 1, \ldots, n$. Mit (12.2) folgt hieraus die Behauptung.

(a) $\Leftrightarrow$ (c): Kann analog zu (a) $\Longleftrightarrow$ (b) bewiesen werden. $\qquad\qquad\square$

Wir kommen nun zu unserem zweiten Hilfsresultat, das explizit beim Beweis des nachfolgenden Konvergenzsatzes für das Limited Memory BFGS–Verfahren benutzt wird.

**Lemma 12.9.** *Seien $f : \mathbb{R}^n \to \mathbb{R}$ stetig differenzierbar, $\{x^k\} \subseteq \mathbb{R}^n, \{H_k\} \subseteq \mathbb{R}^{n \times n}$ eine Folge symmetrischer und positiv definiter Matrizen mit $\{H_k\}$ und $\{H_k^{-1}\}$ beschränkt sowie $\{d^k\}$ definiert durch $d^k := -H_k^{-1}\nabla f(x^k)$. Dann genügt $\{d^k\}$ der Winkelbedingung, d.h., es existiert eine Konstante $c > 0$ mit*

$$\frac{-\nabla f(x^k)^T d^k}{\|\nabla f(x^k)\|\,\|d^k\|} \ge c$$

*für alle $k \in \mathbb{N}$.*

*Beweis.* Wegen Lemma 12.8 existiert ein $c_1 > 0$ mit

$$\nabla f(x^k)^T H_k^{-1} \nabla f(x^k) \geq c_1 \|\nabla f(x^k)\|^2$$

für alle $k \in \mathbb{N}$. Da $\{H_k^{-1}\}$ nach Voraussetzung beschränkt ist, existiert ferner ein $c_2 > 0$ mit

$$\|H_k^{-1}\| \leq c_2$$

für alle $k \in \mathbb{N}$. Zusammen folgt

$$
\begin{aligned}
\frac{-\nabla f(x^k)^T d^k}{\|\nabla f(x^k)\| \, \|d^k\|} &= \frac{\nabla f(x^k)^T H_k^{-1} \nabla f(x^k)}{\|\nabla f(x^k)\| \, \|H_k^{-1} \nabla f(x^k)\|} \\
&\geq c_1 \frac{\|\nabla f(x^k)\|^2}{\|\nabla f(x^k)\|^2 \|H_k^{-1}\|} \\
&\geq c_1 / c_2 \\
&=: c
\end{aligned}
$$

für alle $k \in \mathbb{N}$. $\qquad\qquad\square$

Nach diesen Vorbereitungen können wir nun das Hauptresultat dieses Abschnittes beweisen. Zuvor erinnern wir noch daran, daß unter der Voraussetzung der gleichmäßigen Konvexität die Funktion $f$ genau ein (globales) Minimum $x^*$ besitzt, man vergleiche hierfür den Satz 3.10 (c).

**Satz 12.10.** *Seien $f : \mathbb{R}^n \to \mathbb{R}$ zweimal stetig differenzierbar, die Levelmenge $\mathcal{L}(x^0) := \{x \in \mathbb{R}^n \,|\, f(x) \leq f(x^0)\}$ konvex und $f$ gleichmäßig konvex auf $\mathcal{L}(x^0)$. Dann konvergiert die durch den Algorithmus 12.4 erzeugte Folge $\{x^k\}$ gegen das eindeutig bestimmte globale Minimum $x^*$ von $f$.*

*Beweis.* Wir werden zeigen, daß die Folge der Suchrichtungen $\{d^k\}$ einer Winkelbedingung genügt. Zu diesem Zweck werden wir die Voraussetzungen des Lemmas 12.9 verifizieren. Im gesamten Beweis gehen wir dabei davon aus, daß der Iterationsindex $k$ hinreichend groß ist, so daß $m_k = m$ gilt.

Sei zunächst wieder

$$\bar{H}_k := \int_0^1 \nabla^2 f(x^k + \tau s^k) d\tau.$$

Wegen Bemerkung 12.6, (12.1) und Lemma 12.7 gelten dann mit Konstanten $\gamma_1 > 0, \gamma_2 > 0$

$$\gamma_1 \|s^k\|^2 \leq (y^k)^T s^k \leq \gamma_2 \|s^k\|^2 \tag{12.3}$$

und

$$\frac{\|y^k\|^2}{(y^k)^T s^k} \leq \gamma_2 \tag{12.4}$$

für alle $k \in \mathbb{N}$. Sei $\tilde{H}_{k+1}$ die im Algorithmus 12.4 berechnete direkte Limited Memory BFGS–Aufdatierungsmatrix. Wegen (12.4) gilt dann unter Vernachlässigung negativer Terme:

$$\text{Spur}(\tilde{H}_{k+1}) \leq \text{Spur}(\tilde{H}_0) + \sum_{j=1}^{m} \frac{\|y^{k-m+j}\|^2}{(y^{k-m+j})^T s^{k-m+j}} \leq \text{Spur}(\tilde{H}_0) + m\gamma_2 =: \gamma_3.$$

$$(12.5)$$

Also gilt (man beachte die Vorbetrachtung im Beweis von Lemma 12.8 sowie Lemma B.1 (b))

$$\|\tilde{H}_k\| = \lambda_{\max}(\tilde{H}_k) \leq \sum_{i=1}^{n} \lambda_i(\tilde{H}_k) = \text{Spur}(\tilde{H}_k) \leq \gamma_3$$

für alle $k \in \mathbb{N}$. Ebenso erhält man

$$\|\tilde{H}_k^{(j)}\| \leq \gamma_3$$

für alle $k \in \mathbb{N}$ und alle $j = 1, 2, \ldots, m$ für die im Schritt (S.4) des Algorithmus 12.4 definierten „Zwischenmatrizen" $\tilde{H}_k^{(j)}$. Unter Verwendung des Lemmas 11.39 folgt daher

$$\begin{aligned}
\det(\tilde{H}_{k+1}) &= \det(\tilde{H}_0) \prod_{j=1}^{m} \frac{(y^{k-m+j})^T s^{k-m+j}}{(s^{k-m+j})^T \tilde{H}_k^{(j)} s^{k-m+j}} \\
&= \det(\tilde{H}_0) \prod_{j=1}^{m} \frac{(y^{k-m+j})^T s^{k-m+j}}{\|s^{k-m+j}\|^2} \frac{\|s^{k-m+j}\|^2}{(s^{k-m+j})^T \tilde{H}_k^{(j)} s^{k-m+j}} \\
&\geq \det(\tilde{H}_0) \prod_{j=1}^{m} \gamma_1 \frac{1}{\|\tilde{H}_k^{(j)}\|} \\
&\geq \det(\tilde{H}_0) \prod_{j=1}^{m} \gamma_1 \frac{1}{\gamma_3} \\
&=: \gamma_4.
\end{aligned}$$

Also ist

$$\gamma_4 \leq \det(\tilde{H}_k) = \prod_{i=1}^{n} \lambda_i(\tilde{H}_k) \leq \lambda_{\min}(\tilde{H}_k)(\lambda_{\max}(\tilde{H}_k))^{n-1} \leq \lambda_{\min}(\tilde{H}_k)\gamma_3^{n-1}.$$

Folglich existiert ein $\gamma_5 > 0$ mit

$$\frac{1}{\lambda_{\min}(\tilde{H}_k)} \leq \gamma_5$$

für alle $k \in \mathbb{N}$. Somit ist

$$\|\tilde{H}_k^{-1}\| = \lambda_{\max}(\tilde{H}_k^{-1}) = \frac{1}{\lambda_{\min}(\tilde{H}_k)} \leq \gamma_5$$

für alle $k \in \mathbb{N}$.

Wegen Lemma 12.9 genügt die Folge der Suchrichtungen $\{d^k\}$ daher der Zoutendijk–Bedingung aus dem Satz 4.7 (übrigens sogar der Winkelbedingung aus Satz 4.6). Da die im Algorithmus 12.4 verwendete Wolfe–Powell–Schrittweitenstrategie wegen Satz 5.3 effizient ist, folgt nach Satz 4.7 die Behauptung. $\qquad\qquad\square$

## 12.3 Hinweise zur Implementation

In diesem Abschnitt zeigen wir zunächst, wie man im Limited Memory BFGS–Verfahren 12.2 den Suchrichtungsvektor $d^k := -\tilde{B}_k \nabla f(x^k)$ einfach berechnen kann. Anschließend zeigen wir, wie die Limited Memory BFGS–Matrizen $\tilde{B}_k$ als Präkonditionierer für ein CG–Verfahren benutzt werden können. Schließlich gehen wir noch auf die Wahl der Matrix $\tilde{B}_0$ und auf die Berechnung einer Schrittweite $t_k > 0$ ein.

## Zur Berechnung der Suchrichtung

Sei $\tilde{B}_{k+1} \in \mathbb{R}^{n \times n}$ eine durch das Limited Memory BFGS–Verfahren 12.2 berechnete Matrix, d.h.,

$$
\begin{aligned}
\tilde{B}_{k+1} = {}& V_k^T V_{k-1}^T \cdots V_{k-m_k+1}^T \tilde{B}_0 V_{k-m_k+1} \cdots V_{k-1} V_k \\
& + \rho_{k-m_k+1} V_k^T \cdots V_{k-m_k+2}^T s^{k-m_k+1} (s^{k-m_k+1})^T V_{k-m_k+2} \cdots V_k \\
& \;\;\vdots \\
& + \rho_{k-1} V_k^T s^{k-1} (s^{k-1})^T V_k \\
& + \rho_k s^k (s^k)^T
\end{aligned}
$$

mit

$$
\begin{aligned}
V_j &:= I - \rho_j y^j (s^j)^T, \quad j = k - m_k + 1, \ldots, k, \\
\rho_j &:= 1/((s^j)^T y^j), \quad j = k - m_k + 1, \ldots, k.
\end{aligned}
$$

Zur effizienten Implementation des Algorithmus 12.2 muß noch gezeigt werden, daß die Suchrichtung

$$
d^{k+1} := -\tilde{B}_{k+1} \nabla f(x^{k+1})
$$

sehr günstig berechnet werden kann. Wir beschreiben in diesem Abschnitt daher ein Verfahren zur Berechnung des Matrix–Vektor–Produktes

$$
p := \tilde{B}_{k+1} q
$$

für einen beliebigen Vektor $q \in \mathbb{R}^n$. Dabei gehen wir natürlich davon aus, daß die Matrix $\tilde{B}_{k+1}$ nicht explizit abgespeichert ist, sondern lediglich indirekt über die Vektorpaare $(s^j, y^j)$ und die Skalare $\rho_j$ für $j = k - m_k + 1, \ldots, k$ sowie die Startmatrix $\tilde{B}_0$.

**Algorithmus 12.11.** *(Berechnung von $p := \tilde{B}_{k+1}q$)*

*(S.0) Seien $(s^j, y^j) \in \mathbb{R}^n \times \mathbb{R}^n$ und $\rho_j := 1/((s^j)^T y^j)$ für $j = k - m_k + 1, \ldots, k$ sowie $\tilde{B}_0 \in \mathbb{R}^{n \times n}, q \in \mathbb{R}^n$ und $m_k \in \mathbb{N}$ gegeben.*

*(S.1) Setze $q^{k+1} := q$.*

*(S.2) For $i = k, k - 1, \ldots, k - m_k + 1$*

$$\alpha_i := \rho_i (s^i)^T q^{i+1},$$
$$q^i := q^{i+1} - \alpha_i y^i$$

*end*

*(S.3) Setze $p^{k - m_k + 1} := \tilde{B}_0 q^{k - m_k + 1}$.*

*(S.4) For $i = k - m_k + 1, k - m_k + 2, \ldots, k$*

$$\beta_i := \rho_i (y^i)^T p^i,$$
$$p^{i+1} := p^i + (\alpha_i - \beta_i) s^i$$

*end*

*(S.5) Setze $p := p^{k+1}$.*

In einer praktischen Implementation sollten die Vektoren

$$q^{k+1}, q^k, q^{k-1}, \ldots,$$

die Vektoren

$$p^{k - m_k + 1}, p^{k - m_k + 2}, p^{k + m_k + 3}, \ldots$$

sowie die Skalare

$$\beta_{k - m_k + 1}, \beta_{k - m_k + 2}, \beta_{k - m_k + 3}, \ldots$$

nicht explizit abgespeichert werden. Stattdessen wird man den Eingabevektor $q \in \mathbb{R}^n$, einen Vektor $p \in \mathbb{R}^n$ sowie einen Skalar $\beta \in \mathbb{R}$ stets überschreiben. Lediglich die skalaren Größen $\alpha_i$ sind für $i = k - m_k + 1, \ldots, k$ abzuspeichern. In der Tat bilden diese insgesamt $m_k$ Zahlen zusammen mit $\beta \in \mathbb{R}$ den einzigen zusätzlichen Speicherplatzbedarf für den Algorithmus 12.11, da auch der Vektor $p$ auf dem Platz von $q$ abgespeichert werden kann und man für $q$ den Speicherplatz für die Suchrichtung $d$ verwenden kann.

Um im folgenden einzusehen, daß der Algorithmus tatsächlich das Matrix–Vektor–Produkt $p := \tilde{B}_{k+1}q$ berechnet, ist es aber nützlich, in der Beschreibung des Algorithmus 12.11 die Vektoren bzw. Skalare $q^i, p^i$ und $\beta_i$ zu indizieren.

Um zu zeigen, daß der Algorithmus das Gewünschte leistet, betrachten wir nur den Spezialfall $m_k = 3$. Der Leser kann sich leicht davon überzeugen, daß unsere Vorgehensweise auch für allgemeines $m_k \in \mathbb{N}$ gilt, siehe Aufgabe 12.5.

Für $m_k = 3$ lautet unsere Matrix $\tilde{B}_{k+1}$ aus dem Algorithmus 12.2 wie folgt:

$$\begin{aligned}
\tilde{B}_{k+1} = {}& V_k^T V_{k-1}^T V_{k-2}^T \tilde{B}_0 V_{k-2} V_{k-1} V_k \\
& + \rho_{k-2} V_k^T V_{k-1}^T s^{k-2} (s^{k-2})^T V_{k-1} V_k \\
& + \rho_{k-1} V_k s^{k-1} (s^{k-1})^T V_k \\
& + \rho_k s^k (s^k)^T.
\end{aligned} \tag{12.6}$$

Im Schritt (S.1) des Algorithmus 12.11 wird zunächst

$$q^{k+1} = q \tag{12.7}$$

gesetzt. Aus dem Schritt (S.2) des Algorithmus 12.11 folgt dann

$$\begin{aligned}
V_i q^{i+1} &= \left( I - \rho_i y^i (s^i)^T \right) q^{i+1} \\
&= q^{i+1} - \rho_i (s^i)^T q^{i+1} y^i \\
&= q^{i+1} - \alpha_i y^i \\
&= q^i
\end{aligned} \tag{12.8}$$

für $i = k, k-1, k-2$. Aus (12.6), (12.7), (12.8) sowie der Definition von $\alpha_i$ folgt dann:

$$\begin{aligned}
\tilde{B}_{k+1} q = {}& \tilde{B}_{k+1} q^{k+1} \\
= {}& V_k^T V_{k-1}^T V_{k-2}^T \tilde{B}_0 V_{k-2} V_{k-1} V_k q^{k+1} \\
& + \rho_{k-2} V_k^T V_{k-1}^T s^{k-2} (s^{k-2})^T V_{k-1} V_k q^{k+1} \\
& + \rho_{k-1} V_k^T s^{k-1} (s^{k-1})^T V_k q^{k+1} \\
& + \rho_k s^k (s^k)^T q^{k+1} \\
= {}& V_k^T V_{k-1}^T V_{k-2}^T \tilde{B}_0 V_{k-2} V_{k-1} q^k \\
& + \rho_{k-2} V_k^T V_{k-1}^T s^{k-2} (s^{k-2})^T V_{k-1} q^k \\
& + \rho_{k-1} V_k^T s^{k-1} (s^{k-1})^T q^k \\
& + \alpha_k s^k \\
= {}& V_k^T V_{k-1}^T V_{k-2}^T \tilde{B}_0 V_{k-2} q^{k-1} \\
& + \rho_{k-2} V_k^T V_{k-1}^T s^{k-2} (s^{k-2})^T q^{k-1} \\
& + \alpha_{k-1} V_k^T s^{k-1} \\
& + \alpha_k s^k \\
= {}& V_k^T V_{k-1}^T V_{k-2}^T \tilde{B}_0 q^{k-2} \\
& + \alpha_{k-2} V_k^T V_{k-1}^T s^{k-2} \\
& + \alpha_{k-1} V_k^T s^{k-1} \\
& + \alpha_k s^k \\
= {}& V_k^T V_{k-1}^T V_{k-2}^T p^{k-2} \\
& + \alpha_{k-2} V_k^T V_{k-1}^T s^{k-2} \\
& + \alpha_{k-1} V_k^T s^{k-1} \\
& + \alpha_k s^k,
\end{aligned} \tag{12.9}$$

wobei sich die letzte Gleichung aus dem Schritt (S.3) des Algorithmus 12.11 ergibt.

Aus dem Schritt (S.4) des Algorithmus 12.11 folgt nun

$$
\begin{aligned}
V_i^T p^i + \alpha_i s^i &= \left( I - \rho_i s^i (y^i)^T \right) p^i + \alpha_i s^i \\
&= p^i - \rho_i (y^i)^T p^i s^i + \alpha_i s^i \\
&= p^i - \beta_i s^i + \alpha_i s^i \\
&= p^i + (\alpha_i - \beta_i) s^i \\
&= p^{i+1}
\end{aligned}
\tag{12.10}
$$

für $i = k - 2, k - 1, k$. Durch geschickte Klammerung des in (12.9) zuletzt erhaltenen Ausdrucks ergibt sich aus (12.10) somit:

$$
\begin{aligned}
\tilde{B}_{k+1} q &= V_k^T V_{k-1}^T \left( V_{k-2}^T p^{k-2} + \alpha_{k-2} s^{k-2} \right) + \alpha_{k-1} V_k^T s^{k-1} + \alpha_k s^k \\
&= V_k^T V_{k-1}^T p^{k-1} + \alpha_{k-1} V_k^T s^{k-1} + \alpha_k s^k \\
&= V_k^T p^k + \alpha_k s^k \\
&= p^{k+1} \\
&= p,
\end{aligned}
$$

wobei die letzte Gleichung gerade die Vorschrift aus dem Schritt (S.5) des Algorithmus 12.11 ist.

Damit ist (zumindest im Fall $m_k = 3$) gezeigt, daß der Algorithmus 12.11 tatsächlich das gewünschte Matrix–Vektor–Produkt berechnet. Ferner sieht man sehr leicht ein, daß hierzu lediglich $O(m_k n)$ Rechenoperationen nötig sind (wobei wir den Aufwand zur Berechnung des Matrix–Vektor–Produktes $p^{k-m_k+1} := \tilde{B}_0 q^{k-m_k+1}$ noch nicht mit berücksichtigt haben; mehr hierzu später).

Da im Limited Memory BFGS–Verfahren (abgesehen von den ersten paar Iterationen) stets $m_k = m$ gilt und die natürliche Zahl $m$ üblicherweise relativ klein ist (eine typische Wahl ist $m \in \{3, 4, \ldots, 9\}$), ist die Berechnung der Suchrichtung $d^k$ im Schritt (S.2) des Limited Memory BFGS–Verfahrens 12.2 damit erheblich günstiger als die Berechnung der Suchrichtung $d^k$ im eigentlichen BFGS–Verfahren (siehe Algorithmus 11.22 bzw. Algorithmus 11.34 in Verbindung mit der in Abschnitt 11.7 besprochenen Aufdatierungstechnik), bei dem nämlich $O(n^2)$ Rechenoperationen benötigt werden.

Das Limited Memory BFGS–Verfahren besitzt gegenüber dem BFGS–Verfahren daher nicht nur den Vorteil, daß man weniger Speicherplatz benötigt, sondern daß die einzelnen Iterationsschritte (jedenfalls für größere Dimensionen $n$) auch noch erheblich kostengünstiger ausgeführt werden können. Dafür ist das Limited Memory BFGS–Verfahren natürlich auch nicht mehr superlinear konvergent.

## Limited Memory BFGS–Matrizen als Präkonditionierer

Im Kapitel 10 haben wir die Klasse der inexakten Newton–Verfahren betrachtet; zur approximativen Lösung der bei diesen Verfahren auftretenden inexakten Newton–Bedingungen (siehe z.B. den Schritt (S.2) im Algorithmus 10.4) haben wir im Abschnitt 10.3 dann das präkonditionierte CG–Verfahren 10.10 vorgeschlagen. Als Präkonditionierer trat dabei eine symmetrische und positiv definite Matrix $B \in \mathbb{R}^{n \times n}$ auf, die eine möglichst gute Approximation an die *inverse* Hesse–Matrix $\nabla^2 f(x)^{-1}$ darstellen sollte.

Ebenfalls im Abschnitt 10.3 haben wir zu diesem Zweck die unvollständige Cholesky–Zerlegung von $\nabla^2 f(x)$ eingeführt, die zunächst aber nur eine Approximation an die Hesse–Matrix $\nabla^2 f(x)$ selbst lieferte, so daß in jedem Schritt des präkonditionierten CG–Verfahrens 10.10 stets ein lineares Gleichungssystem zu lösen war (was allerdings aufgrund der schon vorhandenen Faktorisierung aus der unvollständigen Cholesky–Zerlegung relativ einfach durch Vorwärts– und Rückwärtseinsetzen realisiert werden konnte).

Die Ausführungen in diesem Kapitel legen nun einen anderen Präkonditionierer nahe, nämlich die Matrix $\tilde{B}_k$ aus dem Limited Memory BFGS–Verfahren 12.2. Da diese Matrix mittels der *inversen* BFGS–Aufdatierungsformel erzeugt wird, liefert sie bereits die gewünschte Approximation an die *inverse* Hesse–Matrix $\nabla^2 f(x)^{-1}$. Wählt man als Matrix $B$ im präkonditionierten CG–Verfahren 10.10 daher die Limited Memory BFGS–Aufdatierungsmatrix $\tilde{B}_k$, so hat man in jedem Schritt des Algorithmus 10.10 lediglich eine Matrix–Vektor–Multiplikation durchzuführen, und dies kann wieder sehr effizient unter Verwendung des in diesem Abschnitt vorgestellten Algorithmus 12.11 geschehen.

## Einige weitere Hinweise

Wir haben bislang die Wahl der Matrix $\tilde{B}_0$ noch nicht weiter diskutiert. In der Praxis wählt man in jedem Iterationsschritt zumeist eine andere „Anfangsmatrix" $\tilde{B}_0 = \tilde{B}_0^{(k)}$. Einige numerische Testrechnungen von Liu und Nocedal [72] haben dabei gezeigt, daß die Wahl

$$\tilde{B}_0^{(k)} := \gamma_k I \quad \text{mit} \quad \gamma_k := \frac{(s^k)^T y^k}{\|y^k\|^2} \tag{12.11}$$

recht gute Ergebnisse liefert. Diese Matrix ist offenbar positiv definit (vergleiche die Bemerkung 12.3 (a)) und kann sehr günstig über den skalaren Faktor $\gamma_k$ abgespeichert werden. Mit dieser Wahl von $\tilde{B}_0^{(k)}$ läßt sich außerdem der Schritt (S.3) im Algorithmus 12.11 trivial realisieren, und der Gesamtaufwand von $O(m_k n)$ Rechenoperationen wird nicht zerstört. Ferner bleibt auch die globale Konvergenzaussage des Satzes 12.10 erhalten, siehe Aufgabe 12.6.

Schließlich erwähnen wir noch, daß man bei praktischen Rechnungen die im Schritt (S.3) des Limited Memory BFGS–Verfahrens auftretenden Wolfe–Powell–Bedingungen zumeist durch die strenge Wolfe–Powell–Schrittweitenstrategie aus dem Kapitel 5 ersetzt. Dies liegt daran, daß das Limited Memory BFGS–Verfahren in einem stärkeren Maße von der Wahl einer „guten"

Schrittweite $t_k > 0$ abzuhängen scheint als etwa das BFGS–Verfahren oder die (inexakten) Newton–Verfahren, und daß man mittels der strengen Wolfe–Powell–Regel die „optimale" Schrittweite aus der Curry–Regel (siehe Aufgabe 5.6) besser approximieren kann als mittels der Wolfe–Powell–Regel.

Abschließend erwähnen wir noch, dass es mittlerweile auch möglich ist, direkte Aufdatierungsformeln im Zusammenhang mit Limited Memory Quasi–Newton–Verfahren zu verwenden. Der interessierte Leser sei diesbezüglich insbesondere auf die Arbeit [14] von Byrd, Nocedal und Schnabel verwiesen.

## 12.4 Numerische Resultate

Wir gehen in diesem Abschnitt etwas auf das numerische Verhalten des Limited Memory BFGS–Verfahrens ein. Den Vorschlägen des Abschnittes 12.3 folgend, haben wir dazu die Wolfe–Powell–Bedingungen aus dem Algorithmus 12.2 ersetzt durch die strenge Wolfe–Powell–Schrittweitenstrategie, die hier mittels des Algorithmus 6.5 und den Parameterwerten

$$\sigma = 10^{-4} \quad \text{und} \quad \rho = 0.9$$

realisiert wurde. Ferner benutzen wir die in (12.11) vorgeschlagene Skalierung, wobei für $k = 0$ formal $\gamma_k = 1$ gesetzt wird.

Die Berechnung der Suchrichtung $d^k$ geschieht natürlich durch Anwendung des Algorithmus 12.11.

Das Limited Memory BFGS–Verfahren wird abgebrochen, wenn

$$\|\nabla f(x^k)\| \leq \varepsilon \quad \text{oder} \quad k > k_{\max}$$

gilt mit

$$\varepsilon = 10^{-5} \quad \text{und} \quad k_{\max} = 500.$$

Man beachte dabei, daß wir hier ein etwas größeres $\varepsilon$ wählen (nämlich $\varepsilon = 10^{-5}$ statt $\varepsilon = 10^{-6}$) als in den vorhergehenden Kapiteln. Dies liegt i.w. daran, daß die bisher untersuchten Verfahren lokal superlinear bzw. gar quadratisch konvergent waren, während das Limited Memory BFGS–Verfahren dieses lokal schnelle Konvergenzverhalten nicht besitzt. Man sollte deshalb in der Wahl des Abbruchkriteriums etwas vorsichtiger sein: Eine Verringerung von $\varepsilon$ um den Faktor 0.1 oder mehr wird bei einem lokal superlinear/quadratisch konvergenten Verfahren an der Anzahl der Iterationen nicht viel ändern (man wird allenfalls eine Iteration mehr ausführen müssen), während eine solche Änderung bei einem lokal höchstens linear konvergenten Verfahren weitaus größere Auswirkungen nach sich ziehen kann; wir erinnern hierzu beispielsweise an die Tabelle 8.1, wo genau dieses Verhalten für das Gradientenverfahren untersucht wurde.

Die hiermit vollständig beschriebene Implementation des Limited Memory BFGS–Verfahrens wurde an einigen Beispielen aus dem Anhang C getestet, und zwar unter Verwendung verschiedener Werte von $m$. Die Tabelle 12.1 enthält die erzielten Resultate für $m = 3$ und die Tabellen 12.2 und 12.3 enthalten die entsprechenden Resultate für $m = 5$ und $m = 7$. Die Spalten dieser Tabellen haben dabei die folgenden Bedeutungen:

| | |
|---|---|
| Testbeispiel: | Name des Testbeispieles aus dem Anhang C, |
| $n$: | Dimension des Testbeispieles, |
| $m$: | Anzahl der Summanden im Testbsp. (siehe Anhang C), |
| Iter.: | Anzahl der Iterationen, |
| $f$–Ausw.: | Anzahl der Funktionsauswertungen, |
| $\nabla f$–Ausw.: | Anzahl der Gradientenauswertungen. |

**Tabelle 12.1.** Numerische Resultate für das Limited Memory BFGS–Verfahren, $m = 3$

| Testbeispiel | $n$ | $m$ | Iter. | $f$–Ausw. | $\nabla f$–Ausw. |
|---|---|---|---|---|---|
| Biggs–Fkt. | 6 | 13 | 53 | 92 | 75 |
| Gauß–Fkt. | 3 | 15 | 4 | 12 | 10 |
| Powells schlechtskalierte Fkt. | 2 | 2 | 157 | 358 | 268 |
| Box–Fkt. | 3 | 3 | 34 | 61 | 49 |
| Beliebig–dimensionale Fkt. | 10 | 12 | 13 | 58 | 37 |
| Penalty–Fkt. I | 4 | 5 | 145 | 400 | 276 |
| Browns schlechtskalierte Fkt. | 2 | 3 | 15 | 26 | 21 |
| Trigonometrische Fkt. | 4 | 4 | 16 | 19 | 18 |
| Rosenbrock–Fkt. | 2 | 2 | 26 | 57 | 43 |
| Powells singuläre Fkt. | 4 | 4 | 37 | 66 | 52 |
| Beale–Fkt. | 2 | 3 | 12 | 23 | 18 |
| Wood–Fkt. | 4 | 6 | 39 | 80 | 60 |

**Tabelle 12.2.** Numerische Resultate für das Limited Memory BFGS–Verfahren, $m = 5$

| Testbeispiel | $n$ | $m$ | Iter. | $f$–Ausw. | $\nabla f$–Ausw. |
|---|---|---|---|---|---|
| Biggs–Fkt. | 6 | 13 | 39 | 62 | 51 |
| Gauß–Fkt. | 3 | 15 | 4 | 12 | 10 |
| Powells schlechtskalierte Fkt. | 2 | 2 | 155 | 371 | 274 |
| Box–Fkt. | 3 | 3 | 36 | 45 | 41 |
| Beliebig–dimensionale Fkt. | 10 | 12 | 13 | 58 | 37 |
| Penalty–Fkt. I | 4 | 5 | 148 | 338 | 245 |
| Browns schlechtskalierte Fkt. | 2 | 3 | 12 | 23 | 18 |
| Trigonometrische Fkt. | 4 | 4 | 14 | 19 | 17 |
| Rosenbrock–Fkt. | 2 | 2 | 25 | 61 | 44 |
| Powells singuläre Fkt. | 4 | 4 | 19 | 38 | 29 |
| Beale–Fkt. | 2 | 3 | 12 | 25 | 19 |
| Wood–Fkt. | 4 | 6 | 42 | 89 | 66 |

**Tabelle 12.3.** Numerische Resultate für das Limited Memory BFGS-Verfahren, $m = 7$

| Testbeispiel | $n$ | $m$ | Iter. | $f$–Ausw. | $\nabla f$–Ausw. |
|---|---|---|---|---|---|
| Biggs–Fkt. | 6 | 13 | 38 | 64 | 52 |
| Gauß–Fkt. | 3 | 15 | 4 | 12 | 10 |
| Powells schlechtskalierte Fkt. | 2 | 2 | 154 | 354 | 265 |
| Box–Fkt. | 3 | 3 | 34 | 59 | 47 |
| Beliebig–dimensionale Fkt. | 10 | 12 | 13 | 58 | 37 |
| Penalty–Fkt. I | 4 | 5 | 141 | 281 | 213 |
| Browns schlechtskalierte Fkt. | 2 | 3 | 11 | 22 | 17 |
| Trigonometrische Fkt. | 4 | 4 | 13 | 14 | 14 |
| Rosenbrock–Fkt. | 2 | 2 | 26 | 64 | 46 |
| Powells singuläre Fkt. | 4 | 4 | 17 | 36 | 27 |
| Beale–Fkt. | 2 | 3 | 12 | 23 | 18 |
| Wood–Fkt. | 4 | 6 | 28 | 65 | 47 |

Ein Blick auf die Tabellen 12.1–12.3 zeigt zunächst, daß das Limited Memory BFGS–Verfahren zumindest alle hier getesteten Beispiele lösen kann, so daß dieses Verfahren relativ robust zu sein scheint. Aber auch die Anzahl der jeweils benötigten Iterationen ist i.a. nicht übermäßig viel schlechter als etwa beim BFGS–Verfahren selbst. Außerdem ist die Anzahl der jeweils benötigten Funktions– und Gradientenauswertungen, im Vergleich zu der jeweiligen Iterationszahl, durchaus vertretbar. Letzteres ist schon deshalb nicht unbedingt eine Selbstverständlichkeit, da die volle Schrittweite $t_k = 1$ beim Limited Memory BFGS–Verfahren auch lokal nicht unbedingt akzeptiert zu werden braucht, ganz im Gegensatz zu allen bisher betrachteten Verfahren.

Vergleicht man schließlich die Tabellen 12.1, 12.2 und 12.3 miteinander, so stellt man fest, daß eine Erhöhung von $m$ zumeist keine gravierenden Änderungen bezüglich des numerischen Verhaltens des Limited Memory BFGS–Verfahrens mit sich bringt. Zwar reduzieren sich die Zahlen für die Iterationen, Funktions– und Gradientenauswertungen mit größer werdenden $m$ im Durchschnitt etwas, die Änderungen sind aber vergleichsweise gering. Da die Zahl $m$ in einem erheblichen Maße den Aufwand des Limited Memory BFGS–Verfahrens bestimmt, scheint es von daher gerechtfertigt, i.a. nur mit relativ kleinen Werten von $m$ zu arbeiten.

# Aufgaben

**Aufgabe 12.1.** Man beweise Lemma 12.1.

**Aufgabe 12.2.** Man führe den Beweis der Bemerkung 12.3 vollständig aus.

**Aufgabe 12.3.** Die im Schritt (S.4) des Algorithmus 12.2 berechnete Matrix $\tilde{B}_{k+1}$ genügt der inversen Quasi–Newton–Gleichung

$$\tilde{B}_{k+1} y^k = s^k.$$

**Aufgabe 12.4.** Man verifiziere, daß die im Schritt (S.4) des Algorithmus 12.2 berechnete Matrix $\tilde{B}_{k+1}$ für $m_k = 1$ und $B_0 = B_0^{(k)} := \gamma_k I$ mit

$$\gamma_k := \frac{(s^k)^T y^k}{\|y^k\|^2}$$

auf die Matrix

$$\tilde{B}_{k+1} = \gamma_k I + 2\frac{s^k (s^k)^T}{(s^k)^T y^k} - \frac{1}{\|y^k\|^2} \left(y^k (s^k)^T + s^k (y^k)^T\right)$$

führt, so daß sich als nächste Suchrichtung

$$d^{k+1} = -\gamma_k \nabla f(x^{k+1}) - \left(2\frac{(s^k)^T \nabla f(x^{k+1})}{(s^k)^T y^k} - \frac{(y^k)^T \nabla f(x^{k+1})}{\|y^k\|^2}\right) s^k$$
$$+ \frac{(s^k)^T \nabla f(x^{k+1})}{\|y^k\|^2} y^k$$

ergibt.

**Aufgabe 12.5.** Man verifiziere, daß der durch den Algorithmus 12.11 berechnete Vektor $p \in \mathbb{R}^n$ tatsächlich das Matrix–Vektor–Produkt $\tilde{B}_{k+1} q$ enthält.

**Aufgabe 12.6.** Man zeige, daß die Aussage des Konvergenzsatzes 12.10 erhalten bleibt, wenn man die im Algorithmus 12.2 auftretende (und vom Iterationsindex $k$ unabhängige) Matrix $\tilde{B}_0$ durch die (vom Iterationsindex $k$ abhängige) Matrix $\tilde{B}_0^{(k)}$ aus (12.11) ersetzt.

**Aufgabe 12.7.** Man zeige, daß sich der globale Konvergenzsatz 12.10 wie folgt verschärfen läßt: Ist $\{x^k\}$ eine durch das Limited Memory BFGS–Verfahren 12.2 erzeugte Folge und gelten die Voraussetzungen von 12.10, so existieren Konstanten $c > 0$ und $q \in (0,1)$ mit

$$\|x^k - x^*\| \leq cq^k$$

für alle $k \in \mathbb{N}$, wobei $x^* \in \mathbb{R}^n$ wieder das eindeutig bestimmte (globale) Minimum von $f$ bezeichnet. (Hinweis: Man schaue sich noch einmal die Ausführungen am Ende des Abschnittes 11.5 an.)

**Aufgabe 12.8.** Man implementiere das Limited Memory BFGS–Verfahren aus dem Algorithmus 12.2 und teste das Verfahren für $m = 3, 5, 7$ an den Beispielen aus dem Anhang C. Man benutze dabei die Matrix $B_0 = B_0^{(k)}$ aus (12.11) und verwende die strenge Wolfe–Powell–Regel anstelle der Wolfe–Powell–Regel mit den in der Aufgabe 6.4 angegebenen Parametern. Welche Testprobleme werden jeweils gelöst? Wieviele Iterationsschritte, Funktions- und Gradientenauswertungen werden dabei jeweils benötigt? Als Abbruchkriterium wähle man beispielsweise: $\|\nabla f(x^k)\| \leq \varepsilon$ oder $k > k_{\max}$ mit $\varepsilon = 10^{-5}$ und $k_{\max} = 500$.

**Aufgabe 12.9.** Man implementiere das globalisierte inexakte Newton–Verfahren 10.4. Zur inexakten Lösung der Newton–Gleichung verwende man dabei das CG–Verfahren aus dem Algorithmus 10.10 und den im Abschnitt 12.3 beschriebenen Präkonditionierer $B = \tilde{B}_k$ mit $m = 2, 3$. Als Parameter für das CG–Verfahren wähle man jene aus der Aufgabe 10.10.

Man teste das Verfahren an den Beispielen aus dem Anhang C. Welche Testprobleme werden jeweils gelöst? Wieviele (äußere) Iterationsschritte, Funktionsauswertungen, inexakte Newton– und Gradientenschritte sowie kumulierte (innere) CG–Iterationen werden dazu benötigt? Als Abbruchkriterium nehme man wieder jenes aus der Aufgabe 10.9. Beispielwerte für die übrigen Parameter: $\rho = 10^{-8}, p = 2.1, \beta = 0.5, \sigma = 10^{-4}$.

# 13. CG–Verfahren

In diesem Kapitel setzen wir uns mit den sogenannten CG–Verfahren zur Lösung von unrestringierten Optimierungsproblemen auseinander. Diese Verfahren lassen sich auf sehr großdimensionale Probleme anwenden, da sie keinerlei Informationen über die zweiten partiellen Ableitungen der Zielfunktion benötigen. Insbesondere werden in jedem Iterationsschritt nur Vektoren miteinander addiert bzw. (skalar) multipliziert. Es müssen also keine linearen Gleichungssysteme gelöst werden und auch keine Matrix–Vektor–Produkte berechnet werden.

Als Motivation hierfür (aber auch als ein im Kapitel 10 benötigtes Hilfsmittel) führen wir im Abschnitt 13.1 zunächst das CG–Verfahren zur Lösung eines linearen Gleichungssystems ein. Dies geschieht im wesentlichen dadurch, daß wir anstelle des linearen Gleichungssystems ein zugeordnetes quadratisches Optimierungsproblem lösen. Dieser Zugang wird es uns dann erlauben, das CG–Verfahren zur Minimierung einer nichtlinearen (nicht notwendig quadratischen) Zielfunktion zu beschreiben.

Allerdings gibt es verschiedene CG–Verfahren zur Minimierung einer stetig differenzierbaren Zielfunktion, die im Falle einer quadratischen Funktion allesamt äquivalent zueinander sind. Wir werden darum verschiedene Verallgemeinerungen des CG–Verfahrens für die allgemeine unrestringierte Optimierung behandeln.

Zunächst gehen wir im Abschnitt 13.2 auf das sogenannte Fletcher–Reeves–Verfahren ein, welches eine sehr elegante Konvergenztheorie besitzt, numerisch dem im Abschnitt 13.3 besprochenen Polak–Ribière–Verfahren aber i.a. unterlegen ist. Leider läßt sich für das Polak–Ribière–Verfahren kein so schöner Konvergenzsatz wie für das Fletcher–Reeves–Verfahren beweisen. Deshalb gehen wir im Abschnitt 13.4 noch auf ein erst kürzlich vorgeschlagenes modifiziertes Polak–Ribière–Verfahren ein, für welches sich ein relativ starker Konvergenzsatz beweisen läßt. Einige weitere Varianten der hier besprochenen CG–Verfahren werden im Abschnitt 13.5 behandelt, während im Abschnitt 13.6 schließlich einige numerische Resultate angegeben werden.

## 13.1 Das CG–Verfahren für lineare Gleichungssysteme

Wir betrachten das lineare Gleichungssystem

$$Ax = b$$

mit einer symmetrischen und positiv definiten Matrix $A \in \mathbb{R}^{n \times n}$ sowie $b \in \mathbb{R}^n$. Äquivalent hierzu ist das quadratische Optimierungsproblem

$$\min f(x) := \frac{1}{2}x^T Ax - b^T x. \tag{13.1}$$

Es sei daran erinnert (vgl. Kapitel 3), daß sich die Äquivalenz daraus ergibt, daß das (eindeutig bestimmte) globale Minimum $x^*$ von $f$ wegen der Konvexität von $f$ durch

$$\nabla f(x^*) = Ax^* - b = 0$$

charakterisiert wird.

In Abschnitt 8.2 haben wir gesehen, daß das Gradientenverfahren, angewandt auf eine quadratische Zielfunktion $f$, selbst bei Verwendung der Minimierungsregel als Schrittweitenstrategie unter Umständen sehr langsam konvergiert. Wir besprechen nun ein Iterationsverfahren, welches das gesuchte Minimum von $f$ in höchstens $n$ Schritten findet.

Als Vorbereitung auf die Herleitung dieses Verfahrens beweisen wir das folgende Lemma.

**Lemma 13.1.** *Seien $f(x) := \frac{1}{2}x^T Ax - b^T x$ mit $A \in \mathbb{R}^{n \times n}$ symmetrisch und positiv definit und $b \in \mathbb{R}^n$ sowie $x^0 \in \mathbb{R}^n$. Seien weiter $d^0, d^1, \ldots, d^{n-1} \in \mathbb{R}^n$ vom Nullvektor verschiedene Vektoren mit*

$$(d^i)^T A d^j = 0 \quad \text{für alle } i, j = 0, \ldots, n - 1, \ i \neq j. \tag{13.2}$$

*Dann liefert das Verfahren der sukzessiven eindimensionalen Minimierung längs der Richtungen $d^0, d^1, \ldots, d^{n-1}$, d.h., die Berechnung der Folge $\{x^k\}$ aus*

$$x^{k+1} := x^k + t_k d^k$$

*mit*

$$f(x^k + t_k d^k) = \min_{t \in \mathbb{R}} f(x^k + td^k), \tag{13.3}$$

*$k = 0, 1, \ldots, n - 1$, nach (spätestens) $n$ Schritten mit $x^n$ das Minimum $x^*$ von $f$. Weiter gelten für $k = 0, 1, \ldots, n - 1$ mit $g^k := Ax^k - b$:*

$$t_k = -\frac{(g^k)^T d^k}{(d^k)^T A d^k} \tag{13.4}$$

*und*

$$(g^{k+1})^T d^j = 0, \quad j = 0, 1, \ldots, k. \tag{13.5}$$

*Beweis.* Aus der Bedingung (13.3) ergibt sich unmittelbar die Darstellung (13.4) für die Schrittweite $t_k$, vergleiche die Aufgabe 4.3 (man beachte, daß hierbei $(d^k)^T A d^k > 0$ gilt aufgrund der positiven Definitheit von $A$). Aus $x^{k+1} = x^k + t_k d^k$ folgt daher

$$(g^{k+1})^T d^k = 0 \qquad (13.6)$$

$(k = 0, \ldots, n-1)$. Unter Verwendung der wegen (13.2) für $i \neq j$ geltenden Gleichungen

$$(g^{i+1} - g^i)^T d^j = (Ax^{i+1} - Ax^i)^T d^j = t_i (d^i)^T A d^j = 0$$

erhält man mit (13.6) für $j = 0, \ldots, k$:

$$(g^{k+1})^T d^j = (g^{j+1})^T d^j + \sum_{i=j+1}^{k} (g^{i+1} - g^i)^T d^j = 0,$$

also die Behauptung (13.5). Da die Vektoren $d^0, \ldots, d^{n-1}$ wegen (13.2) bezüglich des Skalarprodukts

$$\langle u, v \rangle_A := u^T A v \qquad (13.7)$$

paarweise orthogonal und somit linear unabhängig sind, folgt aus (13.5) sofort $g^n = 0$, was bedeutet, daß $x^n$ Lösung des quadratischen Optimierungsproblems (13.1) ist. $\qquad\Box$

Vektoren $d^0, \ldots, d^{n-1}$ mit der Eigenschaft (13.2), die also bezüglich des Skalarprodukts (13.7) paarweise orthogonal sind, werden als *A–konjugiert* oder als *A–orthogonal* bezeichnet.

Eine direktere Möglichkeit, die Endlichkeit des Algorithmus aus Lemma 13.1 einzusehen, zeigt Aufgabe 13.1.

Um sich $A$–konjugierte Vektoren $d^0, \ldots, d^{n-1}$ zu verschaffen, kann man das Gram–Schmidtsche Orthogonalisierungsverfahren bezüglich des Skalarprodukts (13.7) auf eine beliebige Basis des $\mathbb{R}^n$ anwenden. Wir wollen jedoch $d^0, \ldots, d^{n-1}$ nicht vorab berechnen, um dann anschließend das Verfahren aus Lemma 13.1 zu starten, sondern $d^0, d^1, \ldots$ sollen im Laufe dieses Verfahrens sukzessive erzeugt werden. Dabei wollen wir es so einrichten, daß der jeweils neu berechnete Vektor $d^k$ eine Abstiegsrichtung für $f$ in $x^k$ ist. Wir starten deshalb mit

$$d^0 := -\nabla f(x^0) = -g^0.$$

Nun gehen wir davon aus, daß bereits $\ell + 1$ Vektoren $d^0, \ldots, d^\ell$ mit

$$(d^i)^T A d^j = 0 \quad \text{für } i, j = 0, \ldots, \ell \text{ mit } i \neq j \qquad (13.8)$$

vorliegen ($\ell \in \{0, \ldots, n-2\}$). Nach dem Beweis von Lemma 13.1 gelten dann (13.4) und (13.5) für $k = 0, \ldots, \ell$. Weiter wird angenommen, daß $g^{\ell+1} \neq 0$

gilt (wegen $g^{\ell+1} = \nabla f(x^{\ell+1})$ bedeutet dies, daß der Punkt $x^{\ell+1}$ noch nicht das gesuchte Minimum ist). Nach der Idee des Gram–Schmidtschen Orthogonalisierungsverfahrens, bezogen auf das Skalarprodukt (13.7), machen wir für $d^{\ell+1}$ den Ansatz

$$d^{\ell+1} := -g^{\ell+1} + \sum_{i=0}^{\ell} \beta_i^{\ell} d^i. \tag{13.9}$$

Die Verwendung von $g^{\ell+1}$ in diesem Ansatz ist sinnvoll, da dieser Vektor wegen (13.5) und $g^{\ell+1} \neq 0$ nicht in dem von $d^0, \ldots, d^{\ell}$ aufgespannten Raum liegt. Die Forderung

$$(d^{\ell+1})^T A d^j = 0, \quad j = 0, \ldots, \ell,$$

ist, wie man unter Verwendung von (13.8) sofort verifiziert, genau dann erfüllt, wenn

$$\beta_j^{\ell} = \frac{(g^{\ell+1})^T A d^j}{(d^j)^T A d^j} \tag{13.10}$$

gewählt wird ($j = 0, \ldots, \ell$). Mit diesen Koeffizienten $\beta_j^{\ell}$ gibt (13.9) die Berechnungsvorschrift für den neuen Vektor $d^{\ell+1}$. Um einzusehen, worin der Vorteil der beschriebenen Konstruktion liegt, schließen wir noch zwei Überlegungen an.

Multipliziert man (13.9) von links mit $(g^{\ell+1})^T$, so erhält man mit (13.5):

$$(g^{\ell+1})^T d^{\ell+1} = -\|g^{\ell+1}\|^2 < 0.$$

Wie angekündigt, ist $d^{\ell+1}$ also (wegen $g^{\ell+1} = \nabla f(x^{\ell+1})$) eine Abstiegsrichtung für $f$ in $x^{\ell+1}$, und wegen (13.4) ist $t_{\ell+1} > 0$. Hat man in den vorhergehenden Schritten $d^k$ entsprechend konstruiert wie jetzt $d^{\ell+1}$, so hat man

$$(g^k)^T d^k = -\|g^k\|^2 < 0, \quad k = 0, \ldots, \ell+1, \tag{13.11}$$

sowie $t_k > 0$, $k = 0, \ldots, \ell+1$.

Wir leiten nun eine weitere Orthogonalitätseigenschaft her (zu den bereits bekannten Orthogonalitätseigenschaften (13.5) und (13.8)): Für $j = 0, \ldots, \ell$ ist (man beachte die für $j$ anstelle von $\ell+1$ angeschriebenen Gleichungen (13.9))

$$(g^{\ell+1})^T g^j = (g^{\ell+1})^T \Big(\sum_{i=0}^{j-1} \beta_i^{j-1} d^i - d^j\Big),$$

woraus man wegen (13.5) erhält:

$$(g^{\ell+1})^T g^j = 0, \quad j = 0, \ldots, \ell. \tag{13.12}$$

Hiermit kann man nun den entscheidenden Vorteil der obigen Konstruktion einsehen: Für die rechte Seite von (13.10) gilt wegen $g^{j+1} - g^j = Ax^{j+1} - Ax^j = t_j A d^j$ und $t_j > 0$ für $j = 0, \ldots, \ell$:

$$(g^{\ell+1})^T A d^j = \frac{1}{t_j}(g^{\ell+1})^T(g^{j+1} - g^j);$$

aus (13.12) folgt somit

$$\beta_j^\ell = 0, \quad j = 0, \ldots, \ell - 1,$$

und daher mit (13.4), (13.11) und (13.12):

$$\beta_\ell^\ell = \frac{1}{t_\ell}\frac{(g^{\ell+1})^T g^{\ell+1}}{(d^\ell)^T A d^\ell} = \frac{\|g^{\ell+1}\|^2}{\|g^\ell\|^2} =: \beta_\ell. \qquad (13.13)$$

Die Berechnungsvorschrift (13.9) für den neuen Vektor $d^{\ell+1}$ hat sich also reduziert auf

$$d^{\ell+1} := -g^{\ell+1} + \beta_\ell d^\ell.$$

Es sei noch angemerkt, daß die Vektoren $g^k = Ax^k - b$ wegen

$$g^{k+1} - g^k = Ax^{k+1} - Ax^k = t_k A d^k$$

von Schritt zu Schritt aufdatiert werden können, ohne daß eine zweite Matrix–Vektor–Multiplikation ausgeführt werden muß (man beachte dazu, daß das Matrix–Vektor–Produkt $Ad^k$ ja schon aus der Berechnung der Schrittweite $t_k$ bekannt ist). Schließlich kann man noch pro Schritt eine Skalarproduktauswertung sparen, wenn man (13.4) mit (13.11) umformt zu

$$t_k = \frac{\|g^k\|^2}{(d^k)^T A d^k}. \qquad (13.14)$$

Insgesamt haben wir damit das folgende Verfahren vorliegen (CG = Conjugate Gradient):

**Algorithmus 13.2.** *(CG–Verfahren für lineare Gleichungssysteme)*

*(S.0) Wähle $x^0 \in \mathbb{R}^n$, setze $g^0 := Ax^0 - b, d^0 := -g^0, \varepsilon \geq 0$ und $k := 0$.*
*(S.1) Ist $\|g^k\| \leq \varepsilon$: STOP.*
*(S.2) Setze*

$$t_k := \frac{\|g^k\|^2}{(d^k)^T A d^k}.$$

*(S.3) Setze*

$$x^{k+1} := x^k + t_k d^k,$$
$$g^{k+1} := g^k + t_k A d^k,$$
$$\beta_k := \frac{\|g^{k+1}\|^2}{\|g^k\|^2},$$
$$d^{k+1} := -g^{k+1} + \beta_k d^k.$$

*(S.4) Setze $k \leftarrow k+1$, und gehe zu (S.1).*

Der Hauptaufwand beim Algorithmus (13.2) besteht in der Berechnung des Matrix–Vektor–Produktes $Ad^k$. Da dieses gleich zweimal benötigt wird, sollte man es in einem Vektor $z^k := Ad^k$ gesondert abspeichern.

Wir halten im Hinblick auf die spätere Übertragung des CG–Verfahrens auf nicht–quadratische Zielfunktionen fest, daß $g^k$ für alle $k$ gleich dem Gradienten der quadratischen Funktion $f$ im Punkte $x^k$ ist. Weiter sei angemerkt, daß die Berechnungsvorschrift für $\beta_k$ wegen (13.12) auch in der Form

$$\beta_k = \frac{(g^{k+1} - g^k)^T g^{k+1}}{\|g^k\|^2} \qquad (13.15)$$

geschrieben werden kann. Für einige weitere Formeln verweisen wir auf den Abschnitt 13.5.

Wir fassen unsere bisherigen Betrachtungen in dem folgenden Konvergenzsatz für das CG–Verfahren 13.2 zusammen. Wie immer gehen wir dabei implizit davon aus, daß der Abbruchparameter $\varepsilon$ im Algorithmus 13.2 gleich Null ist.

**Satz 13.3.** *Seien $f(x) := \frac{1}{2}x^T Ax - b^T x$ mit $A \in \mathbb{R}^{n \times n}$ symmetrisch und positiv definit und $b \in \mathbb{R}^n$. Dann liefert der Algorithmus 13.2 nach höchstens $n$ Schritten das Minimum $x^*$ von $f$. Ist $m \in \{0, \dots, n\}$ die kleinste Zahl mit $x^m = x^*$, so gelten folgende Konjugiertheits–, Orthogonalitäts– und Abstiegseigenschaften:*

$$
\begin{aligned}
(d^k)^T Ad^j &= 0, && k = 1, \dots, m, \; j = 0, \dots, k-1, \\
(g^k)^T g^j &= 0, && k = 1, \dots, m, \; j = 0, \dots, k-1, \\
(g^k)^T d^j &= 0, && k = 1, \dots, m, \; j = 0, \dots, k-1, \\
(g^k)^T d^k &= -\|g^k\|^2, && k = 0, \dots, m.
\end{aligned}
$$

*Beweis.* Ist $g^m = 0$ für ein $m < n$, so bricht der Algorithmus mit $x^m = x^*$ ab. Anderenfalls sind, wie bei der Herleitung des Verfahrens bewiesen wurde, die von 0 verschiedenen Vektoren $d^0, \dots, d^{n-1}$ paarweise $A$–konjugiert, so daß aus Lemma 13.1 unmittelbar $x^n = x^*$ folgt. Die Gültigkeit der übrigen Behauptungen ergibt sich ebenfalls aus der obigen Herleitung bzw. aus dem Beweis von Lemma 13.1 (man vergleiche insbesondere (13.12), (13.5) und (13.11)). $\qquad\square$

Ein Teil der Aussagen von Satz 13.3 kann auch für eine nicht positiv definite Matrix $A$ bewiesen werden, vgl. Aufgabe 13.2. Die in dieser Aufgabe gegebenen Hinweise sind auch nützlich, falls der Leser dem Beweis von Satz 13.3 nicht so recht traut (nämlich weil dort auf die *Herleitung* der CG–Formeln zurückgegriffen wird).

Man beachte, daß für die Durchführung des Verfahrens die Matrix $A$ nicht als zweidimensionales Feld verfügbar sein muß; benötigt wird lediglich eine

Berechnungsvorschrift für die Abbildung $d \mapsto Ad$. Diese Eigenschaft läßt das CG–Verfahren bei großen und dünn besetzten Matrizen als besonders geeignet erscheinen. Wir erinnern diesbezüglich auch an die Ausführungen im Abschnitt 10.3.

Eine weitere wichtige Eigenschaft des CG–Verfahrens besteht darin, daß das Minimum $x^*$ oder zumindest eine passable Näherung für $x^*$ häufig nach sehr viel weniger als $n$ Schritten gefunden wird. Beispielsweise kann man zeigen (vgl. [66]): Besitzt $A$ genau $m$ verschiedene Eigenwerte, so bricht das Verfahren nach höchstens $m$ Schritten mit der Lösung $x^*$ ab. Ferner bricht das Verfahren auch dann nach $m$ Schritten ab, wenn sich die rechte Seite $b$ als Linearkombination von höchstens $m$ Eigenvektoren von $A$ darstellen läßt und man als Startvektor $x^0 = 0$ wählt (letzteres wurde insbesondere im Zusammenhang mit den inexakten Newton–Verfahren im Abschnitt 10.3 empfohlen).

Es ist plausibel, daß der CG–Algorithmus umso schneller gute Näherungen für $x^*$ erzeugt, je kleiner die Kondition der Matrix $A$ ist. Tatsächlich kann man folgende Fehlerabschätzung beweisen (vgl. [92]): Bezeichnet $\kappa = \mathrm{Kond}(A) = \lambda_{\max}(A)/\lambda_{\min}(A)$ die Kondition von $A$ (vgl. Anhang B, $\lambda_{\max}(A)$ sei der größte, $\lambda_{\min}(A)$ der kleinste Eigenwert von $A$), so gilt

$$\|x^k - x^*\| \le 2\sqrt{\kappa}\left(\frac{\sqrt{\kappa}-1}{\sqrt{\kappa}+1}\right)^k \|x^0 - x^*\|.$$

Man vergleiche dieses Ergebnis mit der entsprechenden Abschätzung (8.4) für das Gradientenverfahren!

Dieser Sachverhalt legt es nahe, vor der Anwendung des CG–Verfahrens eine konditionsverbessernde Koordinatentransformation vorzunehmen. Wir setzen deshalb mit einer regulären symmetrischen Matrix $S$

$$x = S\tilde{x}$$

und suchen das Minimum der transformierten Funktion

$$\tilde{f}(\tilde{x}) := f(S\tilde{x}) = \frac{1}{2}\tilde{x}^T SAS\tilde{x} - (Sb)^T\tilde{x}.$$

Die Matrix $S$ sollte somit so gewählt werden, daß die Kondition von $SAS$ kleiner als die Kondition von $A$ ist.

Der Algorithmus 13.2, angewandt auf $\tilde{f}$, erzeuge Folgen

$$\{\tilde{x}^k\},\ \{\tilde{q}^k\},\ \{\tilde{d}^k\},\ \{\tilde{t}_k\},\ \{\tilde{\beta}_k\}.$$

Die mittels der Substitutionen

$$x^k = S\tilde{x}^k,\ \tilde{g}^k = Sg^k,\ d^k = S\tilde{d}^k$$

zugehörigen Folgen $\{x^k\}$, $\{g^k\}$, $\{d^k\}$ sowie $\{\tilde{t}_k\}$, $\{\tilde{\beta}_k\}$ lassen sich, wie man leicht verifiziert, aus dem folgenden Verfahren (mit $B := S^2$) berechnen. Bricht das Verfahren mit einem $x^m$ ab, ist $x^m$ das Minimum der ursprünglichen Funktion $f$.

**Algorithmus 13.4.** *(Präkonditioniertes CG–Verfahren für lineare Gleichungssysteme)*

*(S.0) Wähle $B \in \mathbb{R}^{n \times n}$ symmetrisch und positiv definit, $x^0 \in \mathbb{R}^n$, setze*
$g^0 := Ax^0 - b, d^0 := -Bg^0, \varepsilon \geq 0$ *und* $k := 0$.
*(S.1) Ist* $\|g^k\| \leq \varepsilon$: *STOP.*
*(S.2) Setze*

$$\tilde{t}_k := \frac{(g^k)^T B g^k}{(d^k)^T A d^k}.$$

*(S.3) Setze*

$$x^{k+1} := x^k + \tilde{t}_k d^k,$$
$$g^{k+1} := g^k + \tilde{t}_k A d^k,$$
$$\tilde{\beta}_k := \frac{(g^{k+1})^T B g^{k+1}}{(g^k)^T B g^k},$$
$$d^{k+1} := -Bg^{k+1} + \tilde{\beta}_k d^k.$$

*(S.4) Setze $k \leftarrow k + 1$, und gehe zu (S.1).*

In Algorithmus 13.4 tritt die bei der Herleitung verwendete Matrix $S$ nicht mehr auf. Wegen der Ähnlichkeit der Matrizen $SAS$ und $S^2 A = BA$ kommt es darauf an, $B$ so zu wählen, daß die Zahl

$$\lambda_{\max}(BA)/\lambda_{\min}(BA)$$

kleiner als $\mathrm{Kond}(A) = \lambda_{\max}(A)/\lambda_{\min}(A)$ ist.

Da wir in erster Linie an Optimierungsaufgaben interessiert sind und das Problem (13.1) im Falle einer nicht positiv definiten Matrix $A$ im allgemeinen keine Lösung besitzt, gehen wir nicht auf CG–ähnliche Verfahren für nicht positiv definite Matrizen ein. Wir verweisen lediglich auf eine in Aufgabe 13.3 beschriebene Idee, deren Ausgestaltung bei schlecht konditionierten Matrizen allerdings problematisch sein kann. Im übrigen geben wir in Abschnitt 14.7 eine Variante des CG–Verfahrens zur inexakten Lösung von Trust–Region–Teilproblemen an, bei welcher die Matrix $A$ nicht als positiv definit vorausgesetzt wird.

## 13.2 Das Fletcher–Reeves–Verfahren

Wir übertragen nun den Algorithmus 13.2 auf stetig differenzierbare, nicht notwendig quadratische Funktionen $f : \mathbb{R}^n \to \mathbb{R}$. Die Vorschriften für $g^k$ werden durch $g^k = \nabla f(x^k)$ ersetzt, und als Schrittweitenstrategie wird anstelle der exakten Minimierung (die im quadratischen Fall ja realisierbar ist) die strenge Wolfe–Powell–Regel aus dem Abschnitt 5.3 genommen. Damit ergibt sich das erstmals von Fletcher und Reeves [42] vorgestellte und daher nach ihnen benannte Verfahren. Man beachte, daß in dem so entstehenden Algorithmus keine Matrizen auftreten; der Algorithmus ist somit auch auf Probleme mit sehr vielen Variablen anwendbar.

**Algorithmus 13.5.** *(Fletcher–Reeves–Verfahren)*

*(S.0) Wähle $x^0 \in \mathbb{R}^n, \varepsilon \geq 0, 0 < \sigma < \rho < 1/2$, setze $d^0 := -\nabla f(x^0)$ und $k := 0$.*

*(S.1) Ist $\|\nabla f(x^k)\| \leq \varepsilon : STOP$.*

*(S.2) Bestimme eine Schrittweite $t_k > 0$ mit*

$$f(x^k + t_k d^k) \leq f(x^k) + \sigma t_k \nabla f(x^k)^T d^k$$

*und*

$$|\nabla f(x^k + t_k d^k)^T d^k| \leq -\rho \nabla f(x^k)^T d^k.$$

*(S.3) Setze*

$$x^{k+1} := x^k + t_k d^k,$$
$$\beta_k^{FR} := \frac{\|\nabla f(x^{k+1})\|^2}{\|\nabla f(x^k)\|^2}$$

*und*

$$d^{k+1} := -\nabla f(x^{k+1}) + \beta_k^{FR} d^k.$$

*(S.4) Setze $k \leftarrow k + 1$, und gehe zu (S.1).*

Wir betonen bereits an dieser Stelle, daß wir für den Schrittweitenparameter $\rho$ im Algorithmus 13.5 voraussetzen, daß er aus dem Intervall $(\sigma, 1/2)$ stammt, während in der Beschreibung der strengen Wolfe–Powell–Regel im Abschnitt 5.3 noch das größere Intervall $(\sigma, 1)$ zugelassen war. Diese Einschränkung in der Wahl des Parameters $\rho$ wird sich gleich aus theoretischen Gründen als wichtig erweisen, deutet aber auch hier schon an, daß man in praktischen Implementationen von CG–Verfahren wohl kleinere $\rho$–Werte (und damit i.a. genauere Schrittweiten) wählen sollte, als dies etwa bei den Quasi–Newton– oder Limited Memory Quasi–Newton–Verfahren der Fall ist.

In unserer nachfolgenden Konvergenztheorie für den Algorithmus 13.5 folgen wir der Arbeit [1] von Al-Baali. Dazu gehen wir wieder davon aus, daß der Abbruchparameter $\varepsilon$ gleich Null ist und daß das Verfahren nicht nach endlich vielen Schritten in einem stationären Punkt von $f$ abbricht.

Wir zeigen zunächst, daß das Fletcher–Reeves–Verfahren für jede nach unten beschränkte Zielfunktion wohldefiniert ist.

**Satz 13.6.** *Sei $f : \mathbb{R}^n \to \mathbb{R}$ stetig differenzierbar und nach unten beschränkt. Dann ist das Fletcher–Reeves–Verfahren 13.5 wohldefiniert.*

*Beweis.* Es ist zu zeigen, daß in jeder Iteration eine Schrittweite $t_k > 0$ berechnet werden kann, die den strengen Wolfe–Powell–Bedingungen genügt. Wegen Satz 5.5 ist dafür nur noch zu zeigen, daß in jeder Iteration $k \in \mathbb{N}$ die Bedingung

$$\nabla f(x^k)^T d^k < 0 \tag{13.16}$$

erfüllt ist. Um dies nachzuweisen, wird durch vollständige Induktion nach $k$ bewiesen, daß die Ungleichungen

$$-\sum_{j=0}^{k} \rho^j \leq \frac{\nabla f(x^k)^T d^k}{\|\nabla f(x^k)\|^2} \leq -2 + \sum_{j=0}^{k} \rho^j \tag{13.17}$$

für alle $k \in \mathbb{N}$ erfüllt sind. Aus der rechten Ungleichung in (13.17) folgt dann nämlich

$$\frac{\nabla f(x^k)^T d^k}{\|\nabla f(x^k)\|^2} < -2 + \sum_{j=0}^{\infty} \rho^j = \frac{2\rho - 1}{1 - \rho} < 0$$

wegen $\rho \in (0, 1/2)$, so daß die Abstiegsbedingung (13.16) erfüllt ist.

Die beiden Ungleichungen (13.17) gelten offenbar für $k = 0$. Wir nehmen daher an, daß (13.17) für ein bestimmtes $k \in \mathbb{N}$ erfüllt ist. Aus der strengen Wolfe–Powell–Schrittweitenstrategie folgt

$$\rho \nabla f(x^k)^T d^k \leq \nabla f(x^{k+1})^T d^k \leq -\rho \nabla f(x^k)^T d^k.$$

Daher gilt

$$-1 + \rho \frac{\nabla f(x^k)^T d^k}{\|\nabla f(x^k)\|^2} \leq -1 + \frac{\nabla f(x^{k+1})^T d^k}{\|\nabla f(x^k)\|^2} \leq -1 - \rho \frac{\nabla f(x^k)^T d^k}{\|\nabla f(x^k)\|^2}. \tag{13.18}$$

Aus der Definition von $d^{k+1}$ im Schritt (S.3) des Algorithmus 13.5 folgt ferner

$$\frac{\nabla f(x^{k+1})^T d^{k+1}}{\|\nabla f(x^{k+1})\|^2} = -1 + \frac{\nabla f(x^{k+1})^T d^k}{\|\nabla f(x^k)\|^2}. \tag{13.19}$$

Aus der Induktionsvoraussetzung (13.17) ergibt sich unter Verwendung von (13.19) und (13.18) somit

$$\begin{aligned}
-\sum_{j=0}^{k+1} \rho^j &= -1 - \rho \sum_{j=0}^{k} \rho^j \\
&\leq -1 + \rho \frac{\nabla f(x^k)^T d^k}{\|\nabla f(x^k)\|^2} \\
&\leq -1 + \frac{\nabla f(x^{k+1})^T d^k}{\|\nabla f(x^k)\|^2} \\
&= \frac{\nabla f(x^{k+1})^T d^{k+1}}{\|\nabla f(x^{k+1})\|^2}
\end{aligned}$$

$$\leq -1 - \rho \frac{\nabla f(x^k)^T d^k}{\|\nabla f(x^k)\|^2}$$

$$\leq -1 + \rho \sum_{j=0}^{k} \rho^j$$

$$= -2 + \sum_{j=0}^{k+1} \rho^j.$$

Also gilt (13.17) für $k + 1$, womit der Satz vollständig bewiesen ist. $\qquad\square$

Wir beweisen jetzt einen ersten Konvergenzsatz für das Fletcher–Reeves–Verfahren.

**Satz 13.7.** *Seien $f : \mathbb{R}^n \to \mathbb{R}$ stetig differenzierbar, nach unten beschränkt sowie $\nabla f$ Lipschitz-stetig auf der Levelmenge $\mathcal{L}(x^0) := \{x \in \mathbb{R}^n \mid f(x) \leq f(x^0)\}$. Dann gilt*

$$\liminf_{k \to \infty} \|\nabla f(x^k)\| = 0$$

*für jede durch das Fletcher–Reeves–Verfahren 13.5 erzeugte Folge $\{x^k\}$.*

*Beweis.* Sei $\{x^k\}$ eine durch den Algorithmus 13.5 erzeugte Folge. Der Beweis des Satzes 13.6 zeigte insbesondere, daß diese Folge den Ungleichungen

$$-\sum_{j=0}^{k} \rho^j \leq \frac{\nabla f(x^k)^T d^k}{\|\nabla f(x^k)\|^2} \leq -2 + \sum_{j=0}^{k} \rho^j$$

genügt, vergleiche (13.17). Durch Anwendung der geometrischen Reihe folgt hieraus

$$-\frac{1}{1 - \rho} < \frac{\nabla f(x^k)^T d^k}{\|\nabla f(x^k)\|^2} < \frac{2\rho - 1}{1 - \rho} < 0 \qquad (13.20)$$

für alle $k \in \mathbb{N}$. Der Beweis erfolgt nun durch Widerspruch. Angenommen, es ist $\liminf_{k \to \infty} \|\nabla f(x^k)\| > 0$. Dann existiert ein $\varepsilon > 0$ mit $\|\nabla f(x^k)\| \geq \varepsilon$ für alle $k \in \mathbb{N}$. Da die strenge Wolfe–Powell–Schrittweitenregel aufgrund des Satzes 5.5 (b) effizient ist, existiert eine Konstante $\theta > 0$ mit

$$f(x^k) - f(x^{k+1}) \geq \theta \left( \frac{\nabla f(x^k)^T d^k}{\|d^k\|} \right)^2$$

für alle $k \in \mathbb{N}$. Aus der rechten Ungleichung in (13.20) folgt somit

$$f(x^k) - f(x^{k+1}) \geq \theta \left( \frac{1 - 2\rho}{1 - \rho} \right)^2 \frac{1}{\gamma_k} \qquad (13.21)$$

mit

$$\gamma_k := \|d^k\|^2 / \|\nabla f(x^k)\|^4.$$

Aus der Aufdatierungsvorschrift im Schritt (S.3) des Algorithmus 13.5, der strengen Wolfe–Powell–Schrittweitenstrategie aus dem Schritt (S.2) sowie der linken Ungleichung in (13.20) ergibt sich

$$
\begin{aligned}
\gamma_k &= \frac{(d^k)^T d^k}{\|\nabla f(x^k)\|^4} \\
&= \frac{(-\nabla f(x^k) + \beta_{k-1}^{FR} d^{k-1})^T (-\nabla f(x^k) + \beta_{k-1}^{FR} d^{k-1})}{\|\nabla f(x^k)\|^4} \\
&= \frac{1}{\|\nabla f(x^k)\|^2} - \frac{2}{\|\nabla f(x^k)\|^2 \|\nabla f(x^{k-1})\|^2} \nabla f(x^k)^T d^{k-1} + \gamma_{k-1} \\
&\leq \frac{1}{\|\nabla f(x^k)\|^2} - \frac{2\rho}{\|\nabla f(x^k)\|^2} \frac{\nabla f(x^{k-1})^T d^{k-1}}{\|\nabla f(x^{k-1})\|^2} + \gamma_{k-1} \\
&\leq \frac{1}{\|\nabla f(x^k)\|^2} + \frac{2\rho}{\|\nabla f(x^k)\|^2} \frac{1}{1-\rho} + \gamma_{k-1} \\
&= \frac{1+\rho}{1-\rho} \cdot \frac{1}{\|\nabla f(x^k)\|^2} + \gamma_{k-1}
\end{aligned}
$$

für alle $k \in \mathbb{N}$. Induktiv folgt daher

$$
\begin{aligned}
\gamma_k &\leq \frac{1+\rho}{1-\rho} \cdot \frac{1}{\|\nabla f(x^k)\|^2} + \gamma_{k-1} \\
&\ \ \vdots \\
&\leq \frac{1+\rho}{1-\rho} \sum_{j=1}^{k} \frac{1}{\|\nabla f(x^j)\|^2} + \gamma_0 \\
&\leq \frac{1+\rho}{1-\rho} \sum_{j=0}^{k} \frac{1}{\|\nabla f(x^j)\|^2} \\
&\leq \frac{1}{\varepsilon^2} \cdot \frac{1+\rho}{1-\rho}(k+1)
\end{aligned}
$$

und somit wegen (13.21)

$$
f(x^k) - f(x^{k+1}) \geq \theta \varepsilon^2 \frac{(1-2\rho)^2}{(1-\rho)(1+\rho)} \cdot \frac{1}{k+1} =: \frac{\kappa}{k+1}
$$

mit

$$
\kappa := \theta \varepsilon^2 \frac{(1-2\rho)^2}{(1-\rho)(1+\rho)}.
$$

Durch Zurückspulen erhält man hieraus

$$
f(x^0) - f(x^{k+1}) = \sum_{j=0}^{k} f(x^j) - f(x^{j+1}) \geq \kappa \sum_{j=0}^{k} \frac{1}{j+1}.
$$

Aus der Divergenz der harmonischen Reihe folgt daher

$$\{f(x^k)\} \to -\infty$$

im Widerspruch zu der vorausgesetzten Beschränktheit von $f$ nach unten. Also ist $\liminf_{k\to\infty} \|\nabla f(x^k)\| = 0$. $\qquad\qquad\square$

Da die durch das Fletcher–Reeves–Verfahren 13.5 erzeugte Folge $\{x^k\}$ in der Levelmenge $\mathcal{L}(x^0)$ bleibt, besagt der Satz 13.7 im Falle der Beschränktheit von $\mathcal{L}(x^0)$ gerade, daß es zumindest eine Teilfolge $\{x^k\}_K$ gibt, die gegen einen stationären Punkt von $f$ konvergiert. Hingegen besagt der Satz 13.7 nicht, daß jeder Häufungspunkt der Folge $\{x^k\}$ ein stationärer Punkt der Zielfunktion $f$ ist.

Unter schärferen Voraussetzungen können wir jedoch das folgende Konvergenzresultat für das Fletcher–Reeves–Verfahren 13.5 beweisen.

**Satz 13.8.** *Seien $f : \mathbb{R}^n \to \mathbb{R}$ zweimal stetig differenzierbar, $x^0 \in \mathbb{R}^n$ ein gegebener Startvektor, die Levelmenge $\mathcal{L}(x^0)$ konvex und $f$ gleichmäßig konvex auf $\mathcal{L}(x^0)$. Dann konvergiert die durch das Fletcher–Reeves–Verfahren 13.5 erzeugte Folge $\{x^k\}$ gegen das eindeutig bestimmte globale Minimum von $f$.*

*Beweis.* Aufgrund des Lemmas 3.9 ist die Levelmenge $\mathcal{L}(x^0)$ kompakt. Wegen Bemerkung 5.4 folgt hieraus, daß die Voraussetzungen des Satzes 13.7 erfüllt sind. Daher existiert eine Teilfolge $\{x^k\}_K$, die gegen einen stationären Punkt $x^*$ von $f$ konvergiert. Aus den Sätzen 3.12 und 3.10 ergibt sich, daß der stationäre Punkt $x^*$ bereits das eindeutig bestimmte globale Minimum von $f$ auf der Levelmenge $\mathcal{L}(x^0)$ und damit auch auf dem gesamten $\mathbb{R}^n$ ist. Aus dem Lemma 3.11 erhält man daher die Ungleichung

$$\mu \|x^k - x^*\|^2 \leq f(x^k) - f(x^*) \qquad\qquad (13.22)$$

für alle $k \in \mathbb{N}$. Da $\{f(x^k)\}$ monoton fällt sowie $f(x^k) \to f(x^*)$ zumindest auf der Teilmenge $K$ gilt, konvergiert bereits die gesamte Folge $\{f(x^k)\}$ gegen $f(x^*)$. Also konvergiert auch die gesamte Folge $\{x^k\}$ gegen $x^*$ aufgrund der Ungleichung (13.22). $\qquad\qquad\square$

## 13.3 Das Polak–Ribière–Verfahren

Im Anschluß an die Beschreibung von Algorithmus 13.2 haben wir angemerkt, daß die darin enthaltene Berechnungsvorschrift für die Zahlen $\beta_k$ auch in der Form (13.15) geschrieben werden kann. Legt man bei der Übertragung des CG–Verfahrens auf stetig differenzierbare, nicht notwendig quadratische Funktionen $f : \mathbb{R}^n \to \mathbb{R}$ diese Form zugrunde, so erhält man das folgende Verfahren, welches auf die Arbeit [91] von Polak und Ribière zurückgeht und demzufolge in der Literatur auch als Polak-Ribière-Verfahren bezeichnet wird.

**Algorithmus 13.9.** *(Polak–Ribière–Verfahren)*

*(S.0) Wähle $x^0 \in \mathbb{R}^n, \varepsilon \geq 0$, setze $d^0 := -\nabla f(x^0)$ und $k := 0$.*
*(S.1) Ist $\|\nabla f(x^k)\| \leq \varepsilon$: STOP.*
*(S.2) Bestimme eine Schrittweite $t_k > 0$ mit*

$$t_k = \min\{t > 0| \nabla f(x^k + td^k)^T d^k = 0\}.$$

*(S.3) Setze*

$$x^{k+1} := x^k + t_k d^k,$$
$$\beta_k^{PR} := \frac{(\nabla f(x^{k+1}) - \nabla f(x^k))^T \nabla f(x^{k+1})}{\|\nabla f(x^k)\|^2}$$

*und*

$$d^{k+1} := -\nabla f(x^{k+1}) + \beta_k^{PR} d^k.$$

*(S.4) Setze $k \leftarrow k + 1$, und gehe zu (S.1).*

Man beachte, daß die im Schritt (S.2) benutzte Schrittweitenregel gerade die Curry–Regel aus der Aufgabe 5.6 ist. Diese Schrittweitenregel ist leider genausowenig implementierbar wie die Minimierungsregel, wenngleich man häufig eine sehr gute Approximation an eine Schrittweite $t_k$ aus der Curry–Regel erhält, wenn man die (implementierbare) strenge Wolfe–Powell–Schrittweitenstrategie mit einem relativ kleinen Wert für den Parameter $\rho$ wählt, etwa $\rho \leq 0.1$.

Numerische Ergebnisse mit einem so implemenierten Polak–Ribière–Verfahren sind zumeist recht vielversprechend und insbesondere dem Fletcher–Reeves–Verfahren überlegen. Trotzdem kann man für das Polak–Ribière–Verfahren selbst unter Verwendung der Curry–Schrittweitenstrategie keinen so schönen globalen Konvergenzsatz beweisen wie für das Fletcher–Reeves–Verfahren (man vergleiche diesbezüglich auch die Diskussion im Abschnitt 13.5). Das beste den Autoren bekannte Resultat ist in dem folgenden Satz wiedergegeben.

**Satz 13.10.** *Seien $f : \mathbb{R}^n \to \mathbb{R}$ stetig differenzierbar, nach unten beschränkt sowie $\nabla f$ Lipschitz-stetig auf der Levelmenge $\mathcal{L}(x^0) := \{x \in \mathbb{R}^n| f(x) \leq f(x^0)\}$. Dann gilt*

$$\liminf_{k \to \infty} \|\nabla f(x^k)\| = 0$$

*für jede durch das Polak–Ribière–Verfahren erzeugte Folge $\{x^k\}$, sofern diese Folge der Bedingung*

$$\lim_{k \to \infty} \|x^{k+1} - x^k\| = 0 \tag{13.23}$$

*genügt.*

Für einen Beweis dieses Satzes verweisen wir auf die Aufgabe 13.7.

Störend an den Voraussetzungen des Satzes 13.10 ist, abgesehen von der Verwendung der Curry–Regel im Algorithmus 13.9, die Bedingung (13.23). Powell [98] konnte anhand eines Gegenbeispieles leider zeigen, daß man auf diese Voraussetzung auch nicht so ohne weiteres verzichten kann.

Unter stärkeren Voraussetzungen an die Zielfunktion $f$ läßt sich allerdings für das Polak–Ribière–Verfahren das folgende Analogon des Satzes 13.8 beweisen.

**Satz 13.11.** *Seien* $f : \mathbb{R}^n \to \mathbb{R}$ *zweimal stetig differenzierbar,* $x^0 \in \mathbb{R}^n$ *ein gegebener Startvektor, die Levelmenge* $\mathcal{L}(x^0)$ *konvex und* $f$ *gleichmäßig konvex auf* $\mathcal{L}(x^0)$. *Dann konvergiert die durch das Polak–Ribière–Verfahren 13.9 erzeugte Folge* $\{x^k\}$ *gegen das eindeutig bestimmte globale Minimum von* $f$.

Der Beweis dieses Satzes wird dem Leser ebenfalls in der Aufgabe 13.8 überlassen.

Zusammenfassend können wir festhalten, daß das Polak–Ribière–Verfahren numerisch zwar sehr schöne Eigenschaften haben mag, daß die Konvergenzsätze jedoch bei weitem nicht so stark sind wie bei dem Fletcher–Reeves–Verfahren. Im folgenden Abschnitt gehen wir daher noch auf ein erst kürzlich vorgestelltes modifiziertes Polak–Ribière–Verfahren ein, welches nicht nur implementierbar ist, sondern für welches wir sogar schärfere Konvergenzresultate als für das Fletcher–Reeves–Verfahren beweisen können.

## 13.4 Ein modifiziertes Polak–Ribière–Verfahren

Wie bereits im vorigen Abschnitt angekündigt, beschäftigen wir uns hier mit einer Modifikation des Polak–Ribière–Verfahrens, welches zum einen sehr leicht auf einem Computer implementiert werden kann und welches auf der anderen Seite eine sehr schöne Konvergenztheorie besitzt. Die hier vorgestellte Modifikation geht auf die Arbeit [55] von Grippo und Lucidi zurück.

Der folgende Algorithmus enthält das modifizierte Verfahren, mit dessen Konvergenzeigenschaften wir uns dann im verbleibenden Teil dieses Abschnittes auseinandersetzen werden.

**Algorithmus 13.12.** *(Modifiziertes Polak–Ribière–Verfahren)*

*(S.0) Wähle* $x^0 \in \mathbb{R}^n, \varepsilon \geq 0, \beta \in (0,1), \sigma \in (0,1), 0 < \delta_1 < 1 < \delta_2$, *setze* $d^0 := -\nabla f(x^0)$ *und* $k := 0$.

*(S.1) Ist* $\|\nabla f(x^k)\| \leq \varepsilon$: *STOP.*

*(S.2) Setze* $\rho_k := |\nabla f(x^k)^T d^k| / \|d^k\|^2$.

*(S.3) Berechne* $t_k := \max\{\rho_k \beta^\ell \,|\, \ell = 0, 1, 2, \ldots\}$, *so daß die Vektoren* $x^{k+1} := x^k + t_k d^k$ *und* $d^{k+1} := -\nabla f(x^{k+1}) + \beta_k^{PR} d^k$ *den folgenden Bedingungen genügen:*

*(a)* $f(x^{k+1}) \leq f(x^k) - \sigma t_k^2 \|d^k\|^2,$
*(b)* $-\delta_2 \|\nabla f(x^{k+1})\|^2 \leq \nabla f(x^{k+1})^T d^{k+1} \leq -\delta_1 \|\nabla f(x^{k+1})\|^2.$
*(S.4) Setze $k \leftarrow k + 1$, und gehe zu (S.1).*

Im Schritt (S.3) des Algorithmus 13.12 ist $\beta_k^{PR}$ natürlich wieder gegeben durch die Polak–Ribière–Aufdatierungsvorschrift

$$\beta_k^{PR} := \frac{\nabla f(x^{k+1})^T (\nabla f(x^{k+1}) - \nabla f(x^k))}{\|\nabla f(x^k)\|^2}.$$

Der einzige Unterschied zwischen dem Polak–Ribière–Verfahren aus dem Algorithmus 13.9 und dem modifizierten Polak–Ribière–Verfahren aus dem Algorithmus 13.12 besteht somit in der Wahl der Schrittweite $t_k$. In der Tat ist die im Algorithmus 13.12 benutzte (und unmittelbar implementierbare) Schrittweitenstrategie entscheidend für die theoretischen Eigenschaften des modifizierten Polak–Ribière–Verfahrens. Dabei läßt sich die Wahl von $\rho_k$ im Schritt (S.2) durch die Aufgabe 5.3 motivieren, während die Bedingung (a) im Schritt (S.3) eine Art Armijo–Regel ist (die jedenfalls sicherstellt, daß es sich beim modifizierten Polak–Ribière–Verfahren um ein Abstiegsverfahren handelt) und die Bedingung (b) im Schritt (S.3) insbesondere garantiert, daß die neue Suchrichtung $d^{k+1}$ wieder eine Abstiegsrichtung von $f$ im neuen Iterationspunkt $x^{k+1}$ ist.

Wir werden natürlich nachweisen müssen, daß diese Schrittweitenstrategie stets durchführbar ist. Dies geschieht im folgenden Resultat, wobei wir natürlich wieder davon ausgehen, daß auch der Algorithmus 13.12 nicht nach endlich vielen Schritten in einem stationären Punkt von $f$ abbricht.

**Satz 13.13.** *Ist $f : \mathbb{R}^n \to \mathbb{R}$ stetig differenzierbar, so ist das modifizierte Polak–Ribière–Verfahren 13.12 wohldefiniert.*

*Beweis.* Wir bemerken zunächst, daß stets $d^k \neq 0$ ist und somit der Faktor $\rho_k$ im Schritt (S.2) des Algorithmus 13.12 existiert; wäre nämlich $d^k = 0$ für ein $k \in \mathbb{N}$, so würde aus dem Schritt (S.0) (im Falle $k = 0$) bzw. aus der rechten Ungleichung im Schritt (S.3) (b) (im Falle $k > 0$) sofort $\nabla f(x^k) = 0$ folgen, was aber unserer allgemeinen Voraussetzung widerspräche, daß wir nicht nach endlich vielen Schritten in einem stationären Punkt von $f$ abbrechen.

Es ist daher nur noch zu zeigen, daß wir in jeder Iteration $k \in \mathbb{N}$ einen endlichen Exponenten $\ell_k \in \mathbb{N}$ finden können, so daß die zugehörige Schrittweite $t_k := \rho_k \beta^{\ell_k}$ den beiden Bedingungen (a) und (b) aus dem Schritt (S.3) genügt.

Zu diesem Zweck nehmen wir zunächst an, daß $k \in \mathbb{N}$ ein fester Iterationsindex mit $\nabla f(x^k)^T d^k < 0$ ist. Als erstes wollen wir zeigen, daß die Bedingung (a) für alle hinreichend großen Exponenten $\ell \in \mathbb{N}$ erfüllt ist. Angenommen, dies ist nicht der Fall. Dann existiert eine unendliche Indexmenge $L \subseteq \mathbb{N}$ mit

$$\frac{f(x^k + \rho_k \beta^\ell d^k) - f(x^k)}{\rho_k \beta^\ell} > -\sigma \rho_k \beta^\ell \|d^k\|^2$$

für alle $\ell \in L$. Durch Grenzübergang $\ell \to_L \infty$ ergibt sich

$$\nabla f(x^k)^T d^k \geq 0$$

im Widerspruch zu unserer Voraussetzung.

Als nächstes zeigen wir, daß auch die Bedingung (b) für alle hinreichend großen Exponenten $\ell \in \mathbb{N}$ erfüllt ist. Erneut nehmen wir an, daß dies nicht der Fall ist. Dann existiert wiederum eine unendliche Indexmenge, o.B.d.A. möge sie auch diesmal mit $L$ bezeichnet werden, so daß zumindest eine der beiden folgenden Bedingungen für alle $\ell \in L$ erfüllt ist:

$$\nabla f(y^\ell)^T \left( -\nabla f(y^\ell) + \frac{\nabla f(y^\ell)^T (\nabla f(y^\ell) - \nabla f(x^k))}{\|\nabla f(x^k)\|^2} d^k \right) > -\delta_1 \|\nabla f(y^\ell)\|^2, \quad (13.24)$$

$$\nabla f(y^\ell)^T \left( -\nabla f(y^\ell) + \frac{\nabla f(y^\ell)^T (\nabla f(y^\ell) - \nabla f(x^k))}{\|\nabla f(x^k)\|^2} d^k \right) < -\delta_2 \|\nabla f(y^\ell)\|^2, \quad (13.25)$$

wobei zur Abkürzung

$$y^\ell := x^k + \rho_k \beta^\ell d^k$$

gesetzt wurde. Durch Grenzübergang $\ell \to_L \infty$ erhält man wegen $y^\ell \to x^k$ daher, daß zumindest eine der beiden folgenden Bedingungen erfüllt ist:

$$-\|\nabla f(x^k)\|^2 \geq -\delta_1 \|\nabla f(x^k)\|^2,$$
$$-\|\nabla f(x^k)\|^2 \leq -\delta_2 \|\nabla f(x^k)\|^2.$$

Aus $0 < \delta_1 < 1 < \delta_2$ folgt dann aber $\|\nabla f(x^k)\| = 0$ im Widerspruch zu unserer Voraussetzung $\nabla f(x^k)^T d^k < 0$.

Damit ist gezeigt, daß der Algorithmus 13.12 wohldefiniert ist, sofern die Abstiegsbedingung

$$\nabla f(x^k)^T d^k < 0 \qquad\qquad (13.26)$$

für alle $k \in \mathbb{N}$ erfüllt ist. Für $k = 0$ gilt (13.26) aber per Definition von $d^0$, und für $k > 0$ folgt (13.26) aus der Eigenschaft (b) im Schritt (S.3) des Algorithmus 13.12. $\qquad\qquad\square$

Zwecks Untersuchung der Konvergenzeigenschaften des Algorithmus 13.12 führen wir einige Voraussetzungen ein.

**Voraussetzung 13.14.** *(a) Die Levelmenge $\mathcal{L}(x^0) := \{x \in \mathbb{R}^n \mid f(x) \leq f(x^0)\}$ ist kompakt, wobei $x^0$ den Startvektor des Algorithmus 13.12 bezeichnet. Es gibt somit eine abgeschlossene Kugel $\bar{U}_r(x^0) := \{x \in \mathbb{R}^n \mid \|x - x^0\| \leq r\}$ mit $\mathcal{L}(x^0) \subseteq \bar{U}_r(x^0)$.*
*(b) Die Zielfunktion $f$ ist stetig differenzierbar.*
*(c) Der Gradient $\nabla f$ ist auf einer abgeschlossenen Kugel $\bar{U}_{\bar{r}}(x^0)$ mit $\bar{r} > r$ Lipschitz-stetig, d.h., es existiert ein $L > 0$ mit*

$$\|\nabla f(x) - \nabla f(y)\| \leq L \|x - y\|$$

*für alle $x, y \in \bar{U}_{\bar{r}}(x^0)$.*

Man beachte, daß die Voraussetzung (c) automatisch erfüllt ist, sofern $f$ nur zweimal stetig differenzierbar ist, siehe Bemerkung 5.4.

Aus der Voraussetzung 13.14 folgt insbesondere die Existenz einer Konstanten $c > 0$ mit

$$\|\nabla f(x)\| \leq c \quad \text{für alle } x \in \mathcal{L}(x^0). \tag{13.27}$$

Wir fassen nun einige technische Eigenschaften des Algorithmus 13.12 in dem folgenden Lemma zusammen.

**Lemma 13.15.** *Die Funktion $f : \mathbb{R}^n \to \mathbb{R}$ genüge der Voraussetzung 13.14. Dann gelten die folgenden Aussagen:*

*(a) Es ist $\{x^k\} \subseteq \mathcal{L}(x^0)$.*
*(b) Die Folge $\{f(x^k)\}$ ist konvergent.*
*(c) Es ist $\lim_{k \to \infty} t_k \|d^k\| = 0$.*
*(d) Es gilt $t_k \|d^k\|^2 \leq \delta_2 c^2$ für alle $k \in \mathbb{N}$, wobei $c > 0$ die Konstante aus (13.27) ist.*
*(e) Es existiert eine Konstante $\theta > 0$ mit*

$$t_k \geq \theta \frac{|\nabla f(x^k)^T d^k|}{\|d^k\|^2}$$

*für alle $k \in \mathbb{N}$.*

*Beweis.* (a) Die Aussage (a) ergibt sich unmittelbar aus der Bedingung (a) im Schritt (S.3) des Algorithmus 13.12.

(b) Die Folge $\{f(x^k)\}$ ist monoton fallend und, aufgrund der Kompaktheit der Levelmenge $\mathcal{L}(x^0)$, nach unten beschränkt. Hieraus ergibt sich bereits die Aussage (b).

(c) Aus der Bedingung (a) im Schritt (S.3) folgt

$$f(x^{k+1}) - f(x^k) \leq -\sigma t_k^2 \|d^k\|^2$$

für alle $k \in \mathbb{N}$. Der Grenzübergang $k \to \infty$ liefert daher unter Berücksichtigung des schon bewiesenen Teils (b) die Aussage (c).

(d) Aus den Vorschriften in den Schritten (S.2) und (S.3) des Algorithmus 13.12 ergibt sich

$$t_k \|d^k\|^2 \leq \rho_k \|d^k\|^2 = |\nabla f(x^k)^T d^k| \leq \delta_2 \|\nabla f(x^k)\|^2$$

für alle $k \in \mathbb{N}$. Die Aussage (d) folgt somit aus der Abschätzung (13.27).

(e) Zum Nachweis von (e) führen wir eine Fallunterscheidung durch.

*Fall 1: $t_k = \rho_k$.*

Dann ist offensichtlich

$$t_k \geq \frac{|\nabla f(x^k)^T d^k|}{\|d^k\|^2}. \tag{13.28}$$

*Fall 2: $t_k < \rho_k$.*

Dann verletzt die Schrittweite $t_k/\beta$ zumindest eine der Bedingungen im Schritt (S.3): Der Punkt

$$w^k := x^k + \frac{t_k}{\beta} d^k$$

wird daher zumindest einer der Bedingungen im Schritt (S.3) des Algorithmus 13.12 nicht genügen. Andererseits gibt es nach der bereits bewiesenen Aussage (c) ein $k_0$, so daß für $k \geq k_0$

$$\frac{t_k}{\beta}\|d^k\| < \bar{r} - r$$

gilt und der Punkt $w^k$ für diese $k$ folglich in der Kugel $\bar{\mathcal{U}}_{\bar{r}}(x^0)$ liegt. Wir unterscheiden nun mehrere Unterfälle.

*Fall 2.1: $t_k/\beta$ verletzt die Bedingung (a) im Schritt (S.3).*

Dann gilt

$$f(w^k) > f(x^k) - \sigma\,(t_k/\beta)^2\,\|d^k\|^2. \tag{13.29}$$

Aufgrund des Mittelwertsatzes A.1 existiert ein $\xi^k$ auf der Verbindungsstrecke von $x^k$ zu $x^k + (t_k/\beta)d^k$, etwa $\xi^k = x^k + \vartheta_k(t_k/\beta)d^k$ mit einem $\vartheta_k \in (0,1)$, so daß

$$f(w^k) = f(x^k) + \nabla f(\xi^k)^T(w^k - x^k). \tag{13.30}$$

Aus (13.29) und (13.30) folgt daher

$$f(x^k)+\frac{t_k}{\beta}\nabla f(x^k)^T d^k+\frac{t_k}{\beta}\left(\nabla f(\xi^k)^T d^k - \nabla f(x^k)^T d^k\right) > f(x^k)-\sigma\left(\frac{t_k}{\beta}\right)^2\|d^k\|^2.$$

Aus der Lipschitz–Stetigkeit von $\nabla f$ auf $\bar{\mathcal{U}}_{\bar{r}}(x^0)$ ergibt sich somit

$$\frac{t_k}{\beta}\nabla f(x^k)^T d^k + \left(\frac{t_k}{\beta}\right)^2 L\|d^k\|^2 > -\sigma\left(\frac{t_k}{\beta}\right)^2\|d^k\|^2.$$

Dies liefert unmittelbar

$$t_k \geq \frac{\beta}{L+\sigma}\,\frac{|\nabla f(x^k)^T d^k|}{\|d^k\|^2}. \tag{13.31}$$

*Fall 2.2: $t_k/\beta$ verletzt eine der Bedingungen im Schritt (S.3) (b).*

Je nachdem, welche der beiden Ungleichungen im Schritt (S.3) (b) verletzt ist, untersuchen wir zwei weitere Unterfälle:

*Fall 2.2.1:* Es ist

$$\nabla f(w^k)^T \left( -\nabla f(w^k) + \frac{\nabla f(w^k)^T (\nabla f(w^k) - \nabla f(x^k))}{\|\nabla f(x^k)\|^2} d^k \right) > -\delta_1 \|\nabla f(w^k)\|^2.$$

Dann folgt aus der Cauchy–Schwarzschen Ungleichung zunächst

$$-\|\nabla f(w^k)\|^2 + \|\nabla f(w^k)\|^2 \frac{\|\nabla f(w^k) - \nabla f(x^k)\|}{\|\nabla f(x^k)\|^2} \|d^k\| > -\delta_1 \|\nabla f(w^k)\|^2$$

und daher

$$-1 + \frac{\|\nabla f(w^k) - \nabla f(x^k)\|}{\|\nabla f(x^k)\|^2} \|d^k\| > -\delta_1.$$

Aus der Lipschitz–Stetigkeit von $\nabla f$ sowie der Tatsache, daß die Schrittweite $t_k$ der Bedingung (b) im Schritt (S.3) des Algorithmus 13.12 genügt, ergibt sich daher nach kurzer Rechnung

$$t_k \geq \frac{\beta(1 - \delta_1)\|\nabla f(x^k)\|^2}{L\|d^k\|^2} \geq \frac{\beta(1 - \delta_1)}{\delta_2 L} \frac{|\nabla f(x^k)^T d^k|}{\|d^k\|^2}. \tag{13.32}$$

*Fall 2.2.2:* Es ist

$$\nabla f(w^k)^T \left( -\nabla f(w^k) + \frac{\nabla f(w^k)^T (\nabla f(w^k) - \nabla f(x^k))}{\|\nabla f(x^k)\|^2} d^k \right) < -\delta_2 \|\nabla f(w^k)\|^2.$$

Analog zum Fall 2.2.1 erhält man hieraus

$$t_k \geq \frac{\beta(\delta_2 - 1)}{\delta_2 L} \frac{|\nabla f(x^k)^T d^k|}{\|d^k\|^2}. \tag{13.33}$$

Mit

$$\theta := \min \left\{ 1, \frac{\beta}{L + \sigma}, \frac{\beta(1 - \delta_1)}{\delta_2 L}, \frac{\beta(\delta_2 - 1)}{\delta_2 L} \right\}$$

ergibt sich wegen (13.28), (13.31), (13.32) und (13.33) dann gerade die Behauptung (e), und zwar zunächst für $k \geq k_0$ und nach eventueller Verkleinerung von $\theta$ sogar für alle $k$. $\qquad\square$

Man beachte, daß die im Lemma 13.12 (e) nachgewiesene Eigenschaft der Schrittweite $t_k > 0$ bereits im Beweis des Satzes 5.3 auftauchte und dort insbesondere zum Nachweis der Effizienz der Wolfe–Powell–Schrittweitenstrategie diente.

Wir kommen nun zu dem zentralen Konvergenzsatz für das modifizierte Polak–Ribière–Verfahren.

**Satz 13.16.** *Die Funktion $f : \mathbb{R}^n \to \mathbb{R}$ genüge der Voraussetzung 13.14. Dann gilt*

$$\lim_{k \to \infty} \|\nabla f(x^k)\| = 0$$

*für jede durch den Algorithmus 13.12 erzeugte Folge $\{x^k\}$.*

*Beweis.* Angenommen, die Aussage des Satzes ist falsch. Dann existieren ein $\varepsilon > 0$ und eine Teilfolge $\{x^k\}_K$ mit

$$\|\nabla f(x^{k-1})\| \geq \varepsilon \tag{13.34}$$

für alle $k \in K$. Aus der Aufdatierungsvorschrift für $d^k$ im Algorithmus 13.12 ergibt sich daher mit (13.27) und Lemma 13.15 (d):

$$\|d^k\| \leq \|\nabla f(x^k)\| + \frac{\|\nabla f(x^k)\|\,\|\nabla f(x^k) - \nabla f(x^{k-1})\|}{\|\nabla f(x^{k-1})\|^2}\|d^{k-1}\| \leq c + \delta_2 \frac{Lc^3}{\varepsilon^2}$$

für alle $k \in K$. Zusammen mit der Eigenschaft (c) aus dem Lemma 13.15 folgt somit

$$\lim_{k \in K} t_k \|d^k\|^2 = 0.$$

Lemma 13.15 (e) impliziert daher

$$\lim_{k \in K} |\nabla f(x^k)^T d^k| = 0.$$

Die rechte Ungleichung im Schritt (S.3) (b) des Algorithmus 13.12 liefert damit

$$\lim_{k \in K} \|\nabla f(x^k)\| = 0.$$

Da nach Lemma 13.15 (c) gilt

$$\lim_{k \in K} \|x^k - x^{k-1}\| = \lim_{k \in K} t_{k-1}\|d^{k-1}\| = 0,$$

folgt

$$\begin{aligned}
\|\nabla f(x^{k-1})\| &\leq \|\nabla f(x^k) - \nabla f(x^{k-1})\| + \|\nabla f(x^k)\| \\
&\leq L\|x^k - x^{k-1}\| + \|\nabla f(x^k)\| \\
&\to 0
\end{aligned}$$

für $k \to \infty, k \in K$. Dies liefert aber gerade den gewünschten Widerspruch zu (13.34). $\qquad\square$

Der Konvergenzsatz 13.16 ist insofern stärker als der entsprechende Konvergenzsatz 13.7 für das Fletcher–Reeves–Verfahren, da er nicht nur die Existenz mindestens eines stationären Häufungspunktes garantiert, sondern sogar zeigt, daß alle Häufungspunkte stationär sind.

Analog zum Fletcher–Reeves–Verfahren erhalten wir auch für das modifizierte Polak–Ribière–Verfahren einen weiteren Konvergenzsatz unter stärkeren Voraussetzungen.

**Satz 13.17.** *Seien $f : \mathbb{R}^n \to \mathbb{R}$ zweimal stetig differenzierbar, $x^0 \in \mathbb{R}^n$ ein gegebener Startvektor, die Levelmenge $\mathcal{L}(x^0)$ konvex und $f$ gleichmäßig konvex auf $\mathcal{L}(x^0)$. Dann konvergiert die durch das modifizierte Polak–Ribière–Verfahren 13.12 erzeugte Folge $\{x^k\}$ gegen das eindeutig bestimmte globale Minimum von $f$.*

*Beweis.* Aufgrund unserer früheren Bemerkungen sowie Lemma 3.9 implizieren die in diesem Satz gestellten Voraussetzungen insbesondere, daß auch die Voraussetzungen des Satzes 13.16 erfüllt sind. Also existiert mindestens ein Häufungspunkt $x^*$, der außerdem ein stationärer Punkt von $f$ ist. Die gleichmäßige Konvexität von $f$ garantiert andererseits, daß es höchstens einen solchen stationären Punkt geben kann, und daß dieser bereits das eindeutig bestimmte globale Minimum von $f$ ist. Also muß notwendig die gesamte durch den Algorithmus 13.12 erzeugte Folge $\{x^k\}$ gegen $x^*$ konvergieren, siehe Kapitel 3.  □

## 13.5 Weitere CG–Verfahren

Während man für die Minimierung von strikt konvexen quadratischen Funktionen von *dem* CG–Verfahren sprechen kann, gibt es für nichtquadratische Funktionen eine ganze Reihe von Verallgemeinerungen, die sich insbesondere in der Wahl des $\beta_k$ unterscheiden. Neben den beiden schon behandelten Formeln

$$\beta_k^{FR} := \frac{\|\nabla f(x^{k+1})\|^2}{\|\nabla f(x^k)\|^2}$$

von Fletcher und Reeves [42] sowie

$$\beta_k^{PR} := \frac{\nabla f(x^{k+1})^T(\nabla f(x^{k+1}) - \nabla f(x^k))}{\|\nabla f(x^k)\|^2}$$

von Polak und Ribière [91] gibt es beispielsweise noch die Formeln

$$\beta_k^{HS} := \frac{\nabla f(x^{k+1})^T(\nabla f(x^{k+1}) - \nabla f(x^k))}{(\nabla f(x^{k+1}) - \nabla f(x^k))^T d^k}$$

von Hestenes und Stiefel [58, 57] sowie

$$\beta_k^M := -\frac{\|\nabla f(x^{k+1})\|^2}{\nabla f(x^k)^T d^k} ;$$

die letzte Formel wird gelegentlich Myers zugeschrieben, vergleiche [121, S. 123]. Man sieht sehr leicht ein, daß sowohl $\beta_k^{HS}$ als auch $\beta_k^M$ im Falle des im Abschnitt 13.1 besprochenen CG–Verfahrens zur Minimierung quadratischer Funktionen mit der dort benutzten $\beta_k$–Formel übereinstimmen, vergleiche (13.6) und (13.11). Berechnet man die Schrittweite $t_k > 0$ mit der Curry–Regel aus der Aufgabe 5.6, so gilt per Definition

$$\nabla f(x^{k+1})^T d^k = 0$$

und daher auch

$$\nabla f(x^k)^T d^k = -\|\nabla f(x^k)\|^2$$

für alle $k \in \mathbb{N}$ aufgrund der Aufdatierungsformel für die Suchrichtung $d^k$, so daß in diesem Fall die Hestenes–Stiefel–Formel $\beta_k^{HS}$ auch bei nichtquadratischen Funktionen mit der Polak–Ribière–Formel übereinstimmt (aus dem gleichen Grunde reduziert sich $\beta_k^M$ auch bei nichtquadratischen Funktionen auf $\beta_k^{FR}$). Diese Beobachtung verdeutlicht auch, warum die auf der Polak–Ribière– und der Hestenes–Stiefel–Formeln basierenden CG–Verfahren ein ähnliches numerisches Verhalten aufweisen, wenn man (wie bei CG–Verfahren üblich) etwas mehr Aufwand in den Schrittweitenalgorithmus steckt, um eine möglichst gute Approximation an die Curry–Regel zu erhalten.

Auf die beiden Formeln $\beta_k^{HS}$ und $\beta_k^M$ gehen wir in den Aufgaben 13.4 und 13.5 etwas näher ein. Insbesondere stellt sich heraus, daß bei einem auf der $\beta_k^M$–Formel basierenden Verfahren bei Verwendung der strengen Wolfe–Powell–Regel die Abstiegseigenschaft $\nabla f(x^k)^T d^k < 0$ sehr einfach bewiesen werden kann, während ein auf der Formel von Hestenes und Stiefel basierendes CG–Verfahren in einem engen Zusammenhang zu dem im Kapitel 12 besprochenen Limited Memory BFGS–Verfahren steht.

Für das Fletcher–Reeves–Verfahren konnte erstmals von Zoutendijk [125] ein globaler Konvergenzsatz angegeben werden, auf den wir in der Aufgabe 13.6 eingehen werden. Dieser Konvergenzsatz basiert allerdings auf der Verwendung der i.a. nicht implementierbaren Curry–Regel als Schrittweitenstrategie. Der erste globale Konvergenzsatz für das Fletcher–Reeves–Verfahren unter Benutzung einer implementierbaren Schrittweitenstrategie (nämlich der strengen Wolfe–Powell–Bedingung) stammt von Al Baali [1] und wurde im Abschnitt 13.2 wiedergegeben.

Das Fletcher–Reeves–Verfahren ist dem Polak–Ribière–Verfahren (und damit, aus dem oben schon genannten Grunde, auch dem Hestenes–Stiefel–Verfahren) numerisch zumeist deutlich unterlegen, so daß man eigentlich mehr an dem Polak–Ribière–Verfahren interessiert ist. Wie wir allerdings schon im Abschnitt 13.3 bemerkt haben, besitzt das Polak–Ribière–Verfahren bei weitem keine so schöne Konvergenztheorie wie das Fletcher–Reeves–Verfahren. Im Gegenteil: Powell [98] konnte anhand eines Gegenbeispieles zeigen, daß man unter den üblichen Voraussetzungen sowie unter Verwendung der üblichen Schrittweitenstrategien für das Polak–Ribière–Verfahren auch keine globale Konvergenz erwarten kann.

Dieses Problem wurde erst kürzlich durch Grippo und Lucidi [55] gelöst, die das im Abschnitt 13.4 besprochene modifizierte Polak–Ribière–Verfahren betrachten, das auf einer völlig neuen (wenngleich erstaunlich einfachen) Schrittweitenstrategie beruht. Allerdings ist für dieses modifizierte Polak–Ribière–Verfahren zur Zeit wenig über das numerische Verhalten bekannt, so daß die Forschung in diesem Bereich unter Umständen noch nicht ganz abgeschlossen ist.

Hingegen gibt es zahlreiche andere Modifikationen des Polak–Ribière–Verfahrens, durch die man die globale Konvergenz auch erzwingen kann. Beispielsweise kann man stets dann einen Neustart (Restart) einführen, d.h., man setzt einfach

$$d^k := -\nabla f(x^k),$$

wenn die durch das Polak–Ribière–Verfahren berechnete Suchrichtung nicht der Winkelbedingung aus dem Satz 4.6 mit einer vorgegebenen Zahl $c > 0$ genügt. Wählt man nur dann einen Neustart, wenn die Abstiegsbedingung

$$\nabla f(x^k)^T d^k < 0$$

für den Suchrichtungsvektor aus dem Polak–Ribière–Verfahren nicht erfüllt ist, so kann man mittels des Satzes 5.5 sofort einsehen, daß ein derartig modifiziertes Polak–Ribière–Verfahren auch bei Verwendung der implementierbaren strengen Wolfe–Powell–Schrittweitenstrategie stets wohldefiniert ist, sofern die Zielfunktion $f$ nur stetig differenzierbar und nach unten beschränkt ist.

Einen Neustart alle $n$ oder $n + 1$ Schritte schlagen bereits Fletcher und Reeves [42] vor. Die Motivation hierfür ist, daß das CG–Verfahren bei Anwendung auf strikt konvexe quadratische Funktionen zueinander A–orthogonale und damit linear unabhängige Suchrichtungen erzeugt, und daß es im $\mathbb{R}^n$ natürlich nicht mehr als $n$ linear unabhängige Vektoren geben kann. Die Durchführung eines Neustarts alle $n$ oder $n + 1$ Schritte dürfte in der Praxis allerdings kaum zu spürbar besseren Ergebnissen führen, da die Klasse der CG–Verfahren primär zur Lösung großdimensionaler Probleme geeignet ist, so daß man eigentlich hofft, das zugrundeliegende Optimierungsproblem in möglichst weniger als $n$ oder zumindest $5n$ Iterationen hinreichend gut zu lösen, so daß ein Neustart kaum auftreten wird; etwas ausgefeiltere Strategien für einen Neustart stammen von Powell [96]. Bei allen diesen Strategien kann allerdings nicht garantiert werden, daß sich das CG–Verfahren letztlich wesentlich besser verhält als das Gradientenverfahren aus dem Kapitel 8.

Erfolgversprechender erscheinen hier einige neuere Ansätze zu sein, die, grob gesagt, die theoretischen Vorteile des Fletcher–Reeves–Verfahrens mit den numerischen Vorteilen des Polak–Ribière–Verfahrens zu kombinieren versuchen. Bereits in der Arbeit von Powell [98] wurde herausgestellt, daß die Tatsache, daß die Polak–Ribière–Formel $\beta_k^{PR}$ negative Werte annehmen kann, die Konvergenztheorie entschieden negativ beeinflussen kann, so daß Powell [98] selbst die Wahl

$$\beta_k := \max\{0, \beta_k^{PR}\}$$

vorschlägt. Für diese Wahl konnten dann Gilbert und Nocedal [46] auch einen globalen Konvergenzsatz beweisen, wenngleich nicht unter Verwendung der strengen Wolfe–Powell–Schrittweitenstrategie.

Touati-Ahmed und Storey [116] greifen diese Idee ebenfalls auf und schalten in jedem Iterationsschritt geeignet zwischen dem Fletcher–Reeves– und dem Polak–Ribière–Verfahren um; auf diese Weise wird garantiert, daß zumindest alle $\beta_k$ nichtnegativ sind. Durch Verallgemeinerung der von Al-Baali [1] benutzten Beweistechnik gelingt es Touati-Ahmed und Storey [116], für das auf ihrer $\beta_k$-Formel basierendem CG–Verfahren unter Verwendung der strengen Wolfe–Powell–Schrittweitenstrategie zu zeigen, daß dieses Verfahren unter denselben Voraussetzungen wie das Fletcher–Reeves–Verfahren wohldefiniert und global konvergent ist im Sinne von

$$\liminf_{k \to \infty} \|\nabla f(x^k)\| = 0.$$

Die in [116] angegebenen numerischen Resultate sind außerdem recht vielversprechend.

Gilbert und Nocedal [46] haben die Technik von Touati–Ahmed und Storey [116] dann nochmals verfeinert (siehe auch Hu und Storey [62]) und zeigen, daß man sehr wohl auch negative Werte für $\beta_k^{PR}$ akzeptieren kann, solange nur

$$|\beta_k^{PR}| \le \beta_k^{FR} \tag{13.35}$$

gilt. Damit besteht die begründete Hoffnung, die Polak–Ribière–Formel $\beta_k^{PR}$ in mehr Iterationsschritten akzeptieren zu können als bei Touati–Ahmed und Storey [116]. Insbesondere schlagen Gilbert und Nocedal [46] daher die folgende Strategie für die Wahl von $\beta_k$ vor:

$$\beta_k := \begin{cases} -\beta_k^{FR} & \text{falls } \beta_k^{PR} < -\beta_k^{FR} \\ \beta_k^{PR} & \text{falls } |\beta_k^{PR}| \le \beta_k^{FR} \\ \beta_k^{FR} & \text{falls } \beta_k^{PR} > \beta_k^{FR}. \end{cases} \tag{13.36}$$

Auf die Konvergenztheorie für die von Gilbert und Nocedal [46] betrachtete Klasse von CG–Verfahren gehen wir in den Aufgaben 13.9 und 13.10 ein; sie ergibt sich mit relativ einfachen Modifikationen aus der von Al–Baali [1] entwickelten und im Abschnitt 13.2 im Detail ausgeführten Konvergenztheorie für das Fletcher–Reeves–Verfahren.

Man beachte auch, daß die Konvergenztheorie für die in diesen Aufgaben betrachtete Klasse von CG–Verfahren insbesondere das globale Konvergenzresultat für die Modifikation von Touati–Ahmed und Storey [116] mit abdeckt. Ferner erhält man mit den Aufgaben 13.9 und 13.10 insbesondere globale Konvergenzaussagen für praktisch alle geeigneten Neustart–Varianten des Polak–Ribière– und des Fletcher–Reeves–Verfahrens, denn jeder Neustart entspricht der Wahl von $\beta_k = 0$, und dieses $\beta_k$ genügt trivialerweise der Bedingung (13.35) von Gilbert und Nocedal.

## 13.6 Numerische Resultate

Wir wollen in diesem Abschnitt kurz auf das numerische Verhalten von einigen der in diesem Kapitel besprochenen CG–Verfahren eingehen.

Dazu betrachten wir zunächst das Fletcher–Reeves–Verfahren aus dem Algorithmus 13.5. Wir wählen

$$\sigma = 10^{-4} \quad \text{und} \quad \rho = 0.1$$

als Parameter für die Schrittweitenstrategie, die mittels des Algorithmus 6.5 realisiert wird; dabei wird im Schritt (B.1) des Algorithmus 6.5 das neue $t_j$ einfach als Mittelpunkt des dort angegebenen Intervalles gewählt.

Wir brechen das Fletcher–Reeves–Verfahren wie auch alle anderen in diesem Abschnitt noch zu behandelnden Verfahren ab, wenn eine der folgenden Bedingungen erfüllt ist:

$$\|\nabla f(x^k)\| \leq \varepsilon \quad \text{oder} \quad k > k_{\max}$$

mit

$$\varepsilon = 10^{-5} \quad \text{und} \quad k_{\max} = 2000.$$

(Man beachte, daß wir hier wieder ein etwas größeres $\varepsilon$ wählen als in den Abschnitten 9.4, 10.4 und 11.8 bei den dort betrachteten superlinear bzw. quadratisch konvergenten Verfahren.)

In der Tabelle 13.1 geben wir die mit diesem Verfahren erzielten numerischen Resultate an. Im einzelnen enthält die Tabelle folgende Informationen:

| | |
|---|---|
| Testbeispiel: | Name des Testbeispieles aus dem Anhang C, |
| $n$: | Dimension des Testbeispieles, |
| $m$: | Anzahl der Summanden im Testbsp. (siehe Anhang C), |
| Iter.: | Anzahl der Iterationen, |
| $f$–Ausw.: | Anzahl der Funktionsauswertungen, |
| $\nabla f$–Ausw.: | Anzahl der Gradientenauswertungen. |

**Tabelle 13.1.** Numerische Resultate für das Fletcher–Reeves–Verfahren

| Testbeispiel | $n$ | $m$ | Iter. | $f$–Ausw. | $\nabla f$–Ausw. |
|---|---|---|---|---|---|
| Biggs–Fkt. | 6 | 13 | 498 | 7063 | 3783 |
| Gauß–Fkt. | 3 | 15 | 5 | 39 | 23 |
| Box–Fkt. | 3 | 3 | 34 | 221 | 148 |
| Beliebig–dimensionale Fkt. | 10 | 12 | 8 | 209 | 109 |
| Penalty–Fkt. I | 4 | 5 | 34 | 330 | 187 |
| Rosenbrock–Fkt. | 2 | 2 | 28 | 553 | 291 |
| Powells singuläre Fkt. | 4 | 4 | 48 | 751 | 400 |
| Beale–Fkt. | 2 | 3 | 13 | 150 | 83 |
| Wood–Fkt. | 4 | 6 | – | – | – |

Die Tabelle 13.1 zeigt, daß mit Ausnahme der Wood–Funktion alle Beispiele erfolgreich minimiert werden. Die Anzahl der Iterationsschritte schwankt allerdings zum Teil recht erheblich. Ferner fällt auf, daß die Anzahl der Funktionsauswertungen sowie die Anzahl der Gradientenauswertungen insbesondere im Vergleich zu der Anzahl der Iterationsschritte recht hoch ist. Dies liegt zum Teil aber an unserer recht einfachen Strategie zur Wahl des neuen $t_j$ in der hier benutzten Implementation des Schrittweitenalgorithmus 6.5. Bei Anwendung von Interpolationsstrategien dürften sich diese Zahlen nicht unerheblich verringern, wenngleich sie im Vergleich zu den jeweils benötigten Iterationen immer noch recht hoch sein werden.

Wir wollen als nächstes das Fletcher–Reeves–Verfahren mit dem Polak–Ribière–Verfahren vergleichen. Letzteres ist in Form des Algorithmus 13.9 zwar nicht implementierbar, wir approximieren diesen Algorithmus aber, indem wir in jedem Schritt die Curry–Regel durch die strenge Wolfe–Powell–Regel ersetzen und immer dann einen Neustart durchführen, wenn die durch das Polak–Ribière–Verfahren berechnete Suchrichtung $d^{k+1}$ nicht der Abstiegsbedingung

$$\nabla f(x^{k+1})^T d^{k+1} < 0$$

genügt. Dies ergibt dann den in der Aufgabe 13.16 formal wiedergegebenen Algorithmus.

Wählt man alle Parameter wie beim Fletcher–Reeves–Verfahren, so erhält man die in der Tabelle 13.2 festgehaltenen Ergebnisse.

**Tabelle 13.2.** Numerische Resultate für das Polak–Ribière–Verfahren (mit Neustarts)

| Testbeispiel | $n$ | $m$ | Iter. | $f$–Ausw. | $\nabla f$–Ausw. |
|---|---|---|---|---|---|
| Biggs–Fkt. | 6 | 13 | 203 | 1498 | 924 |
| Gauß–Fkt. | 3 | 15 | 3 | 35 | 21 |
| Box–Fkt. | 3 | 3 | 56 | 342 | 251 |
| Beliebig–dimensionale Fkt. | 10 | 12 | 8 | 199 | 104 |
| Penalty–Fkt. I | 4 | 5 | 18 | 191 | 129 |
| Rosenbrock–Fkt. | 2 | 2 | 27 | 495 | 262 |
| Powells singuläre Fkt. | 4 | 4 | 46 | 713 | 380 |
| Beale–Fkt. | 2 | 3 | 18 | 212 | 116 |
| Wood–Fkt. | 4 | 6 | 185 | 3934 | 2060 |

Ein Vergleich der Tabellen 13.1 und 13.2 zeigt zunächst, daß das Polak–Ribière–Verfahren in der Lage ist, alle Testbeispiele erfolgreich zu minimieren (inklusive der Wood–Funktion). Dies ist zweifellos ein Pluspunkt für das Polak–Ribière–Verfahren. Auch sonst ist das Polak–Ribière–Verfahren zumeist besser, zum Teil sogar erheblich wie bei der Biggs–Funktion. Lediglich bei den Beispielen von Box und Beale kann das Fletcher–Reeves–Verfahren gewisse Vorteile verbuchen, die Unterschiede sind aber nicht eklatant.

Damit bestätigt sich bereits an diesen wenigen Testbeispielen die schon vorher getätigte Äußerung, daß das Polak–Ribière–Verfahren dem Fletcher–Reeves–Verfahren im allgemeinen überlegen ist.

Wir kommen als nächstes zu dem Vorschlag von Gilbert und Nocedal [46], die durch geeignete Kombination des Fletcher-Reeves- und des Polak–Ribière–Verfahrens die theoretischen Vorteile des einen Verfahrens mit den numerischen Vorteilen des anderen Verfahren zu kombinieren versuchen, indem sie die $\beta_k$–Formel aus (13.36) benutzen.

Verwendet man wieder den Schrittweitenalgorithmus 6.5 zur Realisierung der strengen Wolfe–Powell–Bedingungen und wählt man auch sonst alle Parameter wie in den beiden zuvor betrachteten CG–Verfahren, so erhält man für das Verfahren von Gilbert und Nocedal die in der Tabelle 13.3 wiedergegebenen Resultate.

Die Tabelle 13.3 enthält neben den schon in den Tabellen 13.1 und 13.2 angegebenen Informationen auch die Anzahl der Schritte, in denen $\beta_k = \beta_k^{FR}$ (Fletcher–Reeves–Schritt), $\beta_k = \beta_k^{PR}$ (Polak–Ribière–Schritt) und $\beta_k = -\beta_k^{FR}$ (negativer Fletcher–Reeves–Schritt) gewählt wurden.

**Tabelle 13.3.** Numerische Resultate für das Gilbert–Nocedal–Verfahren

| Testbeispiel | $n$ | $m$ | Iter. | $f$–Ausw. | $\nabla f$–Ausw. | $\beta_k^{FR}$ | $\beta_k^{PR}$ | $-\beta_k^{FR}$ |
|---|---|---|---|---|---|---|---|---|
| Biggs–Fkt. | 6 | 13 | 173 | 1269 | 775 | 147 | 24 | 2 |
| Gauß–Fkt. | 3 | 15 | 5 | 39 | 23 | 5 | 0 | 0 |
| Box–Fkt. | 3 | 3 | 31 | 236 | 160 | 24 | 5 | 2 |
| Bel.–dim. | 10 | 12 | 8 | 209 | 109 | 8 | 0 | 0 |
| Pen.–Fkt. I | 4 | 5 | 31 | 214 | 147 | 24 | 4 | 3 |
| Rosenbrock | 2 | 2 | 37 | 690 | 364 | 25 | 8 | 4 |
| Powells sing. | 4 | 4 | 48 | 751 | 400 | 48 | 0 | 0 |
| Beale–Fkt. | 2 | 3 | 16 | 161 | 89 | 10 | 2 | 4 |
| Wood–Fkt. | 4 | 6 | 61 | 1274 | 668 | 50 | 8 | 3 |

Es ist natürlich schwer, anhand der Tabellen 13.2 und 13.3 über die Brauchbarkeit des Gilbert–Nocedal–Verfahrens zur urteilen. Trotzdem fällt auf, daß das Gilbert–Nocedal–Verfahren bei den Testproblemen von Biggs und Wood gegenüber dem Polak–Ribière–Verfahren zum Teil erhebliche Vorteile zu verbuchen hat, und es sind gerade diese beiden Beispiele, mit denen das Polak–Ribière–Verfahren am meisten zu kämpfen hatte.

Bei den übrigen Beispielen ist mal das eine und mal das andere Verfahren etwas besser; die Unterschiede halten sich jedoch in Grenzen. Etwas enttäuschend ist allerdings die beim CG–Verfahren von Gilbert und Nocedal erlaubte Anzahl an Polak–Ribière–Schritten. Man hätte wohl erwartet, daß insgesamt mehr Polak–Ribière–Schritte akzeptiert würden.

Abschließend kommen wir nun zu einer Realisierung des modifizierten Polak–Ribière–Verfahrens aus dem Algorithmus 13.12. Hier wurden

$$\beta = 0.5, \quad \sigma = 10^{-4}, \quad \delta_1 = 0.1 \quad \text{und} \quad \delta_2 = 10$$

gesetzt. Die zugehörigen numerischen Resultate sind in der Tabelle 13.4 wiedergegeben.

Da das Polak–Ribière–Verfahren gleich drei Testprobleme nicht erfolgreich minimieren konnte, kann es in der momentanen Form numerisch eigent-

**Tabelle 13.4.** Numerische Resultate für das modifizierte Polak–Ribière–Verfahren

| Testbeispiel | $n$ | $m$ | Iter. | $f$–Ausw. | $\nabla f$–Ausw. |
|---|---|---|---|---|---|
| Biggs–Fkt. | 6 | 13 | – | – | – |
| Gauß–Fkt. | 3 | 15 | 6 | 19 | 19 |
| Box–Fkt. | 3 | 3 | – | – | – |
| Beliebig–dimensionale Fkt. | 10 | 12 | 18 | 216 | 216 |
| Penalty–Fkt. I | 4 | 5 | – | – | – |
| Rosenbrock–Fkt. | 2 | 2 | 45 | 249 | 249 |
| Powells singuläre Fkt. | 4 | 4 | 79 | 452 | 452 |
| Beale–Fkt. | 2 | 3 | 53 | 172 | 172 |
| Wood–Fkt. | 4 | 6 | 259 | 1754 | 1754 |

lich nicht empfohlen werden. Allerdings muß man bedenken, daß dieses Verfahren noch sehr neu ist und insbesondere über eine numerisch gute Wahl der Parameter dieses Verfahrens nicht allzuviel bekannt ist. Beispielsweise konnten wir bei anderer Parameterwahl sämtliche Testbeispiele lösen, allerdings auf Kosten einer extrem hohen Zahl an Funktions– und Gradientenauswertungen (man beachte, daß bei dem modifizierten Polak-Ribière–Verfahren die Anzahl der Funktionsauswertungen stets gleich der Anzahl der Gradientenauswertungen ist). Ferner geben Grippo und Lucidi in ihrer Arbeit [55] noch eine weitere Modifikation des im Abschnitt 13.4 behandelten Verfahrens an, das numerisch eventuell etwas bessere Resultate liefern wird. Der interessierte Leser werfe hierzu einen Blick in die Arbeit [55].

## Aufgaben

**Aufgabe 13.1.** Seien $f(x) := \frac{1}{2}x^T A x - b^T x$ mit $A \in \mathbb{R}^{n \times n}$ symmetrisch und positiv definit, $b \in \mathbb{R}^n$ und $d^0, d^1, \ldots, d^{n-1} \in \mathbb{R}^n$ vom Nullvektor verschiedene Vektoren mit der Eigenschaft (13.2). Dann ist die Funktion

$$F(\gamma_0, \ldots, \gamma_{n-1}) := f\left(\sum_{i=0}^{n-1} \gamma_i d^i\right)$$

von der Form

$$F(\gamma_0, \ldots, \gamma_{n-1}) = F_0(\gamma_0) + \ldots + F_{n-1}(\gamma_{n-1});$$

die Variablen $\gamma_i$ von $F$ sind also „entkoppelt".

**Aufgabe 13.2.** Seien $A \in \mathbb{R}^{n \times n}$ symmetrisch (aber nicht notwendig positiv definit) und $b \in \mathbb{R}^n$. Algorithmus 13.2 breche für $k = 0, \ldots, \ell - 1$ nicht ab, und für die erzeugten Richtungen $d^k$ gelte

$$(d^k)^T A d^k > 0,$$

$k = 0, \ldots \ell - 1$. Dann gelten die folgenden Konjugiertheits–, Orthogonalitäts– und Abstiegseigenschaften:

$$(d^k)^T A d^j = 0, \qquad k = 1, \ldots, \ell, \; j = 0, \ldots, k - 1, \qquad (13.37)$$

$$(g^k)^T g^j = 0, \qquad k = 1, \ldots, \ell, \; j = 0, \ldots, k - 1, \qquad (13.38)$$

$$(g^k)^T d^j = 0, \qquad k = 1, \ldots, \ell, \; j = 0, \ldots, k - 1, \qquad (13.39)$$

$$(g^k)^T d^k = -\|g^k\|^2, \qquad k = 0, \ldots, \ell. \qquad (13.40)$$

(Hinweise: Man führe den Beweis mit vollständiger Induktion nach $\ell$. Für $\ell = 0$ ist nicht viel zu zeigen. Sei nun die Gültigkeit von (13.37) bis (13.40) vorausgesetzt. Weiter gelte

$$(d^\ell)^T A d^\ell > 0, \quad g^\ell \neq 0,$$

woraus sofort $t_\ell > 0$ folgt. Man beweise nun nacheinander die folgenden Behauptungen:

(a) $(g^{\ell+1})^T d^j = 0, \quad j = 0, \ldots, \ell$:

Im Fall $j \leq \ell - 1$ folgt dies unter Verwendung der zweiten Gleichung von (S.3) sofort aus (13.39) und (13.37). Im Fall $j = \ell$ erhält man, wieder mit (S.3) sowie mit (13.40)

$$(g^{\ell+1})^T d^\ell = (g^\ell + t_\ell A d^\ell)^T d^\ell = -\|g^\ell\|^2 + t_\ell (d^\ell)^T A d^\ell,$$

woraus mit (S.2) die Behauptung folgt.

(b) $(g^{\ell+1})^T d^{\ell+1} = -\|g^{\ell+1}\|^2$:

Dies folgt mit der vierten Gleichung in (S.3) sofort aus der bereits bewiesenen Aussage (a).

(c) $(g^{\ell+1})^T g^j = 0, \quad j = 0, \ldots, \ell$:

Dies folgt mit der vierten Gleichung in (S.3) ebenfalls aus der bereits bewiesenen Aussage (a).

(d) $(d^{\ell+1})^T A d^j = 0, \quad j = 0, \ldots, \ell$:

Im Fall $j \leq \ell - 1$ erhält man unter Verwendung der vierten Gleichung in (S.3), von (13.37), der zweiten Gleichung in (S.3) sowie der bereits bewiesenen Aussage (c)

$$\begin{aligned}
(d^{\ell+1})^T A d^j &= (-g^{\ell+1} + \beta_\ell d^\ell)^T A d^j \\
&= -(g^{\ell+1})^T A d^j \\
&= -(g^{\ell+1})^T \frac{1}{t_j} (g^{j+1} - g^j) \\
&= 0.
\end{aligned}$$

Für den Fall $j = \ell$ beweise man zunächst eine andere Darstellung für $\beta_\ell$: Mit der dritten und zweiten Gleichung in (S.3), der bereits bewiesenen Aussage (c) sowie (S.2) erhält man

$$\begin{aligned}
\beta_\ell &= \frac{(g^{\ell+1})^T(g^\ell + t_\ell A d^\ell)}{\|g^\ell\|^2} \\
&= \frac{\|g^\ell\|^2}{(d^\ell)^T A d^\ell} \frac{(g^{\ell+1})^T A d^\ell}{\|g^\ell\|^2} \\
&= \frac{(g^{\ell+1})^T A d^\ell}{(d^\ell)^T A d^\ell}.
\end{aligned}$$

Hiermit erhält man sofort

$$(d^{\ell+1})^T A d^\ell = (-g^{\ell+1} + \beta_\ell d^\ell)^T A d^\ell = 0.)$$

**Aufgabe 13.3.** Seien $A \in \mathbb{R}^{n \times n}$ regulär, $b \in \mathbb{R}^n$. Setzt man $x = A^T z$, so geht das lineare Gleichungssystem

$$Ax = b$$

über in das Gleichungssystem

$$AA^T z = b,$$

dessen Matrix $AA^T$ symmetrisch und positiv definit ist. Man schreibe das CG–Verfahren für dieses letzte Gleichungssystem so um, daß anstelle der Näherungen $z^k$ die zugehörigen $x^k$ auftreten und eine explizite Verwendung von $AA^T$ vermieden wird.

**Aufgabe 13.4.** Man ersetze im Fletcher–Reeves–Verfahren (Algorithmus 13.5) $\beta_k^{FR}$ durch $\beta_k^M$ nach der in Abschnitt 13.5 erwähnten Myers-Formel

$$\beta_k^M := -\frac{\|\nabla f(x^{k+1})\|^2}{\nabla f(x^k)^T d^k}.$$

(a) Ist $f$ stetig differenzierbar und nach unten beschränkt und gilt für die Iterierten $x^k$ stets $\nabla f(x^k) \neq 0$, so ist das Verfahren wohldefiniert; insbesondere gilt für alle $k \in \mathbb{N}$:

$$\nabla f(x^k)^T d^k < 0.$$

(b) Wird das Verfahren nach jeweils $m$ Schritten neu gestartet, so gilt unter den Voraussetzungen von Satz 13.7 für dieses „zyklische" Verfahren:

$$\liminf_{k \to \infty} \|\nabla f(x^k)\| = 0.$$

**Aufgabe 13.5.** Man zeige, daß die beiden folgenden Verfahren bei gleichem Startvektor $x^0 \in \mathbb{R}^n$ die gleiche Folge von Iterierten $\{x^k\}$ liefern:

(a) Das durch die Formel

$$\beta_k^{HS} := \frac{\nabla f(x^{k+1})^T(\nabla f(x^{k+1}) - \nabla f(x^k))}{(\nabla f(x^{k+1}) - \nabla f(x^k))^T d^k}$$

definierte CG–Verfahren von Hestenes–Stiefel mit der Curry–Schrittweitenregel aus der Aufgabe 5.6 (also der Algorithmus 13.9 mit $\beta_k^{PR}$ ersetzt durch $\beta_k^{HS}$);

(b) Das Limited Memory BFGS–Verfahren aus dem Algorithmus 12.2 mit $m = 1$ und $\tilde{B}_0 := I$ sowie der Curry–Schrittweitenstrategie anstelle der Wolfe–Powell–Regel.

(Hinweis: Beide Verfahren erzeugen die gleichen Suchrichtungen.)

**Aufgabe 13.6.** Der folgende Algorithmus enthält das CG–Verfahren von Fletcher–Reeves mit der Curry–Regel aus der Aufgabe 5.6 als Schrittweitenstrategie:

(S.0) Wähle $x^0 \in \mathbb{R}^n, \varepsilon \geq 0, 0 < \sigma < \rho < 1/2$, setze $d^0 := -\nabla f(x^0)$ und $k := 0$.

(S.1) Ist $\|\nabla f(x^k)\| \leq \varepsilon$ : STOP.

(S.2) Bestimme eine Schrittweite $t_k > 0$ mit

$$t_k = \min\{t > 0|\ \nabla f(x^k + td^k)^T d^k = 0\}.$$

(S.3) Setze

$$x^{k+1} := x^k + t_k d^k,$$
$$\beta_k^{FR} := \frac{\|\nabla f(x^{k+1})\|^2}{\|\nabla f(x^k)\|^2}$$

und

$$d^{k+1} := -\nabla f(x^{k+1}) + \beta_k^{FR} d^k.$$

(S.4) Setze $k \leftarrow k + 1$, und gehe zu (S.1).

Seien $f : \mathbb{R}^n \to \mathbb{R}$ stetig differenzierbar, nach unten beschränkt und $\nabla f$ Lipschitz–stetig auf der Levelmenge $\mathcal{L}(x^0) := \{x \in \mathbb{R}^n|\ f(x) \leq f(x^0)\}$. Dann gelten:

(a) Das Fletcher–Reeves–Verfahren mit der Curry–Schrittweitenregel ist wohldefiniert.

(b) Der Algorithmus erzeugt eine Folge $\{x^k\}$ mit

$$\liminf_{k \to \infty} \|\nabla f(x^k)\| = 0.$$

(Hinweis: Man zeige zunächst die Gleichheit

$$\nabla f(x^k)^T d^k = -\|\nabla f(x^k)\|^2. \tag{13.41}$$

Die Aussage (a) folgt dann aus der Aufgabe 5.6. Ebenfalls aus der Aufgabe 5.6 folgt die Existenz einer Konstanten $\theta > 0$, so daß unter nochmaliger Berücksichtigung von (13.41) gilt:

$$f(x^k) - f(x^{k+1}) \geq \theta \frac{1}{\gamma_k} \tag{13.42}$$

mit

$$\gamma_k := \frac{\|d^k\|^2}{\|\nabla f(x^k)\|^4}. \tag{13.43}$$

Aus der Definition der Curry–Regel ergibt sich für $\gamma_k$ nun sehr leicht die Rekursion

$$\gamma_k = \frac{1}{\|\nabla f(x^k)\|^2} + \gamma_{k-1},$$

so daß sich die Aussage (b) nun analog zum Beweis des Satzes 13.7 verifizieren läßt.)

**Aufgabe 13.7.** Man beweise den Satz 13.10.

(Hinweis: Die Wohldefiniertheit folgt analog zum Beweis der Aufgabe 13.6 aus der auch hier geltenden Beziehung (13.41). Ebenfalls aus (13.41) sowie der Aufgabe 5.6 folgt die Existenz einer Konstanten $\theta > 0$, so daß auch die Ungleichung (13.42) mit dem in (13.43) definiertem $\gamma_k$ gilt.

Ist nun $\|\nabla f(x^k)\| \geq \varepsilon$ für alle $k \in \mathbb{N}$ und ein $\varepsilon > 0$, so ergibt sich aus der Voraussetzung $\|x^{k+1} - x^k\| \to 0$ sowie der Lipschitz–Stetigkeit von $\nabla f$ auf der Levelmenge $\mathcal{L}(x^0)$ sehr leicht die Abschätzung

$$\gamma_k \leq \frac{1}{\|\nabla f(x^k)\|^2} + \gamma_{k-1},$$

die jetzt allerdings nur für alle hinreichend großen $k \in \mathbb{N}$ gilt. Für den Rest des Beweises folge man nun wieder dem des Satzes 13.7.)

**Aufgabe 13.8.** Man beweise den Satz 13.11.

(Hinweis: Setze

$$\delta_k := \left( \frac{\nabla f(x^k)^T d^k}{\|\nabla f(x^k)\|\, \|d^k\|} \right)^2.$$

Dann ist

$$\delta_k = \frac{\|\nabla f(x^k)\|^2}{\|d^k\|^2}. \tag{13.44}$$

Da $f$ gleichmäßig konvex ist, ist der Gradient $\nabla f$ gleichmäßig monoton. Folglich existiert eine Konstante $\mu > 0$ mit

$$\begin{aligned}
0 &= \nabla f(x^{k+1})^T d^k \\
&= \nabla f(x^k)^T d^k + (\nabla f(x^{k+1}) - \nabla f(x^k))^T d^k \\
&\geq \nabla f(x^k)^T d^k + \mu t_k \|d^k\|^2,
\end{aligned}$$

woraus sich

$$t_k \leq \frac{\|\nabla f(x^k)\|^2}{\mu \|d^k\|^2} \tag{13.45}$$

ergibt. Da $\nabla f$ nach Voraussetzung auf der Levelmenge $\mathcal{L}(x^0)$ Lipschitz–stetig ist, existiert ein $L > 0$ mit

$$|\beta_k^{PR}| \leq L t_k \frac{\|\nabla f(x^{k+1})\| \, \|d^k\|}{\|\nabla f(x^k)\|^2}.$$

Wegen (13.45) folgt daher

$$|\beta_k^{PR}| \leq \frac{L}{\mu} \frac{\|\nabla f(x^{k+1})\|}{\|d^k\|}$$

und somit

$$\|d^{k+1}\| \leq (1 + L/\mu)\|\nabla f(x^{k+1})\|.$$

Also ergibt sich aus (13.44) die Zoutendijk–Bedingung

$$\sum_{k=0}^{\infty} \delta_k = \infty,$$

so daß die Behauptung aus dem Satz 4.7 folgt.)

**Aufgabe 13.9.** Man betrachte die folgende Klasse von CG–Verfahren (Gilbert und Nocedal [46]):

(S.0) Wähle $x^0 \in \mathbb{R}^n, \varepsilon \geq 0, 0 < \sigma < \rho < 1/2$, setze $d^0 := -\nabla f(x^0)$ und $k := 0$.

(S.1) Ist $\|\nabla f(x^k)\| \leq \varepsilon$ : Abbruch.

(S.2) Bestimme eine Schrittweite $t_k > 0$ mit

$$f(x^k + t_k d^k) \leq f(x^k) + \sigma t_k \nabla f(x^k)^T d^k$$

und

$$|\nabla f(x^k + t_k d^k)^T d^k| \leq -\rho \nabla f(x^k)^T d^k.$$

(S.3) Setze

$$x^{k+1} := x^k + t_k d^k,$$

bestimme ein $\beta_k \in \mathbb{R}$ mit

$$|\beta_k| \leq \beta_k^{FR},$$

wobei $\beta_k^{FR}$ wieder durch die Fletcher–Reeves–Formel

$$\beta_k^{FR} := \frac{\|\nabla f(x^{k+1})\|^2}{\|\nabla f(x^k)\|^2}$$

gegeben ist, und setze

$$d^{k+1} := -\nabla f(x^{k+1}) + \beta_k d^k.$$

(S.4)  Setze $k \leftarrow k+1$, und gehe zu (S.1).

Ist $f : \mathbb{R}^n \to \mathbb{R}$ stetig differenzierbar und nach unten beschränkt, so ist der obige Algorithmus wohldefiniert.

(Hinweis: Man zeige durch vollständige Induktion nach $k$, daß die Ungleichungen

$$-\frac{1}{1-\rho} \le \frac{\nabla f(x^k)^T d^k}{\|\nabla f(x^k)\|^2} \le \frac{2\rho-1}{1-\rho} \qquad (13.46)$$

erfüllt sind und gehe dazu analog wie im Beweis des Satzes 13.6 vor. Insbesondere zeige man hierzu die Gültigkeit der Gleichung

$$\frac{\nabla f(x^{k+1})^T d^{k+1}}{\|\nabla f(x^{k+1})\|^2} = -1 + \frac{\beta_k}{\beta_k^{FR}} \frac{\nabla f(x^{k+1})^T d^k}{\|\nabla f(x^k)\|^2},$$

aus der sich zusammen mit

$$|\beta_k|\rho\nabla f(x^k)^T d^k \le |\beta_k|\nabla f(x^{k+1})^T d^k \le -|\beta_k|\rho\nabla f(x^k)^T d^k$$

die Ungleichung

$$-1 + \rho\frac{|\beta_k|}{\beta_k^{FR}} \frac{\nabla f(x^k)^T d^k}{\|\nabla f(x^k)\|^2} \le \frac{\nabla f(x^{k+1})^T d^{k+1}}{\|\nabla f(x^{k+1})\|^2} \le -1 - \rho\frac{|\beta_k|}{\beta_k^{FR}} \frac{\nabla f(x^k)^T d^k}{\|\nabla f(x^k)\|^2}$$

ergibt. Gilt (13.46) für ein $k \in \mathbb{N}$, so folgt daher

$$-1 - \frac{|\beta_k|}{\beta_k^{FR}} \frac{\rho}{1-\rho} \le \frac{\nabla f(x^{k+1})^T d^{k+1}}{\|\nabla f(x^{k+1})\|^2} \le -1 + \frac{|\beta_k|}{\beta_k^{FR}} \frac{\rho}{1-\rho},$$

woraus man (13.46) sofort für $k+1$ erhält.)

**Aufgabe 13.10.** Man betrachte noch einmal das Verfahren aus der Aufgabe 13.9. Ist $f : \mathbb{R}^n \to \mathbb{R}$ stetig differenzierbar, nach unten beschränkt und $\nabla f$ Lipschitz–stetig auf der Levelmenge $\mathcal{L}(x^0) := \{x \in \mathbb{R}^n |\, f(x) \le f(x^0)\}$, so gilt

$$\liminf_{k \to \infty} \|\nabla f(x^k)\| = 0$$

für die durch dieses Verfahren erzeugte Folge.

(Hinweis: Man benutze wieder die Ungleichung (13.46) und folge ansonsten weitgehend dem Beweis des Satzes 13.7. Man erhält zunächst

$$f(x^k) - f(x^{k+1}) \ge \theta \left(\frac{1-2\rho}{1-\rho}\right)^2 \frac{1}{\gamma_k}$$

mit

$$\gamma_k := \|d^k\|^2/\|\nabla f(x^k)\|^4.$$

Aus der Wolfe–Powell–Schrittweitenstrategie, der Aufdatierungsvorschrift für den Vektor $d^k$, der Bedingung $|\beta_k| \le \beta_k^{FR}$ sowie der Definition von $\beta_k^{FR}$ ergibt sich nach etwas Rechnung:

$$\gamma_k \leq \left(\frac{1+\rho}{1-\rho}\right) \frac{1}{\|\nabla f(x^k)\|^2} + \gamma_{k-1},$$

so daß man jetzt wieder dem Beweis des Satzes 13.7 folgen kann.)

**Aufgabe 13.11.** Man betrachte das quadratische Optimierungsproblem

$$\min \, f(x) := \frac{1}{2} x^T Q x + c^T d + \gamma \qquad (13.47)$$

mit einer symmetrischen und positiv definiten Matrix $Q \in \mathbb{R}^{n \times n}, c \in \mathbb{R}^n$ und $\gamma \in \mathbb{R}$. Zur Lösung des Problemes verwende man das BFGS–Verfahren mit der exakten Schrittweite, also:

(S.0)  Wähle $x^0 \in \mathbb{R}^n, H_0 \in \mathbb{R}^{n \times n}$ symmetrisch und positiv definit, und setze $k := 0$.

(S.1)  Ist $\|\nabla f(x^k)\| = 0$: STOP.

(S.2)  Berechne $d^k \in \mathbb{R}^n$ als Lösung des linearen Gleichungssystems

$$H_k d = -\nabla f(x^k).$$

(S.3)  Bestimme die optimale Schrittweite aus

$$t_k := -\frac{\nabla f(x^k)^T d^k}{(d^k)^T Q d^k}.$$

(S.4)  Setze $x^{k+1} := x^k + t_k d^k, s^k := x^{k+1} - x^k, y^k := \nabla f(x^{k+1}) - \nabla f(x^k)$ und

$$H_{k+1} := H_k + \frac{y^k(y^k)^T}{(y^k)^T s^k} - \frac{H_k s^k (s^k)^T H_k}{(s^k)^T H_k s^k}.$$

(S.5)  Setze $k \leftarrow k + 1$, und gehe zu (S.1).

Sei $x^*$ das eindeutig bestimmte globale Minimum von $f$. Dann gelten:

(a)  Das Verfahren ist wohldefiniert.

(b)  Das Verfahren bricht nach $m \leq n$ Schritten mit der Lösung $x^m = x^*$ ab.

(c)  Es ist $(d^i)^T \nabla f(x^k) = 0$ für alle $0 \leq i < k \leq m$.

(d)  Es ist $H_k s^i = y^i$ für alle $0 \leq i < k \leq m$.

(e)  Es ist $(d^i)^T Q d^k = 0$ für alle $0 \leq i < k \leq m$.

(f)  Ist $m = n$, so ist $H_n = Q$.

(Hinweis: Man beweise die Aussagen (c)–(e) durch vollständige Induktion nach $k$.)

**Aufgabe 13.12.** Man betrachte wieder die Optimierungsaufgabe (13.47). Zur Lösung des Problemes verwende man das Quasi–Newton–Verfahren von Kleinmichel (siehe Aufgabe 11.17) mit der exakten Schrittweite, also:

(S.0)  Wähle $x^0 \in \mathbb{R}^n, H_0 \in \mathbb{R}^{n \times n}$ symmetrisch und positiv definit, und setze $k := 0$.

(S.1) Ist $\|\nabla f(x^k)\| = 0$: STOP.

(S.2) Berechne $d^k \in \mathbb{R}^n$ als Lösung des linearen Gleichungssystems

$$H_k d = -\nabla f(x^k).$$

(S.3) Bestimme die optimale Schrittweite aus

$$t_k := -\frac{\nabla f(x^k)^T d^k}{(d^k)^T Q d^k}.$$

(S.4) Setze $x^{k+1} := x^k + t_k d^k,\, s^k := x^{k+1} - x^k,\, y^k := \nabla f(x^{k+1}) - \nabla f(x^k)$
und $\rho_k := \nabla f(x^{k+1})^T d^k / \nabla f(x^k)^T d^k$. Wähle $\gamma_k \in (0, 1 - \rho_k)$ und setze

$$H_{k+1} := \frac{\gamma_k}{t_k}\left[H_k + \frac{(y^k + \gamma_k \nabla f(x^k))(y^k + \gamma_k \nabla f(x^k))^T}{\gamma_k(y^k + \gamma_k \nabla f(x^k))^T d^k}\right].$$

(S.5) Setze $k \leftarrow k + 1$, und gehe zu (S.1).

Sei $x^*$ das eindeutig bestimmte globale Minimum von $f$. Dann gelten:

(a) Das Verfahren ist wohldefiniert.

(b) Das Verfahren bricht nach $m \leq n$ Schritten mit der Lösung $x^m = x^*$ ab.

(c) Es ist $(d^i)^T \nabla f(x^k) = 0$ für alle $0 \leq i < k \leq m$.

(d) Es ist $H_k s^i = \frac{\gamma_{i+1}}{t_{i+1}} \cdots \frac{\gamma_{k-1}}{t_{k-1}} y^i$ für alle $0 \leq i < k \leq m$.

(e) Es ist $(d^i)^T Q d^k = 0$ für alle $0 \leq i < k \leq m$.

(f) Gilt auch für das Kleinmichel–Verfahren $Q = H_m$, sofern $m = n$ ist?

(Hinweis: Man beweise die Aussagen (c)–(e) durch vollständige Induktion nach $k$.)

**Aufgabe 13.13.** Man implementiere das CG–Verfahren von Fletcher–Reeves aus dem Algorithmus 13.5 und teste das Verfahren an den Beispielen aus dem Anhang C. Welche Testprobleme werden gelöst? Wieviele Iterationsschritte, Funktions– und Gradientenauswertungen werden dabei jeweils benötigt? Als Abbruchkriterium wähle man beispielsweise: $\|\nabla f(x^k)\| \leq \varepsilon$ oder $k > k_{\max}$ mit $\varepsilon = 10^{-5}$ und $k_{\max} = 500$. Als Parameter für die Schrittweitenstrategie wähle man jene aus der Aufgabe 6.3, allerdings mit $\rho = 0.1$ statt $\rho = 0.9$.

**Aufgabe 13.14.** Man implementiere das modifizierte CG–Verfahren von Polak–Ribière aus dem Algorithmus 13.12 und teste das Verfahren an den Beispielen aus dem Anhang C. Welche Testprobleme werden gelöst? Wieviele Iterationsschritte, Funktions– und Gradientenauswertungen werden dabei jeweils benötigt? Als Abbruchkriterium wähle man jenes aus der Aufgabe 13.13. Als Parameter können beispielsweise genommen werden: $\beta = 0.5, \sigma = 10^{-4}, \delta_1 = 0.1, \delta_2 = 10$.

**Aufgabe 13.15.** Man implementiere das CG–Verfahren von Gilbert und Nocedal aus der Aufgabe 13.9 mit der $\beta_k$–Formel aus (13.36) und teste das Verfahren an den Beispielen aus dem Anhang C. Welche Testprobleme werden gelöst? Wieviele Iterationsschritte, Funktions– und Gradientenauswertungen werden dabei jeweils benötigt? Als Abbruchkriterium wähle man jenes aus der Aufgabe 13.13. Die Parameter für die Wolfe–Powell–Schrittweitenstrategie wähle man ebenfalls wie in der Aufgabe 13.13.

**Aufgabe 13.16.** Das folgende Polak–Ribière–artige Verfahren führt immer dann einen Neustart durch, wenn das Polak–Ribière–Verfahren selbst keine Abstiegsrichtung erzeugt. Es ist damit vielleicht die einfachste Modifikation des Polak–Ribière–Verfahrens, für die man die implementierbare strenge Wolfe–Powell–Schrittweitenstrategie anwenden kann. Es wird hier ersatzweise betrachtet, um das numerische Verhalten des (nicht implementierbaren) Polak–Ribière–Verfahrens aus dem Algorithmus 13.9 zumindest anzunähern.

(S.0)  Wähle $x^0 \in \mathbb{R}^n, \varepsilon \geq 0, 0 < \sigma < \rho < 1/2$, setze $d^0 := -\nabla f(x^0)$ und $k := 0$.

(S.1)  Ist $\|\nabla f(x^k)\| \leq \varepsilon$ : STOP.

(S.2)  Bestimme eine Schrittweite $t_k > 0$ mit

$$f(x^k + t_k d^k) \leq f(x^k) + \sigma t_k \nabla f(x^k)^T d^k$$

und

$$|\nabla f(x^k + t_k d^k)^T d^k| \leq -\rho \nabla f(x^k)^T d^k.$$

(S.3)  Setze

$$x^{k+1} := x^k + t_k d^k,$$
$$\beta_k^{PR} := \frac{\nabla f(x^{k+1})^T (\nabla f(x^{k+1}) - \nabla f(x^k))}{\|\nabla f(x^k)\|^2}$$

und

$$d^{k+1} := -\nabla f(x^{k+1}) + \beta_k^{PR} d^k.$$

Ist $\nabla f(x^{k+1})^T d^{k+1} \geq 0$, so setze man

$$d^{k+1} := -\nabla f(x^{k+1}).$$

(S.4)  Setze $k \leftarrow k + 1$, und gehe zu (S.1).

Man implementiere dieses Verfahren und teste es an den Beispielen aus dem Anhang C. Welche Testprobleme werden gelöst? Wieviele Iterationsschritte, Funktions– und Gradientenauswertungen werden dabei jeweils benötigt? Zur Wahl des Abbruchparameters und der Parameter für die strenge Wolfe–Powell–Schrittweitenstrategie vergleiche man die Aufgabe 13.13.

# 14. Trust–Region–Verfahren

In diesem Kapitel setzen wir uns ausführlich mit der Klasse der Trust–Region–Verfahren auseinander, die sich grundsätzlich von den bislang vorgestellten Abstiegsverfahren unterscheiden. Insbesondere benötigen die Trust–Region–Verfahren keine Schrittweitenstrategie, sondern lösen in einem gewissen Vertrauensbereich um den aktuellen Iterationspunkt gewissermaßen das Suchrichtungs– und Schrittweitenproblem gleichzeitig. Hierzu ist in jedem Iterationsschritt das sogenannte Trust–Region–Teilproblem zu lösen, welches ein restringiertes Optimierungsproblem ist mit einer quadratischen Zielfunktion sowie einer ebenfalls quadratischen Restriktion (allerdings von sehr spezieller Gestalt).

Ehe wir in den Abschnitten 14.5–14.8 mehrere Trust–Region–Verfahren betrachten, untersuchen wir in den Abschnitten 14.1–14.4 daher zunächst dieses Trust–Region–Teilproblem im Detail. Im Abschnitt 14.1 wird insbesondere eine Charakterisierung für ein globales Minimum für das i.a. nicht konvexe Trust–Region–Teilproblem bewiesen. Als Teil dieser Charakterisierung erhalten wir die sogenannten KKT–Bedingungen des Trust–Region–Teilproblems, deren Untersuchung Gegenstand des Abschnittes 14.2 ist. Unter Verwendung des Hauptresultates aus dem Abschnitt 14.1 wird insbesondere gezeigt, wie man möglicherweise nur lokalen Minima des Trust–Region–Teilproblemes entrinnen kann. Letzteres ist insbesondere für die numerische Lösung des Trust–Region–Teilproblems von erheblicher Bedeutung.

Das wesentliche Hilfsmittel zur Lösung dieses Teilproblems bildet dann eine sogenannte exakte Penalty–Funktion, die im Abschnitt 14.3 eingeführt und untersucht wird. Diese exakte Penalty–Funktion liefert eine Umformulierung des (restringierten) Trust–Region–Teilproblems als ein stetig differenzierbares und unrestringiertes Minimierungsproblem, deren globale und lokale Minima sowie stationäre Punkte praktisch mit jenen des Trust–Region–Teilproblems übereinstimmen. Im Abschnitt 14.4 geben wir dann einen Algorithmus zur Lösung des Trust–Region–Teilproblems an, der auf der Verwendung der zuvor eingeführten exakten Penalty–Funktion basiert.

Mit Abschluß des Abschnittes 14.4 wissen wir also, wie das Trust–Region–Teilproblem numerisch befriedigend gelöst werden kann, so daß wir im Abschnitt 14.5 auf unser erstes Trust–Region–Verfahren eingehen können. Es handelt sich dabei um das Trust–Region–Newton–Verfahren, da es von der

Hesse–Matrix der zu minimierenden Zielfunktion Gebrauch macht und in jedem Schritt das $n$–dimensionale Trust–Region–Teilproblem exakt zu lösen versucht. In dem nachfolgenden Abschnitt 14.6 zeigen wir, daß praktisch alle Konvergenzeigenschaften des Trust–Region–Newton–Verfahrens erhalten bleiben, wenn man in jeder Iteration nur ein geeignetes zwei– bzw. dreidimensionales Trust–Region–Teilproblem löst. Wir bezeichnen dieses Verfahren als ein Teilraum–Trust–Region–Newton–Verfahren.

Eine alternative Möglichkeit, den Aufwand zur Lösung des $n$–dimensionalen Trust–Region–Teilproblems zu reduzieren, wird mit dem inexakten Trust–Region–Newton–Verfahren im Abschnitt 14.7 dargelegt. Hier wird das CG–Verfahren aus dem Abschnitt 13.1 auf geschickte Weise zur approximativen Lösung des Trust–Region–Teilproblems eingesetzt. Im Abschnitt 14.8 gehen wir dann noch kurz auf die Klasse der Trust–Region–Quasi–Newton–Verfahren ein, bei denen die exakte Hesse–Matrix der zu minimierenden Funktion durch eine geeignete Quasi–Newton–Aufdatierungsmatrix ersetzt wird. Abschließend wird im Abschnitt 14.9 das numerische Verhalten einiger Trust–Region–Verfahren untersucht.

## 14.1 Das Trust–Region–Teilproblem

Alle bislang vorgestellten Algorithmen fügten sich in das allgemeine Schema eines Abstiegsverfahrens mit Schrittweitenstrategie ein, d.h., ist $f : \mathbb{R}^n \to \mathbb{R}$ zumindest einmal stetig differenzierbar und $x^k \in \mathbb{R}^n$ ein gegebener Iterationspunkt, so bestimmt man zunächst eine Abstiegsrichtung $d^k \in \mathbb{R}^n$ von $f$ in $x^k$ und führt anschließend eine eindimensionale Liniensuche entlang der Richtung $d^k$ aus.

Die Suchrichtung $d^k$ ergab sich dabei zumeist als Lösung der unrestringierten quadratischen Optimierungsaufgabe

$$\min q_k(d),$$

wobei

$$q_k(d) := f(x^k) + \nabla f(x^k)^T d + \frac{1}{2} d^T H_k d$$

eine quadratische Approximation von $f(x^k + \cdot)$ mit einer symmetrischen und möglichst positiv definiten Matrix $H_k$ darstellt. Hierbei ist $H_k = \nabla^2 f(x^k)$ beim Newton–Verfahren, $H_k \approx \nabla^2 f(x^k)$ im Sinne von (11.1) bei den Quasi–Newton–Verfahren und $H_k = I$ beim Gradientenverfahren.

Nun wird die quadratische Approximation $q_k$ die nichtlineare Funktion $f$ i.a. nur lokal gut wiedergeben. Dennoch wird als Suchrichtung $d^k$ das globale Minimum von $q_k$ genommen und im übrigen eine Liniensuche nachgeschaltet.

Die Philosophie der Trust–Region–Verfahren unterscheidet sich hiervon erheblich: Man minimiert die Funktion $q_k$ nur innerhalb eines gewissen Vertrauensbereiches (engl.: trust region). Dies führt auf das Teilproblem

$$\min q_k(d) \quad \text{u.d.N.} \quad \|d\| \leq \Delta_k; \tag{14.1}$$

dabei beschreibt $\Delta_k > 0$ den Radius des Vertrauensbereiches. Eine Schrittweitenbestimmung ist dann entbehrlich.

Man beachte, daß der Trust–Region–Ansatz auch dann vernünftig ist, wenn $H_k$ nicht positiv definit ist, wenn also die Suchrichtung

$$d^k := -H_k^{-1}\nabla f(x^k)$$

nicht als Minimum von $q_k$ interpretiert werden kann!

Da das Problem (14.1) für die in den Abschnitten 14.5–14.8 zu behandelnden Trust–Region–Verfahren von zentraler Bedeutung ist, wollen wir es hier sowie den nachfolgen Abschnitten 14.2–14.4 etwas genauer studieren.

Zunächst sei bemerkt, daß das Problem (14.1) stets eine Lösung besitzt, da die Zielfunktion $q_k$ stetig ist und der zulässige Bereich offenbar eine kompakte Menge darstellt. Allerdings handelt es sich i.a. um ein nichtkonvexes Problem, denn wir wollen keine Definitheitsbedingung an die Matrix $H_k$ stellen.

Ohne eine Konvexitätsvoraussetzung erscheint es zunächst allerdings sehr schwer, eine Lösung, also ein *globales Minimum*, der Teilaufgabe (14.1) zu finden. Einen Hinweis darauf, wie dies vielleicht doch geschehen kann, liefert das folgende Resultat von Gay [43] und Sorensen [105], das die globalen Minima von (14.1) charakterisiert.

**Satz 14.1.** *Man betrachte die Aufgabe*

$$\min q(d) := f + g^T d + \frac{1}{2}d^T H d \quad \text{u.d.N.} \quad \|d\| \leq \Delta, \tag{14.2}$$

*wobei $\Delta > 0$, $f \in \mathbb{R}$, $g \in \mathbb{R}^n$ und die symmetrische Matrix $H \in \mathbb{R}^{n \times n}$ gegeben sind. Dann ist $d^* \in \mathbb{R}^n$ genau dann eine globale Lösung von (14.2), wenn es ein (eindeutig bestimmtes) $\lambda^* \in \mathbb{R}$ gibt, so daß die folgenden Bedingungen erfüllt sind:*

*(a) $\lambda^* \geq 0$, $\|d^*\| \leq \Delta$, $\lambda^*(\|d^*\| - \Delta) = 0$.*
*(b) $(H + 2\lambda^* I)d^* = -g$.*
*(c) $H + 2\lambda^* I$ ist positiv semidefinit.*

*Beweis.* Sei $d^*$ zunächst eine globale Lösung der Aufgabe (14.2). Dann ist insbesondere

$$\|d^*\| \leq \Delta.$$

Ferner ist $d^*$ auch ein globales Minimum des zu (14.2) äquivalenten Optimierungsproblems

$$\min f + g^T d + \frac{1}{2}d^T H d \quad \text{u.d.N.} \quad c(d) \leq 0, \tag{14.3}$$

wobei $c : \mathbb{R}^n \to \mathbb{R}$ die Funktion

$$c(d) := \|d\|^2 - \Delta^2$$

bezeichnet. Gilt $\|d^*\| < \Delta$, so ist $d^*$ ein unrestringiertes lokales Minimum der Funktion $q$. Mit $\lambda^* := 0$ sind dann die Bedingungen (a)–(c) erfüllt, wobei (b) und (c) aus den notwendigen Optimalitätskriterien für unrestringierte Optimierungsprobleme (Sätze 2.1 und 2.2) folgen.

Ist die Nebenbedingung dagegen aktiv, gilt also $\|d^*\| = \Delta$, so ist $\nabla c(d^*) = 2d^* \neq 0$. Sei nun $v \in \mathbb{R}^n$ ein Vektor mit $v^T d^* < 0$. Dann ist

$$\hat{t} := -\frac{2v^T d^*}{\|v\|^2} > 0,$$

und es gilt

$$\|d^* + \hat{t}v\| = \|d^*\|.$$

Folglich liegen auch die Vektoren $d^* + tv$, $0 \leq t \leq \hat{t}$, in der Kugel um 0 mit Radius $\|d^*\| = \Delta$ und sind somit zulässige Vektoren für (14.3). Da $d^*$ ein globales Minimum von (14.3) ist, folgt für alle $t \in (0, \hat{t}]$:

$$0 \leq q(d^* + tv) - q(d^*) = t(g + Hd^*)^T v + \frac{1}{2}t^2 v^T Hv. \qquad (14.4)$$

Nach Division durch $t > 0$ und Grenzübergang $t \to 0$ gilt somit

$$(g + Hd^*)^T v \geq 0,$$

und zwar nach Herleitung für alle $v \in \mathbb{R}^n$ mit $v^T d^* < 0$. Anders ausgedrückt: Es gibt keinen Vektor $v \in \mathbb{R}^n$ mit

$$(g + Hd^*)^T v < 0 \quad \text{und} \quad (d^*)^T v < 0. \qquad (14.5)$$

Man macht sich leicht anschaulich klar, daß dies nur möglich ist, wenn die Vektoren $g + Hd^*$ und $d^*$ parallel mit unterschiedlicher Orientierung sind. In Aufgabe 14.1 wird ein Hinweis gegeben, wie man auch formal aus (14.5) leicht folgern kann, daß mit einer eindeutig bestimmten Zahl $\lambda^* \geq 0$ gilt:

$$g + Hd^* = -2\lambda^* d^* \qquad (14.6)$$

(durch den kosmetischen Faktor 2 werden später einige Formeln etwas einfacher). Damit sind die Aussagen (a) und (b) vollständig bewiesen. Um die Eigenschaft (c) nachzuweisen, gehen wir noch einmal zu (14.4) zurück und setzen dort $t = \hat{t}$; unter Verwendung von (14.6) folgt

$$\begin{aligned}
0 &\leq \hat{t}(g + Hd^*)^T v + \frac{1}{2}\hat{t}^2 v^T Hv \\
&= -\hat{t}\, 2\lambda^*(d^*)^T v + \frac{1}{2}\hat{t}^2 v^T Hv \\
&= \frac{1}{2}\hat{t}^2 v^T (H + 2\lambda^* I)v,
\end{aligned}$$

woraus man schließlich

$$v^T(H + 2\lambda^* I)v \geq 0 \quad \text{für alle } v \in \mathbb{R}^n \text{ mit } v^T d^* < 0$$

erhält. Ersetzt man hierin $v$ durch $-v$, so sieht man, daß diese Ungleichung auch für alle $v$ mit $v^T d^* > 0$ gilt, insgesamt also für alle $v$ mit $v^T d^* \neq 0$. Aus Stetigkeitsgründen folgt hieraus die Eigenschaft (c).

Umgekehrt seien nun $d^* \in \mathbb{R}^n$ und $\lambda^* \in \mathbb{R}$ gegeben, so daß (a)–(c) erfüllt sind. Wir wollen zeigen, daß $d^*$ bereits ein globales Minimum von (14.2) ist. Sei dazu $d \in \mathbb{R}^n$ ein beliebiger Vektor mit $\|d\| \leq \Delta$. Dann folgt unter Verwendung von (a), (b) und (c):

$$\begin{aligned}
q(d) - q(d^*) &= (g + Hd^*)^T(d - d^*) + \frac{1}{2}(d - d^*)^T H(d - d^*) \\
&= -2\lambda^*(d - d^*)^T d^* + \frac{1}{2}(d - d^*)^T(H + 2\lambda^* I)(d - d^*) \\
&\quad -\lambda^*\|d - d^*\|^2 \\
&\geq \lambda^* \left(\|d^*\|^2 - \|d\|^2\right) \\
&= \lambda^* \left(\|d^*\|^2 - \Delta^2\right) + \lambda^* \left(\Delta^2 - \|d\|^2\right) \\
&= \lambda^* \left(\Delta^2 - \|d\|^2\right) \\
&\geq 0,
\end{aligned}$$

d.h., $d^*$ ist in der Tat eine globale Lösung von (14.2). $\qquad\square$

Beim Beweis der Notwendigkeit der Bedingungen (a) und (b) hätte man auch auf notwendige Optimalitätsbedingungen für restringierte Optimierungsprobleme zurückgreifen können, die unter dem Namen *Karush–Kuhn–Tucker–Bedingungen* oder *KKT–Bedingungen* bekannt sind (siehe z.B. [5, Seite 284]). Der vorstehende Beweis enthält ein Argument zum Nachweis dieser KKT-Bedingungen für den hier vorliegenden Spezialfall einer einzigen Ungleichung, und zwar für den Weg über einen Alternativsatz für lineare Ungleichungssysteme (vgl. Aufgabe 14.1).

Wir erwähnen einige einfache Konsequenzen des Satzes 14.1.

**Korollar 14.2.** *Sei $d^* \in \mathbb{R}^n$ eine globale Lösung des Trust–Region–Teilproblems (14.2) und $\lambda^* \in \mathbb{R}$ die gemäß Satz 14.1 eindeutig bestimmte Zahl mit den Eigenschaften (a), (b) und (c). Ist die Matrix $H + \lambda^* I$ positiv definit, so ist $d^*$ das eindeutig bestimmte globale Minimum von (14.2).*

*Beweis.* Sei $d \neq d^*$ ein beliebiger Vektor im $\mathbb{R}^n$ mit $\|d\| \leq \Delta$. Aus der positiven Definitheit von $H + \lambda^* I$ ergibt sich dann

$$(d - d^*)^T(H + \lambda^* I)(d - d^*) > 0$$

und daher

$$q(d) - q(d^*) > 0$$

in völliger Analogie zum Beweis der Rückrichtung des Satzes 14.1. $\qquad\square$

**Korollar 14.3.** *Sei* $d^* \in \mathbb{R}^n$ *eine globale Lösung des Trust–Region–Teilproblems (14.2). Dann sind äquivalent:*

*(a)* $q(d^*) = f$.
*(b)* $g = 0$ *und* $H$ *ist positiv semidefinit.*

*Beweis.* (a) $\Rightarrow$ (b): Ist $q(d^*) = f$, so ist auch $d := 0$ ein globales Minimum von (14.2). Aus dem Satz 14.1 folgt daher $g = 0, \lambda^* = 0$ und somit auch die positive Semidefinitheit von $H = H + \lambda^* I$.

(b) $\Rightarrow$ (a): Nach Voraussetzung gilt

$$q(d^*) = f + g^T d^* + \frac{1}{2}(d^*)^T H d^* = f + \frac{1}{2}(d^*)^T H d^* \geq f.$$

Andererseits ist $d = 0$ zulässig für (14.2), so daß

$$q(d^*) \leq f$$

gilt. Zusammen folgt $q(d^*) = f$. $\qquad\qquad\qquad\qquad\qquad\qquad\square$

Wir erwähnen abschließend ein relativ neues Resultat von Martínez [74], welches hier nicht bewiesen werden soll, zumal es explizit nicht weiter benötigt wird.

**Satz 14.4.** *Das Trust–Region–Teilproblem (14.1) besitzt höchstens ein lokales Minimum, welches kein globales Minimum des Problems (14.1) ist.*

## 14.2 Die KKT–Bedingungen

Wir betrachten weiterhin das Trust–Region–Teilproblem

$$\min q(d) := f + g^T d + \frac{1}{2} d^T H d \quad \text{u.d.N.} \quad \|d\| \leq \Delta \qquad (14.7)$$

mit $f \in \mathbb{R}, g \in \mathbb{R}^n, H \in \mathbb{R}^{n \times n}$ symmetrisch und $\Delta > 0$.

Die folgende Definition ist motiviert durch Satz 14.1 und den im Anschluß an den Beweis dieses Satzes gegebenen Hinweis.

**Definition 14.5.** *Ein Vektor* $(d^*, \lambda^*) \in \mathbb{R}^n \times \mathbb{R}$ *heißt ein KKT–Punkt (Karush–Kuhn–Tucker–Punkt) des Trust–Region–Teilproblems (14.7), wenn er den folgenden beiden Bedingungen genügt:*

*(a)* $\lambda^* \geq 0, \|d^*\| \leq \Delta, \lambda^*(\|d^*\| - \Delta) = 0$;
*(b)* $(H + 2\lambda^* I)d^* = -g$.

*Ist* $(d^*, \lambda^*)$ *ein KKT–Punkt von (14.7), so wird* $\lambda^*$ *als* Lagrange–Multiplikator *bezeichnet.*

Wir beweisen in diesem Abschnitt einige wichtige Eigenschaften von KKT–Punkten des Trust–Region–Problemes (14.7), die i.w. der Arbeit [73] vom Lucidi, Palagi und Roma entnommen worden sind. Wir beginnen unsere Untersuchungen mit der folgenden Beobachtung.

**Lemma 14.6.** *Seien $(d^*, \lambda^*) \in \mathbb{R}^n \times \mathbb{R}$ sowie $(d^{**}, \lambda^*) \in \mathbb{R}^n \times \mathbb{R}$ zwei KKT–Punkte des Trust–Region–Teilproblems (14.7) mit gleichem Lagrange–Multiplikator. Dann ist $q(d^*) = q(d^{**})$.*

*Beweis.* Für jeden KKT–Punkt $(d, \lambda)$ läßt sich die Zielfunktion von (14.7) offenbar schreiben in der Gestalt

$$q(d) = f + \frac{1}{2}g^T d - \lambda\|d\|^2.$$

Durch erneute Verwendung der KKT–Bedingungen ergibt sich hieraus

$$
\begin{aligned}
q(d^*) &= f + \frac{1}{2}g^T d^* - \lambda^*\|d^*\|^2 \\
&= f - \frac{1}{2}(d^{**})^T(H + 2\lambda^* I)d^* - \lambda^* \Delta^2 \\
&= f + \frac{1}{2}g^T d^{**} - \lambda^*\|d^{**}\|^2 \\
&= q(d^{**}),
\end{aligned}
$$

was zu zeigen war. $\qquad\Box$

Das folgende Resultat enthält eine obere Schranke für die mögliche Anzahl von KKT–Punkten des Trust–Region–Teilproblems (14.7) mit verschiedenen Lagrange–Multiplikatoren.

**Satz 14.7.** *Die symmetrische Matrix $H \in \mathbb{R}^{n\times n}$ möge $m \in \mathbb{N}$ verschiedene negative Eigenwerte haben. Dann besitzt das Trust–Region–Teilproblem (14.7) höchstens $2m + 2$ KKT–Punkte mit verschiedenen Lagrange–Multiplikatoren. (Sind alle Eigenwerte von $H$ negativ, so kann die Schranke $2m + 2$ durch $2m + 1$ ersetzt werden.)*

*Beweis.* Da die Matrix $H$ symmetrisch ist, existieren aufgrund des Spektralsatzes B.3 eine orthogonale Matrix $Q \in \mathbb{R}^{n\times n}$ und eine Diagonalmatrix $D \in \mathbb{R}^{n\times n}$, so daß $Q^T H Q = D$ gilt; dabei sind die Diagonalelemente $\delta_i$ von $D$ gleichzeitig die Eigenwerte von $H$. Wir nehmen im folgenden o.B.d.A. an, daß mit einer Zahl $p \geq m$ gilt:

$$\delta_1 \leq \delta_2 \leq \ldots \leq \delta_p < 0 \leq \delta_{p+1} \leq \ldots \leq \delta_n.$$

Ist $(d, \lambda)$ ein KKT–Punkt von (14.7), so gilt

$$(H + 2\lambda I)d = -g,$$

und aus der Orthogonalität von $Q$ folgt

$$(QDQ^T + 2\lambda QQ^T)d = -g.$$

Multipliziert man diese Gleichung von links mit $Q^T$ und setzt zur Abkürzung noch $\alpha := Q^T d$, $\beta := Q^T g$, so ergibt sich

$$(D + 2\lambda I)\alpha = -\beta. \tag{14.8}$$

Wir nehmen zunächst an, daß es keinen KKT–Punkt $(d, \lambda)$ mit $\lambda = -\frac{\delta_i}{2}$ für ein $i \in \{1, 2, \ldots, p\}$ gibt. Ist $(d, \lambda)$ ein KKT–Punkt von (14.7) mit $\lambda > 0$, so ergibt sich aus (14.8)

$$\alpha_i = -\frac{\beta_i}{\delta_i + 2\lambda}, \quad i = 1, \ldots, n,$$

wegen $\Delta^2 = \|d\|^2 = \|Q\alpha\|^2 = \|\alpha\|^2$ also die Gültigkeit der Bedingungen

$$c(\lambda) = \Delta^2 \quad \text{und} \quad \lambda > 0, \tag{14.9}$$

wobei wir

$$c(\lambda) := \sum_{i=1}^{n} \frac{\beta_i^2}{(\delta_i + 2\lambda)^2}$$

gesetzt haben. Wir untersuchen im folgenden die Anzahl der möglichen Lösungen des Systems (14.9).

Die Funktion $c$ besitzt in jedem der Punkte $-\frac{\delta_i}{2}$, $i = 1, \ldots, n$, möglicherweise einen Pol und ist konvex sowohl in jedem der „inneren" Intervalle

$$\left(-\frac{\delta_i}{2}, -\frac{\delta_{i-1}}{2}\right), \quad i = 2, \ldots, n \text{ mit } \delta_i \neq \delta_{i-1}$$

als auch in den „äußeren" Intervallen

$$\left(-\infty, -\frac{\delta_n}{2}\right), \quad \left(-\frac{\delta_1}{2}, +\infty\right),$$

vergleiche Aufgabe 14.3. Daher besitzt die Gleichung $c(\lambda) = \Delta^2$ in jedem der inneren Intervalle höchstens zwei Lösungen. Da außerdem $c(\lambda) \to 0$ für $\lambda \to +\infty$ und $\lambda \to -\infty$ gilt, kann die Gleichung $c(\lambda) = \Delta^2$ in den äußeren Intervallen höchstens eine Lösung besitzen. Von den inneren Intervallen haben nur die $m$ Intervalle mit Nummern $i \in \{2, \ldots, p+1\}$ nichtleeren Durchschnitt mit $(0, +\infty)$. Folglich gibt es höchstens $2m + 1$ Lösungen von (14.9). Im Fall $p = n$ liegt in $(0, -\frac{\delta_n}{2})$ höchstens eine Lösung von $c(\lambda) = \Delta^2$, so daß sich die Schranke $2m + 1$ auf $2m$ reduziert.

Außer den betrachteten KKT–Punkten $(d, \lambda)$ mit $\lambda > 0$ kann es KKT–Punkte $(d, \lambda)$ mit $\lambda = 0$ geben. Der Lagrange–Multiplikator $\lambda$ kann also höchstens $2m + 2$ (bzw. $2m + 1$) verschiedene Werte annehmen.

Nun betrachten wir den Fall, daß es einen KKT–Punkt $(\tilde{d}, \tilde{\lambda})$ gibt mit $\tilde{\lambda} = -\frac{\delta_{i_0}}{2}$ für ein $i_0 \in \{1, \ldots, p\}$. Mit der Bezeichnung $I := \{i \in \{1, \ldots, n\} |\, \delta_i = \delta_{i_0}\}$ folgt dann aus (14.8):

$$\beta_i = 0, \quad i \in I.$$

Der Einfachheit halber nehmen wir an, daß es keinen KKT–Punkt $(d, \lambda)$ mit $\lambda = -\frac{\delta_i}{2}$, $i \notin I$, gibt. Man kann dann die zu $i \in I$ gehörenden Summanden von $c(\lambda)$, also die Summanden mit Pol in $-\frac{\delta_{i_0}}{2}$, weglassen und erhält bei der obigen Argumentation, jetzt bezogen auf KKT–Punkte $(d, \lambda)$ mit $\lambda \neq \tilde{\lambda}$, offenbar ein Intervall weniger. Somit reduziert sich die Höchstanzahl der Lösungen von (14.9) um 2, allerdings kommt $\tilde{\lambda} = -\frac{\delta_{i_0}}{2}$ als weiterer Lagrange–Multiplikator hinzu. Die oben bestimmte obere Schranke bleibt also gültig.

Gibt es mehrere KKT–Punkte, deren Lagrange–Multiplikatoren mit verschiedenen der Zahlen $-\frac{\delta_i}{2}$ überseinstimmen, so bleibt die obere Schranke $2m + 2$ (bzw. $2m + 1$) offenbar erst recht gültig. $\qquad \Box$

Als unmittelbare Konsequenz des Lemmas 14.6 sowie des Satzes 14.7 erhalten wir das folgende

**Korollar 14.8.** *Die symmetrische Matrix $H \in \mathbb{R}^{n \times n}$ möge $m \in \mathbb{N}$ verschiedene negative Eigenwerte haben. Dann ist die Anzahl der verschiedenen Zielfunktionswerte $q(d)$ auf der Menge aller KKT–Punkte durch $2m + 2$ nach oben beschränkt. (Sind alle Eigenwerte von $H$ negativ, so kann die Schranke $2m + 2$ durch $2m + 1$ ersetzt werden.)*

Angenommen, wir haben nun einen KKT–Punkt $(d^*, \lambda^*) \in \mathbb{R}^n \times \mathbb{R}$ für das Trust–Region–Teilproblem (14.7), so daß $d^*$ noch keine globale Lösung des Teilproblems (14.7) ist. Aufgrund des Charakterisierungssatzes 14.1 ist die Matrix $H + 2\lambda^* I$ dann nicht positiv semidefinit. Folglich existiert ein Vektor $z \in \mathbb{R}^n$ mit $z^T(H + 2\lambda^* I)z < 0$.

Das nächste Resultat zeigt nun, wie man mit Hilfe eines solchen Vektors $z$ und ausgehend von dem KKT–Punkt $(d^*, \lambda^*)$ einen für das Problem (14.7) zulässigen Vektor $\hat{d}$ konstruieren kann mit $q(\hat{d}) < q(d^*)$. Dies ist algorithmisch von Bedeutung, um insbesondere auch einem lokalen Minimum zu entrinnen.

**Satz 14.9.** *Sei $(d^*, \lambda^*) \in \mathbb{R}^n \times \mathbb{R}$ ein KKT–Punkt des Trust–Region–Teilproblems (14.7), so daß $d^*$ noch kein globales Minimum von (14.7) ist. Definiere dann einen Vektor $\hat{d} \in \mathbb{R}^n$ wie folgt:*

*(a) Ist $g^T d^* > 0$, so setze*

$$\hat{d} := -\frac{\Delta}{\|d^*\|} d^*.$$

*(b) Ist $g^T d^* \leq 0$ und $z \in \mathbb{R}^n$ ein beliebiger Vektor mit $z^T(H + 2\lambda^* I)z < 0$ sowie $g^T z \leq 0$ und ist*

*(i)* $\|d^*\| < \Delta$, *so setze*

$$\hat{d} := d^* + \alpha z,$$

*wobei $\alpha$ als die betragsgrößere der beiden Zahlen*

$$\alpha_{1,2} := \frac{-z^T d^* \pm \sqrt{(z^T d^*)^2 + (\Delta^2 - \|d^*\|^2)\|z\|^2}}{\|z\|^2}$$

*gewählt werde;*

*(ii)* $\|d^*\| = \Delta$ *und* $z^T d^* \neq 0$, *so setze*

$$\hat{d} := d^* - 2\frac{z^T d^*}{\|z\|^2} z;$$

*(iii)* $\|d^*\| = \Delta$ *und* $z^T d^* = 0$, *so setze*

$$\hat{d} := d^* - 2\frac{\Delta^2}{\Delta^2 + \alpha^2\|z\|^2}(d^* + \alpha z)$$

*mit einem $\alpha \in \mathbb{R}$, für welches*

$$\omega(\alpha) := 2\left(\frac{\Delta^2}{\Delta^2 + \alpha^2\|z\|^2}\right)^2 \left(-\alpha^2|z^T(H + 2\lambda^* I)z| - 2\alpha g^T z + |g^T d^*|\right)$$

*negativ (und möglichst klein) ist.*

*Dann ist $\hat{d}$ ein zulässiger Vektor für das Trust–Region–Teilproblem (14.7) (d.h., $\|\hat{d}\| \leq \Delta$) mit $q(\hat{d}) < q(d^*)$.*

**Beweis.** Wir betrachten zunächst den Fall (a): Wegen $\|\hat{d}\| = \Delta$ ist der Vektor $\hat{d}$ ebenfalls zulässig für (14.7), und unter Verwendung von $(H + 2\lambda^* I)d^* = -g$ und mit $\alpha := \frac{\Delta}{\|d^*\|} \geq 1$ gilt

$$\begin{aligned}
q(\hat{d}) &= q(-\alpha d^*) \\
&= q(d^*) + (-\alpha - 1)g^T d^* + \frac{1}{2}(\alpha^2 - 1)(d^*)^T H d^* \\
&= q(d^*) - \frac{1}{2}(\alpha + 1)^2 g^T d^* - \lambda^*(\alpha^2 - 1)\|d^*\|^2 \\
&< q(d^*),
\end{aligned}$$

wie gewünscht.

Als nächstes untersuchen wir die Fälle (b): Im Unterfall (i) implizieren die KKT–Bedingungen $\lambda^* = 0$ und damit $Hd^* = -g$. Also ist $z^T H z = z^T(H + 2\lambda^* I)z < 0$. Somit genügt der Vektor $\hat{d} := d^* + \alpha z$ für alle $\alpha \neq 0$ der Ungleichung

$$\begin{aligned}
q(\hat{d}) &= q(d^* + \alpha z) \\
&= q(d^*) + \alpha g^T z + \alpha z^T H d^* + \frac{1}{2}\alpha^2 z^T H z \\
&= q(d^*) + \frac{1}{2}\alpha^2 z^T H z \\
&< q(d^*);
\end{aligned}$$

ferner rechnet man leicht nach, daß für

$$\alpha := \frac{-z^T d^* \pm \sqrt{(z^T d^*)^2 + (\Delta^2 - \|d^*\|^2)\|z\|^2}}{\|z\|^2}$$

jeweils gerade $\|\hat{d}\| = \Delta$ gilt.

Im Unterfall (ii) liefert die Definition von $\hat{d} = d^* - 2\frac{z^T d^*}{\|z\|^2} z$ sofort $\|\hat{d}\| = \Delta$ und damit die Zulässigkeit von $\hat{d}$ für das Trust–Region–Teilproblem (14.7). Wegen $(H + 2\lambda^* I)d^* = -g$ folgt mit der Abkürzung $\gamma := 2\frac{z^T d^*}{\|z\|^2} \neq 0$ für $\hat{d} = d^* - \gamma z$

$$\begin{aligned}
q(\hat{d}) &= f + g^T \hat{d} + \frac{1}{2}\hat{d}^T (H + 2\lambda^* I)\hat{d} - \lambda^* \|\hat{d}\|^2 \\
&= f + g^T d^* - \gamma g^T z + \frac{1}{2}(d^*)^T (H + 2\lambda^* I)d^* - \gamma z^T (H + 2\lambda^* I)d^* \\
&\quad + \frac{1}{2}\gamma^2 z^T (H + 2\lambda^* I)z - \lambda^* \|\hat{d}\|^2 \\
&= q(d^*) + \lambda^* \|d^*\|^2 + \frac{1}{2}\gamma^2 z^T (H + 2\lambda^* I)z - \lambda^* \|\hat{d}\|^2 \\
&= q(d^*) + \frac{1}{2}\gamma^2 z^T (H + 2\lambda^* I)z \\
&< q(d^*),
\end{aligned}$$

also die Behauptung.

Im Unterfall (iii) schließlich definieren wir zunächst den Vektor $s := d^* + \alpha z$ für ein beliebiges $\alpha \neq 0$. Dann ist

$$s^T d^* = (d^* + \alpha z)^T d^* = \|d^*\|^2 = \Delta^2.$$

Wählt man nun

$$\hat{d} := d^* - 2\frac{s^T d^*}{\|s\|^2} s = d^* - 2\frac{\Delta^2}{\Delta^2 + \alpha^2 \|z\|^2}(d^* + \alpha z)$$

für ein $\alpha$, so erhält man analog zu der Rechnung im Unterfall (ii), wobei $s$ jetzt die Rolle von $z$ spielt:

$$q(\hat{d}) = q(d^*) + \frac{1}{2}\left(2\frac{\Delta^2}{\Delta^2 + \alpha^2 \|z\|^2}\right)^2 s^T (H + 2\lambda^* I)s$$

(man beachte, daß auch hier $\|\hat{d}\| = \|d^*\| = \Delta$ gilt). Das Vorzeichenverhalten des zweiten Summanden läßt sich, wieder unter Verwendung der KKT–Bedingungen, leicht klären:

$$\begin{aligned}
s^T(H + 2\lambda^*I)s &= (d^*)^T(H + 2\lambda^*I)d^* + \alpha^2 z^T(H + 2\lambda^*I)z \\
&\quad + 2\alpha z^T(H + 2\lambda^*I)d^* \\
&= -\alpha^2|z^T(H + 2\lambda^*I)z| - 2\alpha g^T z + |g^T d^*|.
\end{aligned}$$

Löst man die zugehörige quadratische Gleichung in $\alpha$, so erhält man

$$s^T(H + 2\lambda^*I)s < 0$$

für alle $\alpha$ außerhalb des durch die Zahlen

$$\alpha_{1,2} := \frac{-g^T z \pm \sqrt{(g^T z)^2 + |g^T d^*|\,|z^T(H + 2\lambda^*I)z|}}{|z^T(H + 2\lambda^*I)z|}$$

gegebenen Intervalls $[\alpha_1, \alpha_2]$. Um $q(\hat{d})$ möglichst klein zu machen, muß man $\alpha \notin [\alpha_1, \alpha_2]$ offenbar so wählen, daß der in der Behauptung angegebene Ausdruck $\omega(\alpha)$ möglichst klein wird. $\qquad\square$

Wir bemerken abschließend, daß der wesentliche Punkt bei einer algorithmischen Anwendung des Satzes 14.9 in der Berechnung eines Vektors $z$ mit $z^T(H + 2\lambda^*I)z < 0$ besteht. Die Zusatzvoraussetzung $g^T z \leq 0$ läßt sich dann sofort erfüllen, indem man notfalls zu dem negativen Vektor $-z$ übergeht. Ein geeigneter Vektor $z$ kann beispielsweise eine hinreichend gute Approximation an einen Eigenvektor zum kleinsten Eigenwert der Matrix $H + 2\lambda^*I$ sein, wofür es relativ schnelle Verfahren gibt [50, 24]. Auf eine weitere und dem Problem besser angepaßte Möglichkeit gehen wir auch noch im Abschnitt 14.4 ein.

## 14.3 Eine exakte Penalty–Funktion

Auch in diesem Abschnitt beschäftigen wir uns mit dem Trust–Region–Teilproblem

$$\min\ q(d) := f + g^T d + \frac{1}{2}d^T Hd \quad \text{u.d.N.} \quad \|d\| \leq \Delta \tag{14.10}$$

mit $f \in \mathbb{R}, g \in \mathbb{R}^n, H \in \mathbb{R}^{n \times n}$ symmetrisch und $\Delta > 0$. Wir wollen zeigen, daß dieses Problem äquivalent ist zu der Minimierung einer unrestringierten und stetig differenzierbaren Funktion

$$p_\alpha : \mathbb{R}^n \to \mathbb{R},$$

die noch von einem Parameter $\alpha > 0$ abhängt. Unsere Darstellung folgt dabei der Arbeit [73] von Lucidi, Palagi und Roma.

Zunächst verwenden wir die zum Problem (14.10) zugehörige *erweiterte Lagrange–Funktion* (siehe [4] für einige Details über erweiterte Lagrange–Funktionen)

$$L(d, \lambda; \alpha) := q(d) + \frac{\alpha}{4} \left[ \max^2 \left\{ 0, \frac{2}{\alpha} \left( \|d\|^2 - \Delta^2 \right) + \lambda \right\} - \lambda^2 \right]$$

und ersetzen den Lagrange–Multiplikator $\lambda \in \mathbb{R}$ durch eine sogenannte *Multiplikator–Funktion* $\lambda : \mathbb{R}^n \to \mathbb{R}$, die hier durch

$$\lambda(d) := -\frac{1}{2\Delta^2} \left( d^T H d + g^T d \right)$$

definiert ist. Damit ergibt sich die Funktion

$$p_\alpha(d) := L(d, \lambda(d); \alpha) = q(d) + \frac{\alpha}{4} \left[ \max^2 \left\{ 0, \frac{2}{\alpha} \left( \|d\|^2 - \Delta^2 \right) + \lambda(d) \right\} - \lambda(d)^2 \right],$$

deren Eigenschaften im folgenden näher untersucht werden sollen.

Im nächsten Schritt gehen wir dazu zunächst etwas näher auf die Multiplikator–Funktion $\lambda(d)$ ein. Die Eigenschaft (b) des folgenden Lemmas motiviert insbesondere den Begriff der Multiplikator–Funktion.

**Lemma 14.10.** *Es gelten die folgenden Aussagen:*

*(a) Die Funktion $\lambda$ ist stetig differenzierbar mit*

$$\nabla \lambda(d) = -\frac{1}{2\Delta^2} (2Hd + g).$$

*(b) Ist $(d^*, \lambda^*) \in \mathbb{R}^n \times \mathbb{R}$ ein KKT–Punkt von (14.10), so gilt $\lambda(d^*) = \lambda^*$.*

*Beweis.* (a) Dies folgt unmittelbar aus der Definition von $\lambda$.

(b) Sei $(d^*, \lambda^*) \in \mathbb{R}^n \times \mathbb{R}$ ein KKT–Punkt von (14.10). Dann gelten:

$$\begin{aligned}
(H + 2\lambda^* I)d^* &= -g, \\
\lambda^* (\|d^*\| - \Delta) &= 0, \\
\lambda^* \geq 0, \|d^*\| &\leq \Delta.
\end{aligned} \qquad (14.11)$$

Insbesondere ist daher

$$(d^*)^T H d^* + g^T d^* + 2\lambda^* \|d^*\|^2 = 0. \qquad (14.12)$$

Gilt nun $\|d^*\| = \Delta$, so folgt aus (14.12) und der Definition von $\lambda$ unmittelbar $\lambda(d^*) = \lambda^*$. Ist dagegen $\|d^*\| < \Delta$, so impliziert (14.11) zunächst $\lambda^* = 0$ und daher wegen (14.12) erneut $\lambda(d^*) = \lambda^*$. $\qquad\square$

In dem verbleibenden Teil dieses Abschnittes gehen wir davon aus, daß der Parameter $\alpha > 0$ in der Definition von $p_\alpha$ stets aus dem offenen Intervall

$$\left(0, \frac{16\Delta^4}{\Delta^2(8\|H\| + 3) + 5\|g\|^2}\right) \tag{14.13}$$

stammt. Man beachte, daß ein solches $\alpha$ a priori recht günstig berechnet werden kann, indem man beispielsweise die Spektralnorm $\|H\|$ nach oben durch die Frobenius–Norm $\|H\|_F$ abschätzt.

Es lassen sich nun die folgenden elementaren Eigenschaften von $p_\alpha$ beweisen. (Diese Eigenschaften gelten sogar für etwas größere Werte von $\alpha$ als nur jene aus dem in (14.13) genannten Intervall; da sich am Ende dieses Abschnittes jedoch herausstellen wird, daß die wesentlichen Ergebnisse dieses Abschnittes nur für das Intervall (14.13) bewiesen werden können, setzen wir zwecks einer einheitlicheren Darstellung gleich voraus, daß $\alpha$ stets aus dem Intervall (14.13) stammt.)

**Lemma 14.11.** *Es gelten die folgenden Aussagen:*

*(a) Die Funktion $p_\alpha$ ist stetig differenzierbar mit*

$$\nabla p_\alpha(d) = Hd + g - \frac{\alpha}{2}\lambda(d)\nabla\lambda(d)$$

$$+\frac{\alpha}{2}\max\left\{0, \frac{2}{\alpha}\left(\|d\|^2 - \Delta^2\right) + \lambda(d)\right\}\left(\frac{4}{\alpha}d + \nabla\lambda(d)\right).$$

*(b) Für jedes $d \in \mathbb{R}^n$ mit $\|d\| \leq \Delta$ gilt*

$$p_\alpha(d) \leq q(d).$$

*(c) Die Levelmengen*

$$\mathcal{L}_c := \{d \in \mathbb{R}^n \,|\, p_\alpha(d) \leq c\}$$

*sind für jedes $c \in \mathbb{R}$ kompakt.*

*(d) Die Funktion $p_\alpha$ besitzt mindestens ein globales Minimum.*

*Beweis.* (a) Dies folgt direkt aus der Definition von $p_\alpha$.

(b) Aus der Definition von $p_\alpha$ ergibt sich unmittelbar, daß wir die Gültigkeit der Ungleichung

$$\max^2\left\{0, \frac{2}{\alpha}\left(\|d\|^2 - \Delta^2\right) + \lambda(d)\right\} - \lambda(d)^2 \leq 0$$

zu überprüfen haben. Diese Ungleichung ist offenbar erfüllt, falls

$$\frac{2}{\alpha}\left(\|d\|^2 - \Delta^2\right) + \lambda(d) < 0$$

ist. Sei im folgenden daher

$$\frac{2}{\alpha}\left(\|d\|^2 - \Delta^2\right) + \lambda(d) \geq 0 \tag{14.14}$$

angenommen. Dann ist zu zeigen, daß

$$\frac{4}{\alpha^2}\left(\|d\|^2 - \Delta^2\right)^2 + \frac{4}{\alpha}\lambda(d)\left(\|d\|^2 - \Delta^2\right) \leq 0$$

gilt, was wegen $\|d\| \leq \Delta$ äquivalent ist zu

$$\frac{1}{\alpha}\left(\|d\|^2 - \Delta^2\right) + \lambda(d) \geq 0.$$

Letzteres ist aber erfüllt, denn aus (14.14) und $\|d\| \leq \Delta$ ergibt sich

$$\frac{1}{\alpha}\left(\|d\|^2 - \Delta^2\right) + \lambda(d) \geq \frac{2}{\alpha}\left(\|d\|^2 - \Delta^2\right) + \lambda(d) \geq 0,$$

was zu zeigen war.

(c) Angenommen, es existiert eine unbeschränkte Folge $\{d^k\} \subseteq \mathcal{L}_c$ für ein festes $c \in \mathbb{R}$. Aus

$$\frac{2}{\alpha}\left(\|d^k\|^2 - \Delta^2\right) + \lambda(d^k) \geq \left(\frac{2}{\alpha} - \frac{1}{2\Delta^2}\|H\|\right)\|d^k\|^2 - \frac{1}{2\Delta^2}\|g\|\,\|d^k\| - \frac{2\Delta^2}{\alpha}$$

folgt wegen (vgl. (14.13))

$$\left(\frac{2}{\alpha} - \frac{1}{2\Delta^2}\|H\|\right) > 0$$

für hinreichend große $\|d^k\|$ die Ungleichung

$$\frac{2}{\alpha}\left(\|d^k\|^2 - \Delta^2\right) + \lambda(d^k) > 0.$$

Daher ist

$$\max\left\{0, \frac{2}{\alpha}\left(\|d^k\|^2 - \Delta^2\right) + \lambda(d^k)\right\} = \frac{2}{\alpha}\left(\|d^k\|^2 - \Delta^2\right) + \lambda(d^k)$$

für alle $\|d^k\|$ groß genug. Für diese $d^k$ ergibt sich somit mit etwas Rechnung:

$$p_\alpha(d^k) = q(d^k) + \frac{\alpha}{4}\left[\left(\frac{2}{\alpha}\left(\|d^k\|^2 - \Delta^2\right) + \lambda(d^k)\right)^2 - \lambda(d^k)^2\right]$$

$$= (d^k)^T H d^k + \frac{3}{2}g^T d^k + \frac{1}{\alpha}\|d^k\|^4 - \frac{2}{\alpha}\|d^k\|^2\Delta^2 + \frac{1}{\alpha}\Delta^4$$

$$-\frac{1}{2\Delta^2}(d^k)^T H d^k \|d^k\|^2 - \frac{1}{2\Delta^2}g^T d^k \|d^k\|^2 + f$$

$$\geq -\|H\|\,\|d^k\|^2 - \frac{3}{2}\|g\|\,\|d^k\| + \frac{1}{\alpha}\|d^k\|^4 - \frac{2\Delta^2}{\alpha}\|d^k\|^2 + \frac{\Delta^4}{\alpha}$$

$$-\frac{1}{2\Delta^2}\|H\|\,\|d^k\|^4 - \frac{1}{2\Delta^2}\|g\|\,\|d^k\|^3 + f$$

$$= \left(\frac{1}{\alpha} - \frac{1}{2\Delta^2}\|H\|\right)\|d^k\|^4 - \frac{\|g\|}{2\Delta^2}\|d^k\|^3 - \left(\frac{2\Delta^2}{\alpha} + \|H\|\right)\|d^k\|^2$$

$$-\frac{3}{2}\|g\|\,\|d^k\| + \frac{\Delta^4}{\alpha} + f.$$

Da $\{\|d^k\|\}$ nach Voraussetzung unbeschränkt ist sowie

$$\frac{1}{\alpha} - \frac{1}{2\Delta^2}\|H\| > 0$$

gilt (vgl. (14.13), dominiert in der letzten Ungleichung der Term mit $\|d^k\|^4$ das Wachstumsverhalten von $p_\alpha$, so daß $p_\alpha(d^k)$ selbst unbeschränkt ist. Dies widerspricht jedoch unserer Annahme $\{d^k\} \subseteq \mathcal{L}_c$.

(d) Dies folgt unmittelbar aus dem Teil (c) und der Stetigkeit von $p_\alpha$.    $\square$

Schließlich benötigen wir noch das folgende Lemma, dessen einfachen Beweis wir dem Leser in der Aufgabe 14.6 überlassen.

**Lemma 14.12.** *Die beiden folgenden Aussagen sind äquivalent:*

*(a)* $\|d^*\| \leq \Delta, \lambda(d^*) \geq 0$ *und* $\lambda(d^*)\,(\|d^*\| - \Delta) = 0$.
*(b)* $\max\left\{\|d^*\|^2 - \Delta^2, -\frac{\alpha}{2}\lambda(d^*)\right\} = 0$.

Nach diesen Vorbereitungen sind wir nun in der Lage, die zentralen Sätze dieses Abschnittes zu beweisen. Diese Resultate beschreiben den genauen Zusammenhang zwischen den stationären Punkten sowie lokalen und globalen Minima der Penalty–Funktion $p_\alpha$ auf der einen Seite sowie den KKT–Punkten, lokalen und globalen Minima des Trust–Region–Teilproblems (14.10) auf der anderen Seite.

Der folgende Satz beschäftigt sich zunächst mit den stationären Punkten von $p_\alpha$ bzw. den KKT–Punkten von (14.10).

**Satz 14.13.** *Es gelten die folgenden Aussagen:*

*(a)* *Genau dann ist $d^* \in \mathbb{R}^n$ ein stationärer Punkt von $p_\alpha$, wenn $(d^*, \lambda(d^*)) \in \mathbb{R}^n \times \mathbb{R}$ ein KKT–Punkt von (14.10) ist.*
*(b)* *Ist $d^*$ ein stationärer Punkt von $p_\alpha$, so gilt $p_\alpha(d^*) = q(d^*)$.*

*Beweis.* (a) Wir bemerken zunächst, daß sich der Gradient von $p_\alpha$ wie folgt schreiben läßt:

$$\nabla p_\alpha(d) = \nabla q(d) + 2\lambda(d)d + \nabla\lambda(d)\max\left\{\|d\|^2 - \Delta^2, -\tfrac{\alpha}{2}\lambda(d)\right\}$$
$$+\tfrac{4}{\alpha}d\max\left\{\|d\|^2 - \Delta^2, -\tfrac{\alpha}{2}\lambda(d)\right\}, \tag{14.15}$$

siehe Aufgabe 14.7.

Sei $(d^*, \lambda(d^*)) \in \mathbb{R}^n \times \mathbb{R}$ zunächst ein KKT–Punkt des Trust–Region–Teilproblems (14.10). Dann gelten

$$\lambda(d^*) \geq 0, \ \|d^*\| \leq \Delta, \ \lambda(d^*)\left(\|d^*\| - \Delta\right) = 0 \tag{14.16}$$

sowie

$$(H + 2\lambda(d^*)I)d^* = -g. \tag{14.17}$$

Aus (14.16) und Lemma 14.12 folgt sofort

$$\max\left\{\|d^*\|^2 - \Delta^2, -\frac{\alpha}{2}\lambda(d^*)\right\} = 0. \tag{14.18}$$

Aus (14.17) und (14.18) folgt mit der Darstellung (14.15) für den Gradienten von $p_\alpha$ dann unmittelbar

$$\nabla p_\alpha(d^*) = 0,$$

d.h., $d^*$ ist ein stationärer Punkt von $p_\alpha$.

Der Beweis der Umkehrung ist ungleich schwieriger und technischer. In der Tat werden wir einen Teil des Beweises bis zum Ende dieses Abschnittes auslagern und uns hier auf das Wesentliche konzentrieren.

Sei also $d^*$ ein stationärer Punkt von $p_\alpha$. Wir zeigen zunächst, daß

$$\max\left\{\|d^*\|^2 - \Delta^2, -\frac{\alpha}{2}\lambda(d^*)\right\} = 0 \tag{14.19}$$

gilt. Aus (14.15) folgt für jedes $d \in \mathbb{R}^n$:

$$\alpha d^T\nabla p_\alpha(d)$$
$$= \alpha d^T\nabla q(d) + 2\alpha\lambda(d)\|d\|^2 + 4\|d\|^2\max\left\{\|d\|^2 - \Delta^2, -\tfrac{\alpha}{2}\lambda(d)\right\}$$
$$+\alpha d^T\nabla\lambda(d)\max\left\{\|d\|^2 - \Delta^2, -\tfrac{\alpha}{2}\lambda(d)\right\}$$
$$= 2\alpha\lambda(d)\left(\|d\|^2 - \Delta^2\right) + \left(\alpha d^T\nabla\lambda(d) + 4\|d\|^2\right)\max\left\{\|d\|^2 - \Delta^2, -\tfrac{\alpha}{2}\lambda(d)\right\}.$$
$$\tag{14.20}$$

Mittels Fallunterscheidung beweist man sehr leicht die Gültigkeit der Gleichung

$$2\alpha\lambda(d)\left(\|d\|^2 - \Delta^2\right) = \left[2\alpha\lambda(d) - 4\left(\|d\|^2 - \Delta^2\right)\right]\max\left\{\|d\|^2 - \Delta^2, -\frac{\alpha}{2}\lambda(d)\right\}$$
$$+4\max^2\left\{\|d\|^2 - \Delta^2, -\frac{\alpha}{2}\lambda(d)\right\}.$$

Daher ergibt sich aus (14.20):

$$\alpha d^T\nabla p_\alpha(d) = \max\left\{\|d\|^2 - \Delta^2, -\frac{\alpha}{2}\lambda(d)\right\}M(d;\alpha) \tag{14.21}$$

mit

$$M(d;\alpha) := \alpha d^T \nabla \lambda(d) + 2\alpha\lambda(d) + 4\Delta^2 + 4\max\left\{\|d\|^2 - \Delta^2, -\frac{\alpha}{2}\lambda(d)\right\}.$$
$$(14.22)$$

Wie wir in dem sehr technischen Lemma 14.16 am Ende dieses Abschnittes sehen werden, ist $M(d;\alpha) > 0$ für alle $d \in \mathbb{R}^n$. Da $d^*$ nach Voraussetzung ein stationärer Punkt von $p_\alpha$ ist, ergibt sich aus (14.21) daher unmittelbar die Zwischenbehauptung (14.19).

Wegen Lemma 14.12 ist (14.19) andererseits äquivalent zu

$$\|d^*\| \leq \Delta, \ \lambda(d^*) \geq 0 \quad \text{und} \quad \lambda(d^*)\,(\|d^*\| - \Delta) = 0. \tag{14.23}$$

Ferner folgt aus (14.19), (14.15) und der vorausgesetzten Stationarität von $d^*$ unmittelbar

$$0 = \nabla p_\alpha(d^*) = \nabla q(d^*) + 2\lambda(d^*)d^*. \tag{14.24}$$

Aus (14.23) und (14.24) ergibt sich aber sofort, daß $(d^*, \lambda(d^*))$ ein KKT–Punkt von (14.10) ist.

(b) Sei $d^*$ ein stationärer Punkt von $p_\alpha$. Wie wir im gerade bewiesenen Teil (a) gesehen haben, ist $(d^*, \lambda(d^*))$ dann ein KKT–Punkt des Trust–Region–Teilproblems (14.10), und es gilt

$$\max\left\{\|d^*\|^2 - \Delta^2, -\frac{\alpha}{2}\lambda(d^*)\right\} = 0, \tag{14.25}$$

siehe (14.18). Da sich die Penalty–Funktion $p_\alpha$ offenbar auch in der Gestalt

$$p_\alpha(d) = q(d) + \lambda(d)\max\left\{\|d\|^2 - \Delta^2, -\frac{\alpha}{2}\lambda(d)\right\}$$
$$+ \frac{1}{\alpha}\max^2\left\{\|d\|^2 - \Delta^2, -\frac{\alpha}{2}\lambda(d)\right\}$$

schreiben läßt (siehe Aufgabe 14.8), liefert (14.25) unmittelbar

$$p_\alpha(d^*) = q(d^*),$$

was zu zeigen war. $\qquad\square$

Bevor wir die noch fehlende Lücke im Beweis des Satzes 14.13 schließen, daß nämlich $M(d;\alpha) > 0$ für alle $d \in \mathbb{R}^n$ gilt für die in (14.22) definierte Funktion $M(\cdot;\alpha)$, wollen wir zunächst einige wichtige Konsequenzen aus dem Satz 14.13 herleiten.

Das folgende Resultat gibt dabei zunächst den Zusammenhang zwischen den globalen Minima der Funktion $p_\alpha$ sowie den globalen Minima des Trust–Region–Teilproblems (14.10) an.

**Satz 14.14.** *Genau dann ist $d^* \in \mathbb{R}^n$ ein globales Minimum von $p_\alpha$, wenn $d^*$ ein globales Minimum von (14.10) ist.*

*Beweis.* Sei $d^*$ ein globales Minimum von $p_\alpha$. Dann ist $d^*$ auch ein stationärer Punkt von $p_\alpha$. Wegen Satz 14.13 (a) ist der Vektor $d^*$ dann insbesondere zulässig für das Trust–Region–Teilproblem (14.10). Sei ferner $\hat{d}$ ein globales Minimum von (14.10). Wegen Satz 14.1 existiert dann ein Lagrange–Multiplikator $\hat{\lambda} \geq 0$, so daß $(\hat{d}, \hat{\lambda})$ ein KKT–Punkt von (14.10) ist. Lemma 14.10 (b) impliziert dann $\hat{\lambda} = \lambda(\hat{d})$, so daß $\hat{d}$ wegen Satz 14.13 (a) ebenfalls ein stationärer Punkt von $p_\alpha$ ist. Aufgrund des Satzes 14.13 (b) gelten daher

$$p_\alpha(d^*) = q(d^*) \quad \text{und} \quad p_\alpha(\hat{d}) = q(\hat{d}).$$

Wäre nun $d^*$ kein globales Minimum von (14.10), so erhielte man hieraus

$$p_\alpha(\hat{d}) = q(\hat{d}) < q(d^*) = p_\alpha(d^*),$$

so daß $d^*$ auch kein globales Minimum von $p_\alpha$ wäre. Wäre umgekehrt $\hat{d}$ kein globales Minimum von $p_\alpha$, so wäre

$$q(d^*) = p_\alpha(d^*) < p_\alpha(\hat{d}) = q(\hat{d}),$$

so daß $\hat{d}$ auch kein globales Minimum von (14.10) wäre (man beachte, daß hierbei die Zulässigkeit von $d^*$ für (14.10) eingeht). Damit ist der Beweis des Satzes 14.14 bereits erbracht. $\qquad\square$

Der nächste Satz beschäftigt sich abschließend mit den lokalen Minima.

**Satz 14.15.** *Ist $d^* \in \mathbb{R}^n$ ein lokales Minimum von $p_\alpha$, so ist $d^*$ auch ein lokales Minimum von (14.10).*

*Beweis.* Sei $d^*$ ein lokales Minimum von $p_\alpha$. Dann ist $d^*$ insbesondere wieder ein stationärer Punkt von $p_\alpha$ und wegen Satz 14.13 damit erneut zulässig für das Trust–Region–Teilproblem (14.10). Aus der lokalen Minimalität von $d^*$ sowie Satz 14.13 (b) folgt daher die Existenz eines $\varepsilon > 0$ mit

$$q(d^*) = p_\alpha(d^*) \leq p_\alpha(d)$$

für alle $d \in \mathbb{R}^n$ mit $\|d - d^*\| \leq \varepsilon$. Mit Lemma 14.11 (b) ergibt sich daher

$$q(d^*) \leq p_\alpha(d) \leq q(d)$$

für alle $d \in \mathbb{R}^n$ mit $\|d - d^*\| \leq \varepsilon$ und $\|d\| \leq \Delta$. Also ist $d^*$ auch ein lokales Minimum des Trust–Region–Teilproblems (14.10). $\qquad\square$

Man beachte, daß die Penalty–Funktion $p_\alpha$ aufgrund der Sätze 14.4 und 14.15 höchstens ein lokales Minimum besitzen kann, welches nicht schon ein globales Minimum ist.

Aufgrund der in den Sätzen 14.13, 14.14 und 14.15 erzielten Ergebnisse über den Zusammenhang zwischen dem Trust–Region–Teilproblem (14.10) und der Funktion $p_\alpha$ wird diese Funktion als eine exakte Penalty–Funktion für das Problem (14.10) bezeichent. Für eine präzise Definition dieses Begriffes sowie einen Überblick über die auf diesem Gebiet erzielten Ergebnisse für allgemeine restringierte Optimierungsprobleme verweisen wir den interessierten Leser auf die Arbeit [31] von Di Pillo.

Das folgende Lemma komplettiert nun den Beweis des sehr wichtigen Satzes 14.13. Der Beweis dieses Lemmas verdeutlicht auch die Wahl des Penalty–Parameters $\alpha$ aus dem in (14.13) angegebenen Intervall.

**Lemma 14.16.** *Sei $\alpha \in \mathbb{R}$ aus dem in (14.13) angegebenen Intervall, d.h.,*

$$\alpha \in \left(0, \frac{16\Delta^4}{\Delta^2(8\|H\| + 3) + 5\|g\|^2}\right).$$

*Sei ferner $M(\cdot\,; \alpha) : \mathbb{R}^n \to \mathbb{R}$ die in (14.22) definierte Funktion, also*

$$M(d; \alpha) := \alpha d^T \nabla \lambda(d) + 2\alpha\lambda(d) + 4\Delta^2 + 4\max\left\{\|d\|^2 - \Delta^2, -\frac{\alpha}{2}\lambda(d)\right\}.$$

*Dann ist $M(d; \alpha) > 0$ für alle $d \in \mathbb{R}^n$.*

*Beweis.* Wir betrachten zunächst den Fall

$$\max\left\{\|d\|^2 - \Delta^2, -\frac{\alpha}{2}\lambda(d)\right\} = \|d\|^2 - \Delta^2. \qquad (14.26)$$

Dann ist

$$\|d\|^2 - \Delta^2 \geq \frac{\alpha}{4\Delta^2}\left(d^T H d + g^T d\right).$$

Wegen

$$|g^T d| \leq \|g\|\,\|d\| \leq \frac{1}{2}\left(\|g\|^2 + \|d\|^2\right)$$

(aufgrund der Cauchy–Schwarzschen Ungleichung sowie der binomischen Formel) und daher

$$g^T d \geq -\frac{1}{2}\left(\|g\|^2 + \|d\|^2\right)$$

ergibt eine elementare Rechnung die Ungleichung

$$\|d\|^2 \geq \frac{8\Delta^4 - \alpha\|g\|^2}{8\Delta^2 + \alpha(2\|H\| + 1)}. \qquad (14.27)$$

Daraus folgt in dem hier betrachteten Fall:

$$\begin{aligned}
M(d; \alpha) &= 4\|d\|^2 + \alpha d^T \nabla \lambda(d) + 2\alpha\lambda(d) \\
&= 4\|d\|^2 - \frac{\alpha}{2\Delta^2}\left(4d^T H d + 3g^T d\right) \\
&\geq 4\|d\|^2 - \frac{\alpha}{2\Delta^2}\left[4\|H\|\,\|d\|^2 + \frac{3}{2}\left(\|d\|^2 + \|g\|^2\right)\right] \\
&= \frac{1}{4\Delta^2}\left[\|d\|^2\left(16\Delta^2 - \alpha(8\|H\| + 3)\right) - 3\|g\|^2\alpha\right].
\end{aligned}$$

Da $\alpha$ aus dem Intervall (14.13) stammt, ist der Term $16\Delta^2 - \alpha(8\|H\| + 3)$ positiv; wegen (14.27) gilt daher die Ungleichung

$$M(d;\alpha) \geq \frac{\alpha^2\|g\|^2\|H\| - 4\Delta^2 p_1\alpha + 64\Delta^6}{2\Delta^2\left(8\Delta^2 + \alpha(2\|H\| + 1)\right)}, \tag{14.28}$$

wobei wir zur Abkürzung

$$p_1 := \Delta^2\left(8\|H\| + 3\right) + 5\|g\|^2 \tag{14.29}$$

gesetzt haben.

Eine einfache Diskussion des Zählerpolynoms auf der rechten Seite der Ungleichung (14.28) zeigt, daß dieser Zähler in dem Intervall $(0, \alpha_1)$ positiv ist, wobei

$$\alpha_1 := b\left[p_1 - \sqrt{p_1^2 - a}\right]$$

mit

$$a := 16\Delta^2\|g\|^2\|H\| \quad \text{und} \quad b := \frac{2\Delta^2}{\|g\|^2\|H\|} \tag{14.30}$$

gesetzt wurde. (Man beachte, daß wir hier $\|g\|^2\|H\| \neq 0$ voraussetzen; der Leser überlege sich selbst, daß in dem einfacheren Fall $\|g\|^2\|H\| = 0$ die Aussage des Lemmas richtig bleibt.) Nun zeigt eine elementare Rechnung, daß

$$\alpha_1 = \frac{ba}{p_1 + \sqrt{p_1^2 - a}} \geq \frac{ba}{2p_1} = \frac{16\Delta^4}{\Delta^2(8\|H\| + 3) + 5\|g\|^2}$$

gilt, so daß $\alpha \in (0, \alpha_1)$ ist wegen (14.13). Daher ist tatsächlich

$$M(d;\alpha) > 0$$

für alle $d \in \mathbb{R}^n$ mit (14.26) und alle $\alpha$ aus dem Intervall (14.13).

Wir betrachten nun den verbleibenden Fall

$$\max\left\{\|d\|^2 - \Delta^2, -\frac{\alpha}{2}\lambda(d)\right\} = -\frac{\alpha}{2}\lambda(d). \tag{14.31}$$

Dann ist

$$\|d\|^2 - \Delta^2 \leq \frac{\alpha}{4\Delta^2}\left(d^T H d + g^T d\right).$$

Im Prinzip ist der Beweis dieses Falles ähnlich zu dem vorher betrachteten Fall.

Eine einfache Rechnung zeigt zunächst, daß

$$8\Delta^2 - \alpha(2\|H\| + 1) > 0$$

ist. Hiermit folgt die Ungleichung

$$\|d\|^2 \leq \frac{\alpha\|g\|^2 + 8\Delta^4}{8\Delta^2 - \alpha(2\|H\| + 1)}. \tag{14.32}$$

In dem hier betrachteten Fall ergibt sich

$$M(d;\alpha) = \alpha d^T \nabla \lambda(d) + 4\Delta^2$$
$$= -\frac{\alpha}{2\Delta^2}\left(2d^T H d + g^T d\right) + 4\Delta^2$$
$$\geq -\frac{\alpha}{4\Delta^2}\left[(4\|H\| + 1)\|d\|^2 + \|g\|^2\right] + 4\Delta^2,$$

so daß mit (14.32) folgt

$$M(d;\alpha) \geq \frac{-\|g\|^2\|H\|\alpha^2 - 4\Delta^2 p_2\alpha + 64\Delta^6}{2\Delta^2(8\Delta^2 - \alpha(2\|H\| + 1))}, \qquad (14.33)$$

wobei wir zur Abkürzung

$$p_2 := \Delta^2(8\|H\| + 3) + \|g\|^2$$

gesetzt haben.

Erneut ergibt eine einfache Diskussion des Zählerpolynoms auf der rechten Seite der Ungleichung (14.33), daß dieses Polynom in dem Intervall $(0, \alpha_2)$ positiv ist, wobei

$$\alpha_2 := b\left[-p_2 + \sqrt{p_2^2 + a}\right]$$

mit $a$ und $b$ wie in (14.30) gesetzt wurde (auch hier gehen wir wieder davon aus, daß $\|g\|^2\|H\| \neq 0$ ist; der Leser möge sich erneut davon überzeugen, daß unser Lemma auch im Fall $\|g\|^2\|H\| = 0$ richtig ist). Ferner sieht man sofort, daß $p_1, p_2 > 0$ und $p_1 = p_2 + 4\|g\|^2$ gelten, wobei $p_1$ die in (14.29) definierte Konstante bezeichnet. Also folgt

$$p_2^2 + a \leq p_1^2$$

und damit

$$-p_2 + \sqrt{p_2^2 + a} = \frac{a}{p_2 + \sqrt{p_2^2 + a}} \geq \frac{a}{2p_1}.$$

Daher ist

$$\alpha_2 \geq b\frac{a}{2p_1} = \frac{16\Delta^4}{\Delta^2(8\|H\| + 3) + 5\|g\|^2}.$$

Die Wahl des Parameters $\alpha$ in (14.13) gewährleistet somit $\alpha \in (0, \alpha_2)$. Also gilt

$$M(d;\alpha) > 0$$

auch für alle $d \in \mathbb{R}^n$ mit (14.31) und alle $\alpha$ aus dem Intervall (14.13).

Damit sind das Lemma 14.16 und daher auch der Satz 14.13 nun endlich vollständig bewiesen. $\qquad\square$

## 14.4 Zur Lösung des Trust–Region–Teilproblems

Basierend auf der im vorigen Abschnitt eingeführten Penalty–Funktion wollen wir hier einen Algorithmus zur Lösung des Trust–Region–Teilproblems

$$\min \ q(d) := f + g^T d + \frac{1}{2} d^T H d \quad \text{u.d.N.} \quad \|d\| \leq \Delta \qquad (14.34)$$

angeben, wobei wieder $f \in \mathrm{IR}, g \in \mathrm{IR}^n, H \in \mathrm{IR}^{n \times n}$ symmetrisch und $\Delta > 0$ fest gegeben seien.

Zu diesem Zweck bezeichne auch in diesem Abschnitt $\lambda : \mathrm{IR}^n \to \mathrm{IR}$ die durch

$$\lambda(d) := -\frac{1}{2\Delta^2} \left( d^T H d + g^T d \right)$$

definierte Multiplikator–Funktion aus dem Abschnitt 14.3 sowie

$$p_\alpha(d) := q(d) + \frac{\alpha}{4} \left[ \max^2 \left\{ 0, \frac{2}{\alpha} \left( \|d\|^2 - \Delta^2 \right) + \lambda(d) \right\} - \lambda(d)^2 \right]$$

die ebenfalls dort eingeführte exakte Penalty–Funktion. Aufgrund der im vorigen Abschnitt bewiesenen Zusammenhänge zwischen den stationären Punkten sowie den lokalen und globalen Minima von $p_\alpha$ auf der einen Seite und den KKT–Punkten sowie den lokalen und globalen Minima des Trust–Region–Teilproblems (14.34) auf der anderen Seite liegt es nun nahe, das Problem (14.34) durch Minimierung der Funktion $p_\alpha$ zu lösen.

Allerdings ist die Funktion $p_\alpha$ nur einmal und nicht zweimal stetig differenzierbar. Damit lassen sich die Newton– und inexakten Newton–Verfahren aus den Kapiteln 9 und 10 zur Minimierung von $p_\alpha$ nicht direkt anwenden, zumal auch die Hesse–Matrix von $p_\alpha$ (sofern sie denn existiert) bereits eine recht komplizierte Struktur aufweist. Hingegen lassen sich die Verfahren aus den Kapiteln 11, 12 und 13 zwar problemlos anwenden, berücksichtigen jedoch in keiner Weise die spezielle Struktur des vorliegenden Trust–Region–Teilproblemes.

Wir beschreiben in diesem Abschnitt daher einen etwas anderen Weg. Die zentrale Idee zur Konstruktion des vorzustellenden Verfahrens zur Lösung des Trust–Region–Teilproblems (14.34) besteht in der Anwendung eines lokal i.a. quadratisch konvergenten Verfahrens zur Lösung der zugehörigen KKT–Bedingungen

$$(H + 2\lambda I)d = -g,$$
$$\lambda \geq 0, \|d\| \leq \Delta, \lambda(\|d\| - \Delta) = 0, \qquad (14.35)$$

welches dann mittels der Funktion $p_\alpha$ globalisiert wird.

Zur Konstruktion des lokal schnell konvergenten Verfahrens beachte man, daß die KKT–Bedingungen (14.35) aufgrund des Lemmas 14.12 äquivalent sind zu dem nichtlinearen Gleichungssystem

$$F(w) = 0, \qquad (14.36)$$

wobei $F : \mathbb{R}^n \times \mathbb{R} \to \mathbb{R}^n \times \mathbb{R}$ definiert ist durch

$$F(w) := F(d, \lambda) := \begin{pmatrix} (H + 2\lambda I)d + g \\ \max\left\{ \|d\|^2 - \Delta^2, -\frac{\alpha}{2}\lambda \right\} \end{pmatrix}. \tag{14.37}$$

Ähnlich zu der unrestringierten Minimierung einer Funktion $f : \mathbb{R}^n \to \mathbb{R}$ gibt es auch zur Lösung von nichtlinearen Gleichungssystemen der Gestalt (14.36) ein Newton–Verfahren, welches zu einer gegebenen Iterierten $w^i$ die nächste Iterierte $w^{i+1}$ als Nullstelle der Linearisierung

$$F(w^i) + F'(w^i)(w - w^i)$$

berechnet. Ist $F$ stetig differenzierbar und die Jacobi–Matrix $F'(w^*)$ in einer Nullstelle $w^*$ regulär, so ist dieses Newton–Verfahren lokal wohldefiniert und superlinear konvergent. Ist $F'$ außerdem noch lokal Lipschitz–stetig, so ist die Konvergenzrate sogar lokal quadratisch. Diese Aussagen lassen sich sehr ähnlich zu denen des Abschnittes 9.1 beweisen.

Leider läßt sich dieses Newton–Verfahren auf das durch (14.37) definierte spezielle $F$ nicht anwenden, da dieses noch nicht einmal differenzierbar ist. Trotzdem wird es die Basis zur Konstruktion unseres Algorithmus sein.

Zu diesem Zweck gehen wir wie folgt vor: Sei $w^i = (d^i, \lambda^i)$ eine Näherung für einen KKT–Punkt $w^* = (d^*, \lambda^*)$ des Trust–Region–Teilproblems (14.34). Wir untersuchen zunächst den Fall, daß $\|d^i\|^2 - \Delta^2 \geq -\frac{\alpha}{2}\lambda^i$ gilt. Dann ist

$$F(w^i) = \begin{pmatrix} (H + 2\lambda^i I)d^i + g \\ \|d^i\|^2 - \Delta^2 \end{pmatrix}$$

für die in (14.37) definierte Funktion $F$. Wir tun daher einmal so, als ob der Maximum–Ausdruck in (14.37) durch $\|d\|^2 - \Delta^2$ ersetzt werden kann, so daß wir

$$F(w) = \begin{pmatrix} (H + 2\lambda I)d + g \\ \|d\|^2 - \Delta^2 \end{pmatrix} \tag{14.38}$$

haben. Als nächste Iterierte $w^{i+1} = (d^{i+1}, \lambda^{i+1})$ setzen wir dann

$$\begin{aligned} d^{i+1} &:= d^i + t_i z^i, \\ \lambda^{i+1} &:= \max\{0, \lambda(d^{i+1})\} \end{aligned} \tag{14.39}$$

mit einer geeigneten Schrittweite $t_i > 0$ und der Multiplikator–Funktion $\lambda$, wobei sich der Korrekturvektor $z^i$ als Lösung der zum Gleichungssystem $F(w) = 0$ zugehörigen Newton–Gleichung

$$F'(w^i) \begin{pmatrix} z \\ \zeta \end{pmatrix} = -F(w^i)$$

ergibt, die sich wegen (14.38) wie folgt schreiben läßt:

$$\begin{pmatrix} H + 2\lambda^i I & 2d^i \\ 2(d^i)^T & 0 \end{pmatrix} \begin{pmatrix} z \\ \zeta \end{pmatrix} = -\begin{pmatrix} (H + 2\lambda^i I)d^i + g \\ \|d^i\|^2 - \Delta^2 \end{pmatrix}.$$

Ist hingegen $\|d^i\|^2 - \Delta^2 < -\frac{\alpha}{2}\lambda^i$, so fassen wir die Nebenbedingung $\|d\| \leq \Delta$ des Trust–Region–Problems (14.34) als inaktiv auf, was im Hinblick auf Lemma 14.12 durchaus sinnvoll erscheint. Wir vernachlässigen in diesem Iterationsschritt daher vollständig die zweite (Block–) Zeile in der Definition (14.37) des Operators $F$ und bestimmen die neue Iterierte $w^{i+1} = (d^{i+1}, \lambda^{i+1})$ analog zu (14.39), wobei sich $z^i$ jetzt als Lösung des linearen Gleichungssystems

$$(H + 2\lambda^i I)z = -((H + 2\lambda^i)d^i + g)$$

ergibt.

Die Bestimmung der Schrittweite $t_i > 0$ in (14.39) erfolgt schließlich durch Anwendung der bekannten Armijo–Regel auf die exakte Penalty–Funktion $p_\alpha$. Insgesamt haben wir damit den folgenden Algorithmus vorliegen, der sich eng an das globalisierte Newton–Verfahren aus dem Abschnitt 9.2 anlehnt. Zu Schritt (S.1) (b) werden wir im Anschluß an Lemma 14.18 noch einige Anmerkungen machen.

**Algorithmus 14.17.** *(Verfahren zur Lösung des Trust–Region–Teilproblemes)*

*(S.0) Wähle $d^0 \in \mathbb{R}^n, \lambda^0 := \max\{0, \lambda(d^0)\}, \rho > 0, p > 2, \beta \in (0,1), \sigma \in (0,1/2), \varepsilon \geq 0$ sowie $\alpha > 0$ aus dem in (14.13) angegebenen Intervall; setze $i := 0$.*

*(S.1) (a) Ist $\|\nabla p_\alpha(d^i)\| \leq \varepsilon$ und $H + 2\lambda^i I$ positiv semidefinit: STOP.*

*(b) Ist $\|\nabla p_\alpha(d^i)\| \leq \varepsilon$ und $H + 2\lambda^i I$ nicht positiv semidefinit, so konstruiere einen Vektor $d^{i+1}$ mit $\|d^{i+1}\| \leq \Delta$ und $q(d^{i+1}) < q(d^i)$, setze $\lambda^{i+1} := \max\{0, \lambda(d^{i+1})\}, i \leftarrow i + 1$ und gehe zu (S.1).*

*(S.2) Ist $\|d^i\|^2 - \Delta^2 \geq -\frac{\alpha}{2}\lambda^i$, so finde eine Lösung $(z^i, \zeta^i) \in \mathbb{R}^n \times \mathbb{R}$ von*

$$\begin{pmatrix} H + 2\lambda^i I & 2d^i \\ 2(d^i)^T & 0 \end{pmatrix} \begin{pmatrix} z \\ \zeta \end{pmatrix} = - \begin{pmatrix} (H + 2\lambda^i I)d^i + g \\ \|d^i\|^2 - \Delta^2 \end{pmatrix}. \tag{14.40}$$

*Anderenfalls finde eine Lösung $z^i \in \mathbb{R}^n$ von*

$$(H + 2\lambda^i I)z = -((H + 2\lambda^i I)d^i + g). \tag{14.41}$$

*Ist das lineare Gleichungssystem (14.40) bzw. (14.41) nicht lösbar oder ist die Bedingung*

$$\nabla p_\alpha(d^i)^T z^i \leq -\rho\|z^i\|^p \tag{14.42}$$

*nicht erfüllt, so setze $z^i := -\nabla p_\alpha(d^i)$.*

*(S.3) Bestimme $t_i := \max\{\beta^\ell |\, \ell = 0, 1, 2, \ldots\}$ mit*

$$p_\alpha(d^i + t_i z^i) \leq p_\alpha(d^i) + \sigma t_i \nabla p_\alpha(d^i)^T z^i. \tag{14.43}$$

*(S.4) Setze $d^{i+1} := d^i + t_i z^i, \lambda^{i+1} := \max\{0, \lambda(d^{i+1})\}, i \leftarrow i + 1$, und gehe zu (S.1).*

Wir untersuchen im folgenden die Konvergenzeigenschaften des Algorithmus 14.17. Dazu gehen wir wieder davon aus, daß der Abbruchparameter $\varepsilon$ gleich Null ist.

Unser erstes Resultat motiviert zunächst einmal das Abbruchkriterium im Schritt (S.1).

**Lemma 14.18.** *Bricht der Algorithmus 14.17 nach endlich vielen Schritten im Schritt (S.1) (a) mit dem Vektor $d^i$ ab, so ist $d^i$ ein globales Minimum des Trust–Region–Problems (14.34).*

*Beweis.* Wegen $\varepsilon = 0$ bricht der Algorithmus 14.17 im Schritt (S.1) nur dann ab, wenn $\nabla p_\alpha(d^i) = 0$ ist. Wegen Satz 14.13 (a) ist $(d^i, \lambda(d^i))$ daher ein KKT–Punkt des Trust–Region–Problemes (14.34). Insbesondere ist daher $\lambda(d^i) \geq 0$ und somit $\lambda^i = \lambda(d^i)$ aufgrund der Aufdatierungsvorschrift im Schritt (S.4) bzw. im Schritt (S.1) (b) des Algorithmus 14.17. Folglich ist auch $(d^i, \lambda^i)$ ein KKT–Punkt des Trust–Region–Problemes (14.34). Da die Matrix $H + 2\lambda^i I$ nach Voraussetzung positiv semidefinit ist, ergibt sich die Behauptung unmittelbar aus dem Satz 14.1.                    $\square$

Sei nun $\nabla p_\alpha(d^i) = 0$, aber $H + 2\lambda^i I$ nicht positiv semidefinit. Analog zum Beweis des Lemmas 14.18 zeigt man, daß der Vektor $(d^i, \lambda^i)$ dann ein KKT–Punkt des Trust–Region–Teilproblems (14.34) ist. Eine neue Iterierte $d^{i+1}$ mit den im Schritt (S.1) (b) des Algorithmus (14.17) genannten Eigenschaften läßt sich daher unter Verwendung des Satzes 14.9 berechnen. Der wesentliche Aufwand bei der Anwendung des Satzes 14.9 besteht in der Bestimmung eines Vektors $p \in \mathbb{R}^n$ mit

$$p^T(H + 2\lambda^i I)p < 0. \tag{14.44}$$

Wir wollen im folgenden andeuten, wie dies sehr effizient geschehen kann. Dazu nehmen wir an, daß die symmetrische Matrix $H + 2\lambda^i I$ regulär ist. Dann existiert ihre sogenannte Bunch–Kaufman–Parlett–Zerlegung

$$H + 2\lambda^i I = LDL^T;$$

dabei ist $L \in \mathbb{R}^{n \times n}$ eine untere Dreiecksmatrix und $D \in \mathbb{R}^{n \times n}$ eine Block–Diagonalmatrix mit $1 \times 1$– und $2 \times 2$–Blöcken auf der Diagonalen, siehe Golub und van Loan [50] sowie die dortigen Literaturhinweise für weitere Details. Der Aufwand zur Berechnung der Bunch–Kaufman–Parlett–Zerlegung einer symmetrischen Matrix entspricht etwa dem Aufwand zur Berechnung der Cholesky–Zerlegung einer symmetrischen und positiv definiten Matrix und ist daher relativ gering. Sobald eine solche Zerlegung bekannt ist, lassen sich beide im Algorithmus 14.17 möglicherweise auftretenden linearen Gleichungssysteme sehr leicht lösen, siehe Aufgabe 14.9.

Wir wollen hier zeigen, daß man als Nebenprodukt der Bunch–Kaufman–Parlett–Zerlegung auch noch einen Vektor $p \in \mathbb{R}^n$ mit der Eigenschaft (14.44) erhalten kann. Da die Matrix $H + 2\lambda^i I$ nicht positiv semidefinit ist, besitzt sie einen negativen Eigenwert. Dann besitzt aber auch die Block–Diagonalmatrix

$D$ einen negativen Eigenwert. Sei beispielsweise $\lambda_{\min}(D)$ der kleinste Eigenwert von $D$ (der aufgrund der speziellen Gestalt von $D$ sehr einfach berechnet werden kann) und $v_{\min} \neq 0$ ein zugehöriger Eigenvektor. Berechne $p \in \mathbb{R}^n$ als Lösung des linearen Gleichungssystems

$$L^T p = v_{\min}$$

durch Rückwärtseinsetzen. Dann gilt

$$p^T(H + 2\lambda^i I)p = (L^T p)^T D(L^T p) = v_{\min}^T D v_{\min} = \lambda_{\min}(D)\|v_{\min}\|^2 < 0,$$

d.h., das auf diese Weise mit nur $O(n^2)$ Rechenoperationen konstruierte $p \in \mathbb{R}^n$ genügt der Bedingung (14.44).

Wir beweisen nun einen globalen Konvergenzsatz für den Algorithmus 14.17.

**Satz 14.19.** *Sei $\{(d^i, \lambda^i)\}$ eine durch den Algorithmus 14.17 erzeugte Folge mit $\nabla p_\alpha(d^i) \neq 0$ für alle $i = 0, 1, \ldots$ Dann besitzt die Folge $\{(d^i, \lambda^i)\}$ mindestens einen Häufungspunkt, und jeder Häufungspunkt $(d^*, \lambda^*)$ ist ein KKT–Punkt des Trust–Region–Problemes (14.34).*

*Beweis.* Wir weisen zunächst nach, daß die Folge $\{(d^i, \lambda^i)\}$ beschränkt bleibt und somit mindestens einen Häufungspunkt besitzt: In der Tat ist die Folge $\{d^i\}$ beschränkt, da per Konstruktion alle $d^i$ in der wegen Lemma 14.11 (c) kompakten Levelmenge

$$\mathcal{L}_c := \{d \in \mathbb{R}^n \,|\, p_\alpha(d) \leq c\}$$

mit $c := p_\alpha(d^0)$ liegen. Hieraus folgt aus Stetigkeitsgründen sofort, daß auch die Folge $\{\lambda^i\}$ beschränkt ist. Damit ist der erste Teil des Satzes auch schon bewiesen.

Zum Nachweis des zweiten Teils versuchen wir im wesentlichen, dem Beweis des Satzes 9.5 zu folgen. Sei dazu $(d^*, \lambda^*)$ ein Häufungspunkt einer durch den Algorithmus 14.17 erzeugten Folge $\{(d^i, \lambda^i)\}$ und etwa $\{(d^i, \lambda^i)\}_K$ eine gegen $(d^*, \lambda^*)$ konvergente Teilfolge.

Wäre $\nabla p_\alpha(d^*) = 0$, so wäre $(d^*, \lambda(d^*))$ und damit auch $(d^*, \lambda^*)$ aufgrund des Satzes 14.13 (a) ein KKT–Punkt des Trust–Region–Problemes (14.34). Sei also $\nabla p_\alpha(d^*) \neq 0$ angenommen. Dann können wir insbesondere davon ausgehen, daß $z^i \neq -\nabla p_\alpha(d^i)$ für fast alle $i \in K$ gilt, denn anderenfalls würde aus der Bemerkung 8.4 sofort $\nabla p_\alpha(d^*) = 0$ folgen. Daher ist die Suchrichtung $z^i$ o.B.d.A. für alle $i \in K$ entweder durch das Gleichungssystem (14.40) oder durch das Gleichungssystem (14.41) gegeben. Wir wollen im folgenden zeigen, daß es Konstanten $c_1 > 0$ und $c_2 > 0$ gibt mit

$$c_1 \leq \|z^i\| \leq c_2 \quad \forall i \in K.$$

Die Existenz eines solchen $c_2 > 0$ folgt unmittelbar aus der Bedingung (14.42) wegen $p > 1$ und der Konvergenz (und damit Beschränktheit) der Folge

$\{d^i\}_K$. Zum Nachweis eines geeigneten $c_1$ nehmen wir an, daß es eine Teilfolge $\{z^i\}_{\tilde{K}}$ von $\{z^i\}_K$ gibt mit $\{z^i\}_{\tilde{K}} \to 0$. Wir unterscheiden zwei Fälle:

*Fall 1:* Für unendlich viele $i \in \tilde{K}$ gilt $\|d^i\|^2 - \Delta^2 < -\frac{\alpha}{2}\lambda^i$.

O.B.d.A. möge $\|d^i\|^2 - \Delta^2 < -\frac{\alpha}{2}\lambda^i$ für alle $i \in \tilde{K}$ sein, so daß $z^i$ stets als Lösung des linearen Gleichungssystems (14.41) berechnet wird. Da $\{d^i\}_{\tilde{K}}$ gegen $d^*$ konvergiert, folgt aus Stetigkeitsgründen auch die Konvergenz von $\{\lambda^i\}_{\tilde{K}}$ gegen

$$\lambda^* := \max\{0, \lambda(d^*)\} = \max\left\{0, -\frac{1}{2\Delta^2}\left((d^*)^T H d^* + g^T d^*\right)\right\}. \qquad (14.45)$$

Aus der Gültigkeit von (14.41) für alle $i \in \tilde{K}$ folgt wegen $\{z^i\}_{\tilde{K}} \to 0$ und der Beschränktheit von $\{H + 2\lambda^i I\}_{\tilde{K}}$ außerdem

$$(H + 2\lambda^* I)d^* = -g. \qquad (14.46)$$

Wegen $\lambda^* \geq 0$ (siehe z.B. (14.45)) ergibt sich in dem hier betrachteten Fall sofort

$$\|d^*\|^2 - \Delta^2 = \lim_{i \in \tilde{K}} \|d^i\|^2 - \Delta^2 \leq -\frac{\alpha}{2} \lim_{i \in \tilde{K}} \lambda^i = -\frac{\alpha}{2}\lambda^* \leq 0. \qquad (14.47)$$

Multipliziert man (14.46) von links mit $(d^*)^T$, so ergibt sich

$$(d^*)^T H d^* + g^T d^* = -2\lambda^*\|d^*\|^2.$$

Einsetzen dieses Ausdrucks in (14.45) liefert

$$\lambda^* = \max\left\{0, \frac{\|d^*\|^2}{\Delta^2}\lambda^*\right\} = \frac{\|d^*\|^2}{\Delta^2}\lambda^*$$

und damit

$$\lambda^* = 0 \quad \text{oder} \quad \|d^*\| = \Delta. \qquad (14.48)$$

Aus (14.46), $\lambda^* \geq 0$, (14.47) und (14.48) ergibt sich somit, daß $(d^*, \lambda^*) = (d^*, \lambda(d^*))$ ein KKT–Punkt des Trust–Region–Problemes ist. Wegen Satz 14.13 (a) wäre $d^*$ dann aber ein stationärer Punkt von $p_\alpha$ im Widerspruch zu unserer Annahme.

*Fall 2:* Für nur endlich viele $i \in \tilde{K}$ ist $\|d^i\|^2 - \Delta^2 < -\frac{\alpha}{2}\lambda^i$.

O.B.d.A. sei $\|d^i\|^2 - \Delta^2 \geq -\frac{\alpha}{2}\lambda^i$ für alle $i \in \tilde{K}$, d.h. $z^i$ werde stets als Lösung des linearen Gleichungssystems (14.40) berechnet. Für alle $i \in \tilde{K}$ gelten dann die Beziehungen

$$(H + 2\lambda^i I)\, z^i + 2d^i\zeta^i = -\left(H + 2\lambda^i I\right)d^i - g \qquad (14.49)$$

und

$$2(d^i)^T z^i = -\left(\|d^i\|^2 - \Delta^2\right). \qquad (14.50)$$

Aus (14.50) ergibt sich wegen $\{z^i\}_{\bar{K}} \to 0$ unmittelbar

$$\|d^*\| = \Delta.$$

Da $\{\lambda^i\}_{\bar{K}}$ offenbar auch in dem hier betrachteten Fall gegen ein $\lambda^* \geq 0$ konvergiert, gelten bereits die Relationen

$$\lambda^* \geq 0, \quad \|d^*\| - \Delta \leq 0, \quad \lambda^* \left(\|d^*\| - \Delta\right) = 0. \tag{14.51}$$

Aus (14.49) ergibt sich nun durch Grenzwertbildung, daß die Folge $\{\zeta^i\}_{\bar{K}}$ konvergiert mit

$$2d^* \lim_{i \in \bar{K}} \zeta^i = -\left(H + 2\lambda^* I\right) d^* - g. \tag{14.52}$$

Multiplikation von links mit $(d^*)^T$ ergibt unter Verwendung von

$$\lambda^* = -\frac{1}{2\Delta^2} \left((d^*)^T H d^* + g^T d^*\right)$$

und $\|d^*\| = \Delta$ dann

$$2\|d^*\|^2 \lim_{i \in \bar{K}} \zeta^i = -(d^*)^T H d^* + \frac{\|d^*\|^2}{\Delta^2} \left((d^*)^T H d^* + g^T d^*\right) - g^T d^* = 0,$$

also $\lim_{i \in \bar{K}} \zeta^i = 0$, so daß

$$\left(H + 2\lambda^* I\right) d^* = -g$$

aus (14.52) folgt. Also ist $(d^*, \lambda^*) = (d^*, \lambda(d^*))$ wieder ein KKT–Punkt des Trust–Region–Problems (14.34) und $d^*$ damit erneut wegen Satz 14.13 (a) ein stationärer Punkt von $p_\alpha$ im Widerspruch zu unserer Annahme.

Aus diesen beiden Fällen zusammen ergibt sich daher auch die Existenz einer Konstanten $c_1 > 0$ mit $\|z^i\| \geq c_1$ für alle $i \in K$. Der Rest des Beweises kann nun analog zu dem des Satzes 9.5 geführt werden. $\qquad\square$

Unter geeigneten Voraussetzungen wird man erwarten, daß der Algorithmus 14.17 oder eine geeignete Modifikation dieses Verfahrens nicht nur global, sondern auch lokal quadratisch konvergiert. Wir werden an dieser Stelle nicht weiter auf das lokale Konvergenzverhalten des Algorithmus 14.17 eingehen, verweisen den interessierten Leser aber auf die beiden Arbeiten [36, 35], die diesbezüglich recht hilfreich sind.

Für einen alternativen Algorithmus zur Lösung des Trust–Region–Problemes (14.34) verweisen wir auf die Aufgabe 14.5. Diese Aufgabe setzt zwar voraus, daß die Matrix $H$ positiv definit ist, jedoch läßt sich der dort besprochene Algorithmus auch bei indefiniten oder gar negativ definiten Matrizen $H$ anwenden, siehe [80] für weitere Details. Weitere Verfahren zur Lösung des (insbesondere großdimensionalen) Trust–Region–Problemes werden in den Arbeiten [106, 51] besprochen.

## 14.5 Trust–Region–Newton–Verfahren

Sei $f : \mathbb{R}^n \to \mathbb{R}$ zweimal stetig differenzierbar und

$$q_k(d) := f(x^k) + \nabla f(x^k)^T d + \frac{1}{2} d^T H_k d$$

mit $H_k := \nabla^2 f(x^k) \in \mathbb{R}^{n \times n}$ diejenige quadratische Approximation an die Funktion $f(x^k + \cdot)$, die wir durch einfache Taylor–Entwicklung bis zum Term mit den zweiten partiellen Ableitungen erhalten. Einige der Resultate dieses Abschnittes gelten allerdings für eine beliebige symmetrische Matrix $H_k \in \mathbb{R}^{n \times n}$. Wir werden darauf in späteren Abschnitten noch zurückkommen.

Der folgende Algorithmus enthält das Trust–Region–Newton–Verfahren, dessen Konvergenzeigenschaften in diesem Abschnitt untersucht werden sollen. Er löst im Prinzip eine Folge von Trust–Region–Teilproblemen mit dem oben definierten quadratischen Modell $q_k$. Wichtig ist hierbei insbesondere die Steuerung der Radien $\Delta_k$ für die Vertrauensbereiche. Die Entscheidung, ob $\Delta_k$ verkleinert oder vergrößert werden soll, machen wir davon abhängig, welchen Wert der Quotient

$$r_k := \frac{f(x^k) - f(x^k + d^k)}{f(x^k) - q_k(d^k)}$$

hat; dabei gibt der Zähler die beim Übergang von $x^k$ zu $x^k + d^k$ *tatsächlich eintretende* Reduktion von $f$ an, während der Nenner die durch das quadratische Modell *vorausgesagte* Reduktion beschreibt. Liegt die Zahl $r_k$ in der Nähe von 1, so scheint das quadratische Modell $q_k$ auf dem Vertrauensbereich gut mit der nichtlinearen Funktion $f(x^k + \cdot)$ übereinzustimmen. In diesem Fall kann also $x^k + d^k$ als neuer Punkt akzeptiert und der Radius $\Delta_k$ des Vertrauensbereichs beibehalten oder sogar vergrößert werden. Dasselbe kann geschehen, wenn $r_k$ größer als 1 ist, wenn also die Verkleinerung von $f$ beim Übergang von $x^k$ zu $x^k + d^k$ sogar stärker als durch das quadratische Modell vorausgesagt ausfällt und der Punkt $x^k + d^k$ deshalb als sehr brauchbar erscheint. Liegt dagegen $r_k$ in der Nähe von 0 oder ist $r_k$ sogar negativ, so verdient der Vertrauensbereich diesen Namen offenbar nicht; man wird dann bei $x^k$ bleiben und den Radius $\Delta_k$ verkleinern. Der folgende Algorithmus enthält eine präzise Formulierung des Trust–Region–Newton–Verfahrens.

**Algorithmus 14.20.** *(Trust–Region–Newton–Verfahren)*

*(S.0) Wähle $x^0 \in \mathbb{R}^n, \Delta_0 > 0, \Delta_{\min} > 0, 0 < \rho_1 < \rho_2 < 1, 0 < \sigma_1 < 1 < \sigma_2, \varepsilon \geq 0$, und setze $k := 0$.*

*(S.1) Ist $\|\nabla f(x^k)\| \leq \varepsilon$: STOP.*

*(S.2) Bestimme eine Lösung $d^k \in \mathbb{R}^n$ des Trust–Region–Teilproblems*

$$\min q_k(d) \quad u.d.N. \quad \|d\| \leq \Delta_k. \tag{14.53}$$

*(S.3) Berechne*

$$r_k := \frac{f(x^k) - f(x^k + d^k)}{f(x^k) - q_k(d^k)}.$$

*Falls $r_k \geq \rho_1$, so nennen wir den $k$–ten Iterationsschritt* erfolgreich *und setzen $x^{k+1} := x^k + d^k$; anderenfalls setzen wir $x^{k+1} := x^k$.*

*(S.4) Falls $r_k < \rho_1$, setze $\Delta_{k+1} := \sigma_1 \Delta_k$.*

    *Falls $r_k \in [\rho_1, \rho_2)$, setze $\Delta_{k+1} := \max\{\Delta_{\min}, \Delta_k\}$.*

    *Falls $r_k \geq \rho_2$, setze $\Delta_{k+1} := \max\{\Delta_{\min}, \sigma_2 \Delta_k\}$.*

*(S.5) Setze $k \leftarrow k + 1$, und gehe zu (S.1).*

Der Algorithmus 14.20 unterscheidet sich geringfügig von dem „klassischen" Trust–Region–Newton–Verfahren, da wir bei der Berechnung von $\Delta_{k+1}$ in jedem *erfolgreichen* Iterationsschritt eine feste untere Schranke $\Delta_{\min}$ vorschreiben. Diese untere Schranke tritt normalerweise bei Trust–Region–Verfahren nicht auf, wird uns im folgenden aber erlauben, den bereits für das Newton–Verfahren mit einer Schrittweitenstrategie bekannten globalen Konvergenzsatz auch für das Trust–Region–Newton–Verfahren zu beweisen.

Ein derartiger Konvergenzsatz ist für das klassische Trust–Region–Newton–Verfahren ohne zusätzliche Voraussetzungen nicht bekannt. Andererseits werden wir am Ende dieses Abschnittes noch kurz auf einen Nachteil des Algorithmus 14.20 eingehen, den das klassische Trust–Region–Newton–Verfahren nicht besitzt. Aus diesem Grunde besprechen wir das klassische Verfahren mitsamt den zugehörigen Konvergenzaussagen auch ausführlich in den Aufgaben 14.10–14.14.

In verschiedenen Originalarbeiten wird noch eine weitere Variante des klassischen Trust–Region–Newton–Verfahrens untersucht, in der $\Delta_{k+1}$ nicht mittels $\Delta_k$, sondern unter Verwendung von $\|d^k\|$ aufdatiert wird. Diese Variante wurde insbesondere durch die Arbeit [94] beeinflußt und wird im Rahmen dieses Buches nicht weiter untersucht.

Wie immer setzen wir bei unserer nun folgenden Konvergenzanalyse voraus, daß der Abbruchparameter $\varepsilon$ im Algorithmus 14.20 gleich Null ist, und daß der Algorithmus 14.20 nicht nach endlich vielen Schritten abbricht.

Wir überlegen uns zunächst, daß der Algorithmus 14.20 wohldefiniert ist. Dies ist offenbar genau dann der Fall, wenn die in der Definition des Quotienten $r_k$ auftretenden Nenner immer von Null verschieden sind. Da $d^k$ aber das Trust–Region–Teilproblem (14.53) löst und der Nullvektor für dieses Problem zulässig ist, ist zumindest $f(x^k) - q_k(d^k) = q_k(0) - q_k(d^k) \geq 0$ für alle $k \in \mathrm{I\!N}$. Das folgende Lemma besagt insbesondere, daß diese Differenz nur dann gleich Null werden kann, wenn $x^k$ bereits ein stationärer Punkt von $f$ wäre, so daß der Algorithmus 14.20 im Schritt (S.1) hätte abbrechen müssen. Also ist der Algorithmus 14.20 für jede zweimal stetig differenzierbare Funktion $f$ tatsächlich wohldefiniert.

**Lemma 14.21.** *Sei $d^k \in \mathrm{I\!R}^n$ eine Lösung des Trust–Region–Teilproblems (14.53). Dann ist*

$$f(x^k) - q_k(d^k) \geq \frac{1}{2}\|\nabla f(x^k)\| \min\left\{\Delta_k, \frac{\|\nabla f(x^k)\|}{\|H_k\|}\right\}$$

*(dabei wird* $\min\{\Delta_k, \|\nabla f(x^k)\|/\|H_k\|\} = \Delta_k$ *gesetzt, falls* $H_k = 0$ *ist).*

*Beweis.* Da $d^k \in \mathbb{R}^n$ eine globale Lösung des Trust–Region–Teilproblemes (14.53) ist, gilt für jeden zulässigen Vektor $d \in \mathbb{R}^n$:

$$\begin{aligned}
f(x^k) - q_k(d^k) &\geq f(x^k) - q_k(d) \\
&= -\nabla f(x^k)^T d - \tfrac{1}{2} d^T H_k d \\
&\geq -\nabla f(x^k)^T d - \tfrac{1}{2}\|d\|^2 \|H_k\|.
\end{aligned} \qquad (14.54)$$

Ist nun $\Delta_k \|H_k\| \leq \|\nabla f(x^k)\|$, so ergibt sich aus (14.54) für den speziellen zulässigen Vektor $d := -(\Delta_k/\|\nabla f(x^k)\|)\nabla f(x^k)$ die Ungleichungskette

$$f(x^k) - q_k(d^k) \geq \Delta_k\|\nabla f(x^k)\| - \frac{1}{2}\Delta_k^2\|H_k\| \geq \frac{1}{2}\Delta_k\|\nabla f(x^k)\|. \qquad (14.55)$$

Ist dagegen $\Delta_k\|H_k\| > \|\nabla f(x^k)\|$, so ist der Vektor $d := -(1/\|H_k\|)\nabla f(x^k)$ ebenfalls zulässig für (14.53), so daß man erneut aus (14.54) erhält:

$$f(x^k) - q_k(d^k) \geq \frac{\|\nabla f(x^k)\|^2}{\|H_k\|} - \frac{\|\nabla f(x^k)\|^2}{2\|H_k\|} = \frac{1}{2}\frac{\|\nabla f(x^k)\|^2}{\|H_k\|}. \qquad (14.56)$$

Kombination der Ungleichungen (14.55) und (14.56) liefert

$$f(x^k) - q_k(d^k) \geq \frac{1}{2}\|\nabla f(x^k)\| \min\left\{\Delta_k, \frac{\|\nabla f(x^k)\|}{\|H_k\|}\right\} \qquad (14.57)$$

und damit die Behauptung. $\qquad\qquad\square$

Nachdem uns das Lemma 14.21 schon beim Nachweis der Wohldefiniertheit des Algorithmus 14.20 nützlich war, werden wir es im folgenden auch zum Beweis der globalen Konvergenz des Trust–Region–Newton–Verfahrens 14.20 verwenden.

Zu diesem Zweck beweisen wir zunächst ein wichtiges Hilfsresultat.

**Lemma 14.22.** *Seien* $f : \mathbb{R}^n \to \mathbb{R}$ *zweimal stetig differenzierbar,* $\{x^k\}$ *eine durch den Algorithmus 14.20 erzeugte Folge und* $\{x^k\}_K$ *eine gegen ein* $x^* \in \mathbb{R}^n$ *konvergente Teilfolge. Ist* $x^*$ *kein stationärer Punkt von* $f$, *so ist*

$$\liminf_{k\to\infty, k\in K} \Delta_k > 0.$$

*Beweis.* Definiere die Indexmenge

$$\bar{K} := \{k - 1 \,|\, k \in K\}.$$

Dann konvergiert die Teilfolge $\{x^{k+1}\}_{k\in\bar{K}}$ gegen $x^*$. Zu zeigen ist

$$\liminf_{k\to\infty,k\in\bar{K}} \Delta_{k+1} > 0. \tag{14.58}$$

Angenommen, es ist $\liminf_{k\to\infty,k\in\bar{K}} \Delta_{k+1} = 0$. Durch Übergang auf eine Teilfolge können wir dann o.B.d.A. annehmen, daß

$$\lim_{k\to\infty,k\in\bar{K}} \Delta_{k+1} = 0 \tag{14.59}$$

gilt. Aufgrund der Aufdatierungsregeln für den Trust–Region–Radius impliziert dies, daß die Iterationen $k \in \bar{K}$ für alle $k$ hinreichend groß nicht erfolgreich sind (man beachte, daß hierbei die untere Schranke $\Delta_{\min} > 0$ entscheidend eingeht). Also gelten

$$r_k < \rho_1 \tag{14.60}$$

und $x^k = x^{k+1}$ für alle $k \in \bar{K}$ groß genug. Somit folgt aus der vorausgesetzten Konvergenz der Teilfolge $\{x^{k+1}\}_{k\in\bar{K}}$ gegen $x^*$ auch die Konvergenz der Teilfolge $\{x^k\}_{k\in\bar{K}}$ gegen $x^*$. Da für nicht erfolgreiche Schritte aber $\Delta_{k+1} = \sigma_1\Delta_k$ gilt, ergibt sich

$$\lim_{k\to\infty,k\in\bar{K}} \Delta_k = 0 \tag{14.61}$$

aus (14.59).

Da der Häufungspunkt $x^*$ nach Voraussetzung kein stationärer Punkt von $f$ ist, existiert eine Konstante $\beta_1 > 0$ mit

$$\|\nabla f(x^k)\| \geq \beta_1 \tag{14.62}$$

für alle $k \in \bar{K}$. Aus Stetigkeitsgründen existiert ferner eine Konstante $\beta_2 > 0$ mit

$$\|H_k\| = \|\nabla^2 f(x^k)\| \leq \beta_2 \tag{14.63}$$

für alle $k \in \bar{K}$. Aus Lemma 14.21 sowie (14.61), (14.62) und (14.63) erhalten wir nun für alle $k \in \bar{K}$ hinreichend groß:

$$\begin{aligned}
f(x^k) - q_k(d^k) &\geq \tfrac{1}{2}\|\nabla f(x^k)\| \min\left\{\Delta_k, \tfrac{\|\nabla f(x^k)\|}{\|H_k\|}\right\} \\
&\geq \tfrac{1}{2}\beta_1 \min\left\{\Delta_k, \tfrac{\beta_1}{\beta_2}\right\} \\
&= \tfrac{1}{2}\beta_1\Delta_k \\
&\geq \tfrac{1}{2}\beta_1\|d^k\|.
\end{aligned} \tag{14.64}$$

Aufgrund des Mittelwertsatzes A.1 existiert zu jedem $k \in \mathbb{N}$ ein Vektor $\xi^k = x^k + \vartheta_k d^k, \vartheta_k \in (0,1)$, mit

$$f(x^k + d^k) = f(x^k) + \nabla f(\xi^k)^T d^k. \tag{14.65}$$

Offensichtlich gilt auch $\{\xi^k\}_{\bar{K}} \to x^*$. Daher folgt aus (14.62)–(14.65) unter Verwendung der Cauchy–Schwarzschen Ungleichung für alle $k \in \bar{K}$ hinreichend groß:

$$
\begin{aligned}
|r_k - 1| &= \left| \frac{f(x^k) - f(x^k + d^k)}{f(x^k) - q_k(d^k)} - 1 \right| \\[2mm]
&= \left| \frac{q_k(d^k) - f(x^k + d^k)}{f(x^k) - q_k(d^k)} \right| \\[2mm]
&= \frac{|f(x^k) + \nabla f(x^k)^T d^k + \frac{1}{2}(d^k)^T H_k d^k - f(x^k) - \nabla f(\xi^k)^T d^k|}{f(x^k) - q_k(d^k)} \\[2mm]
&\leq \frac{2}{\beta_1 \|d^k\|} \left| \nabla f(x^k)^T d^k - \nabla f(\xi^k)^T d^k + \frac{1}{2}(d^k)^T H_k d^k \right| \\[2mm]
&\leq \frac{2}{\beta_1 \|d^k\|} \left( \|\nabla f(x^k) - \nabla f(\xi^k)\| \, \|d^k\| + \frac{1}{2} \|H_k\| \, \|d^k\|^2 \right) \\[2mm]
&\leq \frac{1}{\beta_1} \left( 2 \|\nabla f(x^k) - \nabla f(\xi^k)\| + \beta_2 \|d^k\| \right) \\[2mm]
&\to_{\bar K} 0.
\end{aligned}
$$

Also konvergiert die Folge $\{r_k\}_{\bar K}$ gegen 1, was jedoch im Widerspruch zu (14.60) steht. $\qquad\square$

Als wichtige Konsequenz des Lemmas 14.22 notieren wir das

**Lemma 14.23.** *Seien $f : \mathbb{R}^n \to \mathbb{R}$ zweimal stetig differenzierbar und $\{x^k\}$ eine durch den Algorithmus 14.20 erzeugte Folge. Dann gibt es unendlich viele erfolgreiche Iterationsschritte.*

*Beweis.* Angenommen, es gibt nur endlich viele erfolgreiche Iterationsschritte. Dann existiert ein Index $k_0 \in \mathbb{N}$ mit $r_k < \rho_1$ und $x^k = x^{k_0}$ für alle $k \in \mathbb{N}$ mit $k \geq k_0$. Also folgt $\{\Delta_k\} \to 0$, und die Folge $\{x^k\}$ konvergiert gegen $x^{k_0}$. Wegen $\nabla f(x^{k_0}) \neq 0$ (anderenfalls wäre der Algorithmus 14.20 im Schritt (S.1) abgebrochen) steht dies jedoch im Widerspruch zum Lemma 14.22. $\quad\square$

Nach diesen Vorbereitungen sind wir nun in der Lage, einen globalen Konvergenzsatz für das Trust–Region–Newton–Verfahren zu beweisen.

**Satz 14.24.** *Seien $f : \mathbb{R}^n \to \mathbb{R}$ zweimal stetig differenzierbar und $\{x^k\}$ eine durch den Algorithmus 14.20 erzeugte Folge. Dann ist jeder Häufungspunkt von $\{x^k\}$ ein stationärer Punkt von $f$.*

*Beweis.* Sei $x^*$ ein Häufungspunkt der Folge $\{x^k\}$, und sei $\{x^k\}_K$ eine gegen $x^*$ konvergente Teilfolge. Wegen $x^{k+1} = x^k$ für alle nicht erfolgreichen Iterationsschritte $k$ können wir o.B.d.A. davon ausgehen, daß alle Iterationen $k \in K$ erfolgreich sind (man beachte, daß es wegen Lemma 14.23 insbesondere unendlich viele erfolgreiche Iterationen gibt).

Angenommen, es ist $\nabla f(x^*) \neq 0$. Aus Stetigkeitsgründen existieren dann wieder Konstanten $\beta_1 > 0$ und $\beta_2 > 0$ mit

$$
\|\nabla f(x^k)\| \geq \beta_1 \quad \text{und} \quad \|H_k\| \leq \beta_2
$$

für alle $k \in K$. Da alle Iterationen $k \in K$ erfolgreich sind, ist außerdem $r_k \geq \rho_1$ für alle $k \in K$. Lemma 14.21 liefert daher

$$
\begin{aligned}
f(x^k) - f(x^{k+1}) &\geq \rho_1 \left( f(x^k) - q_k(d^k) \right) \\
&\geq \tfrac{1}{2}\rho_1 \|\nabla f(x^k)\| \min\left\{ \Delta_k, \tfrac{\|\nabla f(x^k)\|}{\|H_k\|} \right\} \\
&\geq \tfrac{1}{2}\rho_1\beta_1 \min\left\{ \Delta_k, \tfrac{\beta_1}{\beta_2} \right\}
\end{aligned}
\tag{14.66}
$$

für alle $k \in K$. Da die Folge $f(x^k)$ monoton fällt und $x^*$ nach Voraussetzung ein Häufungspunkt von $\{x^k\}$ ist, konvergiert bereits die gesamte Folge $\{f(x^k)\}$, und zwar gegen $f(x^*)$. Aus (14.66) folgt daher $\{\Delta_k\}_{k \in K} \to 0$ im Widerspruch zu Lemma 14.22. $\qquad\square$

Das folgende Resultat zeigt, daß die gesamte durch das Trust–Region–Newton–Verfahren 14.20 erzeugte Folge $\{x^k\}$ unter geeigneten Voraussetzungen gegen ein isoliertes (lokales) Minimum von $f$ konvergiert.

**Satz 14.25.** *Seien $f : \mathbb{R}^n \to \mathbb{R}$ zweimal stetig differenzierbar, $\{x^k\} \subseteq \mathbb{R}^n$ eine durch das Trust–Region–Newton–Verfahren 14.20 erzeugte Folge und $x^*$ ein Häufungspunkt von $\{x^k\}$ mit $\nabla^2 f(x^*)$ positiv definit. Dann gelten die folgenden Aussagen:*

*(a) Die gesamte Folge $\{x^k\}$ konvergiert gegen $x^*$.*
*(b) Es existiert ein $k_0$, so daß alle Iterationsschritte $k \geq k_0$ erfolgreich sind.*
*(c) Es existiert eine untere Schranke $\bar{\Delta} > 0$ mit $\Delta_k \geq \bar{\Delta}$ für alle $k \in \mathbb{N}$.*

*Beweis.* (a) Aus der positiven Definitheit von $\nabla^2 f(x^*)$ folgt analog zum Beweis des Satzes 9.10 (a), daß $x^*$ notwendig ein isolierter Häufungspunkt der Folge $\{x^k\}$ ist.

Sei nun $\{x^k\}_K$ eine gegen $x^*$ konvergente Teilfolge. Wegen Lemma 9.8 existieren dann ein $k_0 \in \mathbb{N}$ und eine Konstante $\alpha > 0$ mit

$$
(d^k)^T \nabla^2 f(x^k) d^k \geq \alpha \|d^k\|^2
$$

für alle $k \in K$ mit $k \geq k_0$. Aus

$$
q_k(d^k) = f(x^k) + \nabla f(x^k)^T d^k + \frac{1}{2}(d^k)^T \nabla^2 f(x^k) d^k \leq f(x^k)
$$

folgt somit unter Verwendung der Cauchy–Schwarzschen Ungleichung:

$$
\frac{1}{2}\alpha \|d^k\|^2 \leq \frac{1}{2}(d^k)^T \nabla^2 f(x^k) d^k \leq -\nabla f(x^k)^T d^k \leq \|\nabla f(x^k)\|\,\|d^k\|
$$

für alle $k \in K$ mit $k \geq k_0$. Also ist

$$
\|d^k\| \leq \frac{2}{\alpha}\|\nabla f(x^k)\|
\tag{14.67}
$$

für alle diese $k$. Wegen Satz 14.24 gilt aber

$$\{\|\nabla f(x^k)\|\}_K \to 0.$$

Daher folgt aus

$$\|x^{k+1} - x^k\| \leq \|d^k\|$$

insbesondere

$$\{\|x^{k+1} - x^k\|\}_K \to 0$$

und somit die Konvergenz der gesamten Folge $\{x^k\}$ gegen $x^*$ wegen Lemma 9.6.

(b) Nach Teil (a) konvergiert die gesamte Folge $\{x^k\}$ gegen $x^*$. Aus Stetigkeitsgründen existiert daher ein $c > 0$ mit

$$\|\nabla^2 f(x^k)\| \leq c$$

für alle $k \in \mathbb{N}$. Daher folgt aus $\|d^k\| \leq \Delta_k$, (14.67) sowie Lemma 14.21:

$$
\begin{aligned}
f(x^k) - q_k(d^k) &\geq \tfrac{1}{2}\|\nabla f(x^k)\| \min\left\{\Delta_k, \tfrac{\|\nabla f(x^k)\|}{\|\nabla^2 f(x^k)\|}\right\} \\
&\geq \tfrac{1}{4}\alpha\|d^k\| \min\left\{\|d^k\|, \tfrac{\alpha}{2c}\|d^k\|\right\} \\
&= \kappa\|d^k\|^2
\end{aligned}
\tag{14.68}
$$

mit

$$\kappa := \frac{1}{4}\alpha \min\left\{1, \frac{\alpha}{2c}\right\}.$$

Aus dem Mittelwertsatz A.2 folgt die Existenz eines Zwischenpunktes $\xi^k$ auf der Verbindungsstrecke von $x^k$ zu $x^k + d^k$ mit

$$f(x^k + d^k) = f(x^k) + \nabla f(x^k)^T d^k + \frac{1}{2}(d^k)^T \nabla^2 f(\xi^k) d^k.$$

Daher ist

$$
\begin{aligned}
|f(x^k + d^k) - q_k(d^k)| &= \tfrac{1}{2}|(d^k)^T\left(\nabla^2 f(\xi^k) - \nabla^2 f(x^k)\right)d^k| \\
&\leq \tfrac{1}{2}\|d^k\|^2\|\nabla^2 f(\xi^k) - \nabla^2 f(x^k)\|.
\end{aligned}
\tag{14.69}
$$

Aus (14.68) und (14.69) folgt

$$|r_k - 1| = \left|\frac{f(x^k + d^k) - q_k(d^k)}{f(x^k) - q_k(d^k)}\right| \leq \frac{1}{2\kappa}\|\nabla^2 f(\xi^k) - \nabla^2 f(x^k)\|.$$

Wegen $x^k \to x^*$ nach Teil (a) und $d^k \to 0$ (siehe (14.67)) ist aber auch $\xi^k \to x^*$. Daher ergibt sich

$$r_k \to 1.$$

Insbesondere ist daher $r_k \geq \rho_1$ für alle $k \in \mathbb{N}$ hinreichend groß, d.h., schließlich sind alle Iterationen erfolgreich.

(c) Aus (b) sowie den Aufdatierungsvorschriften im Schritt (S.4) des Algorithmus 14.20 folgt insbesondere $\Delta_{k+1} \geq \Delta_k$ für alle $k$ hinreichend groß. Dies impliziert offensichtlich die Behauptung (c). $\qquad\square$

Wir kommen nun zu einem lokalen Konvergenzsatz für das Trust–Region–Newton–Verfahren 14.20.

**Satz 14.26.** *Seien* $f : \mathbb{R}^n \to \mathbb{R}$ *zweimal stetig differenzierbar,* $\{x^k\} \subseteq \mathbb{R}^n$ *eine durch das Trust–Region–Newton–Verfahren 14.20 erzeugte Folge und* $x^*$ *ein Häufungspunkt von* $\{x^k\}$ *mit* $\nabla^2 f(x^*)$ *positiv definit. Dann gelten die folgenden Aussagen:*

*(a) Die gesamte Folge* $\{x^k\}$ *konvergiert gegen* $x^*$.

*(b) Die Konvergenzrate ist mindestens superlinear.*

*(c) Ist* $\nabla^2 f$ *lokal Lipschitz–stetig, so ist die Konvergenzrate sogar quadratisch.*

*Beweis.* Die Konvergenz von $\{x^k\}$ gegen $x^*$ folgt aus dem Satz 14.25 (a). Wegen Lemma 9.8 existiert daher ein Index $k_0 \in \mathbb{N}$, so daß die Hesse–Matrizen $H_k = \nabla^2 f(x^k)$ für alle $k \geq k_0$ positiv definit sind. Daher ist die Newton–Richtung

$$d^k := -\nabla^2 f(x^k)^{-1} \nabla f(x^k) \tag{14.70}$$

für alle $k \geq k_0$ das (unrestringierte) globale Minimum der quadratischen Zielfunktion $q_k$. Da sich aus Lemma 7.3 die Existenz einer Konstanten $c > 0$ mit

$$\|H_k^{-1}\| \leq c$$

für alle hinreichend großen $k \in \mathbb{N}$ ergibt, folgt aus (14.70)

$$\|d^k\| \leq c\|\nabla f(x^k)\| \to 0,$$

vgl. Satz 14.24. Aus $\Delta_k \geq \bar{\Delta}$ für ein $\bar{\Delta} > 0$ wegen Satz 14.25 (c) folgt daher, daß die Newton–Richtung aus (14.70) für alle hinreichend großen $k \in \mathbb{N}$ zulässig ist für das Trust–Region–Teilproblem. Damit geht das Trust–Region–Verfahren 14.20 lokal in das ungedämpfte Newton–Verfahren aus dem Algorithmus 9.1 über und erbt daher auch dessen lokale Konvergenzeigenschaften. Die Behauptungen (b) und (c) ergeben sich somit aus dem Satz 9.2. $\qquad\Box$

Die obigen Konvergenzsätze für das Trust–Region–Newton–Verfahren stimmen völlig überein mit den entsprechenden Konvergenzsätzen für das Newton–Verfahren aus dem Kapitel 9. Um derartige Konvergenzsätze für das klassische Trust–Region–Newton–Verfahren beweisen zu können, benötigt man i.a. zusätzliche Voraussetzungen; man vergleiche diesbezüglich die Aufgaben 14.10–14.14. Allerdings kann man für das klassische Trust–Region–Newton–Verfahren auch zeigen, daß unter gewissen Voraussetzungen zumindest einer der Häufungspunkte nicht nur ein stationärer Punkt der Zielfunktion $f$ ist, sondern daß dieser Häufungspunkt auch noch der notwendigen Bedingung zweiter Ordnung aus dem Satz 2.2 genügt, siehe Aufgabe 14.14. Hingegen scheint sich ein solches Resultat für den Algorithmus 14.20 nicht beweisen zu lassen, wenngleich wir auch kein Gegenbeispiel parat haben.

Trotzdem bevorzugen wir im Rahmen dieses Buches die im Algorithmus 14.20 angegebene Form für das Trust–Region–Newton–Verfahren (anstelle des klassischen Verfahrens), da die hierfür zu beweisenden Konvergenzsätze eben völlig parallel zu denen des Kapitels 9 sind und ohne weitere und zum Teil technische Voraussetzungen auskommen.

Eine übermäßige Betonung der Tatsache, daß ein Häufungspunkt einer durch das klassische Trust–Region–Newton–Verfahren erzeugten Folge sowohl den notwendigen Bedingungen erster Ordnung als auch den notwendigen Bedingungen zweiter Ordnung genügt, scheint auch deshalb nicht angebracht, da man ein entsprechendes Resultat auch bei Verwendung von Schrittweiten erzielen kann; dazu hat man i.w. nur die Liniensuche entlang der durch die Suchrichtung $d^k$ gegebenen Halbgeraden $\{x^k + td^k \,|\, t > 0\}$ zu ersetzen durch eine Schrittweitenstrategie entlang einer geeigneten Kurve, die neben der Abstiegsrichtung $d^k$ auch noch eine sogenannte Richtung negativer Krümmung enthält; der interessierte Leser möge hierzu insbesondere einen Blick auf die Arbeiten [76, 79, 37] werfen.

## 14.6 Teilraum–Trust–Region–Newton–Verfahren

Im Abschnitt 14.5 haben wir das Trust–Region–Newton–Verfahren betrachtet, das in jedem Iterationsschritt das Trust–Region–Teilproblem

$$\min q_k(d) := f(x^k) + \nabla f(x^k)^T d + \frac{1}{2} d^T H_k d \quad \text{u.d.N.} \quad \|d\| \le \Delta_k \qquad (14.71)$$

für $H_k := \nabla^2 f(x^k)$ und $\Delta_k > 0$ löste. Obwohl wir zur Lösung dieses Trust–Region–Teilproblems im Abschnitt 14.4 einen geeigneten Algorithmus vorgestellt haben, so ist die Bestimmung einer solchen Lösung doch erheblich aufwendiger als etwa das Lösen eines einzelnen linearen Gleichungssystems, wie es das etwa bei dem im Kapitel 9 besprochenen Newton–Verfahren der Fall ist.

Die Lösung der bei der Trust–Region–Globalisierung des Newton–Verfahrens auftretenden Teilprobleme ist daher i.a. mit wesentlich mehr Aufwand verbunden als die Lösung der Teilprobleme, die bei einer Schrittweiten–Globalisierung des Newton–Verfahrens auftreten.

Das Ziel dieses Abschnittes ist nun die Beschreibung einer Variante des Trust–Region–Newton–Verfahrens, das eben diesen Nachteil zu vermeiden sucht. Wir verweisen diesbezüglich auch auf die Arbeiten [104, 16, 70] sowie den Überblicksartikel [77] für einige geeignete Literaturstellen.

Dazu sei $V_k \subseteq \mathbb{R}^n$ zunächst ein beliebiger Teilraum. Das in diesem Abschnitt zu besprechende Verfahren löst dann anstelle des Trust–Region–Teilproblems (14.71) das Problem

$$\min q_k(d) \quad \text{u.d.N.} \quad \|d\| \le \Delta_k, \, d \in V_k;$$

im Gegensatz zu (14.71) fordern wir also explizit, daß der Vektor $d$ in dem noch näher zu spezifizierenden Teilraum $V_k$ liegt. Insgesamt ergibt sich somit der folgende Algorithmus, den wir hier aus naheliegenden Gründen als Teilraum–Trust–Region–Newton–Verfahren bezeichnen.

**Algorithmus 14.27.** *(Teilraum–Trust–Region–Newton–Verfahren)*

*(S.0) Wähle $x^0 \in \mathbb{R}^n, \Delta_0 > 0, \Delta_{\min} > 0, 0 < \rho_1 < \rho_2 < 1, 0 < \sigma_1 < 1 < \sigma_2, \varepsilon \geq 0$, und setze $k := 0$.*

*(S.1) Ist $\|\nabla f(x^k)\| \leq \varepsilon$: STOP.*

*(S.2) Bestimme eine Lösung $d^k \in \mathbb{R}^n$ des Teilraum–Trust–Region–Problems*

$$\min q_k(d) \quad u.d.N. \quad \|d\| \leq \Delta_k, \, d \in V_k \qquad (14.72)$$

*für einen noch näher zu spezifizierenden Teilraum $V_k \subseteq \mathbb{R}^n$.*

*(S.3) Berechne*

$$r_k := \frac{f(x^k) - f(x^k + d^k)}{f(x^k) - q_k(d^k)}.$$

*Falls $r_k \geq \rho_1$, so nennen wir den $k$–ten Iterationsschritt erfolgreich und setzen $x^{k+1} := x^k + d^k$; anderenfalls setzen wir $x^{k+1} := x^k$.*

*(S.4) Falls $r_k < \rho_1$, setze $\Delta_{k+1} := \sigma_1 \Delta_k$.*

*Falls $r_k \in [\rho_1, \rho_2)$, setze $\Delta_{k+1} := \max\{\Delta_{\min}, \Delta_k\}$.*

*Falls $r_k \geq \rho_2$, setze $\Delta_{k+1} := \max\{\Delta_{\min}, \sigma_2 \Delta_k\}$.*

*(S.5) Setze $k \leftarrow k + 1$, und gehe zu (S.1).*

Zunächst ist nicht klar, worin der Vorteil des Algorithmus 14.27 gegenüber dem Algorithmus 14.20 liegen soll, zumal wir bislang noch nicht wissen, wie wir das Teilraum–Trust–Region–Problem (14.72) lösen können.

Wir werden im folgenden aber zeigen, daß sich das Teilraum–Problem (14.72) in ein Standard–Trust–Region–Problem umformulieren läßt, welches aber nur noch von der Dimension des Teilraums $V_k$ ist. Da $V_k$ häufig nur von der Dimension 2 oder 3 ist, läßt sich dieses Teilproblem daher wesentlich einfacher lösen als das $n$–dimensionale Trust–Region–Problem (14.71) im Algorithmus 14.20.

Um die erwähnte Umformulierung des Teilraum–Problems

$$\min q_k(d) \quad u.d.N. \quad \|d\| \leq \Delta_k, \, d \in V_k \qquad (14.73)$$

zu beschreiben, wählen wir eine orthonormale Basis $\{v^{k,1}, \ldots, v^{k,r_k}\} \subseteq \mathbb{R}^n$ des Teilraums $V_k$, wobei $r_k := \dim V_k$ gesetzt wurde. Die Bedingung

$$d \in V_k = \operatorname{span}\{v^{k,1}, \ldots, v^{k,r_k}\}$$

ist äquivalent zu der Existenz von Konstanten $\alpha_i \in \mathbb{R}$ mit

$$d = \sum_{i=1}^{r_k} \alpha_i v^{k,i}.$$

Einsetzen von $d$ in (14.73) ergibt unter Berücksichtigung von

$$\|d\| \leq \Delta_k \iff \|d\|^2 \leq \Delta_k^2$$

dann gerade

$$\min \quad f(x^k) + \sum_{i=1}^{r_k} \alpha_i \nabla f(x^k)^T v^{k,i} + \tfrac{1}{2} \left( \sum_{i=1}^{r_k} (\alpha_i v^{k,i})^T H_k \sum_{j=1}^{r_k} (\alpha_j v^{k,j}) \right)$$
$$\text{u.d.N.} \ \left( \sum_{i=1}^{r_k} \alpha_i v^{k,i} \right)^T \left( \sum_{j=1}^{r_k} \alpha_j v^{k,j} \right) \leq \Delta_k^2.$$

Unter Ausnutzung der vorausgesetzten Orthonormalität der Vektoren

$$v^{k,1}, \ldots, v^{k,r_k}$$

ergibt sich daher die folgende äquivalente Formulierung des Teilraum–Trust–Region–Problems (14.73):

$$\min \quad f(x^k) + \sum_{i=1}^{r_k} \alpha_i \nabla f(x^k)^T v^{k,i} + \tfrac{1}{2} \sum_{i,j=1}^{r_k} \alpha_i \alpha_j (v^{k,i})^T H_k v^{k,j}$$
$$\text{u.d.N.} \ \sum_{i=1}^{r_k} \alpha_i^2 \leq \Delta^2. \tag{14.74}$$

Mit den Bezeichnungen

$$\begin{aligned}
f &:= f(x^k), \\
\alpha &:= (\alpha_1, \ldots, \alpha_{r_k})^T \in \mathbb{R}^{r_k}, \\
g &:= (g_1, \ldots, g_{r_k})^T \in \mathbb{R}^{r_k}, g_i := \nabla f(x^k)^T v^{k,i}, \\
H &:= (h_{ij}) \in \mathbb{R}^{r_k \times r_k}, h_{ij} := (v^{k,i})^T H_k v^{k,j},
\end{aligned} \tag{14.75}$$

läßt sich das Problem (14.74) dann wie folgt formulieren:

$$\min f + g^T \alpha + \frac{1}{2} \alpha^T H \alpha \quad \text{u.d.N.} \quad \|\alpha\| \leq \Delta. \tag{14.76}$$

Wir fassen unsere bisherigen Ergebnisse in dem folgenden Resultat zusammen.

**Satz 14.28.** *Genau dann ist $d^k \in \mathbb{R}^n$ eine Lösung des Teilraum–Trust–Region–Teilproblems (14.73), wenn $d^k = \sum_{i=1}^{r_k} \alpha_i v^{k,i}$ gilt, wobei $\alpha \in \mathbb{R}^{r_k}$ eine Lösung des Problems (14.76) bezeichnet.*

Wie bereits vorher erwähnt, besteht der wesentliche Vorteil des zum Teilraum–Trust–Region–Problems (14.73) äquivalenten Problems (14.76) darin, daß letzteres ein Standard–Trust–Region–Problem ist (und daher etwa mittels des Algorithmus 14.17 gelöst werden kann), welches aber nur die Dimension $r_k \leq n$ aufweist. Im allgemeinen ist $r_k$ relativ klein; häufig wird der Teilraum $V_k$ zum Beispiel so gewählt, daß er von der (negativen) Gradientenrichtung

$$d_G^k := -\nabla f(x^k) \tag{14.77}$$

sowie der Newton–Richtung

$$d_N^k := -\nabla^2 f(x^k)^{-1} \nabla f(x^k) \qquad (14.78)$$

aufgespannt wird; sind diese beiden Richtungen linear unabhängig, so wäre in diesem Fall $r_k = 2$. Manchmal beinhaltet $V_k$ auch noch die Richtung

$$d_{\min}^k := v_{\min}^k, \qquad (14.79)$$

wobei $v_{\min}^k$ einen Eigenvektor zum kleinsten Eigenwert $\lambda_{\min}(H_k)$ der Hesse–Matrix $\nabla^2 f(x^k)$ oder zumindest eine geeignete Approximation an einen solchen bezeichnet.

Man beachte allerdings, daß man die Gradientenrichtung, die Newton–Richtung und evtl. weitere Richtungen zur Anwendung des Satzes 14.28 noch orthonormalisieren muß. Dies kann aber ohne großen Aufwand geschehen, etwa durch Anwendung des bekannten Gram–Schmidt–Verfahrens.

Wir wollen im folgenden zeigen, daß bei geeigneter Wahl des Teilraums $V_k \subseteq \mathrm{I\!R}^n$ alle für den Algorithmus 14.20 bewiesenen Konvergenzsätze auch für das Teilraum–Trust–Region–Verfahren 14.27 gültig sind. Dabei werden insbesondere die in (14.77) und (14.78) definierten Vektoren $d_G^k$ und $d_N^k$ eine große Rolle spielen. Tatsächlich gelingt die Übertragung der Konvergenzresultate aus dem Abschnitt 14.5 relativ einfach durch genaue Inspektion der dortigen Beweise.

Wir beginnen zunächst mit der Übertragung des Lemmas 14.21. Wie immer gehen wir dabei davon aus, daß auch der Algorithmus 14.27 eine unendliche Folge $\{x^k\}$ erzeugt, und daß der Abbruchparameter $\varepsilon$ wieder gleich Null gesetzt ist.

**Lemma 14.29.** *Sei $d^k \in \mathrm{I\!R}^n$ eine Lösung des Trust–Region–Teilproblems (14.53) Sei ferner $d_G^k \in V_k$ für alle $k \in \mathrm{I\!N}$. Dann ist*

$$f(x^k) - q_k(d^k) \geq \frac{1}{2} \|\nabla f(x^k)\| \min\left\{\Delta_k, \frac{\|\nabla f(x^k)\|}{\|H_k\|}\right\}$$

*(dabei wird wieder $\min\{\Delta_k, \|\nabla f(x^k)\|/\|H_k\|\} = \Delta_k$ gesetzt, falls $H_k = 0$ ist).*

*Beweis.* Wegen $\nabla f(x^k) \in V_k$ und $\nabla f(x^k) \neq 0$ (sonst würde der Algorithmus 14.27 im Schritt (S.1) abbrechen) liegen auch alle Vielfachen von $\nabla f(x^k)$ in dem Teilraum $V_k$. Da die beiden im Beweis des Lemmas 14.21 benutzten „Vergleichsvektoren" $d$ jeweils Vielfache des Gradientenvektors waren, läßt sich der Beweis völlig analog zu dem des Lemmas 14.21 führen.  $\square$

Man beachte, daß das Lemma 14.29 insbesondere wieder die Wohldefiniertheit des Algorithmus 14.27 garantiert: Der Nenner des im Schritt (S.3) definierten Quotienten $r_k$ ist stets nichtnegativ und kann wegen Lemma 14.29 nur dann gleich Null sein, wenn $x^k$ bereits ein stationärer Punkt von $f$ ist, so daß das Teilraum–Trust–Region–Newton–Verfahren hätte im Schritt (S.1) abbrechen müssen.

Als Folgerung des Lemmas 14.29 erhalten wir außerdem einen globalen Konvergenzsatz für den Algorithmus 14.27.

**Satz 14.30.** *Seien $f : \mathbb{R}^n \to \mathbb{R}$ zweimal stetig differenzierbar, $\{x^k\}$ eine durch den Algorithmus 14.27 erzeugte Folge und $d_G^k \in V_k$ für alle $k \in \mathbb{N}$. Dann ist jeder Häufungspunkt von $\{x^k\}$ ein stationärer Punkt von $f$.*

*Beweis.* Man sieht sehr leicht ein, daß die Analoga der Lemmata 14.22 und 14.23 auch für das Teilraum–Trust–Region–Newton–Verfahren gelten. Daher kann der Beweis unter Verwendung des Lemmas 14.29 ebenfalls völlig analog zu dem des Satzes 14.24 erfolgen. Wir überlassen die Details dem Leser.    $\square$

Das folgende Resultat zeigt, daß unter gewissen Voraussetzungen bereits die gesamte durch den Algorithmus 14.27 erzeugte Folge gegen ein lokales Minimum konvergiert.

**Satz 14.31.** *Seien $f : \mathbb{R}^n \to \mathbb{R}$ zweimal stetig differenzierbar, $\{x^k\}$ eine durch den Algorithmus 14.27 erzeugte Folge, $d_G^k \in V_k$ für alle $k \in \mathbb{N}$ und $x^*$ ein Häufungspunkt von $\{x^k\}$ mit $\nabla^2 f(x^*)$ positiv definit. Dann gelten die folgenden Aussagen:*

*(a) Die gesamte Folge $\{x^k\}$ konvergiert gegen $x^*$.*
*(b) Es existiert ein $k_0$, so daß alle Iterationsschritte $k \geq k_0$ erfolgreich sind.*
*(c) Es existiert eine untere Schranke $\bar{\Delta} > 0$ mit $\Delta_k \geq \bar{\Delta}$ für alle $k \in \mathbb{N}$.*

*Beweis.* Auch hier kann der Beweis i.w. parallel zu dem des Satzes 14.25 erfolgen, wobei man natürlich den globalen Konvergenzsatz 14.30 anstelle des globalen Konvergenzsatzes 14.24 anzuwenden hat.    $\square$

Schließlich gehen wir auch für das Teilraum–Trust–Region–Verfahren auf das lokale Konvergenzverhalten ein. Natürlich genügt es zum Nachweis einer lokal superlinearen oder gar quadratischen Konvergenzrate nicht, lediglich vorauszusetzen, daß die Richtung des stärksten Abstiegs $d_G^k$ in dem Teilraum $V_k$ liegt. Setzt man hingegen voraus, daß die Newton–Richtung $d_k^N$ ebenfalls zu $V_k$ gehört, so erhält man das nachstehende Resultat.

**Satz 14.32.** *Seien $f : \mathbb{R}^n \to \mathbb{R}$ zweimal stetig differenzierbar, $\{x^k\}$ eine durch den Algorithmus 14.27 erzeugte Folge, $d_G^k, d_N^k \in V_k$ für alle $k \in \mathbb{N}$ und $x^*$ ein Häufungspunkt von $\{x^k\}$ mit $\nabla^2 f(x^*)$ positiv definit. Dann gelten die folgenden Aussagen:*

*(a) Die gesamte Folge $\{x^k\}$ konvergiert gegen $x^*$.*
*(b) Die Konvergenzrate ist mindestens superlinear.*
*(c) Ist $\nabla^2 f$ lokal Lipschitz-stetig, so ist die Konvergenzrate sogar quadratisch.*

*Beweis.* Die Aussage (a) folgt wieder unmittelbar aus dem Satz 14.31. Die Aussagen (b) und (c) hingegen ergeben sich wiederum durch genaue Inspektion des Beweises des entsprechende Konvergenzsatzes 14.26 für das Trust–Region–Newton–Verfahren 14.20: Dort wurde nämlich gezeigt, daß lokal die Newton–Richtung $d_N^k$ ein globales Minimum des Trust–Region–Teilproblemes ist. Da diese Richtung gemäß Voraussetzung aber zu dem Teilraum $V_k$ gehört, folgt analog, daß $d_N^k$ auch ein globales Minimum des Teilraum–Trust–Region–Teilproblems (14.72) ist, so daß auch der Algorithmus 14.27 seine lokalen Konvergenzeigenschaften von denen des lokalen Newton–Verfahrens erbt, siehe Satz 9.2.                                                                  $\square$

Numerische Resultate für die Wahl $V_k := \mathrm{span}\{d_G^k, d_N^k\}$ finden sich beispielsweise in der Arbeit [16]. Wir gehen auf diese im Hinblick auf unsere Theorie naheliegende Wahl von $V_k$ auch im Abschnitt 14.9 etwas ein.

Schließlich erwähnen wir noch, daß man die Lösung des Teilraum–Trust–Region–Problems (14.72) bei der Wahl $V_k := \mathrm{span}\{d_G^k\}$ häufig als *Cauchy-Punkt* bezeichnet. Wir bezeichnen den Cauchy-Punkt mit $d_C^k$ und kommen darauf am Ende des nächsten Abschnittes nochmals zurück.

## 14.7 Inexakte Trust–Region–Newton–Verfahren

Auch in diesem Abschnitt steht weiterhin das Trust–Region–Teilproblem

$$\min q_k(d) := f(x^k) + \nabla f(x^k)^T d + \frac{1}{2} d^T H_k d \quad \text{u.d.N.} \quad \|d\| \le \Delta, \quad (14.80)$$

mit $H_k := \nabla^2 f(x^k)$ im Mittelpunkt, und zwar wollen wir hier ein auf Steihaug [110] zurückgehendes Verfahren zur *inexakten* Lösung dieses Teilproblems angeben, welches dann insgesamt in einem inexakten Trust–Region–Newton–Verfahren mündet.

Wir beschäftigen uns also zunächst mit der inexakten Lösung des Trust–Region–Teilproblems (14.80). Da es sich hierbei um die Minimierung einer quadratischen Funktion handelt, erscheint die Anwendung des CG–Verfahrens aus dem Abschnitt 13.1 plausibel zu sein, wobei wir jetzt allerdings noch die Nebenbedingung aus dem Trust–Region–Teilproblem (14.80) berücksichtigen müssen. Diese führt natürlich dazu, daß wir das CG–Verfahren aus dem Algorithmus 13.2 etwas modifizieren müssen. In der Tat enthält der nachfolgende Algorithmus zur inexakten Lösung des Teilproblems (14.80) i.w. gerade den CG–Algorithmus 13.2, wobei wir allerdings folgende Änderungen vorgenommen haben:

(1) Zunächst einmal passen wir die Bezeichnungsweise etwas an die jetzige Situation an, man vergleiche diesbezüglich auch den Abschnitt 10.3.

(2) Wir führen zur Abkürzung einen Skalar $\gamma_i \in \mathrm{I\!R}$ ein.

(3) Der nachfolgende CG–Algorithmus beginnt stets mit $d_{CG}^0 = 0$.

(4) Es werden zwei neue Abbruchkriterien benutzt.

Die Punkte (1) und (2) sind offenbar völlig unerheblich. Der Punkt (3) ist für die hier durchzuführende Theorie zwar wichtig, stellt aber kaum eine Einschränkung dar, zumal das übliche CG–Verfahren bei Einsatz innerhalb eines inexakten Newton–Verfahrens i.a. ebenfalls mit dem Nullvektor gestartet wird, man vergleiche hierzu insbesondere die Bemerkungen im Anschluß an den Algorithmus 10.10.

Damit bedürfen lediglich die beiden neuen Abbruchkriterien noch einer weiteren Erläuterung. Da diese von gewissen theoretischen und noch zu beweisenden Eigenschaften abhängen, gehen wir auf diese erst etwas später ein. Es folgt daher die genaue Beschreibung des CG–Verfahrens zur inexakten Lösung des Trust–Region–Teilproblems (14.80).

**Algorithmus 14.33.** *(CG–Verfahren für Trust–Region–Teilproblem)*

*(S.0) Wähle $\eta_k \geq 0$ und setze $d^0_{CG} := 0, r^0 := \nabla f(x^k), p^0 := -r^0, \gamma_0 := (p^0)^T H_k p^0$ und $i := 0$.*

*(S.1) Ist $\gamma_i \leq 0$, so berechne $\tau > 0$ mit $\|d^i_{CG} + \tau p^i\| = \Delta$, setze $d^k := d^i_{CG} + \tau p^i$ und breche ab; anderenfalls gehe zu (S.2).*

*(S.2) Setze*

$$t_i := (r^i)^T r^i / \gamma_i,$$
$$d^{i+1}_{CG} := d^i_{CG} + t_i p^i.$$

*(S.3) Ist $\|d^{i+1}_{CG}\| \geq \Delta$, so berechne $\tau > 0$ mit $\|d^i_{CG} + \tau p^i\| = \Delta$, setze $d^k := d^i_{CG} + \tau p^i$ und breche ab; anderenfalls gehe zu (S.4).*

*(S.4) Setze*

$$r^{i+1} := r^i + t_i H_k p^i.$$

*(S.5) Ist $\|r^{i+1}\| \leq \eta_k \|\nabla f(x^k)\|$, so setze $d^k := d^{i+1}_{CG}$ und breche ab; anderenfalls gehe zu (S.6).*

*(S.6) Setze*

$$\beta_i := \frac{(r^{i+1})^T r^{i+1}}{(r^i)^T r^i},$$
$$p^{i+1} := -r^{i+1} + \beta_i p^i,$$
$$\gamma_{i+1} := (p^{i+1})^T H_k p^{i+1}.$$

*(S.7) Setze $i \leftarrow i + 1$, und gehe zu (S.1).*

Man beachte, daß sich die in den Schritten (S.1) und (S.3) zu berechnende Zahl $\tau$ als eindeutig bestimmte positive Lösung der quadratischen Gleichung

$$\|d^i_{CG} + \tau p^i\|^2 = \Delta^2$$

ergibt, und daß diese Lösung gerade durch

$$\tau = \frac{1}{\|p^i\|^2} \left( \sqrt{((p^i)^T d^i_{CG})^2 + \|p^i\|^2 (\Delta^2 - \|d^i_{CG}\|)^2} - (p^i)^T d^i_{CG} \right)$$

gegeben ist.

Bevor wir zur theoretischen Untersuchung des Algorithmus 14.33 kommen, erinnern wir zunächst an einige Eigenschaften des CG–Verfahrens.

**Lemma 14.34.** *Bricht der Algorithums 14.33 nach $m \in \mathbb{N}$ Schritten ab, so gelten die folgenden Aussagen:*

*(a)* $(r^i)^T p^j = 0$ *für alle* $0 \le j < i \le m$.
*(b)* $(r^i)^T p^i = -\|r^i\|^2$ *für alle* $0 \le i \le m$.
*(c)* $r^i = H_k d^i_{CG} + \nabla f(x^k)$ *für alle* $0 \le i \le m$.
*(d)* $\nabla q_k(d^i_{CG})^T p^i < 0$ *für alle* $0 \le i \le m$, *d.h., für diese $i$ ist $p^i$ Abstiegsrichtung für $q_k$ im Punkt $d^i_{CG}$.*

*Beweis.* Die Teile (a) und (b) folgen aus der Modifikation von Satz 13.3, wie sie in Aufgabe 13.2 mit Hinweisen zum Beweis ausformuliert ist: Die dort getroffene Voraussetzung $\gamma_i > 0$, $i = 0, \ldots, m$, ist erfüllt, da andernfalls der Algorithmus zuvor in einem Schritt (S.1) abgebrochen wäre. Der Teil (c) besagt lediglich, daß $r^i$ das Residuum der Newton–Gleichung $\nabla^2 f(x^k)d = -\nabla f(x^k)$ im $i$–ten Iterationsschritt angibt, aber so wurde $r^i$ (damals $g^i$) im Abschnitt 13.1 ja gerade definiert. Für Teil (d) ist wegen (b) und (c) lediglich die Gültigkeit von

$$\|r^i\| > 0$$

für $i = 0, \ldots, m$ zu zeigen. Dies ist aber klar, denn anderenfalls hätte der Algorithmus schon für $i = m - 1$ in Schritt (S.5) abbrechen müssen.     $\square$

Wir beweisen nun ein erstes (und wichtiges) Resultat über den Algorithmus 14.33.

**Lemma 14.35.** *Bricht der Algorithmus 14.33 nach $m \in \mathbb{N}$ Schritten ab, so gelten die folgenden Aussagen:*

*(a)* $\|d^{i+1}_{CG}\| > \|d^i_{CG}\|$ *für alle* $i = 0, 1, \ldots, m - 1$ *(und sogar für alle $i = 0, 1, \ldots, m$, wenn der Algorithmus 14.33 nicht im Schritt (S.1) abbricht).*
*(b)* $\|d^k\| > \|d^i_{CG}\|$ *für alle* $i = 0, 1, \ldots, m$ .

*Beweis.* Bevor wir zum Nachweis der eigentlichen Behauptung kommen, bemerken wir zunächst, daß neben $\|r^i\| > 0$ für alle $i = 0, 1, \ldots, m$ auch $\|p^j\| > 0$ für alle $j = 0, 1, \ldots, m - 1$ gelten. Anderenfalls hätte der Algorithmus 14.33 nämlich schon für $i = m - 1$ in den Schritten (S.5) bzw. (S.1) abbrechen müssen.

(a): Für $0 \le j < i \le m - 1$ folgt unter Verwendung von Lemma 14.34 (a):

$$(p^i)^T p^j = (-r^i + \beta_{i-1} p^{i-1})^T p^j$$
$$= \beta_{i-1}(p^{i-1})^T p^j$$
$$= \frac{\|r^i\|^2}{\|r^{i-1}\|^2}(p^{i-1})^T p^j$$

und damit rekursiv

$$(p^i)^T p^j = \frac{\|r^i\|^2 \|p^j\|^2}{\|r^j\|^2}. \tag{14.81}$$

Wegen $d_{CG}^i = \sum_{j=0}^{i-1} t_j p^j$ ergibt sich somit

$$(p^i)^T(d_{CG}^i) = \sum_{j=0}^{i-1} t_j (p^i)^T p^j$$

$$= \sum_{j=0}^{i-1} t_j \frac{\|r^i\|^2 \|p^j\|^2}{\|r^j\|^2}$$

$$> 0$$

für $i = 0, 1, \ldots, m-1$. Also folgt

$$\|d_{CG}^{i+1}\|^2 = (d_{CG}^{i+1})^T(d_{CG}^{i+1})$$

$$= (d_{CG}^i + t_i p^i)^T(d_{CG}^i + t_i p^i)$$

$$= \|d_{CG}^i\|^2 + 2t_i (p^i)^T d_{CG}^i + t_i^2 \|p^i\|^2$$

$$> \|d_{CG}^i\|^2$$

für $i = 0, 1, \ldots, m-1$ Bricht der Algorithmus 14.33 nicht im Schritt (S.1) ab und existiert daher $d_{CG}^{i+1}$ auch noch für $i = m$, so gilt die obige Ungleichung offenbar für alle $i = 0, 1, \ldots, m$.


(b): Ist $d^k = d_{CG}^{m+1}$, so folgt die Behauptung unmittelbar aus dem gerade bewiesenen Teil (a). Anderenfalls bricht der Algorithmus 14.33 im Schritt (S.1) oder im Schritt (S.3) mit $d^k = d_{CG}^m + \tau p^m$ und

$$\|d^k\| = \Delta$$

ab. Dabei hat $d_{CG}^m$ vorher der Bedingung im Schritt (S.3) nicht genügt, d.h., es gilt

$$\|d_{CG}^m\| < \Delta.$$

Damit ist auch Teil (b) bewiesen. $\qquad\qquad\square$

Wir kommen nun zu der zweiten wichtigen Eigenschaft des Algorithmus 14.33.

**Lemma 14.36.** *Bricht der Algorithmus 14.33 nach $m \in \mathbb{N}$ Schritten ab, so gelten die folgenden Aussagen:*

*(a) $q_k(d_{CG}^{i+1}) < q_k(d_{CG}^i)$ für alle $i = 0, 1, \ldots m-1$ (und sogar für alle $i = 0, 1, \ldots, m$, wenn der Algorithmus 14.33 nicht im Schritt (S.1) abbricht).*
*(b) $q_k(d^k) < q_k(d_{CG}^i)$ für alle $i = 0, 1, \ldots, m$.*

*Beweis.* (a): Aus der Definition von $d_{CG}^{i+1}$ im Algorithmus 14.33 erhält man unter Berücksichtigung von Lemma 14.34 (b) und (c):

$$q_k(d_{CG}^{i+1}) = f(x^k) + \nabla f(x^k) d_{CG}^{i+1} + \frac{1}{2}(d_{CG}^{i+1})^T H_k d_{CG}^{i+1}$$

$$= q_k(d_{CG}^i) + t_i \nabla f(x^k)^T p^i + t_i (d_{CG}^i)^T H_k p^i + \frac{1}{2} t_i^2 \gamma_i$$

$$= q_k(d_{CG}^i) + t_i (r^i)^T p^i + \frac{1}{2} t_i^2 \gamma_i$$

$$= q_k(d_{CG}^i) - t_i \|r^i\|^2 + \frac{1}{2} t_i^2 \gamma_i$$

$$= q_k(d_{CG}^i) - \frac{1}{2} \frac{\|r^i\|^4}{\gamma_i}$$

$$< q_k(d_{CG}^i)$$

für $i = 0, 1, \ldots, m-1$. Bricht der Algorithmus 14.33 nicht im Schritt (S.1) ab und existiert daher die Iterierte $d_{CG}^{i+1}$ auch noch für $i = m$, so gilt die letzte Ungleichung offenbar sogar für $i = 0, 1, \ldots, m$. (Man beachte, daß beim Nachweis dieser Ungleichung wieder die schon im Beweis von Lemma 14.34 gemachte Aussage $\|r^i\| > 0$ für $i = 0, 1, \ldots, m$ eine wichtige Rolle spielt.)

(b): Ist $d^k = d_{CG}^{m+1}$, so folgt die Behauptung direkt aus dem Teil (a). Anderenfalls ist $d^k = d_{CG}^m + \tau p^m$ für ein $\tau \in \mathbb{R}$ mit $\tau > 0$. Wir betrachten zunächst den Fall $\gamma_m > 0$. Wegen Lemma 14.34 (d) ist

$$\nabla q_k(d_{CG}^m)^T p^m = (r^m)^T p^m < 0. \tag{14.82}$$

Da per Definition der Schrittweite $t_m$ im Falle $\gamma_m > 0$ der minimale Funktionswert von $q_k$ entlang des von $d_{CG}^m$ ausgehenden Strahles in Richtung $p^m$ im Punkte $d_{CG}^m + t_m p^m$ erzielt wird, folgt

$$q_k(d_{CG}^m) > q_k(d_{CG}^m + t p^m)$$

für alle $0 < t \leq t_m$; wegen $\tau \in (0, t_m]$ gilt diese Ungleichung insbesondere für $t = \tau$, so daß sich

$$q_k(d_{CG}^m) > q_k(d_{CG}^m + \tau p^m) = q_k(d^k)$$

ergibt. Damit ist wegen Teil (a) auch

$$q_k(d^k) < q_k(d_{CG}^i)$$

für $i = 0, 1, \ldots, m$ bewiesen. Ist dagegen $\gamma_m \leq 0$, so ist der quadratische Term in $q_k$ nichtpositiv und somit

$$q_k(d_{CG}^m) > q_k(d_{CG}^m + t p^m)$$

für alle $t > 0$, insbesondere also wieder für $t = \tau$. Hieraus ergibt sich mit Teil (a) wieder die Behauptung (b). $\qquad\square$

Die Aussage (a) von Lemma 14.36 kann übrigens auch leicht aus Lemma 14.34 (d) gefolgert werden, da $p^i$ stets Abstiegsrichtung und $t_i$ die optimale Schrittweite ist, die insbesondere die Abnahme des Zielfunktionswerts garantiert.

Mit Hilfe der beiden Lemmata 14.35 und 14.36 sind wir jetzt insbesondere in der Lage, die beiden zusätzlichen Abbruchkriterien in den Schritten (S.1) und (S.3) zu erläutern: Dazu betrachte man das Trust–Region–Teilproblem (14.80) zu einer festen Iteration $k$. Dieses besteht darin, die quadratische Funktion $q_k$ innerhalb einer Kugel mit Mittelpunkt $x^k$ und Radius $\Delta_k$ zu minimieren. Der Algorithmus 14.33 versucht, dieses Ziel zu erreichen, indem er einen stückweise linearen Pfad verfolgt, der im Mittelpunkt $x^k$ beginnt, dann zunächt in Richtung des negativen Gradienten bis zu dem Punkt $d^1_{CG}$ geht, danach geht es von diesem Punkt weiter entlang der Richtung $p^1$ bis zum Punkt $d^2_{CG}$, danach entlang der Richtung $p^2$ bis zum Punkt $d^3_{CG}$ etc. Das Lemma 14.36 garantiert nun, daß der Funktionswert der quadratischen Funktion $q_k$ dabei stets abnimmt, so daß man diesen Prozeß fortführen wird, solange man sich innerhalb der vorgegebenen Kugel befindet und das eigentliche Abbruchkriterium aus dem Schritt (S.5) noch nicht erfüllt ist.

Gelangt man hingegen einmal aus der Kugel heraus, so wählt man als neue Suchrichtung $d^k$ den eindeutig bestimmten Schnittpunkt zwischen dem Rand der Kugel sowie der Verbindungsstrecke zwischen dem letzten Punkt $d^i_{CG}$, der noch echt in der Kugelumgebung lag, und dem neuen Punkt $d^{i+1}_{CG}$. Ist irgendwann einmal $\gamma_i \leq 0$ im Schritt (S.1), so ist das quadratische Modell $q_k$ nicht strikt konvex (sehr wahrscheinlich sogar indefinit); man kann diese Funktion daher beliebig verkleinern, indem man beliebig weit in die Suchrichtung $p^i$ geht. Eine Grenze ist wieder nur durch den Radius $\Delta_k$ der Kugelumgebung festgelegt.

Ersetzt man in dem Trust–Region–Newton–Verfahren 14.20 nun die exakte Lösung des Trust–Region–Teilproblems durch eine inexakte Lösung im Sinne des Algorithmus 14.33, so erhält man gerade das inexakte Trust–Region–Newton–Verfahren.

**Algorithmus 14.37.** *(Inexaktes Trust–Region–Newton–Verfahren)*

*(S.0) Wähle $x^0 \in \mathbb{R}^n, \Delta_0 > 0, \Delta_{\min} > 0, 0 < \rho_1 < \rho_2 < 1, 0 < \sigma_1 < 1 < \sigma_2, \varepsilon \geq 0$, und setze $k := 0$.*

*(S.1) Ist $\|\nabla f(x^k)\| \leq \varepsilon$: STOP.*

*(S.2) Bestimme eine inexakte Lösung $d^k \in \mathbb{R}^n$ des Trust–Region–Teilproblems*

$$\min q_k(d) \quad u.d.N. \quad \|d\| \leq \Delta_k$$

*durch Anwendung des Algorithmus 14.33 mit einer noch näher zu spezifizierenden Toleranz $\eta_k \geq 0$.*

*(S.3) Berechne*

$$r_k := \frac{f(x^k) - f(x^k + d^k)}{f(x^k) - q_k(d^k)}.$$

*Falls $r_k \geq \rho_1$, so nennen wir den $k$-ten Iterationsschritt erfolgreich und setzen $x^{k+1} := x^k + d^k$; anderenfalls setzen wir $x^{k+1} := x^k$.*
*(S.4) Falls $r_k < \rho_1$, setze $\Delta_{k+1} := \sigma_1 \Delta_k$.*
  *Falls $r_k \in [\rho_1, \rho_2)$, setze $\Delta_{k+1} := \max\{\Delta_{\min}, \Delta_k\}$.*
  *Falls $r_k \geq \rho_2$, setze $\Delta_{k+1} := \max\{\Delta_{\min}, \sigma_2 \Delta_k\}$.*
*(S.5) Setze $k \leftarrow k + 1$, und gehe zu (S.1).*

Nachfolgend untersuchen wir wieder die globalen und lokalen Konvergenzeigenschaften des Algorithmus 14.37. Wie immer, gehen wir auch hier implizit davon aus, daß der Abbruchparameter $\varepsilon$ gleich Null ist und daß der Algorithmus 14.37 eine unendliche Folge $\{x^k\}$ erzeugt.

**Lemma 14.38.** *Sei $d^k \in \mathbb{R}^n$ der im Schritt (S.2) des Algorithmus 14.37 berechnete Vektor. Dann ist*

$$f(x^k) - q_k(d^k) \geq \frac{1}{2} \|\nabla f(x^k)\| \min\left\{ \Delta_k, \frac{\|\nabla f(x^k)\|}{\|H_k\|} \right\}$$

*(dabei wird erneut $\min\{\Delta_k, \|\nabla f(x^k)\|/\|H_k\|\} = \Delta_k$ gesetzt, falls $H_k = 0$ ist).*

*Beweis.* Betrachte den $k$-ten Iterationsschritt für ein festes $k$. Gemäß Konstruktion sucht der Algorithmus 14.33 zunächst das Minimum der Funktion $q_k$ entlang des durch den negativen Gradienten $-\nabla f(x^k)$ aufgespannten Raumes. Wegen Lemma 14.36 ist der Funktionswert $q_k(d^k)$ keinesfalls größer als derjenige Funktionswert, der sich durch Lösung des Teilraum–Trust–Region–Teilproblems

$$\min \; q_k(d) \quad \text{u.d.N.} \quad \|d\| \leq \Delta_k, d_k \in \operatorname{span}\{-\nabla f(x^k)\}$$

ergeben würde. Damit folgt die Behauptung unmittelbar aus dem Lemma 14.29 $\qquad\square$

Mit Hilfe dieses Lemmas können wir auch schon einen globalen Konvergenzsatz für das inexakte Trust–Region–Newton–Verfahren beweisen.

**Satz 14.39.** *Seien $f : \mathbb{R}^n \to \mathbb{R}$ zweimal stetig differenzierbar und $\{x^k\}$ eine durch den Algorithmus 14.37 erzeugte Folge. Dann ist jeder Häufungspunkt von $\{x^k\}$ ein stationärer Punkt von $f$.*

*Beweis.* Unter Verwendung des Lemmas 14.38 kann der Beweis völlig analog zu dem des Satzes 14.24 geführt werden. $\qquad\square$

**Satz 14.40.** *Seien $f : \mathbb{R}^n \to \mathbb{R}$ zweimal stetig differenzierbar, $\{x^k\} \subseteq \mathbb{R}^n$ eine durch das inexakte Trust–Region–Newton–Verfahren 14.37 erzeugte Folge und $x^*$ ein Häufungspunkt von $\{x^k\}$ mit $\nabla^2 f(x^*)$ positiv definit, so gelten die folgenden Aussagen:*

*(a) Die gesamte Folge $\{x^k\}$ konvergiert gegen $x^*$.*

*(b) Es existiert ein $k_0 \in \mathbb{N}$, so daß alle Iterationsschritte $k \geq k_0$ erfolgreich sind.*

*(c) Es existiert eine untere Schranke $\bar{\Delta} > 0$ mit $\Delta_k \geq \bar{\Delta}$ für alle $k \in \mathbb{N}$.*

*Beweis.* Der Beweis verläuft völlig analog zu dem des Satzes 14.25.    □

**Satz 14.41.** *Seien $f : \mathbb{R}^n \to \mathbb{R}$ zweimal stetig differenzierbar, $\{x^k\} \subseteq \mathbb{R}^n$ eine durch das inexakte Trust–Region–Newton–Verfahren 14.37 erzeugte Folge sowie $x^*$ ein Häufungspunkt von $\{x^k\}$ mit $\nabla^2 f(x^*)$ positiv definit. Dann gelten die folgenden Aussagen:*

*(a) Die gesamte Folge $\{x^k\}$ konvergiert gegen $x^*$.*

*(b) Ist $\eta_k \leq \bar{\eta}$ für ein $\bar{\eta} \in (0,1)$ hinreichend klein, so ist die Konvergenzrate mindestens linear.*

*(c) Ist $\{\eta_k\} \to 0$, so ist die Konvergenzrate mindestens superlinear.*

*(d) Ist $\nabla^2 f$ lokal Lipschitz-stetig und ist $\{\eta_k\} = O(\|\nabla f(x^k)\|)$, so ist die Konvergenzrate sogar quadratisch.*

*Beweis.* Die Aussage (a) folgt unmittelbar aus dem Satz 14.40 (a). Aus der Konvergenz von $\{x^k\}$ gegen $x^*$ sowie Lemma 9.8 ergibt sich außerdem, daß die Matrizen $\nabla^2 f(x^k)$ für alle hinreichend großen $k$ positiv definit sind. Für diese $k$ kann daher das Abbruchkriterium im Schritt (S.1) des Algorithmus 14.33 nicht aktiv sein.

Da wegen Satz 14.40 (b) schließlich alle Iterationen erfolgreich sind, ist $x^{k+1} = x^k + d^k$ für alle hinreichend großen $k$. Aus der Konvergenz der gesamten Folge $\{x^k\}$ gegen $x^*$ ergibt sich somit $\{d^k\} \to 0$. Andererseits existiert wegen Satz 14.40 (c) ein $\bar{\Delta} > 0$ mit $\Delta_k \geq \bar{\Delta}$ für alle $k \in \mathbb{N}$. Aufgrund des Lemmas 14.35 kann daher auch das Abbruchkriterium aus dem Schritt (S.3) des Algorithmus 14.33 lokal nicht aktiv sein.

Wegen der positiven Definitheit der Matrizen $\nabla^2 f(x^k)$ für alle hinreichend großen $k$ bricht also Algorithmus 14.33 nach endlich vielen Schritten in (S.5) mit

$$\|r^{i+1}\| \leq \eta_k \|\nabla f(x^k)\|$$

ab; wegen Lemma 14.34 (c) folgt hieraus

$$\|\nabla^2 f(x^k) d^k + \nabla f(x^k)\| \leq \eta_k \|\nabla f(x^k)\|.$$

Also stimmt das inexakte Trust–Region–Newton–Verfahren 14.37 lokal mit dem inexakten Newton–Verfahren aus dem Algorithmus 10.1 überein und erbt daher dessen Konvergenzeigenschaften. Die Aussagen (b)–(d) ergeben sich somit aus dem Satz 10.2.    □

Abschließend erwähnen wir, daß bereits vor der hier besprochenen Arbeit von Steihaug [110] verschiedene Verfahren vorgestellt worden sind, die sich dahingehend interpretieren lassen, daß man das Trust–Region–Teilproblem löst, indem man entlang eines stückweise linearen Pfades von der Gradientenrichtung zur Newton–Richtung übergeht und dabei innerhalb des durch den Trust–Region–Radius gegebenen Vertrauensbereiches bleibt. Der *Dogleg–Schritt* von Powell [93] beispielsweise sucht zunächst das Minimum der quadratischen Approximation $q_k$ entlang der negativen Gradientenrichtung $d_G^k$; mit dem am Ende des vorigen Abschnittes eingeführten Cauchy–Punkt $d_C^k$ gelangt man somit zum Punkt $x^k + d_C^k$. Von dort geht es dann weiter entlang der Verbindungsgeraden von $x^k + d_C^k$ zu dem Newton–Punkt $x^k + d_N^k$, wobei wie im vorigen Abschnitt wieder

$$d_G^k := -\nabla f(x^k)$$

und

$$d_N^k := -\nabla^2 f(x^k)^{-1}\nabla f(x^k)$$

gesetzt wurden. Dennis und Mei [25] geben in ihrem *Double–Dogleg–Schritt* eine Variante dieses Verfahrens von Powell an, bei dem man von $x^k + d_C^k$ zunächst zu einem Punkt $x^k + \gamma d_N^k$ mit $\gamma \in (0,1)$ geht und von dort aus dann den Newton–Punkt $x^k + d_N^k$ zu erreichen versucht. Für eine detaillierte Beschreibung dieser Variante verweisen wir auch auf das Buch von Dennis und Schnabel [28].

Man beachte, daß man sowohl den Dogleg–Schritt als auch den Double–Dogleg–Schritt nicht nur als Variante des hier besprochenen inexakten Trust–Region–Verfahrens auffassen kann, sondern auch als eine geeignete Variante des Teilraum–Trust–Region–Verfahrens aus dem Abschnitt 13.6, da beide Varianten den neuen Iterationspunkt stets in dem durch $d_G^k$ und $d_N^k$ aufgespannten Teilraums suchen.

## 14.8 Trust–Region–Quasi–Newton–Verfahren

In diesem vorletzten Abschnitt des Kapitels über Trust–Region–Verfahren beschäftigen wir uns nun mit den Quasi–Newton–Verfahren. Als quadratische Approximation für die Funktion $f(x^k + \cdot)$ wählen wir

$$q_k(d) := f(x^k) + \nabla f(x^k)^T d + \frac{1}{2}d^T H_k d,$$

wobei $H_k \in \mathrm{I\!R}^{n \times n}$ jetzt nicht mehr die exakte Hesse–Matrix $\nabla^2 f(x^k)$ ist, sondern eine symmetrische Matrix darstellt, die in jedem Schritt nach bestimmten Vorschriften aufdatiert wird.

Folgen wir ansonsten dem Schema des Algorithmus 14.20, so erhalten wir den

**Algorithmus 14.42.** *(Trust–Region–Quasi–Newton–Verfahren)*

*(S.0) Wähle $x^0 \in \mathrm{I\!R}^n, H_0 \in \mathrm{I\!R}^{n \times n}$ symmetrisch, $\Delta_0 > 0, \Delta_{\min} > 0, 0 < \rho_1 < \rho_2 < 1, 0 < \sigma_1 < 1 < \sigma_2, \varepsilon \geq 0$, und setze $k := 0$.*

*(S.1) Ist $\|\nabla f(x^k)\| \leq \varepsilon$: STOP.*

*(S.2) Bestimme eine Lösung $d^k \in \mathbb{R}^n$ des Trust–Region–Teilproblems*

$$\min q_k(d) \quad u.d.N. \quad \|d\| \leq \Delta_k. \tag{14.83}$$

*(S.3) Berechne*

$$r_k := \frac{f(x^k) - f(x^k + d^k)}{f(x^k) - q_k(d^k)}.$$

*Falls $r_k \geq \rho_1$, so nennen wir den $k$–ten Iterationsschritt erfolgreich, setzen $x^{k+1} := x^k + d^k$ und bestimmen $H_{k+1}$; anderenfalls setzen wir $x^{k+1} := x^k$ und $H_{k+1} := H_k$.*

*(S.4) Falls $r_k < \rho_1$, setze $\Delta_{k+1} := \sigma_1 \Delta_k$.*
    *Falls $r_k \in [\rho_1, \rho_2)$, setze $\Delta_{k+1} := \max\{\Delta_{\min}, \Delta_k\}$.*
    *Falls $r_k \geq \rho_2$, setze $\Delta_{k+1} := \max\{\Delta_{\min}, \sigma_2 \Delta_k\}$.*

*(S.5) Setze $k \leftarrow k + 1$, und gehe zu (S.1).*

Zur Bestimmung der Matrix $H_{k+1}$ eignen sich insbesondere natürlich die Quasi–Newton–Aufdatierungsformeln aus dem Kapitel 11. Wir erinnern den Leser daher noch einmal an die wichtigsten Aufdatierungsformeln, wobei wir zur Abkürzung $s^k := x^{k+1} - x^k$ und $y^k := \nabla f(x^{k+1}) - \nabla f(x^k)$ setzen:

(a) BFGS–Aufdatierungsformel

$$H_{k+1} = H_k + \frac{y^k (y^k)^T}{(s^k)^T y^k} - \frac{H_k s^k (s^k)^T H_k}{(s^k)^T H_k s^k};$$

(b) DFP–Aufdatierungsformel:

$$H_{k+1} = H_k + \frac{(y^k - H_k s^k)(y^k)^T + y^k (y^k - H_k s^k)^T}{(s^k)^T y^k}$$
$$- \frac{(y^k - H_k s^k)^T s^k}{((s^k)^T y^k)^2} y^k (y^k)^T;$$

(c) Kleinmichel–Aufdatierungsformel:

$$H_{k+1} = \gamma_k \left[ H_k + \frac{(y^k + \gamma_k \nabla f(x^k))(y^k + \gamma_k \nabla f(x^k))^T}{\gamma_k (y^k + \gamma_k \nabla f(x^k))^T d^k} \right]$$

mit

$$\gamma_k \in (0, 1 - \rho_k), \quad \rho_k := \frac{\nabla f(x^{k+1})^T d^k}{\nabla f(x^k)^T d^k};$$

(d) PSB–Aufdatierungsformel:

$$H_{k+1} = H_k + \frac{(y^k - H_k s^k)(s^k)^T + s^k (y^k - H_k s^k)^T}{(s^k)^T s^k}$$
$$- \frac{(y^k - H_k s^k)^T s^k}{((s^k)^T s^k)^2} s^k (s^k)^T;$$

(e) Symmetrische Rang 1–Formel:

$$H_{k+1} = H_k + \frac{(y^k - H_k s^k)(y^k - H_k s^k)^T}{(y^k - H_k s^k)^T s^k}.$$

Anders als bei den durch eine Schrittweitenstrategie globalisierten Quasi–Newton–Verfahren im Kapitel 11 spielt die positive Definitheit der Matrix $H_k$ beim Algorithmus 14.42 keine so dominante Rolle mehr, da wir auch indefinite Trust–Region–Teilprobleme lösen können, siehe Abschnitt 14.4. Tatsächlich sind beispielsweise für das Trust–Region–SR1–Verfahren zum Teil bessere numerische Resultate erzielt worden als für das Trust–Region–BFGS–Verfahren, siehe etwa [18]. Außerdem ist selbst bei Verwendung der BFGS– oder der DFP–Aufdatierungsformel die positive Definitheit der Folge $\{H_k\}$ keineswegs mehr garantiert, denn die positive Definitheit von $H_k$ vererbt sich auf $H_{k+1}$ nur dann, wenn $(s^k)^T y^k > 0$ ist; dies folgt sofort aus der Gültigkeit der Quasi–Newton–Gleichung $H_{k+1} s^k = y^k$ und Lemma 11.35. Nun konnte die Bedingung $(s^k)^T y^k > 0$ im Abschnitt 11.4 zwar durch Verwendung der Wolfe–Powell–Schrittweitenstrategie gewährleistet werden, ist durch den Algorithmus 14.42 aber keineswegs mehr garantiert. Der Leser kann sich leicht überlegen, daß die positive Definitheit der Folge $\{H_k\}$ auch im Falle der Kleinmichel–Formel i.a. nicht mehr erfüllt ist.

Trotzdem wäre es auch für das Trust–Region–Verfahren 14.42 recht nützlich, wenn alle $H_k$ positiv definit wären, da sich hiermit die Lösung des Trust–Region–Teilproblems (14.83) etwas vereinfachen würde und man insbesondere neben dem im Abschnitt 14.4 angegebenen Algorithmus auch jenen aus der Aufgabe 14.5 verwenden könnte. Zu diesem Zweck mag es beispielsweise bei Verwendung der BFGS–Formel sinnvoll sein, auch bei erfolgreichen Schritten einfach $H_{k+1} := H_k$ zu setzen, sofern die Bedingung $(s^k)^T y^k > 0$ nicht erfüllt ist. Andererseits wird in der Literatur manchmal auch eine Aufdatierung von $H_k$ bei nicht erfolgreichen Iterationsschritten vorgeschlagen, siehe etwa [11] bei Verwendung der SR1–Formel. Wir wollen mit diesen Ausführungen nur andeuten, daß es bezüglich der explizit benutzten Aufdatierungsstrategie für Quasi–Newton–Matrizen im Zusammenhang mit einem Trust–Region–Verfahren keineswegs eine einheitliche Meinung gibt.

Wir geben als nächstes einen globalen Konvergenzsatz für das Trust–Region–Quasi–Newton–Verfahren aus dem Algorithmus 14.42 an.

**Satz 14.43.** *Seien $f : \mathbb{R}^n \to \mathbb{R}$ zweimal stetig differenzierbar und $\{x^k\}$ eine durch den Algorithmus 14.20 erzeugte Folge. Ferner sei die Folge $\{H_k\}$ beschränkt. Dann ist jeder Häufungspunkt von $\{x^k\}$ ein stationärer Punkt von $f$.*

*Beweis.* Aufgrund der vorausgesetzten Beschränktheit der Folge $\{H_k\}$ läßt sich der Beweis fast parallel zu dem des Satzes 14.24 führen, da auch für das Trust–Region–Quasi–Newton–Verfahren die Analoga der Lemmata 14.21, 14.22 und 14.23 gelten. $\qquad\square$

Man beachte, daß man die im globalen Konvergenzsatz 14.43 geforderte Beschränktheit der Folge $\{H_k\}$ algorithmisch stets erzwingen kann, indem man $H_k$ nicht aufdatiert, sofern beispielsweise $\|H_k\|_F$ größer als eine vorgegebene Schranke wird. Andererseits gelang Powell [97] für eine große Klasse von Trust–Region–Verfahren auch der Nachweis der globalen Konvergenz im Falle einer unbeschränkten Folge $\{H_k\}$, sofern zumindest noch

$$\|H_k\| \leq c_1 + c_2 k$$

für Konstanten $c_1 > 0$ und $c_2 > 0$ gilt.

## 14.9 Numerische Resultate

Dieser abschließende Abschnitt enthält einige numerische Resultate für praktisch alle in diesem Kapitel vorgestellten Verfahren vom Trust–Region–Typ.

Für alle Trust–Region–Verfahren werden dabei folgende Parameter gewählt:

$$\Delta_0 = 1, \Delta_{\min} = 10^{-2}, \rho_1 = 0.1, \rho_2 = 0.75, \sigma_1 = 0.5, \sigma_2 = 2.$$

Die Verfahren werden abgebrochen, wenn zumindest eine der folgenden Bedingungen erfüllt ist:

$$\|\nabla f(x^k)\| \leq \varepsilon \quad \text{oder} \quad k > k_{\max}$$

mit

$$\varepsilon = 10^{-6} \quad \text{und} \quad k_{\max} = 400.$$

Zur Lösung der Trust–Region–Teilprobleme wurde jeweils der Algorithmus 14.17 benutzt (bzw. im Falle des inexakten Trust–Region–Newton–Verfahrens der Algorithmus 14.33). Als Parameter für den Algorithmus 14.17 wurden

$$\rho = 10^{-8}, p = 2.1, \beta = 0.5, \sigma = 10^{-4}$$

gewählt; zusätzlich wird dieser Algorithmus wie auch das Verfahren 14.33 abgebrochen, wenn

$$i > i_{\max}$$

mit

$$i_{\max} = 30$$

gilt.

Die Spalten der Tabellen 14.1–14.5 haben folgende Bedeutung:

| | |
|---|---|
| Testbeispiel: | Name des Testbeispieles aus dem Anhang C, |
| $n$: | Dimension des Testbeispieles, |
| $m$: | Anzahl der Summanden im Testbsp. (siehe Anhang C), |
| Iter.: | Anzahl der (äußeren) Iterationen, |
| erf.: | Anzahl der erfolgreichen (äußeren) Iterationen, |
| $i_{cum}$: | Anzahl der (kumulierten) inneren Iterationen, |
| KKT: | Anzahl der gefundenen KKT–Punkte, die keine globalen Minima der Trust–Region–Teilprobleme waren. |

Die Tabelle 14.1 enthält zunächst die Resultate für das Trust–Region–Newton–Verfahren aus dem Algorithmus 14.20. Ähnlich wie bei dem mit einer Schrittweitenstrategie globalisierten Newton–Verfahren (siehe Abschnitt 9.2) werden zwar alle Testbeispiele mit Ausnahme der Wood–Funktion gelöst, die Anzahl der inneren Iterationen (und es ist diese Zahl, die mit der Anzahl der Iterationen für das Newton–Verfahren aus dem Kapitel 9 vergleichbar ist) ist aber nicht unerheblich höher.

**Tabelle 14.1.** Numerische Resultate für das Trust–Region–Newton–Verfahren

| Testbeispiel | $n$ | $m$ | Iter. | erf. | $i_{cum}$ | KKT |
|---|---|---|---|---|---|---|
| Gauß–Fkt. | 3 | 3 | 44 | 6 | 213 | 25 |
| Beliebig–dimensionale Fkt. | 10 | 10 | 14 | 14 | 140 | 0 |
| Penalty–Fkt. I | 4 | 4 | 62 | 31 | 248 | 0 |
| Trigonometrische Fkt. | 4 | 4 | 22 | 18 | 192 | 0 |
| Rosenbrock–Fkt. | 2 | 2 | 33 | 19 | 66 | 0 |
| Wood–Fkt. | 4 | 6 | – | – | – | – |

Die Situation verbessert sich etwas, wenn man zum Teilraum–Trust–Region–Newton–Verfahren übergeht. Die zugehörigen numerischen Resultate sind in der Tabelle 14.2 enthalten. Da der hier gewählte Teilraum $V_k$ maximal von der Dimension zwei ist, besteht der Hauptaufwand in der Berechnung der Newton–Richtung. Bei einem Vergleich mit den Resultaten aus dem Kapitel 9 sollte man hier also die Anzahl der äußeren Iterationen mit denen der Iterationen aus dem Abschnitt 9.4 miteinander vergleichen. Zwar schneidet auch das Teilraum–Trust–Region–Verfahren dann immer noch etwas schlechter ab, der Unterschied ist aber nicht mehr so gravierend. Außerdem wird jetzt auch die Wood–Funktion erfolgreich minimiert.

Letzteres gilt auch für das inexakte Trust–Region–Newton–Verfahren aus dem Algorithmus 14.37, für die wir die Resultate in der Tabelle 14.3 zusammenfassen. Abgesehen von dieser Tatsache sind die numerischen Resultate allerdings auch hier zumeist schlechter als für das mittels einer Schrittweitenstrategie globalisierte inexakte Newton–Verfahren, man vergleiche hierzu den Abschnitt 10.4.

Die Tabellen 14.4 und 14.5 schließlich enthalten die Resultate für zwei Trust–Region–Quasi–Newton–Verfahren, nämlich einmal unter Verwendung

**Tabelle 14.2.** Numerische Resultate für das Teilraum–Trust–Region–Newton–Verfahren

| Testbeispiel | $n$ | $m$ | Iter. | erf. | $i_{cum}$ | KKT |
|---|---|---|---|---|---|---|
| Gauß–Fkt. | 3 | 3 | 44 | 6 | 172 | 25 |
| Beliebig–dimensionale Fkt. | 10 | 10 | 14 | 14 | 20 | 0 |
| Penalty–Fkt. I | 4 | 4 | 62 | 31 | 124 | 0 |
| Trigonometrische Fkt. | 4 | 4 | 30 | 27 | 60 | 0 |
| Rosenbrock–Fkt. | 2 | 2 | 33 | 19 | 66 | 0 |
| Wood–Fkt. | 4 | 6 | 100 | 55 | 788 | 0 |

**Tabelle 14.3.** Numerische Resultate für das inexakte Trust–Region–Newton–Verfahren

| Testbeispiel | $n$ | $m$ | Iter. | erf. | $i_{cum}$ |
|---|---|---|---|---|---|
| Gauß–Fkt. | 3 | 3 | 308 | 24 | 550 |
| Beliebig–dimensionale Fkt. | 10 | 10 | 14 | 14 | 14 |
| Penalty–Fkt. I | 4 | 4 | 102 | 57 | 175 |
| Trigonometrische Fkt. | 4 | 4 | 185 | 102 | 2366 |
| Rosenbrock–Fkt. | 2 | 2 | 33 | 20 | 60 |
| Wood–Fkt. | 4 | 6 | 69 | 44 | 229 |

der BFGS–Aufdatierungsformel (Tabelle 14.4) und einmal unter Verwendung der SR1–Formel (Tabelle 14.5).

**Tabelle 14.4.** Numerische Resultate für das Trust–Region–BFGS–Verfahren

| Testbeispiel | $n$ | $m$ | Iter. | erf. | $i_{cum}$ | KKT |
|---|---|---|---|---|---|---|
| Gauß–Fkt. | 3 | 3 | 14 | 4 | 42 | 0 |
| Beliebig–dimensionale Fkt. | 10 | 10 | 54 | 20 | 540 | 0 |
| Penalty–Fkt. I | 4 | 4 | 146 | 81 | 714 | 0 |
| Trigonometrische Fkt. | 4 | 4 | 21 | 14 | 84 | 0 |
| Rosenbrock–Fkt. | 2 | 2 | 40 | 26 | 80 | 0 |
| Wood–Fkt. | 4 | 6 | 68 | 45 | 298 | 0 |

Für die hier untersuchten Probleme von recht kleiner Dimension schneidet dabei die BFGS–Variante i.a. besser ab als das auf der SR1–Formel basierende Verfahren. Man beachte dabei, daß die schon häufiger angesprochenen Vorteile der SR1–Formel in der Literatur aber auch erst bei Problemen von etwas größerer Dimension auftraten. Ansonsten ist noch die folgende Beobachtung recht interessant: Beim Trust–Region–BFGS–Verfahren ist jeder gefundene KKT–Punkt stets schon ein globales Minimum der Trust–Region–Teilprobleme, während man beim Trust–Region–SR1–Verfahren sowohl bei der Rosenbrock–Funktion als auch bei der Wood–Funktion mehrfach nur KKT–Punkte bzw. lokale Minima gefunden hat, was insbesondere natürlich die Anzahl der inneren Iterationen erhöht.

**Tabelle 14.5.** Numerische Resultate für das Trust–Region–SR1–Verfahren

| Testbeispiel | $n$ | $m$ | Iter. | erf. | $i_{cum}$ | KKT |
|---|---|---|---|---|---|---|
| Gauß–Fkt. | 3 | 3 | 14 | 4 | 42 | 0 |
| Beliebig–dimensionale Fkt. | 10 | 10 | 53 | 20 | 530 | 0 |
| Penalty–Fkt. I | 4 | 4 | 248 | 123 | 1486 | 0 |
| Trigonometrische Fkt. | 4 | 4 | 28 | 16 | 112 | 0 |
| Rosenbrock–Fkt. | 2 | 2 | 100 | 47 | 228 | 8 |
| Wood–Fkt. | 4 | 6 | 232 | 128 | 1370 | 5 |

Schließlich erwähnen wir noch, daß man, ähnlich zu der nichtmonotonen Armijo–Regel aus dem Abschnitt 9.3, auch bei Verwendung von Trust–Region–Verfahren eine nichtmonotone Strategie einführen kann, die zumeist dafür sorgt, mehr Iterationen als erfolgreich zu betrachten. Wir verweisen den Leser diesbezüglich etwa auf die Arbeit von Toint [115] bzw. auf die dort angegebenen Literaturstellen.

Zusammenfassend läßt sich sagen, daß die Trust–Region–Verfahren den jeweils vergleichbaren Algorithmen mit einer Schrittweitenstrategie i.a. etwas unterlegen sind; zumindest ist die Anzahl der benötigten Iterationen zumeist höher. Zwar wird manchmal gerne behauptet, daß die Verfahren vom Trust–Region–Typ etwas robuster seien, dennoch scheinen sich die Trust–Region–Verfahren in der *unrestringierten* Optimierung gegenüber den Verfahren mit einer Schrittweiten–Globalisierung nicht so recht durchgesetzt zu haben. In der *restringierten* Optimierung sind die Trust–Region–Verfahren zur Zeit jedoch recht beliebt, und die dort benutzten Techniken basieren sehr weitgehend auf den in diesem Kapitel ausführlich diskutierten Ideen.

## Aufgaben

**Aufgabe 14.1.** Gegeben seien Vektoren $y, z \in \mathbb{R}^n$ mit $z \neq 0$. Ist das Ungleichungssystem

$$y^T v < 0, \quad z^T v < 0$$

unlösbar, so gibt es genau eine Zahl $\lambda \geq 0$ mit der Eigenschaft

$$y = -\lambda z.$$

(Hinweis: Wären $y$ und $z$ linear unabhängig, so folgte aus der Cauchy–Schwarzschen Ungleichung

$$|y^T z| < \|y\| \|z\|$$

und man erhielte für

$$v := -\|z\| y - \|y\| z$$

einen Widerspruch.)

**Aufgabe 14.2.** Man zeige anhand eines Beispieles, daß die im Satz 14.7 angegebene obere Schranke für die Anzahl der KKT–Punkte mit verschiedenen Lagrange–Multiplikatoren auch angenommen werden kann.

**Aufgabe 14.3.** Man betrachte die im Beweis des Satzes 14.7 definierte Funktion

$$c(\lambda) := \sum_{i=1}^{n} \frac{\beta_i^2}{(\delta_i + 2\lambda)^2}$$

$(\beta_i \in \mathbb{R}, \delta_i \in \mathbb{R}, \delta_1 \leq \ldots \leq \delta_n)$ und zeige:

(a) $c(\lambda)$ ist konvex sowohl in jedem der „inneren" Intervalle

$$\left( -\frac{\delta_i}{2}, -\frac{\delta_{i-1}}{2} \right), \quad i = 2, \ldots, n \ \text{ mit } \ \delta_i \neq \delta_{i-1}$$

als auch in den beiden „äußeren" Intervallen

$$\left( -\infty, -\frac{\delta_n}{2} \right) \quad \text{und} \quad \left( -\frac{\delta_1}{2}, +\infty \right).$$

(b) Die Funktion $c(\lambda)$ besitzt höchstens $2n$ Nullstellen. Wieviele dieser Nullstellen können nichtnegativ sein?

**Aufgabe 14.4.** Seien $H \in \mathbb{R}^{n \times n}$ eine symmetrische Matrix mit kleinstem Eigenwert $\lambda_{\min}$, $g \in \mathbb{R}^n \setminus \{0\}$ und $\Delta > 0$. Definiere die beiden Funktionen $\varphi, \psi : (-\lambda_{\min}/2, \infty) \to \mathbb{R}$ durch

$$\varphi(\lambda) := \|(H + 2\lambda I)^{-1} g\|$$

und

$$\psi(\lambda) := \frac{1}{\Delta} - \frac{1}{\|(H + 2\lambda I)^{-1} g\|}.$$

Man zeige:

(a) $\varphi$ und $\psi$ sind auf ihrem Definitionsbereich streng monoton fallend, und es gilt $\lim_{\lambda \to +\infty} \varphi(\lambda) = 0$, $\lim_{\lambda \to +\infty} \psi(\lambda) = -\infty$.
(b) $\varphi$ und $\psi$ sind auf ihrem Definitionsbereich konvex.

**Aufgabe 14.5.** Seien $H \in \mathbb{R}^{n \times n}$ eine symmetrische und positiv definite Matrix, $g \in \mathbb{R}^n \setminus \{0\}$ und $\Delta > 0$. Auf $[0, \infty)$ seien die Funktionen $\varphi$ und $\psi$ wie in Aufgabe 14.4 definiert, außerdem sei

$$d : [0, \infty) \to \mathbb{R}^n, \quad d(\lambda) := -(H + 2\lambda I)^{-1} g.$$

Man betrachte den folgenden Algorithmus:

(S.0) Wähle $\varepsilon > 0$ und setze $\lambda^0 := 0$, $i := 0$.
(S.1) Berechne die Cholesky–Zerlegung $H + 2\lambda^i I = L_i L_i^T$ und hiermit $d^i := d(\lambda^i)$ sowie $\varphi_i := \varphi(\lambda^i)$.

(S.2) Ist $\varphi_i \leq \Delta + \varepsilon$: STOP.

(S.3) Berechne $c^i$ aus $L_i c^i = d^i$ sowie

$$\varphi_i' := -\frac{2}{\varphi_i}(c^i)^T c^i.$$

(S.4) Berechne

$$\lambda^{i+1} = \lambda^i + \frac{\varphi_i}{\varphi_i'}\left(1 - \frac{\varphi_i}{\Delta}\right),$$

setze $i \leftarrow i + 1$, und gehe zu (S.1).

Man zeige:

(a) Ist $\psi(0) > 0$ (bzw. $\varphi(0) > \Delta$), so besitzt $\psi$ genau eine Nullstelle $\lambda^* > 0$; $d^* := d(\lambda^*)$ ist dann globale Lösung des Trust–Region–Teilproblems (14.34). Ist dagegen $\psi(0) \leq 0$ (bzw. $\varphi(0) \leq \Delta$), so ist $d^* := d(0)$ globale Lösung des Trust–Region–Teilproblems (14.34).

(b) Die Vorschrift in (S.4) stimmt überein mit

$$\lambda^{i+1} := \lambda^i - \frac{\psi(\lambda^i)}{\psi'(\lambda^i)};$$

bei dem Verfahren handelt es sich also um das (ungedämpfte) Newton–Verfahren zur Lösung der Gleichung $\psi(\lambda) = 0$.

(c) Für alle $i$ gilt

$$0 \leq \lambda^i < \lambda^{i+1} \leq \lambda^*.$$

(d) Sei $\varepsilon := 0$. Bricht das Verfahren bei STOP ab, so ist $d^i$ globale Lösung des Trust–Region–Teilproblems (14.34). Andernfalls konvergiert die Folge $\{d^i\}$ gegen die globale Lösung $d^*$ des Trust–Region–Teilproblems (14.34).

(Hinweise: Man verwende Aufgabe 14.4. Zum Nachweis von (b) verifiziere man die folgenden Gleichungen

$$\psi'(\lambda) = \frac{\varphi'(\lambda)}{(\varphi(\lambda))^2},$$

$$\varphi'(\lambda) = \frac{1}{\|d(\lambda)\|}d(\lambda)^T d'(\lambda)$$

$$= -\frac{2}{\varphi(\lambda)}d(\lambda)^T(H + 2\lambda I)^{-1}d(\lambda)$$

und bestätige sodann, daß die in (S.3) definierte Zahl $\varphi_i'$ mit $\varphi'(\lambda^i)$ überein-stimmt.)

**Aufgabe 14.6.** Man beweise das Lemma 14.12.

**Aufgabe 14.7.** Man verifiziere die Darstellung (14.15) für den Gradienten der im Abschnitt 14.3 eingeführten Penalty–Funktion $p_\alpha$.

**Aufgabe 14.8.** Man verifiziere, daß sich die Penalty–Funktion $p_\alpha$ in der Gestalt

$$p_\alpha(d) = q(d) + \lambda(d) \max\left\{ \|d\|^2 - \Delta^2, -\frac{\alpha}{2}\lambda(d)\right\}$$
$$+ \frac{1}{\alpha}\max^2\left\{\|d\|^2 - \Delta^2, -\frac{\alpha}{2}\lambda(d)\right\}$$

schreiben läßt. (Bemerkung: Diese Darstellung wurde am Ende des Beweises vom Satz 14.13 benutzt.)

**Aufgabe 14.9.** Seien $H \in \mathbb{R}^{n \times n}$ symmetrisch, $\lambda^i \geq 0$ mit $H + 2\lambda^i I$ regulär sowie $H + 2\lambda^i I = L^T D L$ die im Abschnitt 14.4 angegebene Bunch–Kaufman–Parlett–Zerlegung dieser Matrix. Man überlege sich, wie man mittels dieser Zerlegung die beiden im Algorithmus 14.17 auftretenden linearen Gleichungssysteme lösen kann.

In den nachfolgenden Aufgaben 14.10–14.14 untersuchen wir die Konvergenz des „klassischen" Trust–Region–Newton–Verfahrens, welches sich vom Algorithmus 14.20 dahingehend unterscheidet, daß kein $\Delta_{\min} > 0$ auftritt.

**Aufgabe 14.10.** Man betrachte das folgende „klassische" Trust–Region–Newton–Verfahren:

(S.0)  Wähle $x^0 \in \mathbb{R}^n, \Delta_0 > 0, 0 < \rho_1 < \rho_2 < 1, 0 < \sigma_1 < 1 < \sigma_2, \varepsilon \geq 0$, und setze $k := 0$.

(S.1)  Ist $\|\nabla f(x^k)\| \leq \varepsilon$: STOP.

(S.2)  Bestimme eine Lösung $d^k \in \mathbb{R}^n$ des Trust–Region–Teilproblems

$$\min q_k(d) \quad \text{u.d.N.} \quad \|d\| \leq \Delta_k,$$

wobei

$$q_k(d) := f(x^k) + \nabla f(x^k)^T d + \frac{1}{2} d^T \nabla^2 f(x^k) d$$

gelte.

(S.3)  Berechne

$$r_k := \frac{f(x^k) - f(x^k + d^k)}{f(x^k) - q_k(d^k)}.$$

Falls $r_k \geq \rho_1$, so nennen wir den $k$–ten Iterationsschritt *erfolgreich* und setzen $x^{k+1} := x^k + d^k$; anderenfalls setzen wir $x^{k+1} := x^k$.

(S.4)  Falls $r_k < \rho_1$, setze $\Delta_{k+1} := \sigma_1 \Delta_k$.

Falls $r_k \in [\rho_1, \rho_2)$, setze $\Delta_{k+1} := \Delta_k$.

Falls $r_k \geq \rho_2$, setze $\Delta_{k+1} := \sigma_2 \Delta_k$.

(S.5)  Setze $k \leftarrow k + 1$, und gehe zu (S.1).

Seien $f : \mathbb{R}^n \to \mathbb{R}$ zweimal stetig differenzierbar und nach unten beschränkt, $\{x^k\}$ eine durch diesen Algorithmus erzeugte Folge und $\{\nabla^2 f(x^k)\}$ beschränkt. Dann ist $\liminf_{k\to\infty} \|\nabla f(x^k)\| = 0$.

(Hinweis: Angenommen, es existiert ein $\varepsilon > 0$ mit

$$\|\nabla f(x^k)\| \geq \varepsilon \tag{14.84}$$

für alle hinreichend großen $k \in \mathbb{N}$. Man zeige zunächst, daß

$$\sum_{k=0}^{\infty} \Delta_k < \infty \tag{14.85}$$

gilt. Existieren nur endlich viele erfolgreiche Iterationsschritte, so ist die Gültigkeit von (14.85) sehr leicht einzusehen. Gibt es dagegen unendlich viele erfolgreiche Iterationsschritte $k_i, i = 0, 1, 2, \ldots$, so ist

$$f(x^{k_i}) - f(x^{k_i+1}) = f(x^{k_i}) - f(x^{k_i} + d^{k_i}) \geq \rho_1(f(x^{k_i}) - q_{k_i}(d^{k_i}))$$

für alle $i \in \mathbb{N}$ und daher wegen Lemma 14.21, (14.84) und der vorausgesetzten Beschränktheit von $\{\nabla^2 f(x^k)\}$

$$f(x^{k_i}) - f(x^{k_i+1}) \geq \frac{1}{2}\rho_1\varepsilon \min\left\{\Delta_{k_i}, \frac{\varepsilon}{c}\right\}$$

mit einer geeigneten Konstanten $c > 0$. Da $\{f(x^k)\}$ monoton fällt und nach Voraussetzung nach unten beschränkt ist, folgt hieraus durch Summation

$$\frac{1}{2}\rho_1\varepsilon \sum_{i=0}^{\infty} \min\left\{\Delta_{k_i}, \frac{\varepsilon}{c}\right\} \leq \sum_{i=0}^{\infty} \left(f(x^{k_i}) - f(x^{k_i+1})\right) < \infty,$$

also

$$\sum_{i=0}^{\infty} \min\left\{\Delta_{k_i}, \frac{\varepsilon}{c}\right\} < \infty. \tag{14.86}$$

Somit gilt notwendig $\{\min\{\Delta_{k_i}, \varepsilon/c\}\} \to 0$, also $\Delta_{k_i} \leq \varepsilon/c$ für alle hinreichend großen $i$. Dann folgt aus (14.86) aber

$$\sum_{i=0}^{\infty} \Delta_{k_i} < \infty. \tag{14.87}$$

Hieraus läßt sich relativ leicht auch im Fall von unendlich vielen erfolgreichen Iterationsschritten die Gültigkeit der Zwischenbehauptung (14.85) folgern.

Als nächstes zeige man, daß (14.85) bereits $r_k \to 1$ impliziert. Dazu bemerke man zunächst, daß sich aus (14.85)

$$\sum_{k=0}^{\infty} \|x^{k+1} - x^k\| \leq \sum_{k=0}^{\infty} \|d^k\| \leq \sum_{k=0}^{\infty} \Delta_k < \infty$$

ergibt, so daß $\{x^k\}$ eine Cauchy-Folge ist und daher konvergiert, etwa gegen ein $x \in \mathbb{R}^n$. Aufgrund des Mittelwertsatzes A.1 existiert zu jedem $k \in \mathbb{N}$ ein $\xi^k \in \mathbb{R}^n$ auf der Verbindungsstrecke von $x^k$ zu $x^k + d^k$ mit

$$f(x^k + d^k) = f(x^k) + \nabla f(\xi^k)^T d^k.$$

Da $\{x^k\}$ gegen $x$ konvergiert sowie $d^k \to 0$ gilt wegen $\|d^k\| \leq \Delta_k$ und $\Delta_k \to 0$ im Hinblick auf (14.85), folgt auch $\xi^k \to x$. Mit Lemma 14.21, (14.84), der vorausgesetzten Beschränktheit von $\{\nabla^2 f(x^k)\}$, der Cauchy–Schwarzschen Ungleichung und der Stetigkeit von $\nabla f$ in $x$ folgt nun sehr leicht:

$$|r_k - 1| \to 0.$$

Aus $r_k \to 1$ ergibt sich zusammen mit den Aufdatierungsvorschriften im Schritt (S.4) des obigen Algorithmus aber $\Delta_{k+1} \geq \Delta_k$ für alle $k$ hinreichend groß. Andererseits folgt aus (14.85) aber $\{\Delta_k\} \to 0$, ein Widerspruch. Somit gilt doch $\liminf_{k \to \infty} \|\nabla f(x^k)\| = 0$.)

**Aufgabe 14.11.** Seien $f : \mathbb{R}^n \to \mathbb{R}$ zweimal stetig differenzierbar und nach unten beschränkt, $\{x^k\}$ eine durch das Trust–Region–Verfahren aus der Aufgabe 14.10 erzeugte Folge, $\{\nabla^2 f(x^k)\}$ beschränkt und $\nabla f$ gleichmäßig stetig auf einer Menge $X \subseteq \mathbb{R}^n$ mit $\{x^k\} \subseteq X$. Dann ist $\lim_{k \to \infty} \|\nabla f(x^k)\| = 0$.

(Hinweis: Angenommen, es existiert ein $\varepsilon > 0$ und eine Teilfolge $\{x^k\}_K$ mit

$$\|\nabla f(x^k)\| \geq 2\varepsilon \quad \text{für alle } k \in K.$$

Wegen Aufgabe 14.10 gilt zumindest $\liminf_{k \to \infty} \|\nabla f(x^k)\| = 0$. Also kann man zu jedem $k \in K$ ein $l(k) > k$ finden mit

$$\|\nabla f(x^l)\| \geq \varepsilon \quad \text{für alle } k \leq l < l(k)$$

und

$$\|\nabla f(x^{l(k)})\| < \varepsilon, \quad k \in K, \tag{14.88}$$

d.h., $l(k)$ ist der kleinste Iterationsindex größer als $k$, so daß (14.88) erfüllt ist. Ist $l$ ein Index mit $k \leq l < l(k)$ für ein beliebiges $k \in K$ und ist der Iterationsschritt $l$ erfolgreich, so ergibt sich durch Anwendung des Lemmas 14.21 für ein geeignetes $c > 0$:

$$
\begin{aligned}
f(x^l) - f(x^{l+1}) &\geq \rho_1(f(x^l) - q_l(d^l)) \\
&\geq \frac{1}{2}\rho_1 \|\nabla f(x^l)\| \min\left\{\Delta_l, \frac{\|\nabla f(x^l)\|}{\|H_l\|}\right\} \\
&\geq \frac{1}{2}\rho_1 \varepsilon \min\left\{\|x^{l+1} - x^l\|, \frac{\varepsilon}{c}\right\}.
\end{aligned}
$$

Hieraus ergibt sich sehr leicht für alle $l$ hinreichend groß:

$$f(x^l) - f(x^{l+1}) \geq \frac{\rho_1 \varepsilon}{2} \|x^{l+1} - x^l\|, \quad k \leq l < l(k),$$

falls der Iterationsschritt $l$ erfolgreich ist. Ist der Iterationsschritt $l$ nicht erfolgreich, so gilt diese Ungleichung offenbar ebenfalls. Damit folgt nun:

$$\frac{\rho_1 \varepsilon}{2} \|x^{l(k)} - x^k\| \leq \frac{\rho_1 \varepsilon}{2} \sum_{l=k}^{l(k)-1} \|x^{l+1} - x^l\|$$

$$\leq \sum_{l=k}^{l(k)-1} \left( f(x^l) - f(x^{l+1}) \right)$$

$$= f(x^k) - f(x^{l(k)})$$

für alle $k \in K$. Also ist

$$\{\|x^{l(k)} - x^k\|\}_K \to 0.$$

Aufgrund der gleichmäßigen Stetigkeit von $\nabla f$ ist daher auch

$$\{\|\nabla f(x^{l(k)}) - \nabla f(x^k)\|\}_K \to 0.$$

Andererseits gilt jedoch

$$\|\nabla f(x^{l(k)}) - \nabla f(x^k)\| \geq \|\nabla f(x^k)\| - \|\nabla f(x^{l(k)})\| \geq 2\varepsilon - \varepsilon = \varepsilon,$$

was den gewünschten Widerspruch liefert.)

**Aufgabe 14.12.** Seien $f : \mathbb{R}^n \to \mathbb{R}$ zweimal stetig differenzierbar, $\{x^k\}$ eine durch das Trust–Region–Verfahren aus der Aufgabe 14.10 erzeugte Folge und die Levelmenge

$$\mathcal{L}(x^0) := \{x \in \mathbb{R}^n | f(x) \leq f(x^0)\}$$

beschränkt. Ist $x^*$ ein Häufungspunkt von $\{x^k\}$ mit $\nabla^2 f(x^*)$ positiv definit, so gelten die folgenden Aussagen:

(a) Die gesamte Folge $\{x^k\}$ konvergiert gegen $x^*$.
(b) Es existiert ein $k_0 \in \mathbb{N}$, so daß alle Iterationsschritte $k \geq k_0$ erfolgreich sind.
(c) Es existiert eine untere Schranke $\bar{\Delta} > 0$ mit $\Delta_k \geq \bar{\Delta}$ für alle $k \in \mathbb{N}$.

(Hinweis: Beweis des Satzes 14.25.)

**Aufgabe 14.13.** Seien $f : \mathbb{R}^n \to \mathbb{R}$ zweimal stetig differenzierbar, $\{x^k\}$ eine durch das Trust–Region–Verfahren aus der Aufgabe 14.10 erzeugte Folge und die Levelmenge

$$\mathcal{L}(x^0) := \{x \in \mathbb{R}^n | f(x) \leq f(x^0)\}$$

beschränkt. Ist $x^*$ ein Häufungspunkt von $\{x^k\}$ mit $\nabla^2 f(x^*)$ positiv definit, so gelten die folgenden Aussagen:

(a) Die gesamte Folge $\{x^k\}$ konvergiert gegen $x^*$.
(b) Die Konvergenzrate ist mindestens superlinear.
(c) Ist $\nabla^2 f$ lokal Lipschitz–stetig, so ist die Konvergenzrate sogar quadratisch.

(Hinweis: Beweis des Satzes 14.26.)

**Aufgabe 14.14.** Seien $f : \mathbb{R}^n \to \mathbb{R}$ zweimal stetig differenzierbar, $\{x^k\}$ eine durch das Trust–Region–Verfahren aus der Aufgabe 14.10 erzeugte Folge und die Levelmenge

$$\mathcal{L}(x^0) := \{x \in \mathbb{R}^n \mid f(x) \le f(x^0)\}$$

beschränkt. Dann gelten die folgenden Aussagen:

(a)  Es ist $\lim_{k \to \infty} \|\nabla f(x^k)\| = 0$.

(b)  Die Folge $\{x^k\}$ besitzt mindestens einen Häufungspunkt $x^*$ mit $\nabla f(x^*) = 0$ und $\nabla^2 f(x^*)$ positiv semidefinit, d.h., $x^*$ genügt den notwendigen Optimalitätskriterien erster und zweiter Ordnung.

(Hinweis: Die Aussage (a) ergibt sich sehr schnell aus der Aufgabe 14.11. Zum Nachweis von (b) bemerke man zunächst, daß aus der vorausgesetzten Beschränktheit und somit Kompaktheit von $\mathcal{L}(x^0)$ folgt, daß die Folge $\{x^k\}$ mindestens einen Häufungspunkt $x^*$ besitzt. Wegen Teil (a) gilt ferner $\nabla f(x^*) = 0$ für jeden solchen Häufungspunkt.

Angenommen, für keinen Häufungspunkt $x^*$ ist die Hesse–Matrix $\nabla^2 f(x^*)$ positiv semidefinit. Dann existiert ein $\varepsilon > 0$ mit $\lambda_{\min}(H_k) \le -\varepsilon$ für alle hinreichend großen $k$. Sei $v_{\min}^k$ ein zum Eigenwert $\lambda_{\min}(H_k)$ gehöriger Eigenvektor, der o.B.d.A. so skaliert sei, daß $\|v_{\min}^k\| = \Delta_k$ und $\nabla f(x^k)^T v_{\min}^k \le 0$ gilt. Dann folgt mit etwas Rechnung:

$$\begin{aligned} q_k(d^k) - f(x^k) &\le q_k(v_{\min}^k) - f(x^k) \\ &\le -\tfrac{\varepsilon}{2}\Delta_k^2. \end{aligned} \tag{14.89}$$

Völlig analog zum Beweis von $\sum_{k=0}^{\infty} \Delta_k < \infty$ in der Aufgabe 14.10 folgt hieraus

$$\sum_{k=0}^{\infty} \Delta_k^2 < \infty.$$

Insbesondere ist also $\{\Delta_k\} \to 0$ und daher auch $\{\|d^k\|\} \to 0$.

Man zeige nun, daß hieraus $r_k \to 1$ folgt. Aus (14.89) sowie den Voraussetzungen des Satzes ergibt sich durch Taylor–Entwicklung mit einem $\xi^k$ auf der Verbindungsgeraden von $x^k$ und $x^k + d^k$:

$$\begin{aligned} |r_k - 1| &= \left| \frac{f(x^k + d^k) - q_k(d^k)}{f(x^k) - q_k(d^k)} \right| \\ &\le \frac{2}{\varepsilon \|d^k\|^2} |f(x^k + d^k) - q_k(d^k)| \\ &\le \frac{1}{\varepsilon} \|\nabla^2 f(\xi^k) - \nabla^2 f(x^k)\|. \end{aligned}$$

Aus der Beschränktheit von $x^k$ und wegen $\|d^k\| \to 0$ folgt die Existenz einer kompakten Menge $C \subseteq \mathbb{R}^n$ mit $\{x^k\}, \{x^k + d^k\} \subseteq C$. Da die stetige Funktion

$\nabla^2 f$ auf kompakten Mengen aber gleichmäßig stetig ist, ergibt sich aus der obigen Abschätzung unmittelbar

$$r_k \to 1.$$

Damit sind alle Iterationen schließlich erfolgreich, so daß ein $\bar{\Delta} > 0$ existiert mit $\Delta_k \geq \bar{\Delta}$ für alle $k \in \mathbb{N}$. Dies ist der gewünschte Widerspruch.)

**Aufgabe 14.15.** Man beweise den Satz 14.41 ohne Verwendung des Lemmas 14.35.

**Aufgabe 14.16.** Man implementiere das Trust–Region–Newton–Verfahren aus dem Algorithmus 14.20. Zur Lösung der Trust–Region–Teilprobleme verwende man das Verfahren aus dem Algorithmus 14.17. Man teste das Trust–Region–Newton–Verfahren an den Beispielen aus dem Anhang C. Welche Probleme werden gelöst? Wieviele äußere und innere Iterationsschritte werden dazu benötigt? Wie groß ist die jeweilige Anzahl an erfolgreichen Iterationen? Als Parameter wähle man jene aus dem Abschnitt 14.9, zusätzlich teste man aber auch andere Werte dieser Parameter.

**Aufgabe 14.17.** Man implementiere das Teilraum–Trust–Region–Newton–Verfahren aus dem Algorithmus 14.27. Als Teilraum $V_k$ verwende man dazu den maximal zweidimensionalen Raum, der durch die Gradientenrichtung $d_G^k$ und die Newton–Richtung $d_N^k$ (sofern existent) aufgespannt wird. Zur Lösung der maximal zweidimensionalen Trust–Region–Teilprobleme verwende man das Verfahren aus dem Algorithmus 14.17. Man teste das Teilraum–Trust–Region–Newton–Verfahren an den Beispielen aus dem Anhang C. Welche Probleme werden gelöst? Wieviele äußere und innere Iterationsschritte werden dazu benötigt? Wie groß ist die jeweilige Anzahl an erfolgreichen Iterationen? Als Parameter wähle man jene aus dem Abschnitt 14.9, zusätzlich teste man aber auch andere Werte dieser Parameter.

**Aufgabe 14.18.** Man implementiere das inexakte Trust–Region–Newton–Verfahren aus dem Algorithmus 14.37. Zur inexakten Lösung der Trust–Region–Teilprobleme benutze man das Verfahren aus dem Algorithmus 14.33. Man teste das inexakte Trust–Region–Newton–Verfahren an den Beispielen aus dem Anhang C. Welche Probleme werden gelöst? Wieviele äußere und innere Iterationsschritte werden dazu benötigt? Wie groß ist die jeweilige Anzahl an erfolgreichen Iterationen? Als Parameter wähle man jene aus dem Abschnitt 14.9, zusätzlich teste man aber auch andere Werte dieser Parameter.

**Aufgabe 14.19.** Man implementiere das Trust–Region–Quasi–Newton–Verfahren aus dem Algorithmus 14.42. Man verwende dabei alle fünf im Abschnitt 14.8 erwähnten Quasi–Newton–Aufdatierungsformeln. Zur Lösung der Trust–Region–Teilprobleme benutze man wieder das Verfahren aus dem Algorithmus 14.17. Man teste die Trust–Region–Quasi–Newton–Verfahren an den Beispielen aus dem Anhang C. Welche Probleme werden gelöst? Wieviele äußere und innere Iterationsschritte werden dazu benötigt? Wie groß ist die jeweilige Anzahl an erfolgreichen Iterationen? Als Parameter wähle man jene aus dem Abschnitt 14.9, zusätzlich teste man aber auch andere Werte dieser Parameter. Ferner teste man das numerische Verhalten, wenn man beispielsweise bei Verwendung der BFGS–Aufdatierungsformel die Matrix $H_k$ in einem erfolgreichen Iterationsschritt nur dann aufdatiert, wenn die Bedingung $(s^k)^T y^k > 0$ erfüllt ist.

# A. Grundlagen aus der mehrdimensionalen Analysis

In diesem Kapitel stellen wir einige Grundlagen aus der mehrdimensionalen Analysis vor. Wir beginnen mit einem Abschnitt über

**Mittelwertsätze**

Als Spezialfälle des Taylorschen Satzes für Funktionen $f : \mathbb{R}^n \to \mathbb{R}$ ergeben sich die beiden folgenden Resultate, die zumeist unter dem Namen „Mittelwersatz" bekannt sind.

**Satz A.1.** *Seien $f : \mathbb{R}^n \to \mathbb{R}$ stetig differenzierbar sowie $x, y \in \mathbb{R}^n$ gegeben. Dann existiert ein $\theta \in (0, 1)$ mit*

$$f(x) = f(y) + \nabla f(\xi)^T (x - y)$$

*für $\xi := y + \theta(x - y)$.*

Wendet man den Taylorschen Satz auf eine zweimal stetig differenzierbare Funktion an, so erhält man den

**Satz A.2.** *Seien $f : \mathbb{R}^n \to \mathbb{R}$ zweimal stetig differenzierbar sowie $x, y \in \mathbb{R}^n$ gegeben. Dann existiert ein $\theta \in (0, 1)$ mit*

$$f(x) = f(y) + \nabla f(y)^T (x - y) + \frac{1}{2}(x - y)^T \nabla^2 f(\xi)(x - y)$$

*für $\xi := y + \theta(x - y)$.*

Für vektorwertige Funktionen $F : \mathbb{R}^n \to \mathbb{R}^m$ lassen sich die obigen Mittelwertsätze nicht direkt übertragen. Zwar lassen sich beide Sätze auf jede Komponentenfunktion $F_i$ von $F$ anwenden, jedoch würde man für jede dieser Komponentenfunktionen i.a. einen anderen Zwischenpunkt $\xi_i \in \mathbb{R}^n$ erhalten.

Hingegen läßt sich für vektorwertige Funktionen der folgende Mittelwertsatz in der Integralform beweisen.

**Satz A.3.** *Seien $F : \mathbb{R}^n \to \mathbb{R}^m$ stetig differenzierbar sowie $x, y \in \mathbb{R}^n$ gegeben. Dann gilt*

$$F(x) = F(y) + \int_0^1 F'(y + \tau(x - y))(x - y)d\tau.$$

In diesem Buch wird der Satz A.3 zumeist auf den Gradienten $F(x) := \nabla f(x)$ einer zweimal stetig differenzierbaren Abbildung $f : \mathbb{R}^n \to \mathbb{R}$ angewendet.

## Lipschitz–Stetigkeit

Eine Abbildung $F : \mathbb{R}^n \to \mathbb{R}^m$ heißt *Lipschitz–stetig* auf $X \subseteq \mathbb{R}^n$, wenn es eine Zahl $L > 0$ gibt mit

$$\|F(x^1) - F(x^2)\| \le L\|x^1 - x^2\| \quad \text{für alle } x^1, x^2 \in X. \qquad (A.1)$$

Ist die Menge $X$ aufgrund des Zusammenhanges klar, so wird die Funktion $F$ auch einfach als Lipschitz–stetig bezeichnet, ohne dabei explizit auf die Menge $X$ zu verweisen, für die die Ungleichung (A.1) gelten soll.

$F$ heißt *lokal Lipschitz–stetig* auf einer Menge $X$, wenn zu jedem $x \in X$ eine Umgebung $\mathcal{U}_\varepsilon(x)$ sowie eine Zahl $L = L(x)$ existieren mit

$$\|F(x^1) - F(x^2)\| \le L(x)\|x^1 - x^2\| \quad \text{für alle } x^1, x^2 \in \mathcal{U}_\varepsilon(x) \cap X.$$

Auch hier bezeichnen wir $F$ häufig nur als lokal Lipschitz–stetig, wenn aus dem Zusammenhang klar wird, bezüglich welcher Menge $X$ diese lokale Lipschitz–Eigenschaft gelten soll. Man beachte übrigens, daß sich aus dem Mittelwertsatz A.3 insbesondere die lokale Lipschitz–Stetigkeit von stetig differenzierbaren Funktionen $F$ ergibt.

Die Begriffe Lipschitz–stetig und lokal Lipschitz–stetig werden sinngemäß auch auf Matrix–wertige Funktionen $F : \mathbb{R}^n \to \mathbb{R}^{n \times n}$ angewendet (die Norm auf der linken Seite ist dann die Spektralnorm der Matrix $F(x^1) - F(x^2)$).

# B. Grundlagen aus der linearen Algebra

In diesem Kapitel stellen wir einige Grundlagen aus der (numerischen) linearen Algebra zusammen. Wir beginnen mit einem Abschnitt über

**Normen**

Eine Norm im $\mathbb{R}^n$ (kurz: *Vektornorm*) ist eine Abbildung $\|\cdot\| : \mathbb{R}^n \to \mathbb{R}$ mit den folgenden Eigenschaften:

(a) $\|x\| = 0 \iff x = 0$;
(b) $\|x\| \geq 0$ für alle $x \in \mathbb{R}^n$;
(c) $\|\alpha x\| = |\alpha| \, \|x\|$ für alle $\alpha \in \mathbb{R}$ und alle $x \in \mathbb{R}^n$;
(d) $\|x + y\| \leq \|x\| + \|y\|$ für alle $x, y \in \mathbb{R}^n$.

Die wichtigsten Beispiele von Normen im $\mathbb{R}^n$ sind:

$$\|x\|_1 := \sum_{i=1}^n |x_i| \qquad (\ell_1\text{- oder Summennorm}),$$
$$\|x\|_2 := \left(\sum_{i=1}^n x_i^2\right)^{1/2} (\ell_2\text{- oder euklidische Norm}),$$
$$\|x\|_\infty := \max_{1 \leq i \leq n} |x_i| \, (\ell_\infty\text{- oder Maximumnorm}).$$

Alle Normen in $\mathbb{R}^n$ sind äquivalent in dem Sinne, daß für zwei beliebige Vektornormen $\|\cdot\|_a$ und $\|\cdot\|_b$ stets Konstanten $c_1 > 0$ und $c_2 > 0$ existieren mit

$$c_1 \|x\|_a \leq \|x\|_b \leq c_2 \|x\|_a$$

für alle $x \in \mathbb{R}^n$.

Entsprechend wird eine Abbildung $\|\cdot\| : \mathbb{R}^{n \times n} \to \mathbb{R}$ als eine Norm im $\mathbb{R}^{n \times n}$ bezeichnet (kurz: *Matrixnorm*), wenn die folgenden Eigenschaften erfüllt sind:

(a) $\|A\| = 0 \iff A = 0$;
(b) $\|A\| \geq 0$ für alle $A \in \mathbb{R}^{n \times n}$;
(c) $\|\alpha A\| = |\alpha| \, \|A\|$ für alle $\alpha \in \mathbb{R}$ und alle $A \in \mathbb{R}^{n \times n}$;
(d) $\|A + B\| \leq \|A\| + \|B\|$ für alle $A, B \in \mathbb{R}^{n \times n}$.

Bezeichnet $\|\cdot\|$ eine beliebige Vektornorm, so erhält man durch die Vorschrift

$$\|A\| := \max_{\|x\|=1} \|Ax\| \tag{B.1}$$

eine Matrixnorm, die man als die durch die zugrundeliegende Vektornorm *induzierte* Matrixnorm bezeichnet. Für jede Vektornorm und ihre induzierte Matrixnorm gilt offenbar die Ungleichung

$$\|Ax\| \leq \|A\| \, \|x\|$$

für alle $A \in \mathbb{R}^{n \times n}$ und alle $x \in \mathbb{R}^n$. Ferner sind diese Matrixnormen submultiplikativ im Sinne von

$$\|AB\| \leq \|A\| \, \|B\|$$

für alle $A, B \in \mathbb{R}^{n \times n}$. Von besonderer Bedeutung ist häufig die durch die euklidische Vektornorm induzierte Matrixnorm

$$\|A\|_2 := \max_{\|x\|_2=1} \|Ax\|_2;$$

diese wird üblicherweise als *Spektralnorm* bezeichnet und läßt sich durch

$$\|A\|_2 = \sqrt{\lambda_{\max}(A^T A)}$$

charakterisieren, wobei $\lambda_{\max}(A^T A)$ der größte Eigenwert der symmetrischen und positiv semidefiniten Matrix $A^T A$ ist. Für eine symmetrische Matrix $A \in \mathbb{R}^{n \times n}$ ergibt sich hieraus insbesondere

$$\|A\|_2 = |\lambda_{\max}(A)|. \tag{B.2}$$

Eine weitere wichtige Matrixnorm ist die *Frobenius–Norm*

$$\|A\|_F := \left( \sum_{i,j=1}^{n} a_{ij}^2 \right)^{1/2}.$$

Die Frobenius–Norm ist gewissermaßen das Analogon der euklidischen Vektornorm im Raum der $n \times n$–Matrizen; um dies einzusehen, schreibe man sich die Spalten einer Matrix $A \in \mathbb{R}^{n \times n}$ untereinander; man erhält dann einen Vektor der Länge $n^2$, dessen euklidische Vektornorm dann gerade die Frobenius–Norm der Matrix $A$ ist.

Die Frobenius–Norm kann für Dimensionen $n > 1$ übrigens nicht als eine durch eine Vektornorm induzierte Matrixnorm aufgefaßt werden, denn offenbar gilt

$$\|I\|_F = \sqrt{n}$$

für die $n \times n$–Einheitsmatrix $I$, während sich aus der Vorschrift (B.1) für eine induzierte Matrixnorm unmittelbar

$$\|I\| = 1$$

ergibt.

Wie bei den Vektornormen gilt auch für die Matrixnormen der Normäquivalenzsatz: Sind $\|\cdot\|_a$ und $\|\cdot\|_b$ zwei beliebige Matrixnormen, so existieren Konstanten $c_1 > 0$ und $c_2 > 0$ mit

$$c_1\|A\|_a \leq \|A\|_b \leq c_2\|A\|_a$$

für alle $A \in \mathbb{R}^{n \times n}$.

## Kondition einer Matrix

Ist $A \in \mathbb{R}^{n \times n}$ eine reguläre Matrix und $\|\cdot\|_2$ die Spektralnorm im $\mathbb{R}^{n \times n}$, so bezeichnet man

$$\mathrm{Kond}(A) := \|A\|_2 \|A^{-1}\|_2$$

als die *Kondition* der Matrix. Genauer spricht man hier von der Spektral–Kondition und bezeichnet diese manchmal auch als $\mathrm{Kond}_2(A)$, da man entsprechend natürlich auch die Konditionszahl von $A$ bezüglich einer anderen Matrixnorm definieren könnte. In diesem Buch bezeichnen wir mit $\mathrm{Kond}(A)$ jedoch stets die Spektral–Kondition der Matrix $A$.

Ist $A$ überdies symmetrisch, so ergibt sich aus (B.2) offenbar die Darstellung

$$\mathrm{Kond}(A) = \frac{|\lambda_{\max}(A)|}{|\lambda_{\min}(A)|},$$

wobei $\lambda_{\max}(A)$ und $\lambda_{\min}(A)$ natürlich wieder den größten bzw. kleinsten Eigenwert von $A$ bezeichnen.

## Spur einer Matrix

Für ein $A \in \mathbb{R}^{n \times n}, A = (a_{ij})$, heißt

$$\mathrm{Spur}(A) := \sum_{i=1}^{n} a_{ii}$$

die *Spur* der Matrix $A$. Wir fassen einige elementare Eigenschaften der Spur einer Matrix in dem folgenden Lemma zusammen. Insbesondere ergibt sich ein interessanter Zusammenhang zwischen der Spur einer Matrix sowie der schon zuvor eingeführten Frobenius–Norm.

**Lemma B.1.** *(a) Für alle $A, B \in \mathbb{R}^{n \times n}$ gilt: $\mathrm{Spur}(AB) = \mathrm{Spur}(BA)$.*
*(b) Für alle $A, S \in \mathbb{R}^{n \times n}$ mit $S$ regulär gilt: $\mathrm{Spur}(S^{-1}AS) = \mathrm{Spur}(A)$.*
*(c) Für alle $A \in \mathbb{R}^{n \times n}$ gilt: $\|A\|_F^2 = \mathrm{Spur}(A^T A)$.*

*Beweis.* (a) Seien $A = (a_{ij})$ und $B = (b_{ij})$. Für $C := AB, C = (c_{ij})$, und $D := BA, D = (d_{ij})$, ist dann $c_{ij} = \sum_{k=1}^{n} a_{ik}b_{kj}$ und $d_{ij} = \sum_{k=1}^{n} b_{ik}a_{kj}$. Damit folgt:

$$\begin{aligned}
\mathrm{Spur}(AB) &= \mathrm{Spur}(C) \\
&= \sum_{i=1}^{n} c_{ii} \\
&= \sum_{i=1}^{n} \left( \sum_{k=1}^{n} a_{ik} b_{ki} \right) \\
&= \sum_{k=1}^{n} \left( \sum_{i=1}^{n} a_{ik} b_{ki} \right) \\
&= \sum_{k=1}^{n} \left( \sum_{i=1}^{n} b_{ki} a_{ik} \right) \\
&= \sum_{i=1}^{n} \left( \sum_{k=1}^{n} b_{ik} a_{ki} \right) \\
&= \sum_{i=1}^{n} d_{ii} \\
&= \mathrm{Spur}(D) \\
&= \mathrm{Spur}(BA).
\end{aligned}$$

(b) Mit $B := S^{-1}A$ folgt aus Teil (a):

$$\begin{aligned}
\mathrm{Spur}(S^{-1}AS) &= \mathrm{Spur}(BS) \\
&= \mathrm{Spur}(SB) \\
&= \mathrm{Spur}(SS^{-1}A) \\
&= \mathrm{Spur}(A).
\end{aligned}$$

(c) Seien $A = (a_{ij}), B := A^T, B = (b_{ij})$ mit $b_{ij} = a_{ji}$ und $C := A^T A = BA, C = (c_{ij})$. Dann ist

$$c_{ij} = \sum_{k=1}^{n} b_{ik} a_{kj} = \sum_{k=1}^{n} a_{ki} a_{kj}$$

und daher

$$\begin{aligned}
\mathrm{Spur}(A^T A) &= \mathrm{Spur}(C) \\
&= \sum_{i=1}^{n} c_{ii} \\
&= \sum_{i=1}^{n} \left( \sum_{k=1}^{n} a_{ki} a_{ki} \right) \\
&= \sum_{i=1}^{n} \sum_{k=1}^{n} a_{ik}^2 \\
&= \|A\|_F^2,
\end{aligned}$$

womit bereits alles bewiesen ist. $\qquad\square$

**Lemma B.2.** *Seien $A \in \mathbb{R}^{n\times n}$ und $\{v^1,\ldots,v^n\}$ eine Orthonormalbasis des $\mathbb{R}^n$. Dann gilt*

$$\|A\|_F^2 = \sum_{i=1}^n \|Av^i\|^2.$$

*Beweis.* Setze $S := [v^1,\ldots,v^n] \in \mathbb{R}^{n\times n}$. Nach Voraussetzung ist $S$ eine orthogonale Matrix. Ferner ist offenbar $v^i = Se^i$ für $i = 1,\ldots,n$, wobei $\{e^1,\ldots,e^n\}$ die kanonische Basis des $\mathbb{R}^n$ bezeichnet. Folglich gilt aufgrund des Lemmas B.1 (b) und (c):

$$\begin{aligned}
\sum_{i=1}^n \|Av^i\|^2 &= \sum_{i=1}^n (v^i)^T A^T A v^i \\
&= \sum_{i=1}^n (e^i)^T S^T A^T A S e^i \\
&= \mathrm{Spur}(S^T A^T A S) \\
&= \mathrm{Spur}(S^{-1} A^T A S) \\
&= \mathrm{Spur}(A^T A) \\
&= \|A\|_F^2,
\end{aligned}$$

womit die Behauptung auch schon bewiesen ist. $\qquad\square$

**Spektralsatz**

Sei $A \in \mathbb{R}^{n\times n}$ eine gegebene Matrix, $\lambda \in \mathbb{R}$ ein Eigenwert von $A$ und $v \in \mathbb{R}^n$ ein zugehöriger Eigenvektor. Dann gilt per Definition

$$Av = \lambda v.$$

Sind nun $\lambda_1,\ldots,\lambda_n \in \mathbb{R}$ Eigenwerte von $A$ mit zugehörigen Eigenvektoren $v^1,\ldots,v^n \in \mathbb{R}^n$, so gilt entsprechend

$$Av^i = \lambda_i v^i \qquad\qquad (B.3)$$

für $i = 1,\ldots,n$. Fassen wir die Eigenwerte $\lambda_i$ in einer Diagonalmatrix

$$\Lambda := \mathrm{diag}(\lambda_1,\ldots,\lambda_n)$$

zusammen und schreiben die zugehörigen Eigenvektoren $v^i$ in die Zeilen einer Matrix $Q \in \mathbb{R}^{n\times n}$, d.h.,

$$Q^T := (v^1 \cdots v^n),$$

so läßt sich die Beziehung (B.3) in Matrixschreibweise offenbar als

$$AQ^T = Q^T \Lambda$$

formulieren. Der nachfolgende Spektralsatz garantiert für eine symmetrische Matrix insbesondere die Existenz von $n$ reellen Eigenwerten und besagt darüberhinaus, daß die zugehörigen Eigenvektoren als zueinander orthonormal gewählt werden können, so daß die oben definierte Matrix $Q$ orthogonal ist.

**Satz B.3.** *Sei $A \in \mathbb{R}^{n \times n}$ eine symmetrische Matrix. Dann existiert eine orthogonale Matrix $Q \in \mathbb{R}^{n \times n}$ und eine Diagonalmatrix $\Lambda = diag(\lambda_1, \ldots, \lambda_n) \in \mathbb{R}^{n \times n}$ mit*

$$A = Q^T \Lambda Q.$$

*Dabei sind die Diagonalelemente von $\Lambda$ gerade die Eigenwerte von $A$, und die Zeilenvektoren von $Q$ sind die zugehörigen Eigenvektoren.*

## Positiv definite Matrizen

Eine für die Optimierung wichtige Klasse von Matrizen sind die positiv (semi–) definiten Matrizen: Eine Matrix $A \in \mathbb{R}^{n \times n}$ heißt *positiv definit*, wenn

$$u^T A u > 0$$

für alle $u \in \mathbb{R}^n$ mit $u \neq 0$ gilt, und *positiv semidefinit*, wenn

$$u^T A u \geq 0$$

für alle $u \in \mathbb{R}^n$ ist. Wir betrachten in diesem Buch praktisch nur symmetrische positiv definite und semidefinite Matrizen, da viele der bekannten Charakterisierungen von positiv (semi–) definiten Matrizen für nichtsymmetrische Matrizen nicht mehr gelten. Wir betonen dennoch, daß die Definition dieser Matrizenklassen nicht die Symmetrie der zugrundeliegenden Matrix voraussetzt.

Eine symmetrische und positiv definite Matrix ist sogar „gleichmäßig positiv definit" im Sinne des folgenden Resultates:

**Lemma B.4.** *Sei $A \in \mathbb{R}^{n \times n}$ eine symmetrische und positiv definite Matrix. Sind $\lambda_{\min}$ und $\lambda_{\max}$ der kleinste bzw. größte Eigenwert von $A$, so gilt*

$$\lambda_{\min} u^T u \leq u^T A u \leq \lambda_{\max} u^T u$$

*für alle $u \in \mathbb{R}^n$.*

Der folgende Satz zeigt Möglichkeiten auf, eine symmetrische Matrix auf positive Definitheit zu untersuchen.

**Satz B.5.** *Sei $A = (a_{ij}) \in \mathbb{R}^{n \times n}$ eine symmetrische Matrix. Dann sind die folgenden Bedingungen äquivalent:*

*(a) $A$ ist positiv definit.*

*(b) Alle Eigenwerte von A sind positiv.*

*(c) Alle Hauptunterdeterminanten*

$$\det \begin{pmatrix} a_{11} & a_{12} & \cdots & a_{1k} \\ a_{21} & a_{22} & \cdots & a_{2k} \\ \vdots & \vdots & \ddots & \vdots \\ a_{k1} & a_{k2} & \cdots & a_{kk} \end{pmatrix}, \quad k = 1, 2, \cdots n,$$

*sind positiv.*

*(d) A besitzt eine Zerlegung $A = LL^T$ mit einer unteren Dreiecksmatrix $L$ und $l_{ii} > 0$ für alle $i$, d.h. das Cholesky-Verfahren (vgl. Abschnitt 9.3) ist durchführbar.*

Als einfache Anwendung des Spektralsatzes beweisen wir das folgende Resultat.

**Satz B.6.** *Sei $A \in \mathbb{R}^{n \times n}$ eine symmetrische und positiv definite Matrix. Dann existiert eine ebenfalls symmetrische und positiv definite Matrix $A^{1/2} \in \mathbb{R}^{n \times n}$ mit $A^{1/2} A^{1/2} = A$ (die Matrix $A^{1/2}$ wird als Quadratwurzel von $A$ bezeichnet).*

*Beweis.* Da $A$ symmetrisch ist, existieren aufgrund des Spektralsatzes B.3 eine orthogonale Matrix $Q \in \mathbb{R}^{n \times n}$ und eine Diagonalmatrix

$$\Lambda = \mathrm{diag}(\lambda_1, \ldots, \lambda_n) \in \mathbb{R}^{n \times n}$$

mit $A = Q^T \Lambda Q$. Aus der positiven Definitheit von $A$ folgt ferner $\lambda_i > 0$ für alle $i = 1, \ldots, n$. Also existiert die Matrix $\Lambda^{1/2} := \mathrm{diag}(\sqrt{\lambda_1}, \ldots, \sqrt{\lambda_n})$. Man verifiziert nun sehr leicht, daß die Matrix $A^{1/2} := Q^T \Lambda^{1/2} Q$ die gewünschten Eigenschaften besitzt. $\qquad\square$

Wir erwähnen an dieser Stelle noch, daß es zwar eine ganze Reihe von symmetrischen Matrizen $B \in \mathbb{R}^{n \times n}$ mit $A = BB$ gibt, daß die im Beweis des Satzes B.6 definierte Quadratwurzel $A^{1/2}$ jedoch die einzige positiv definite Matrix mit dieser Eigenschaft ist.

## Banach–Lemma

Wir beweisen in diesem Abschnitt noch das sogenannte Banach– oder auch Störungslemma, welches in verschiedenen Konvergenzbeweisen zur gleichmäßigen Abschätzung der Norm von verschiedenen Folgen regulärer Matrizen benutzt wird.

Als Vorbereitung für dieses Resultat dient uns dabei das

**Lemma B.7.** *Sei $M \in \mathbb{R}^{n \times n}$ mit $\|M\| < 1$. Dann ist die Matrix $I - M$ regulär, und es gilt die Abschätzung*

$$\|(I - M)^{-1}\| \le \frac{1}{1 - \|M\|}.$$

*Beweis.* Für jedes $x \in \mathbb{R}^n$ gilt

$$
\begin{aligned}
\|(I - M)x\| &= \|x - Mx\| \\
&\geq \|x\| - \|Mx\| \\
&\geq (1 - \|M\|)\|x\|.
\end{aligned}
\tag{B.4}
$$

Wegen $\|M\| < 1$ ist $1 - \|M\| > 0$, so daß aus (B.4) für $x \neq 0$ unmittelbar $(I - M)x \neq 0$ folgt, d.h., die Matrix $I - M$ ist regulär. Speziell für $x := (I - M)^{-1}y$ folgt aus (B.4)

$$
\|y\| \geq (1 - \|M\|)\|(I - M)^{-1}y\|
$$

für alle $y \in \mathbb{R}^n$. Aus der Definition einer Matrixnorm folgt hieraus

$$
\|(I - M)^{-1}\| = \max_{y \neq 0} \frac{\|(I - M)^{-1}y\|}{\|y\|} \leq \frac{1}{1 - \|M\|},
$$

also die behauptete Ungleichung. $\qquad\square$

Wir kommen nun zu dem angekündigten Banach–Lemma.

**Lemma B.8.** *Seien $A, B \in \mathbb{R}^{n \times n}$ mit $\|I - BA\| < 1$. Dann sind $A$ und $B$ regulär, und es gilt die Abschätzung*

$$
\|B^{-1}\| \leq \frac{\|A\|}{1 - \|I - BA\|}
$$

*(eine entsprechende Ungleichung gilt natürlich auch für $A^{-1}$).*

*Beweis.* Sei $M := I - BA$. Nach Voraussetzung gilt dann $\|M\| < 1$. Wegen Lemma B.7 ist daher $I - M = I - (I - BA) = BA$ regulär. Aufgrund des Determinanten–Multiplikationssatzes sind daher sowohl $A$ also auch $B$ regulär. Lemma B.7 liefert außerdem die Abschätzung

$$
\|(I - M)^{-1}\| \leq \frac{1}{1 - \|M\|} = \frac{1}{1 - \|I - BA\|}.
\tag{B.5}
$$

Aus $I - M = BA$ folgt $B^{-1} = A(I - M)^{-1}$ und daher mit (B.5):

$$
\|B^{-1}\| \leq \|(I - M)^{-1}\|\,\|A\| \leq \frac{\|A\|}{1 - \|I - BA\|}.
$$

Dies ist aber gerade die Behauptung. $\qquad\square$

# C. Testbeispiele

Im folgenden werden 18 Testbeispiele für unrestringierte Optimierungsprobleme angegeben; sie sind der Testsammlung von Moré, Garbow und Hillstrom [78] entnommen. Alle zu minimierenden Funktionen sind von der Form

$$f(x) = \sum_{i=1}^{m} \left(F_i(x)\right)^2 \tag{C.1}$$

für ein $F : \mathbb{R}^n \to \mathbb{R}^m$. Angegeben sind jeweils

(a) die Anzahl $n$ der Variablen $x_j$ und die Anzahl $m$ der Funktionen $F_i$,
(b) die Funktionen $F_i$,
(c) der Standard–Startpunkt $x^0$ sowie
(d) bekannte Informationen über Minima.

Es sei darauf hingewiesen, daß für Optimierungsprobleme der Form (C.1) Verfahren zur Verfügung stehen, welche die spezielle Struktur von $f$ ausnutzen und deshalb i.a. den universal einsetzbaren Verfahren aus den Kapiteln 8–14 überlegen sind. Zum Testen sind jedoch Probleme der Form (C.1) auch für die universal einsetzbaren Verfahren bestens geeignet.

1. *Spiralförmiges Tal (Helical valley function)*
   (a) $n = 3, \quad m = 3$
   (b) $F_1(x) = 10[x_3 - 10\,\theta(x_1, x_2)]$

   $F_2(x) = 10[(x_1^2 + x_2^2)^{1/2} - 1]$

   $F_3(x) = x_3$

   wobei
   $$\theta(x_1, x_2) = \begin{cases} \frac{1}{2\pi} \arctan\left(\frac{x_2}{x_1}\right), & \text{falls } x_1 > 0 \\[2mm] \frac{1}{2\pi} \arctan\left(\frac{x_2}{x_1}\right) + 0.5, & \text{falls } x_1 < 0 \end{cases}$$

   (c) $x^0 = (-1, 0, 0)$
   (d) $f = 0 \quad \text{in} \quad (1, 0, 0)$

2. *Biggs' EXP6–Funktion*
   (a) $n = 6, \quad m \geq n$ beliebig

(b) $F_i(x) = x_3 \exp[-t_i x_1] - x_4 \exp[-t_i x_2] + x_6 \exp[-t_i x_5] - y_i$

wobei $t_i = (0.1)i$   und   $y_i = \exp[-t_i] - 5\exp[-10t_i] + 3\exp[-4t_i]$

(c) $x^0 = (1, 2, 1, 1, 1, 1)$

(d) $f = 5.65565 \ldots 10^{-3}$   falls   $m = 13$

$\qquad f = 0$   in   $(1, 10, 1, 5, 4, 3)$

3. *Gauß–Funktion*

(a) $n = 3, \quad m = 15$

(b) $F_i(x) = x_1 \exp\left[\dfrac{-x_2(t_i - x_3)^2}{2}\right] - y_i$

wobei   $t_i = (8 - i)/2$   und

| $i$ | $y_i$ |
|---|---|
| 1, 15 | 0.0009 |
| 2, 14 | 0.0044 |
| 3, 13 | 0.0175 |
| 4, 12 | 0.0540 |
| 5, 11 | 0.1295 |
| 6, 10 | 0.2420 |
| 7, 9 | 0.3521 |
| 8 | 0.3989 |

(c) $x^0 = (0.4, 1, 0)$

(d) $f = 1.12793 \ldots 10^{-8}$

4. *Powells schlechtskalierte Funktion*

(a) $n = 2, \quad m = 2$

(b) $F_1(x) = 10^4 x_1 x_2 - 1$

$\qquad F_2(x) = \exp[-x_1] + \exp[-x_2] - 1.0001$

(c) $x^0 = (0, 1)$

(d) $f = 0$   in   $(1.098 \ldots 10^{-5}, 9.106 \ldots)$

5. *Box' dreidimensionale Funktion*

(a) $n = 3, \quad m \geq n$ beliebig

(b) $F_i(x) = \exp[-t_i x_1] - \exp[-t_i x_2] - x_3(\exp[-t_i] - \exp[-10t_i])$

wobei   $t_i = (0.1)i$

(c) $x^0 = (0, 10, 20)$

(d) $f = 0$   in   $(1, 10, 1), (10, 1, -1)$   und für alle $x$ mit   $x_1 = x_2$ und $x_3 = 0$

6. *Beliebig-dimensionale Funktion*

(a) $n$ beliebig, $\quad m = n + 2$

(b) $F_i(x) = x_i - 1, \quad i = 1, \ldots, n$

$$F_{n+1}(x) = \sum_{j=1}^{n} j(x_j - 1)$$

$$F_{n+2}(x) = \left(\sum_{j=1}^{n} j(x_j - 1)\right)^2$$

(c) $x^0 = (\xi_j)$  wobei  $\xi_j = 1 - (j/n)$
(d) $f = 0$  in  $(1, \ldots, 1)$

7. *Watson–Funktion*

(a) $2 \le n \le 31, \quad m = 31$

(b) $F_i(x) = \sum_{j=2}^{n} (j-1)x_j t_i^{j-2} - \left( \sum_{j=1}^{n} x_j t_i^{j-1} \right)^2 - 1$

wobei  $t_i = i/29, \quad 1 \le i \le 29$

$F_{30}(x) = x_1, \quad F_{31}(x) = x_2 - x_1^2 - 1$

(c) $x^0 = (0, \ldots, 0)$

(d) $f = 2.28767 \ldots 10^{-3}$   falls $n = 6$
$f = 1.39976 \ldots 10^{-6}$   falls $n = 9$
$f = 4.72238 \ldots 10^{-10}$   falls $n = 12$

8. *Penalty–Funktion I*

(a) $n$ beliebig, $\quad m = n + 1$
(b) $F_i(x) = a^{1/2}(x_i - 1), \quad 1 \le i \le n$

$F_{n+1}(x) = \left( \sum_{j=1}^{n} x_j^2 \right) - \frac{1}{4}$

wobei  $a = 10^{-5}$

(c) $x^0 = (\xi_j)$  wobei  $\xi_j = j$
(d) $f = 2.24997 \ldots 10^{-5}$   falls $n = 4$
$f = 7.08765 \ldots 10^{-5}$   falls $n = 10$

9. *Penalty–Funktion II*

(a) $n$ beliebig, $\quad m = 2n$
(b) $F_1(x) = x_1 - 0.2$

$F_i(x) = a^{1/2} \left( \exp\left[ \frac{x_i}{10} \right] + \exp\left[ \frac{x_{i-1}}{10} \right] - y_i \right), \quad 2 \le i \le n$

$F_i(x) = a^{1/2} \left( \exp\left[ \frac{x_{i-n+1}}{10} \right] - \exp\left[ \frac{-1}{10} \right] \right), \quad n < i < 2n$

$F_{2n}(x) = \left( \sum_{j=1}^{n} (n - j + 1)x_j^2 \right) - 1$

wobei  $a = 10^{-5}$  und  $y_i = \exp\left[ \frac{i}{10} \right] + \exp\left[ \frac{i-1}{10} \right]$

(c) $x^0 = (\frac{1}{2}, \ldots, \frac{1}{2})$
(d) $f = 9.37629 \ldots 10^{-6}$   falls $n = 4$
$f = 2.93660 \ldots 10^{-4}$   falls $n = 10$

10. *Browns schlechtskalierte Funktion*

(a) $n = 2, \quad m = 3$
(b) $F_1(x) = x_1 - 10^6$

$F_2(x) = x_2 - 2 \cdot 10^{-6}$

$F_3(x) = x_1 x_2 - 2$

(c) $x^0 = (1, 1)$
(d) $f = 0$  in  $(10^6, 2 \cdot 10^{-6})$

11. *Brown-Dennis-Funktion*

   (a) $n = 4$,   $m \geq n$ beliebig

   (b) $F_i(x) = (x_1 + t_i x_2 - \exp[t_i])^2 + (x_3 + x_4 \sin(t_i) - \cos(t_i))^2$

      wobei $t_i = i/5$

   (c) $x^0 = (25, 5, -5, -1)$

   (d) $f = 85822.2\ldots$ falls $m = 20$

12. *Cox-Funktion (Gulf research and development function)*

   (a) $n = 3$,   $n \leq m \leq 100$

   (b) $F_i(x) = \exp\left[-\frac{|y_i - x_2|^{x_3}}{x_1}\right] - t_i$

      wobei  $t_i = i/100$  und  $y_i = 25 + (-50\ln(t_i))^{2/3}$

   (c) $x^0 = (5, 2.5, 0.15)$

   (d) $f = 0$  in  $(50, 25, 1.5)$

13. *Trigonometrische Funktion*

   (a) $n$ beliebig,   $m = n$

   (b) $F_i(x) = n - \sum_{j=1}^{n} \cos x_j + i(1 - \cos x_i) - \sin x_i$

   (c) $x^0 = (1/n, \ldots, 1/n)$

   (d) $f = 0$

14. *Erweiterte Rosenbrock-Funktion*

   (a) $n$ gerade,   $m = n$

   (b) $F_{2i-1}(x) = 10(x_{2i} - x_{2i-1}^2)$

      $F_{2i}(x) = 1 - x_{2i-1}$

   (c) $x^0 = (\xi_j)$   wobei  $\xi_{2j-1} = -1.2, \xi_{2j} = 1$

   (d) $f = 0$  in  $(1, \ldots, 1)$

15. *Erweiterte singuläre Funktion von Powell*

   (a) $n$ ein Vielfaches von 4,   $m = n$

   (b) $F_{4i-3}(x) = x_{4i-3} + 10x_{4i-2}$

      $F_{4i-2}(x) = 5^{1/2}(x_{4i-1} - x_{4i})$

      $F_{4i-1}(x) = (x_{4i-2} - 2x_{4i-1})^2$

      $F_{4i}(x) = 10^{1/2}(x_{4i-3} - x_{4i})^2$

   (c) $x^0 = (\xi_j)$ wobei  $\xi_{4j-3} = 3$,   $\xi_{4j-2} = -1$,   $\xi_{4j-1} = 0$,   $\xi_{4j} = 1$

   (d) $f = 0$  im Ursprung

16. *Beale-Funktion*

   (a) $n = 2$,   $m = 3$

   (b) $F_i(x) = y_i - x_1(1 - x_2^i)$,

      wobei $y_1 = 1.5$, $y_2 = 2.25$, $y_3 = 2.625$

   (c) $x^0 = (1, 1)$

   (d) $f = 0$  in  $(3, 0.5)$

17. *Wood–Funktion*

   (a) $n = 4, \quad m = 6$

   (b) $F_1(x) = 10(x_2 - x_1^2)$

   $F_2(x) = 1 - x_1$

   $F_3(x) = (90)^{1/2}(x_4 - x_3^2)$

   $F_4(x) = 1 - x_3$

   $F_5(x) = (10)^{1/2}(x_2 + x_4 - 2)$

   $F_6(x) = (10)^{-1/2}(x_2 - x_4)$

   (c) $x^0 = (-3, -1, -3, -1)$

   (d) $f = 0 \quad \text{in} \quad (1, 1, 1, 1)$

18. *Chebyquad–Funktion*

   (a) $n$ beliebig, $\quad m \geq n$

   (b) $F_i(x) = \frac{1}{n} \sum_{j=1}^{n} T_i(x_j) - \int_0^1 T_i(\tau)d\tau$

   wobei $T_i$ das auf das Intervall $[0, 1]$ transformierte $i$-te Tschebyscheff-Polynom ist; es gilt

   $$\int_0^1 T_i(\tau)d\tau = 0 \quad \text{falls} \quad i \text{ ungerade}$$

   $$\int_0^1 T_i(\tau)d\tau = \frac{-1}{(i^2-1)} \quad \text{falls} \quad i \text{ gerade}$$

   (c) $x^0 = (\xi_j) \quad$ wobei $\quad \xi_j = j/(n+1)$

   (d) $f = 0 \quad$ für $\quad m = n, \quad 1 \leq n \leq 7$ und $n = 9$

   $f = 3.51687\ldots 10^{-3}$ für $m = n = 8$

   $f = 6.50395\ldots 10^{-3}$ für $m = n = 10$

# Literaturverzeichnis


1. Al-Baali, M. (1985): Descent property and global convergence of the Fletcher-Reeves method with inexact line search. IMA Journal of Numerical Analysis **5**, 121–124.
2. Al-Baali, M., und Fletcher, R. (1986): An efficient line search for nonlinear least squares. Journal of Optimization Theory and Applications **48**, 359–378.
3. Barrett, R., Berry, M., Chan, T., Demmel, J., Donato, J., Dongarra, J., Eijkhout, V., Pozo, V., Romine, C., und van der Vorst, H. (1994): Templates for the Solution of Linear Systems: Building Blocks for Iterative Methods. SIAM, Philadelphia, PA.
4. Bertsekas, D.P. (1982): Constrained Optimization and Lagrange Multiplier Methods. Academic Press, New York, NY.
5. Bertsekas, D.P. (1995): Nonlinear Programming. Athena Scientific, Belmont, MA.
6. Boggs, P.T., und Tolle, J.W. (1994): Convergence properties of a class of rank-two updates. SIAM Journal on Optimization **4**, 262–287.
7. Brown, P.N., und Saad, Y. (1990): Hybrid Krylov methods for nonlinear systems of equations. SIAM Journal on Scientific and Statistical Computation **11**, 450–481.
8. Broyden, C.G. (1967): Quasi-Newton methods and their application to function minimization. Mathematics of Computation **21**, 368–381.
9. Broyden, C.G. (1970): The convergence of a class of double-rank minimization algorithms. Journal of the Institute of Mathematics and its Applications **6**, 76–90.
10. Broyden, C.G., Dennis, J.E., und Moré, J.J. (1973): On the local and superlinear convergence of quasi-Newton methods. Journal of the Institute of Mathematics and its Applications **12**, 223–245.
11. Byrd, R.H., Khalfan, H.F., und Schnabel, R.B. (1996): Analysis of a symmetric rank-one trust region method. SIAM Journal on Optimization **6**, 1025–1039.
12. Byrd, R.H., Liu, D.C., und Nocedal, J. (1992): On the behavior of Broyden's class of quasi-Newton methods. SIAM Journal on Optimization **2**, 533–557.
13. Byrd, R.H., und Nocedal, J. (1989): A tool for the analysis of quasi–Newton methods with application to unconstrained minimization. SIAM Journal on Numerical Analysis **26**, 727–739.
14. Byrd, R.H., Nocedal, J., und Schnabel, R.B. (1994): Representations of quasi-Newton matrices and their use in limited memory methods. Mathematical Programming **63**, 129–156.
15. Byrd, R.H., Nocedal, J., und Yuan, Y.-X. (1987): Global convergence of a class of quasi-Newton methods on convex problems. SIAM Journal on Numerical Analysis **24**, 1171–1190.

16. Byrd, R.H., Schnabel, R.B., und Shultz, G.A. (1988): Approximate solution of the trust region problem by minimization over two-dimensional subspaces. Mathematical Programming **40**, 247–263.

17. Clarke, F.H. (1983): Optimization and Nonsmooth Analysis. John Wiley & Sons, New York, NY.

18. Conn, A.R., Gould, N.I.M., und Toint, Ph.L. (1988): Testing a class of methods for solving minimization problems with simple bounds on the variables. Mathematics of Computation **50**, 399–430.

19. Conn, A.R., Gould, N.I.M., und Toint, Ph.L. (1991): Convergence of quasi-Newton matrices generated by the symmetric rank one update. Mathematical Programming **50**, 177–195.

20. Davidon, W.C. (1959): Variable metric methods for minimization. AEC Research and Development Report ANL 5990.

21. De Luca, T., Facchinei, F., und Kanzow, C. (1996): A semismooth equation approach to the solution of nonlinear complementarity problems. Mathematical Programming **75**, 407–439.

22. Dembo, R., Eisenstat, S., und Steihaug, T. (1982): Inexact Newton methods. SIAM Journal on Numerical Analysis **19**, 400–408.

23. Dembo, R., und Steihaug, T. (1983): Truncated Newton algorithms for large-scale optimization. Mathematical Programming **26**, 190–212.

24. Demmel, J.W. (1997): Applied Numerical Linear Algebra. SIAM, Philadelphia, PA.

25. Dennis, J.E., und Mei, H.H.W. (1979): Two new unconstrained optimization algorithms which use function and gradient values. Journal of Optimization Theory and Applications **28**, 453–482.

26. Dennis, J.E., und Moré, J.J. (1974): A characterization of superlinear convergence and its application to quasi-Newton methods. Mathematics of Computation **28**, 549–560.

27. Dennis, J.E., und Schnabel, R.B. (1981): A new derivation of symmetric positive definite secant updates. In: Meyer, R.R., und Robinson, S.M. (Hrsg.): Nonlinear Programming IV. Academic Press, New York, NY, 167–199.

28. Dennis, J.E., und Schnabel, R.B. (1983): Numerical Methods for Unconstrained Optimization and Nonlinear Equations. Prentice-Hall, Englewood Cliffs.

29. Dennis, J.E., und Walker, H.F. (1981): Convergence theorems for least-change secant update methods. SIAM Journal on Numerical Analysis **18**, 949–987.

30. Dennis, J.E., und Wolkowicz, H. (1994): Sizing and least-change secant methods. SIAM Journal on Numerical Analysis **30**, 1291–1314.

31. Di Pillo, G. (1994): Exact penalty methods. In: Spedicato, E. (Hrsg.): Algorithms for Continuous Optimization. The State of the Art. NATO ASI Series 434, Kluwer Academic Publishers, Dordrecht, Niederlande, 209–253.

32. Dixon, L.C.W. (1972): Quasi-Newton algorithms generate identical points. Mathematical Programming **2**, 383–387.

33. Dixon, L.C.W. (1972): Quasi-Newton algorithms generate identical points. II. The proof of four new theorems. Mathematical Programming **3**, 345–358.

34. Eisenstat, S.C., und Walker, H.F. (1996): Choosing the forcing terms in an inexact Newton method. SIAM Journal on Scientific Computing **17**, 16–32.

35. Facchinei, F. (1995): Minimization of $SC^1$ functions and the Maratos effect. Operations Research Letters **17**, 131–137.

36. Facchinei, F. und Lucidi, S. (1994): Quadratically and superlinearly convergent algorithms for the solution of inequality constrained minimization problems. Journal of Optimization Theory and Applications **85**, 265–289.

37. Ferris, M.C., Lucidi, S., und Roma, M. (1996): Nonmonotone curvilinear line search methods for unconstrained optimization. Computational Optimization and Applications **6**, 117–136.

38. Fletcher, R. (1970): A new approach to variable metric algorithms. Computer Journal **13**, 317–322.

39. Fletcher, R. (1987): Practical Methods of Optimization. John Wiley & Sons, New York, NY, 2. Auflage.

40. Fletcher, R. (1991): A new variational result for quasi-Newton formulae. SIAM Journal on Optimization **1**, 18–21.

41. Fletcher, R., und Powell, M.J.D. (1963): A rapidly convergent descent method for minimization. Computer Journal **6**, 163–168.

42. Fletcher, R., und Reeves, C.M. (1964): Function minimisation by conjugate gradients. Computer Journal **7**, 149–154.

43. Gay, D.M. (1981): Computing optimal locally constrained steps. SIAM Journal on Scientific and Statistical Computing **2**, 186–197.

44. Ge, R., und Powell, M.J.D. (1983): The convergence of variable metric matrices in mathematical programming. Mathematical Programming **27**, 123–143.

45. Gilbert, J.C., und Lemaréchal, C. (1989): Some numerical experiments with variable-storage quasi-Newton algorithms. Mathematical Programming **45**, 407–435.

46. Gilbert, J.C., und Nocedal, J. (1992): Global convergence properties of conjugate gradient methods for optimization. SIAM Journal on Optimization **2**, 21–42.

47. Gill, P.E., und Murray, W. (1974): Newton-type methods for unconstrained and linearly constrained optimization. Mathematical Programming **28**, 311–350.

48. Gill, P.E., Murray, W. und Wright, M.H. (1981): Practical Optimization. Academic Press, London.

49. Goldfarb, D. (1970): A family of variable metric methods derived by variational means. Mathematics of Computation **24**, 23–26.

50. Golub, G., und van Loan, C. (1996): Matrix Computations. Johns Hopkins University Press, Baltimore, MD, 3. Auflage.

51. Gould, N.I.M., Lucidi, S., Roma, M., und Toint, Ph.L. (1997): Solving the trust-region subproblem using the Lanczos method. Technical Report, Department of Mathematics, Facultés Universitaires ND de la Paix, Namur, Belgien.

52. Griewank, A., Juedes, D., und Utke, J. (1996): Algorithm 755: ADOL-C: A package for the automatic differentiation of algorithms written in C/C++. ACM Transactions on Mathematical Software **22**, 131–167.

53. Grippo, L., Lampariello, F., und Lucidi, S. (1986): A nonmonotone line search technique for Newton's method. SIAM Journal on Numerical Analysis **23**, 707–716.

54. Grippo, L., Lampariello, F., und Lucidi, S. (1989): A truncated Newton method with non-monotone line search for unconstrained optimization. Journal of Optimization Theory and Applications **60**, 401–419.

55. Grippo, L., und Lucidi, S. (1997): A globally convergent version of the Polak-Ribière conjugate gradient method. Mathematical Programming **78**, 375–391.

56. Großmann, C., und Terno, J. (1997): Numerik der Optimierung. Teubner-Verlag, Stuttgart, 2. Auflage.

57. Hestenes, M.R. (1980): Conjugate Direction Methods in Optimization. Springer-Verlag, Berlin.

58. Hestenes, M.R., und Stiefel, E. (1952): Methods of conjugate gradients for solving linear systems. J. Res. Nat. Bur. Standards **49**, 409–436.

59. Hiriart-Urruty, J.-B., und Lemaréchal, C. (1993): Convex Analysis and Minimization Algorithms I. Springer-Verlag, Berlin.

60. Hiriart-Urruty, J.-B., und Lemaréchal, C. (1993): Convex Analysis and Minimization Algorithms II. Springer–Verlag, Berlin.

61. Horst, R., und Tuy, H. (1993): Global Optimization. Springer–Verlag, Berlin.

62. Hu, Y.F., und Storey, C. (1991): Global convergence result for conjugate gradient methods. Journal of Optimization Theory and Applications 71, 399–405.

63. Jiang, H., Fukushima, M., Qi, L., und Sun, D. (1998): A trust region method for solving generalized complementarity problems. SIAM Journal on Optimization 8, 140–157.

64. Kanzow, C., und Zupke, M. (1998): Inexact trust-region methods for nonlinear complementarity problems. In: Fukushima, M., und Qi, L. (Hrsg.): Reformulation – Nonsmooth, Piecewise Smooth, Semismooth and Smoothing Methods. Kluwer Academic Press, Dordrecht, Niederlande, 211–233.

65. Khalfan, H.F., Byrd, R.H., und Schnabel, R.B. (1993): A theoretical and experimental study of the symmetric rank one update. SIAM Journal on Optimization 3, 1–24.

66. Kelley, C.T. (1995): Iterative Methods for Linear and Nonlinear Equations. SIAM, Philadelphia, PA.

67. Kelley, C.T., und Sachs, E.W. (1998): Local convergence of the symmetric rank-one iteration. Computational Optimization and Applications 9, 43–63.

68. Kleinmichel, H. (1981): Quasi–Newton–Verfahren vom Rang–Eins–Typ zur Lösung unrestringierter Minimierungsaufgaben. Teil 1: Verfahren und grundlegende Eigenschaften. Numerische Mathematik 38, 219–228.

69. Kleinmichel, H. (1981): Quasi–Newton–Verfahren vom Rang–Eins–Typ zur Lösung unrestringierter Minimierungsaufgaben. Teil 2: $n$–Schritt–quadratische Konvergenz von Restart–Varianten. Numerische Mathematik 38, 229–244.

70. Knoth, O. (1983): Marquardt–ähnliche Verfahren zur Minimierung nichtlinearer Funktionen. Dissertation A, Martin–Luther–Universität Halle–Wittenberg.

71. Kosmol, P. (1989): Methoden zur numerischen Behandlung nichtlinearer Gleichungen und Optimierungsaufgaben. Teubner–Verlag, Stuttgart.

72. Liu, D.C., und Nocedal, J. (1989): On the limited memory BFGS method for large scale optimization. Mathematical Programming 45, 503–528.

73. Lucidi, S., Palagi, L., und Roma, M. (1998): On some properties of quadratic programs with a convex quadratic constraint. SIAM Journal on Optimization 8, 105–122.

74. Martínez, J.M. (1994): Local minimizers of quadratic functions on Euclidean balls and spheres. SIAM Journal on Optimization 4, 159–176.

75. Martínez, J.M., und Santos, A. (1995): A trust region strategy for minimization on arbitrary domains. Mathematical Programming 68, 267–302.

76. McCormick, G.P.: A modification of Armijo's step-size rule for negative curvature. Mathematical Programming 13, 111–115.

77. Moré, J.J. (1983): Recent developments in algorithms and software for trust region methods. In: Bachem, A., Grötschel, M., und Korte, B. (Hrsg.): Mathematical Programming. The State of the Art. Springer–Verlag, Berlin, 258–287.

78. Moré, J.J., Garbow, B.S., und Hillstrom, K.E. (1981): Testing unconstrained optimization software. ACM Transactions on Mathematical Software 7, 17–41.

79. Moré, J.J., und Sorensen, D.C. (1979): On the use of directions of negative curvature in a modified Newton method. Mathematical Programming 16, 1–20.

80. Moré, J.J., und Sorensen, D.C. (1983): Computing a trust region step. SIAM Journal on Scientific and Statistical Computing 4, 553–572.

81. Moré, J.J., und Sorensen, D.C. (1984): Newtons's method. In: Golub, G.H. (Hrsg.): Studies in Numerical Analysis. The Mathematical Association of America, 29-82.

82. Nazareth, L. (1979): A relationship between the BFGS and conjugate gradient algorithms and its implication for new algorithms. SIAM Journal on Numerical Analysis **16**, 794–800

83. Nocedal, J. (1980): Updating quasi–Newton matrices with limited storage. Mathematics of Computation **35**, 773–782.

84. Nocedal, J., und Yuan, Y.-X. (1993): Analysis of a self-scaling quasi-Newton method. Mathematical Programming **61**, 19–37.

85. Oren, S.S. (1974): Self-scaling variable metric (SSVM) algorihms. Part I: Criteria and sufficient conditions for scaling a class of algorithms. Management Science **20**, 845–862.

86. Oren, S.S., und Luenberger, D.G. (1974): Self-scaling variable metric (SSVM) algorithms. Part II: Implementation and experiments. Management Science **20**, 863–874.

87. Oren, S.S., und Spedicato, E. (1976): Optimal conditioning of selfscaling variable metric algorithms. Mathematical Programming **10**, 70–90.

88. Ortega, J.M., und Rheinboldt, W.C. (1970): Iterative Solution of Nonlinear Equations in Several Variables. Academic Press, New York, NY.

89. Pearson, J.D. (1969): Variable metric methods of minimization. Computer Journal **12**, 171–178.

90. Polak, E. (1997): Optimization: Algorithms and Consistent Approximations. Springer–Verlag, New York, NY.

91. Polak, E., und Ribière, G. (1969): Note sur la convergence de methodes de directions conjugueés. Revue Francaise d'Informatique et de Recherche Operationelle **16**, 35–43.

92. Poljak, B.T. (1987): Introduction to Optimization. Optimization Software Inc., New York, NY.

93. Powell, M.J.D. (1970): A new algorithm for unconstrained optimization. In: Rosen, J.B., Mangasarian, O.L., und Ritter, K. (Hrsg.): Nonlinear Programming. Academic Press, New York, NY, 31–65.

94. Powell, M.J.D. (1975): Convergence properties of a class of minimization algorithms. In: Mangasarian, O.L., Meyer, R.R., und Robinson, S.M. (Hrsg.): Nonlinear Programming 2. Academic Press, New York, NY, 1–27.

95. Powell, M.J.D. (1976): Some global convergence properties of a variable metric algorithm for minimization without exact line searches. In: Cottle, R.W., und Lemke, C.E. (Hrsg.): Nonlinear Programming. SIAM-AMS Proceedings IX, AMS, Providence, Rhode Island, 53–72.

96. Powell, M.J.D. (1977): Restart procedures for the conjugate gradient method. Mathematical Programming **12**, 241–254.

97. Powell, M.J.D. (1984): On the global convergence of trust region algorithms for unconstrained minimization. Mathematical Programming **29**, 297–303.

98. Powell, M.J.D. (1984): Nonconvex minimization calculation and the conjugate gradient method. Lecture Notes on Mathematics 1066, Springer–Verlag, Berlin, 122–141.

99. Rall, L.B., und Corliss, G.F. (1996): An introduction to automatic differentiation. In: Berz, M., et al. (Hrsg.): Computational Differentiation: Techniques, Applications, and Tools. SIAM, Philadelphia, PA, 1–18.

100. Rockafellar, R.T. (1970): Convex Analysis. Princeton University Press, Princeton, NJ.

101. Shanno, D.F. (1970): Conditioning of quasi-Newton methods for function minimization. Mathematics of Computation **24**, 647–656.

102. Shanno, D.F. (1978): On the convergence of a new conjugate gradient algorithm. SIAM Journal on Numerical Analysis **15**, 1247–1257.

103. Shanno, D.F. (1978): Conjugate gradient methods with inexact searches. Mathematics of Operations Research **3**, 244–256.

104. Shultz, G.A., Schnabel, R.B., und Byrd, R.H. (1985): A family of trust-region-based algorithms for unconstrained minimization with strong global convergence properties. SIAM Journal on Numerical Analysis **22**, 47–67.

105. Sorensen, D.C. (1982): Newton's method with a model trust region modification. SIAM Journal on Numerical Analysis **19**, 409–426.

106. Sorensen, D.C. (1997): Minimization of a large-scale quadratic function subject to a spherical constraint. SIAM Journal on Optimization **7**, 141–161.

107. Spedicato, E. (1983): A class of rank-one positive definite quasi-Newton updates for unconstrained minimization. Optimization **14**, 61–70.

108. Spellucci, P. (1993): Numerische Verfahren der nichtlinearen Optimierung. Birkhäuser–Verlag, Basel.

109. Spellucci, P. (1999): A modified rank one update which converges Q-superlinearly. Report, Fachbereich Mathematik, Technische Universität Darmstadt.

110. Steihaug, T. (1983): The conjugate gradient method and trust regions in large scale optimization. SIAM Journal on Numerical Analysis **20**, 626–637.

111. Stoer, J. (1975): On the convergence rate of imperfect minimization algorithms in Broyden's $\beta$-class. Mathematical Programming **9**, 313–335.

112. Stoer, J. (1977): On the relation between quadratic termination and convergence properties of minimization algorithms, Part I: Theory. Numerische Mathematik **28**, 343–366.

113. Stoer, J. (1984): The convergence of matrices generated by rank-2 methods from the restricted $\beta$-class of Broyden. Numerische Mathematik **44**, 37–52.

114. Stoer, J., und Witzgall, C. (1970): Convexity and Optimization in Finite Dimensions I. Springer–Verlag, Berlin.

115. Toint, Ph.L. (1997): Non-monontone trust-region algorithms for nonlinear optimization subject to convex constraints. Mathematical Programming **77**, 69–94.

116. Touati-Ahmed, D., und Storey, C. (1990): Efficient hybrid conjugate gradient techniques. Journal of Optimization Theory and Applications **64**, 379–397.

117. Warth, W., und Werner, J. (1977): Effiziente Schrittweitenfunktionen bei unrestringierten Optimierungsaufgaben. Computing **19**, 59–72.

118. Werner, J. (1978): Über die globale Konvergenz von Variable–Metrik-Verfahren bei nicht–exakter Schrittweitenbestimmung. Numerische Mathematik **31**, 321–334.

119. Werner, J. (1992): Numerische Mathematik 2. Vieweg–Verlag, Braunschweig–Wiesbaden.

120. Werner, J. (1998): Global and superlinear convergence of the Dennis–Wolkowicz quasi-Newton method. Report, Institut für Angewandte und Numerische Mathematik, Georg–August–Universität Göttingen.

121. Wolfe, M.A. (1968): Numerical Methods for Unconstrained Optimization. Van Nostrand, Reinhold Comp., New York, NY.

122. Wolkowicz, H. (1994): Measures for symmetric rank-one updates. Mathematics of Operations Research **19**, 815–130.

123. Wright, M.H. (1996): Direct search methods: once scorned, now respectable. In: Griffiths, D.F. (Hrsg.): Numerical Analysis. Pitman Research Notes, Mathematical Series 344, 191–208.

124. Zhang, Y., und Tewarson, R.P. (1988): Quasi-Newton algorithms with updates from the pre-convex part of Broyden's family. IMA Journal on Numerical Analysis **8**, 487–509.

125.  Zoutendijk, G. (1970): Nonlinear programming, computational methods. In: Abadie, J. (Hrsg.): Integer and Nonlinear Programming. North Holland, Amsterdam, 37–86.

# Sachverzeichnis

  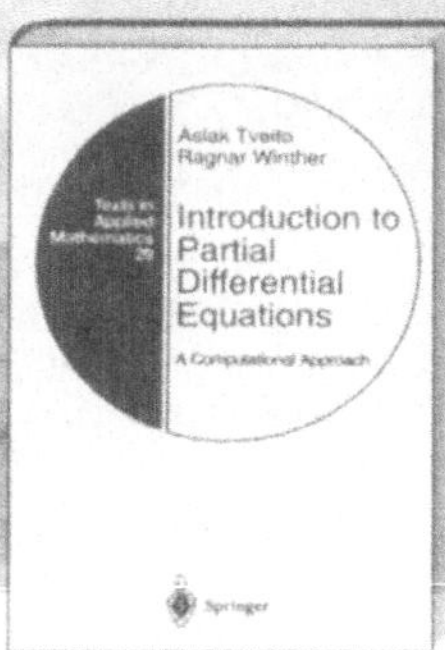

**C. W. Ueberhuber**

## Numerical Computation 1

**Methods, Software, and Analysis**

1997. XVI, 474 pp. 157 figs.
Softcover DM 68,-*
ISBN 3-540-62058-3

**Contents:** Scientific Modeling. - Fundamental Principles of Numerical Methods. - Computers for Numerical Data Processing. - Numerical Data and Numerical Operations. - Numerical Algorithms. - Numerical Programs. - Available Numerical Software. - Using Approximation in Mathematical Model Building. - Interpolation. Glossary of Notation. Bibliography. Author Index. Subject Index.

**C. W. Ueberhuber**

## Numerical Computation 2

**Methods, Software, and Analysis**

1997. XVI, 495 pp. 73 figs.
Softcover DM 68,-*
ISBN 3-540-62057-5

**Contents:** Best Approximation. - The Fourier Transform. - Numerical Integration. - Systems of Linear Equations. - Nonlinear Equations. - Eigenvalues and Eigenvectors. - Large, Sparse Linear Systems. - Random Numbers. Glossary of Notation. Bibliography. Author Index. Subject Index.

**A. Tveito, R. Winther**

## Introduction to Partial Differential Equations.

**A Computational Approach**

1998. XV, 392 pp. 69 figs.
(Texts in Applied Mathematics, Vol. 29)
Hardcover DM 89,-*
ISBN 0-387-98327-9

**Contents:** Setting the scene.- Two-point boundary value problems.- The heat equation.- Finite difference schemes.- The wave equation.- Maximum principles.- Poisson's equation in two space dimensions.- Orthogo-nality and general Four-ierseries.- Convergence of Fourier series.- The heat equation revisited.- Reaction-Diffusion Equa-tions.- Applications of the Fourier transform.- References.- Index.

**Please order from
Springer-Verlag
P.O. Box 14 02 01
D-14302 Berlin, Germany
Fax: +49 30 827 87 301
e-mail: orders@springer.de
or through your bookseller**

# Springer

* This price applies in Germany/Austria/Switzerland and is a recommended retail price. Prices and other details are subject to change without notice. In EU countries the local VAT is effective. d&p · 66220/1 SF